石油之路

从里海到伦敦

THE OIL ROAD

［英］詹姆斯·马里奥特
James Marriott
［英］米卡·米尼奥 - 帕卢埃洛　/ 著
Mika Minio-Paluello

商陆　/ 译

中国科学技术出版社

·北 京·

The Oil Road: Journeys from the Caspian Sea to the City of London, first published by Verso 2012

Copyright ©2012 by James Marriott and Mika Minio-Paluello; ISBN: 9781844676460

The simplified Chinese translation rights arranged through Rightol Media. Email: copyright@rightol.com

Simplified Chinese translation copyright © 2025 by China Science and Technology Press Co., Ltd.

All rights reserved.

北京市版权局著作权合同登记 图字：01-2024-5063

图书在版编目（CIP）数据

石油之路 : 从里海到伦敦 / (英) 詹姆斯・马里奥特 (James Marriott), (英) 米卡・米尼奥 – 帕卢埃洛 (Mika Minio–Paluello) 著 ; 商陆译 . -- 北京 : 中国科学技术出版社 , 2025. 5. -- ISBN 978-7-5236-1247-7

Ⅰ . TE832

中国国家版本馆 CIP 数据核字第 202524YA40 号

策划编辑	申永刚	陆存月	李芷珺	责任编辑	孙倩倩	
封面设计	东合社			版式设计	蚂蚁设计	
责任校对	邓雪梅	吕传新		责任印制	李晓霖	

出　　版	中国科学技术出版社
发　　行	中国科学技术出版社有限公司
地　　址	北京市海淀区中关村南大街 16 号
邮　　编	100081
发行电话	010–62173865
传　　真	010–62173081
网　　址	http://www.cspbooks.com.cn

开　　本	710mm × 1000mm　 1/16
字　　数	384 千字
印　　张	28.75
版　　次	2025 年 5 月第 1 版
印　　次	2025 年 5 月第 1 次印刷
印　　刷	北京盛通印刷股份有限公司
书　　号	ISBN 978-7-5236-1247-7/TE・32
定　　价	79.00 元

是什么扎根于海、主干进山、枝杈入市？[①]

前言和致谢

　　《石油之路》是一部追寻石油踪迹的游记。我们从里海出发，沿着英国石油公司（BP）的输油管道一路西行，穿越高加索山脉（Caucasus Mountains）和安纳托利亚高原（Anatolian plateau），到达海拔较低的土耳其海岸。从陆路运输而来的石油在那里被装上油轮，经由水路运输，之后再回到陆地管道里。我们的行程随之延伸到了地中海和阿尔卑斯山，最终到达巴伐利亚（Bavaria）和伦敦。从20世纪20年代巴库的革命未来主义到伦敦根深蒂固的资本主义，控制石油储备乃至左右人类和事物发展的雄心已然破坏了自然并塑造了社会形态。一些人一直对阿塞拜疆丰富的原油储量蠢蠢欲动，试图凭借这一资源达到改造世界的目的。总结来说，本书从时间和空间两个维度探索了权力、阻力和利润三者间的此消彼长。

　　本书主要记叙了我们在2009年的一次特别的旅程，其中也穿插着一些我们自1998年以来到访沿途部分地区时的所见所闻。书中援引的所有对话都是根据相应的录音或笔记整理而成的。为保护当事人，书中提及的少部分人士使用了假名。书中涉及的部分重要人物审阅了本书的最终版本。

　　《石油之路》"途经"之地甚多，涉及的主要语言多达10种。我们在书中尽可能地使用当地的文字来体现不同语言的多样性，但阿塞拜疆语、格鲁吉亚语、库尔德语和土耳其语的翻译难度很大，因此书中会存在少量翻译错误和欠妥之处。我们为此向读者致歉。

　　书中提到的管道系统有其专用语言，通常是用工程数字语言进行描述的。部分章节使用了管道沿线的某处作为标题，而我们在这些标题中也沿用了这种编号模式，即以"千米（km）点"（KP）的形式明确特定地点在某条管道上的位置，并给出自石油之路起点到该地点的距离，如下例所示：

BTC KP 484-671 千米-格鲁吉亚，克尔萨尼西

在描述油轮的航行距离时，我们使用了"海里"这一海上度量单位。巴库等不在石油之路上的地点没有用数字进行描述。

过去十年中，我们与若干挚友密切合作，他们协助我们和平台组织（Platform）仔细审视并深入研究了石油工业及其背后的诸多政府。没有他们，这本书就无从谈起。在此，我们要感谢一些勇敢、坚定又技术超群的人，他们是：梅伊丝·古拉利耶夫（Mayis Gulaliyev）、扎尔杜什特·阿里扎德（Zardusht Alizade）、玛纳娜·科切拉兹（Manana Kochladze）、凯蒂·古贾拉伊泽（Kety Gujaraidze）、费哈特·卡亚（Ferhat Kaya）、阿里·库尔杜格鲁（Ali Kurdoğlu）、迈哈迈德·阿里·乌斯鲁（Mehmet Ali Uslu）、穆斯塔法·冈多格杜（Mustafa Gündoğdu）、克里姆·伊尔德兹（Kerim Yıldız）、埃琳娜·格雷贝扎（Elena Gerebizza）、安东尼奥·特里卡里科（Antonio Tricarico）、格雷格·穆提特（Greg Muttitt）、马克·布朗（Mark Brown）、尼克·希尔德亚德（Nick Hildyard）和汉娜·格里菲思（Hannah Griffiths）。

还有很多坚定又聪慧的人为本书提供了素材，但我们在书中未能提及他们，在此一并感谢：米尔瓦里·加拉曼尼（Mirvari Gahramanli）、罗谢尔·哈里斯（Rochelle Harris）、彼得·赫洛比尔（Petr Hlobil）、马丁·斯卡斯基（Martin Skalsky）、尤里·乌尔班斯基（Yuri Urbansky）、塞巴斯蒂安·戈迪诺（Sebastien Godinot）、道格·诺伦（Doug Norlen）、里吉纳·里希特（Regine Richter）、

皮奥特·特扎斯基波洛斯（Piotr Trzaskowski）、格雷格·艾特金（Greig Aitkin）、安德烈·巴拉内斯（Andrea Baranes）、皮帕·加洛普（Pippa Gallop）、卡罗尔·威尔奇（Carol Welch）、凯伦·德克尔（Karen Decker）、史蒂夫·克雷茨曼（Steve Kretzman）、维利米安·纳格尔（Wilimijn Nagel）、保罗·德克拉克（Paul de Clerk）、克莱夫·威克斯（Clive Wicks）、汉娜·埃利斯（Hannah Ellis）、雷切尔·伯努（Rachel Bernu）、迈克尔·吉拉德（Michael Gillard）、安迪·罗厄尔（Andy Rowell）、尼克·劳（Nick Rau）、托尼·朱庇特（Tony Juniper）、福伊·哈顿（Foye Hatton）、亚历山德拉·伍兹沃斯（Alexandra Woodsworth）、史蒂夫（Steve）、凯瑟琳娜·瓦因（Catriona Vine）、莎莉·埃伯哈特（Sally Eberhardt）、安德鲁·巴里（Andrew Barry）、凯特·汉普顿（Kate Hampton）、罗布·纽曼（Rob Newman）、安科·斯托克（Anke Stock）、马克·托马斯（Mark Thomas）、凯特·盖瑞（Kate Geary）和安德斯·卢斯特加滕（Anders Lustgarten）。

　　除以上人士外，我们还要由衷感谢在旅行期间给予我们帮助的专业人士，包括阿尔祖·阿卜杜拉耶娃（Arzu Abdullayeva）、梅赫迪·古拉利耶夫（Mehdi Gulaliyev）、拉马齐·洛姆萨泽（Ramazi Lomsadze）、玛尔齐·皮隆（Marzia Piron）、西莫内·利瓦拉托（Simone Libralato）、布鲁诺·利萨克（Bruno Lisjak）、鲁迪·雷姆（Rudi Remm）、盖伊·查赞（Guy Chazan）、乌尔库·古内（Ülkü Güney）、古内·伊尔迪兹（Guney Yildiz）、亚普拉克·伊尔迪兹（Yaprak Yildiz）、坎·冈杜兹（Can Gündüz）、奥克泰·因塞（Oktay Ince）、迈哈迈德·阿里·乌泽尔根（Mehmet Ali Uzelgun）、伊迪尔·苏塞金（Idil Soyseckin）和坦图尔·巴斯（Tennur Baş）。

　　此外，我们还要特别感谢管道沿线的居民。尽管我们与那些铺设运营输油管道并扰乱他们生活的人有着千丝万缕的联系，但他们还是给予了我们充分的信任，邀请我们到家里做客，给我们讲述他们的故事，与我们分享他们的恐惧和失意。我们在旅途中遇到了很多人，他们没有到他国旅行并接触外界人士的机会，而我们之所以能写就本书，恰恰是因为我们享有这种自由。从这一点上来看，这本书也是我们享有的特权之产物，而这些特权也决定了我们的所见所闻。

本书的研究和我们的旅行得到了阿米尔和梅尔本信托基金（Amiel and Melburn Trust）以及查尔斯·斯图尔特·莫特基金会（Charles Stewart Mott Foundation）的慷慨资助。早期的研究经费来自环境基金会，由约翰·埃尔金顿（John Elkington）授予。此外，我们还得到了英格兰艺术委员会（Arts Council England）、约瑟夫·朗特里慈善信托基金（Joseph Rowntree Charitable Trust）、罗迪克基金会（Roddick Foundation）和西格丽德·劳辛信托基金（Sigrid Rausing Trust）的大力支持。我们还要特别感谢戈登·罗迪克（Gordon Roddick）、桑德拉·史密西（Sandra Smithey）、西奥多罗斯·克罗诺普洛斯（Theodoros Chronopoulos）和斯蒂芬·皮塔姆（Stephen Pittam）对本书价值的肯定。查理·克罗尼克（Charlie Kronick）以及罗尼·斯托克曼（Lorne Stockman）等密友也给予了支持和鼓励。

我们非常感谢沃索出版社（Verso）编辑汤姆·潘（Tom Penn）、丹·欣德（Dan Hind）和利奥·霍利斯（Leo Hollis）给予我们的鼓励、建议和帮助；感谢 UHC 设计公司的多米尼克·拉瑟姆（Dominic Latham）以及吉米·埃德蒙森（Jimmy Edmondson）搭建了碳网络图。

我们要特别感谢平台组织的同事，感谢他们多年以来的支持和陪伴。他们是：本·阿蒙瓦（Ben Amunwa）、梅尔·埃文斯（Mel Evans）、安娜·加尔基娜（Anna Galkina）、丹·格雷顿（Dan

Gretton）、坦尼娅·霍克斯（Tanya Hawkes）、莎拉·莱格（Sarah Legge）、亚当·马尼特（Adam Ma'anit）、马克·罗伯茨（Mark Roberts）、凯文·史密斯（Kevin Smith）和简·特罗威尔（Jane Trowell），还有我们的前同事本杰明·迪斯（Benjamin Diss）、迈哈迈德·阿里·乌斯鲁和格雷格·穆提特。我们二人都认为平台组织是绝佳的工作单位，是真正重视创造力、政治目的和协作的组织。

在本书的写作过程中，我们得到了许多朋友的鼎力相助。他们通读了我们的草稿，展开了相应研究并给出了中肯的评论，还会听我们谈论1905年巴库的革命劳动、地中海的航道以及伦敦的石油架构。他们是：约翰·德·法尔贝（John de Falbe）、加雷斯·埃文斯（Gareth Evans）、安娜·加尔基娜、凯利·博恩斯莱格尔（Kelly Bornshlegel）、尼克·罗宾斯（Nick Robins）、丹·格雷顿、格雷格·穆提特、麦迪·埃文斯（Maddy Evans）、简·特洛维尔、奥瑞·罗斯（Ory Rose）和卡梅伦·李（Cameron Lee）。

这本书是集众人之力完成的，我们得到了外界人士的大量优秀建议以及鼎力支持。然而，本书内容仍存在部分错误和少许遗漏，有些是我们二人的问题，有些则要归咎于不够透明的石油政治。

本书所描述的政治和斗争都是现实存在的，书中提及的地理区域并未涵盖全部受影响的地区。在本书即将出版之时，土耳其阿尔达汉（Ardahan）的费哈特·卡亚因针对输油管道的激进行为而遭到指控并面临牢狱之灾。如需了解费哈特等书中人物的最新进展以及石油之路的未来发展，请访问其官方网站。

目　录

引言

石油之城

📍 伦敦，金融城，旧宽街

2009 年 1 月 28 日。经过长达几周的协调，我们终于与洞察力投资公司（Insight Investment）的投资者责任部门总监罗里·苏里万（Rory Sullivan）敲定了会面时间。我们有一个小时的时间向他阐述我们对 BP 加拿大沥青砂项目的负面评价，并解释这些项目不仅会带来环境和社会问题，还会引发财务风险的原因所在。对于机构投资者来说，BP 的这些项目非常值得关注，毕竟在英国养老基金所投资的股票中，BP 所占的份额高达六分之一。

洞察力投资公司门前的街道甚是喧嚣。我们走进公司的大门，来到满是玻璃的明亮中庭。接待员登记了我们的名字，发放了通行证，然后把我们带到了大楼中央的一间没有窗子的米色房间。该公司是 BP 的第六大股东，而罗里从事社会责任投资工作已有 10 年时间。另外，他还是联合国环境规划署金融倡议（United Nations Environment Programme Finance Initiative）的负责人。因此，我们非常想向他传达我们的观点。

几分钟后，罗里来了。他四肢修长，步伐矫健，一双蓝色的眼睛明亮又清澈。在进入正题之前，我们先做了自我介绍，却被他有点不耐烦地打断了："啊，我知道平台组织。我记得你们曾经参与过 BP 和 BTC 管道的讨论……现在都已经结束了……这已是既成事实了。"

之后的几个月里，"这已是既成事实了"这句话在我们的脑海中久久回荡。除此之外，我们几乎记不起那次会面谈论的任何内容。

📍 伦敦，巴特勒码头

2010 年春天，我们正式踏上了本书所记载的旅程。但事实上，在之前的 11 年里，我们已经多次前往沿途的很多地方。巴库–第比利斯–杰伊汉管道（Baku-Tbilisi-Ceyhan Pipeline，即 BTC 管道）自建成投产以来一直在石油工业基础设施中扮演着极具政治色彩的角色。自 2001 年以来，我们会同阿塞拜疆、格鲁吉亚、土耳其、意大利、德国、捷克共和国和英国等国家的个人和非政府组织，共同审查了该管道的建设、融资和运营情况，并提出了意见和建议。

在金融城泰晤士河对岸的一家咖啡馆里，我们会见了三位参与此次调研审查的同志，分别是就职于"地球之友"（Friends of the Earth）组织的汉娜·格里菲思、"转角屋"（The Corner House）组织的尼克·希尔德亚德以及当时同在平台组织工作的格雷格·穆提特。我们坐在室外，气温很低，但阳光却笼罩着我们。我们回顾了围绕BTC 管道展开的长期群众抗议活动，并讨论了后续的工作内容。在里海的钻井平台开始石油开采作业时，我们成立了审查联盟，但那时 BTC 管道还只是工程计划、法律协议和财务表格上的构想而已。如今，8 年已经过去，BTC 管道已然建在了高加索山脉和安纳托利亚高原上，每天向位于地中海的杰伊汉港输送近一百万桶石油。原油到达杰伊汉港后被装上油轮，运往世界各地的码头，其中大部分被运往意大利北部的一个港口，然后再经过一段历史更加悠久的输油管道穿越阿尔卑斯山，运往奥地利、德国和捷克共和国的炼油厂。

基于现状，我们推想，BTC 管道在公众抗议活动爆发之前 12 年就已经在建设了。这种规模的工业项目往往需要几十年时间才能落地，并且需要分阶段进行建设，当然许多阶段的建设工作是可以同步进行的。譬如，该管道争取到了政治和法律层面的支持以及公共和私人提供的资金，并开展了相应的工程设计和社会影响研究工作，而这些工作大多与海上平台的建设工程以及穿过草原和森林的管道的敷设工程同步进行。另外，相关人员一直在通过赞助博物馆或资助社区投资计划等方式争取所谓的"社会许可"（Social License to Operate）。

我们对 BTC 管道进行了长达数年的研究，并从中得知，这样一个庞大的项目并不是由 BP 一家公司实现的，而是由多家机构共同实现的，我们称该机构网络为"碳网络"（Carbon Web）。具体来说，为开展这个项目，BP 争取到了来自外界的多方面的协助，其中包括公共和私人银行、政府部门和军事机构、工程公司和律师事务所、大学和环境顾问机构、非政府组织以及文化事业机构等。这些机构及相关个人组成了碳网络，共同推动了化石燃料的开采、运输与消费。为了探索并厘清这一网络，我们不仅要在当代石油之路沿线地区进行实地考察，还要调查对该管道的建设运行负有主要责任的诸多机构。

这些海上平台和输油管道等基础设施的地缘政治重要性非常突出。它们得以建成投产，主要是因为美国想要建设一条始自里海且能绕过俄罗斯领土的西行"能源走廊"。美国的这一愿望还得到了英国和比利时的支持，三国政府欲通过控制石油的供应路线并确保石油被纳入全球市场经济来确保本国的油气供应。

在 BTC 管道开工之前的几年里，针对该项目的公共财政曾出现重大问题。BP 竭尽全力地向所有相关方保证，这条管道必将与众不同。有别于 20 世纪的石油项目，该项目将以最严苛的社会和环境标准为准绳，而且投产后将非常"安全、安静又隐形"。这样的公关取得了极大成效，并且强化了"既成事实"的认知，让人们加深了这条本应代表着全新未来的管道已成定局了的印象。

我们即将踏上一段寻找答案的旅程，探索 BTC 管道的现状及其在投运多年后仍饱受争议的原因。"能源走廊"一词原本带有平静有序的意味，但真实情况是，管道沿线的大部分地理区域都曾受到镇压并历经动荡。2008 年，里海的石油平台发生了性质恶劣的爆炸事故，BTC 管道土耳其段被炸毁，格鲁吉亚的管道也遭到了轰炸。但是，人们想当然地认为这类灾难性事件不会再次发生，并默认该管道在未来 40 年内将安全平稳地运行。然而，就像油气行业的其他设施设备一样，这条石油之路的未来安全亦存在着高度不确定性。它不仅要应对石油供需趋紧的局面，还面临着气候变化的重大挑战。

会面的时间转瞬即逝。尼克和格雷格向在巴库的梅伊斯、在第比利斯的玛纳娜和在阿尔达汉的费哈特表达了问候，之后便匆匆离开了。我们继续与汉娜聊了一会儿，谈到了她和她的同事们所做的工作，听她讲述了协调公众对各级政府部门施加的压力的过程，以及她们组织的诸如建造一条始自伦敦主教门（Bishopsgate）、终到 BP 总部芬斯伯里大楼（Finsbury Circus）的布制管道等抗议活动。

📍 德国，巴伐利亚，洛肯金

清晨，洛肯金（Rockolding）村郊的阿拉尔（Aral）加油站热闹非凡。这家加油站位于 16 号高速公路出口处，前来加油的卡车和汽车在加油站前院来来往往。我们在摆着糖果、杂志和润滑油的货架间闲逛，看着收银台里的女人面无表情地接待顾客。两个穿着工装裤的男子倚在屋后的栏杆上，正喝着无酒精啤酒。柜台上有张传单，写着阿拉尔加油站的母公司 BP 推出了一项"碳中和"（Target Neutral）计划，旨在帮助司机减少二氧化碳排放量。我们买了些巧克力，然后走了出去。潮湿的空气中弥漫着熟悉又宜人的汽油味。一辆铰接式货车的发动机快速旋转，活塞顶内燃烧室中不断发出爆炸声，带动着整辆车开到了公路上。货车排气管排出的废气消散在空气之中。

石油是怎样运输到洛肯金的？供汽车、卡车、飞机和工厂使用的石油来自哪里？产自偏远地区的石油是如何成为人类生活中不可或缺的一部分的？

加油站对面是一个工业园区，再往远处有一排杨树，旁边是一条水沟和一片灌木丛。在这片土地下方几米处埋着直径一米的钢制跨阿尔卑斯管道，里面源源不断地输送着黑色的原油。巴伐利亚使用的石油全部经由这条管道输送。

从村子向北望，可以看见远处沃赫堡炼油厂（Vohburg Refinery）的烟囱。跨阿尔卑斯管道为这家炼油厂以及另外两家位于英戈尔施塔特郊区的炼油厂供应原料，之后一路延伸至位于德意志联邦共和国巴登–符腾堡州（Baden-Württemberg）的卡尔斯鲁厄（Karlsruhe）炼油厂，再到达位于捷克共和国克拉卢比和利特维诺夫的炼油厂。

该管道由南向北而行，从哈莱托（Hallertau）的茂密树林穿过，沿着伊尔姆河谷（River Ilm）前进。运用逻辑思维不难分析出来，这条管道经过了巴伐利亚，穿越了奥地利阿尔卑斯山脉，到达意大利东北部后高程逐渐增加。跨阿尔卑斯管道的起点位于意大利的里雅斯特（Trieste）郊区的穆贾油库。穆贾油库建在蔚蓝的亚得里亚海岸边，油罐里装满了从停靠在海湾的油轮里卸下来的原油。油轮里装载的绝大多数原油来自曾属苏联的里海地区，其余原油来自利比亚、阿尔及利亚、加蓬和尼日利亚等国。

这些大型油轮首先绕过伯罗奔尼撒半岛，然后穿过希腊爱琴海群岛，之后向北驶过克罗地亚和阿尔巴尼亚水域，再经亚得里亚海北上，最终到达穆贾的港口。在此之前，这些油轮从杰伊汉附近的尤穆尔塔勒克（Yumurtalik）油库装油，然后沿着土耳其的绿松石海岸（Turquoise Coast）向西航行。尤穆尔塔勒克油库的油罐里也装载着越过土耳其东部高原并穿过格鲁吉亚高加索山脉而来的石油。

BTC 管道的起点是位于巴库以南、阿塞拜疆里海沿岸的桑加查尔（Sangachal）油库。管道里输送的原油产自更遥远的东方地区，远离海岸线的海上钻井平台将这些原油从 5 千米深的岩层中开采出来，再通过海底输油管道输送到陆地上的油库里。BTC 管道是世界上最长的输油管道之一，它带着产自阿塞拜疆地下的石油越过山丘，穿过森林和平原，经过果园和田地，一路向西。

从里海海底开采出来的石油沿着这条石油之路到达 5000 千米以外的巴伐利亚大约需要 22 天时间。我们追随着石油的轨迹，穿越高加索山脉，路经地中海，翻过阿尔卑斯山，最终到达洛肯金的加油站。

通往欧洲的输油路线有很多，这条路线只是其中之一，但它的历史非常悠久，而且集合了管道、铁路和船舶等多种运输形式，既能输送原油，也能输送煤油。一个多世纪前，巴库的石油经过沙皇俄国的外高加索运送至位于黑海之滨的巴统（Batumi），然后在那里装船并运往阜姆（Fiume）等港口。阜姆现属克罗地亚的里耶卡（Rijeka），原为奥匈帝国的港口，曾为奥匈帝国的两个首都布达佩斯和维也纳提供油品。石油的钻探、开采、炼制和运输环节产生的利润流向了俄罗斯的诺贝尔家族（Nobels）、法国的罗斯柴尔德家族（Rothschilds）、英荷壳牌公司等处。19 世纪，巴库的油井和"自喷井"引起了全世界的关注，新闻报道和早期电影（当时电影问世不过短短 5 年时间）频繁提及相关内容。巴库的一张广告传单上写道：

1898 年 8 月 2 日星期日，亚历山大·米尚（Alexander Mishon）将展示他用卢米埃尔（Lumière）摄影机在高加索和中亚地区拍摄的影片。这些影片是为即将举办的巴黎万国博览会准备的，并且将在巴库的瓦西里耶夫-维亚茨基环形剧场（Vasilyev-Vyatski Circus Theater）上映一次。即将上映的影片内容包括：比比赫巴特（Bibi-Heybat）油田的一口自喷井引发的大火、布哈拉埃米尔阁下（Amir of Bukhara）参加"阿列克谢大公号"（Grand Duke Alexei）轮船的起航仪式、高加索人的民间舞蹈以及取自近期在巴库一个公园里演出的喜剧《所以，你被抓了》（*So, You Got Caught*）的若干镜头。①

这些所谓的"自喷井"是技术与自然剧烈碰撞的产物，它们为拥有石油钻探租约的人们带来了财富。运输到大都市的原油是进入"现代"的重要推手。这种非凡的能源塑造了欧洲的社会愿景，也引发了欧洲的战争和政治变革。在石油之路的旅途中，我们在石油工业的熔炉里看见了布尔什维克主义和法西斯主义、未来主义和社会民主主义的交汇融合。

早在一万年前，人们就开始将原材料从原产地经陆地和海洋运往加工地并加以利用。自新石器革命以来，贸易路线一直扮演着重要的角色，古雅典、古罗马和文艺复兴时期的威尼斯等城市都依贸易路线而生。"石油之路"这个名字与贯通亚欧的一条中世纪路线遥相呼应，也就是那条得名于 19 世纪德国学者的"丝绸之路"。

公元前 5 世纪，希腊水手从爱琴海出发，穿过博斯普鲁斯海峡

---

① A. Kazimzade, 'Celebrating 100 Years in Film, not 80', *Azerbaijan International* 5: 3（Autumn 1997），pp. 30-5.

（Bosphorus），到达黑海。他们用葡萄酒和陶器换取当地的鱼和玉米，建立的贸易站远达科尔基斯王国（Colchis）的贝瑟斯（Bathys），[①]即当今的格鲁吉亚海滨城市巴统。

科尔基斯是普罗米修斯神话的发生地。普罗米修斯从众神手中偷取火种并送给了人类，却因此饱受责罚。宙斯将普罗米修斯绑在一块岩石上，让恶鹰每天啄食他的肝脏。普罗米修斯拥有不死之身，每到夜里，他的器官就会重新生长出来，但次日却又会被老鹰啄食，周而复始。

普罗米修斯被绑在卡兹别吉山（Mount Kazbegi）山顶的岩石上。这座山是格鲁吉亚海拔最高的山峰，如今它俯瞰着从阿塞拜疆（意为"火之国"）一路向西延伸的石油之路。

---

①   N. Ascherson, *Black Sea*, Hill & Wang, 1996.

第一部分

油井

第一章

里海是不二之选

📍 0 千米 [1]–阿塞拜疆，ACG 油田，中阿泽里

　　钻井平台高耸在钢青色的波涛之上。弗雷泽（Frazer）正从平台上吊着绳子下降。六人团队中的三人在他的下方检查平台的腐蚀情况。烈日炎炎，弗雷泽的红色工装紧绷在身体上，闷热又不透气。他那满是文身的手臂和后背不停地冒出汗珠。为了稍微调剂一下单调刻板的工作，他轻轻向上提了一下绳子，然后又忽然放开。下面的人晃了一下，倒吸了一口凉气，之后咒骂声直冲弗雷泽而来。他却笑开了。

　　到了晨光熹微之时。钻井工人趁着天还没热起来，逐渐加大了工作强度。弗雷泽的工作地是阿泽里–齐拉格–古纳西里油田（也称 ACG 油田）。这个油田隶属于阿塞拜疆，位于巴库以东 100 多千米，距离土库曼斯坦领海仅有 10 千米。弗雷泽头顶上方几米处是中阿泽里 1 号平台重达 16 000 吨的钢制甲板，面积与几个足球场相仿。甲

---

[1] 书中的每一节都以我们途经地的位置命名。这些数字代表着以千米为单位的累计行驶距离，多数情况下也是我们所追随的管道里程的千米点（KP）。这些数字使用管道特有的语言，精准地描述了我们在这条输油管道上的位置。

板上建造了六层建筑，包含公共设施和员工生活区，建筑顶部到海平面的距离有 30 米。钻塔像大教堂的尖塔一样高耸入云。主甲板的侧面延伸出来一条长长的火炬臂，多余的气体在火炬臂的顶端剧烈燃烧，发出橙色的火焰，日夜皆明。这烈焰来自海底深处。

工人们一班接一班地轮换，一日复一日地劳作，采油作业永不停息。从世界各地前来的工作人员飞抵巴库的盖达尔·阿利耶夫国际机场，然后乘坐直升机前往中阿泽里的钻井平台。尽管这个钻井平台位于阿塞拜疆水域，但员工们却遵循着西方石油公司的习惯和文化，多以北海的模式为参照。[①] 平台上的通用语言是英语，通用货币则是美元。

中阿泽里是 ACG 油田的 7 个海上平台之一，在平台上能看到西北方 10 千米以外的深水古纳西里双钻塔式钻井平台的灯光。两个钻井平台之间矗立着齐拉格 1 号和西阿泽里两个单钻塔式钻井平台。东阿泽里平台在它们的东南方向。在 7 个钢铁巨物中，有 6 个是按照大致相同的模型建造的。唯一一个与众不同的 6 是齐拉格平台，它先由苏联石油公司在 20 世纪 80 年代建造，后转由 BP 和其他西方公司修建，直至 1997 年才完工。

平台的主要部分在挪威预制好后，由驳船运到伏尔加河下游，再横渡里海，最终抵达巴库以南的阿泽里钻机堆场。在这里完成组装后，平台被拖到海里，在卫星的引导下精准地到达指定位置。驳船上的起重机将桩腿抬升起来，然后将它们竖直插入 120 米深的海底。燃气轮机、阀门、缆绳、泵、输油管道等总重 70 万吨的组件由船、火车、汽车和飞机运抵平台。来自世界各地的 3000 个订单共同

---

① 'North Sea Style Development Eyed for Pair of Oil Fields off Azerbaijan', *Oil & Gas Journal* 92: 9（1994）.

组成了一个钻井平台，这就好比建造一个太空站一样。[1] 搭建好的钻井平台将经历阳光的洗礼和海浪的冲刷，弗雷泽和他的"弟兄们"则需要检查饱经风霜的钻井平台的腐蚀情况。

钻井平台的核心是钻井装置。钻头扎进里海的海床，然后继续向下钻探 5000 米，直达在上新世时期（Lower Pliocene）形成的含油砂岩岩层。复杂的阀门组将 7 个钻井平台与 ACG 油田的 60 口油井连接起来，将 530 万~340 万年前形成的轻质原油开采出来。[2]

这些碳氢化合物由浮游生物和植物演变而来，它们出现的年代远比智人要早。这些有机体储存了第三纪（Tertiary period）阳光的能量。如今，以化石形式存在且处于高压下的有机体的遗骸被钻机穿透，在巨大的地层压力的作用下顺着立管冲上钻井平台。石油工业就建立在对这些早已死亡的生物体的开采活动之上，而石油之路的建设则是为了运输这些古老的液态岩石，从而帮助人类突破现有生态系统的限制。

石油的开采和运输都是高风险的作业。石油矿藏通常存在于地层深处，往往伴随有天然气，也称伴生气。伴生气有时像拍打在钻井平台桩腿上的海浪一般变幻莫测。伴生气可能会大量积聚在立管里，对管壁施加巨大压力。另外，钻井平台上还可能发生天然气泄漏，此时一旦遇到明火，整个平台都会被火海吞噬。2008 年 9 月 17 日清晨，中阿泽里响起了警报声，轰隆的直升机一直在上方徘徊。[3] 传感器检测到平台下方发生了气体泄漏。工人们往海里看去，发现

[1] H. Campbell, 'Shipshape in the Caspian', *BP Magazine* 1（2009）, pp. 11-17; and H. Campbell, 'Scale of the Century', *Horizon Magazine* 1（2009）, pp. 38-9.

[2] K. Choi, M. Jackson, G. Hampson, A. Jones and A. Reynolds, *Predicting the Impact of Sedimentological Heterogeneity on Gas-Oil and Water-Oil Displacements: Fluvio-Deltaic Pereriv Suite Reservoir, Azeri-Chirag-Gunashli Oilfield, South Caspian Basin, Department of Earth Science and Engineering*, Imperial College, London, 2011.

[3] T. Bergin, *Spills and Spin: The Inside Story of BP*, Random House, 2011, p. 131.

海面上漂起了串串气泡。这是灾难的前兆。210 名员工全部撤离，平台随即关停。此事一出，ACG 油田的日采油量从 85 万桶骤降至 35 万桶，每天损失的收入高达 5000 万美元。如果当时钻井平台像一年半后 BP 在墨西哥湾的深海地平线（Deepwater Horizon）钻井平台一样失火爆炸了，情况会怎么样？恐怕泄漏出来的石油会覆盖里海的大部分海域。

钻井平台的晨间工作开始了。我们站在巴库的码头边，眯着眼睛望向东边的海面。视野非常清晰，但中阿泽里已远在地平线以外了。

一名曾就职于 ACG 油田的潜水员提供给我们一张地图。尽管地图上有关石油设施的信息和数据存在部分限制，但我们也从中获得了不少信息。地图覆盖了长约 42 千米、宽约 8 千米的矩形区域，即由 1994 年《产量分成协议》（Production Sharing Agreement）界定出来的 PSA 海域。该协议由阿塞拜疆政府以及 BP 下属的私营企业阿塞拜疆国际运营公司（Azerbaijan International Operating Company）签署，当时被称为"世纪合同"。这片布满油井的区域位于里海深处，面积超过 330 平方千米，是阿塞拜疆的领土，由一家外国石油财团控制。

我们搭乘火车和大巴来到巴库，准备踏上自里海至德国的石油之路。过去 12 年里，我们曾经到访过沿线的很多地方，也已相当熟悉，而如今我们想要一气呵成地走完这条路线。在巴库停留的几天里，我们会进行很多采访，以理清石油之路起点国的诸多油井是如何挖掘出来的。

我们一直想到海上平台上一探究竟，但没有轮渡通往海上平台所在的区域，且极难找到一艘能专门载着我们在这 130 千米路程往返的船只。包租船倒是可行，但会引起当局的怀疑。另外，我们一旦接近钻井平台，就一定会被逮捕，因为只有少部分受雇于石油公司的阿塞拜疆人可以到这里开采石油。这里可是阿塞拜疆的聚宝盆，全国 65% 以上的石油产自这里。[1]

阿塞拜疆的地图上找不到 ACG 油田的所在之处。我们还尝试着用谷歌地球进行搜索，但看不见任何油田设施和火炬。我们的笔记本电脑里有不到 30 张与 ACG 油田有关的照片，均为 BP 官方发布的宣传图，但它们要么是矗立在平静的蓝色海洋中闪闪发亮的白色平台的远景图，要么是身穿橙色或红色连体工作服的工人在难以辨别的钢制结构间工作的近景图。图片上的工人们胸前有 BP 的标志，头上戴着白色的安全帽，帽子顶部带有 AIOC[2] 的标志。图片中的场景井然有序，穿着统一的工人们在机器世界中辛勤劳作。与其说是井场的照片，不如说这番场景更像一座空间站。

与旅途沿线的许多地方一样，这些油井是我们难以到达的禁区，我们只能凭借想象力勾画出它们的场景。不久前，我们在巴库到第比利斯的火车上遇到了弗雷泽，听他讲了一些有关钻井平台的事情。综合他提供的信息和我们前期所做的细致研究，我们努力描绘出了一幅尽量贴近现实的画面。我们心里清楚，接下来的旅途中还会有很多类似的地方，当地人的生活发生了极大改变，但事实却不为世界所知，而我们将不得不一次又一次地运用同样的方法，尝试着将真相公之于众。

我们所到的国家常见于书籍、音乐、电影和网站之中，但那些不过是世界对它们的想象而已。我们即将踏上一条晦暗不明的旅程。关于这条路线的描述，只能在技术手册、行业期刊、数据日志和政府记录里找到。

这条石油之路很容易让人联想到丝绸之路。威尼斯商人马

---

[1] H. Campbell, 'Shipshape in the Caspian', *BP Magazine* 1（2009），p. 14.
[2] AIOC 即阿塞拜疆国际运营公司，其大股东是英国石油公司。

可·波罗等人将有关横贯中亚的丝绸之路的信息传递给了西欧的人们。他笔下的一些事物过于新奇，以至于人们为他旅行的真实性争论了几个世纪。我们的境况与马可·波罗非常相似。在追随石油之路的过程中，有些地方是我们想去却力所不能及的，这时我们就不得不借助弗雷泽等人的主观描述来还原真实的场景。

尽管我们很想亲自出海探访钻井平台，脚步却只能停留在巴库码头。因此，我们只得参考潜水员给我们的地图和从其他地方获得的一张航海图，用逻辑推理出从中阿泽里平台到我们当下所在地的航程路线。

如果我们从钻井平台正下方出发，海面上刮起的东北风应该会推着我们向西北偏西方向前进，此时海浪会更剧烈地拍打在我们的小船上。航行 7 千米后，我们将到达 PSA 海域的边缘。向右舷方向望去，我们可以隐约看到深水古纳西里。该平台于 2008 年 4 月正式投产运行，是这片区域最晚投入使用的钻井平台。

这些钻井平台在正式搭建之前，必须先满足政治、法律和财政等方面的诸多前提条件。1989 年 5 月，有关钻井平台的首次会议正式召开。19 年后，ACG 油田的石油开采量才达到了计划值。在首次会议召开之后的 5 年里，几家公司对该油田的拥有权展开了竞争，其中最强有力的竞争对手是英国的 BP 和拉姆科（Ramco）以及美国的阿莫科（Amoco）、优尼科（Unocal）和鹏斯石油（Pennzoil）。1994 年，"世纪合同"签署，BP、阿莫科、俄罗斯卢克石油公司（Lukoil）、阿塞拜疆国家石油公司（SOCAR）等 11 家公司联手结盟，组建了阿塞拜疆国际运营公司。

这个联合体控制着那片我们难以企及的禁区以及海上钻井平台。随着时间的推移，各家股东所持的股份在不断发生变化。"世纪合同"签署之时，BP 持有 17.1% 的股份。几年后，BP 兼并阿莫科，合并后的公司持有 34.1% 的控股权。自 ACG 油田开始运营以来，

BP 一直是主要参与者，即"运营方"。BP 钻探里海有限公司（BP Exploration Caspian Sea Ltd.）代表 AIOC 对巴库的运营情况负总体责任。BP 阿塞拜疆公司总裁比尔·施拉德（Bill Schrader）兼任 AIOC 总裁。

我们站在码头，凝视着沿弯曲海湾延伸的城市。南面可以看见巴伊尔（Bayil）海岬上拥挤的建筑，石油大公馆（Villa Petrolea）便是其中之一。这是 BP 在阿塞拜疆的总部，也是施拉德的办公地。里海中的钢结构并非借自然之力扎进海床里，而是靠人类力量（主要是男性员工的力量）以及过去 20 年中做出的无数决定竖立起来的。地缘政治力量和资本促成了这些钻井平台的建设，还能随意摆布弗雷泽和施拉德等个人，当然这并不意味着这些个人不能做出不一致的行为或改变事件进程的不同决定。在沿着石油之路行进的途中，我们要面见那些帮助建设石油之路的人们。但是，部分关键人物就如同在禁区的钻井平台一样难以企及，所以我们将通过报纸报道、公司出版物、回忆录、历史事件以及以信息自由为名获得的政府文件来了解他们所扮演的角色。

BP 首席执行官约翰·布朗（John Browne）是建设石油之路的关键人物。他在自传中写到了 1990 年 7 月首次到访阿塞拜疆首都的情景：

> 巴库酒店的房间有些许晦暗。我拉开薄薄的窗帘，看着太阳从灰蒙蒙的里海尽头升起。在平静的海面下数百英尺（1 英尺 ≈ 30.48 厘米）深处有一片名为阿布歇隆海底山脊（Absheron Sill）的区域，其中可能蕴藏着数十亿桶优质石油资源。阿塞拜疆多年以来一直被有限的资源所禁锢。苏联人几乎不再在阿塞拜疆进行石油钻探了，这使得许多人萌生了里海资源已然枯竭的想法。我此行的目的是弄清

楚 BP 怎样才能拿下这个回报不菲的项目。我不清楚其中会存在怎样的曲折和意外。我将成为连接东西方的战略性能源走廊的促成者，美国也将是这条能源走廊的参与者。这个项目甚至会为一部詹姆斯·邦德电影提供素材。[①]

1989 年 3 月，时任 BP 子公司俄亥俄标准石油公司（SOHIO）总裁的布朗被提拔为 BP 总部勘探与生产部门负责人，并赴伦敦金融城就职。这是 BP 利润最丰厚的部门。与他一同就任的还有一些能力过硬的副手，其中包括后来导致 BP 陷入深海地平线钻井平台泄漏事故危机的托尼·海沃德（Tony Hayward）。

当时，布朗因"一天工作 18 个小时"而远近闻名，并以其金融头脑在一家工程公司站稳了脚跟。在位于苏格兰阿伯丁（Aberdeen）的 BP 北海公司（BP North Sea）担任商务经理期间，他曾以卓越的才能为公司节省了多达 2 亿英镑的政府税收款。1984—1986 年，他曾担任 BP 集团财务主管，其间建立了被誉为"BP 内部银行"的 BP 财务公司。后来，BP 前任总裁戴维·西蒙（David Simon）曾评价说，"布朗……对数字非常敏感，在财务方面极其敏锐，而且在技术方面也表现得非常突出。他熟知地缘政治，也深谙生意之道"。[②]

刚到 BP 总部履新时，布朗领导的勘探部门面临着严峻挑战。1973 年石油危机的余波仍存，一些此前对西方而言至关重要的欧佩克产油区在受西方控制数十年后，收归各国所有。之后，私营石油公司只能更加依赖于其所在国数量不断减少的"安全"油田。

BP 受其影响巨大。BP 极度依赖北海油田和阿拉斯加油田，被

① J. Browne, *Beyond Business*, Wiedenfeld & Nicholson, 2010, p. 151.
② 'The Andrew Davidson Interview–John Browne', *Management Today*, December 1999, p. 60.

外界称为"双管道公司"。为了摆脱这个困境，布朗请来了他的老同事、美国地质学家汤姆·汉密尔顿（Tom Hamilton）对 130 年的全球油田勘探开发史进行研究，试图从中寻找新的机会。然而，汉密尔顿团队得出的结论是，BP 的战略注定会失败，现如今其日产油量可达 150 万桶，但未来几年内该数字可能会骤降一半。布朗提议，BP 应切入"边远地区"，即受政治或技术限制而难以企及的地区。

在汉密尔顿为布朗效力期间，布朗与当时的英国首相玛格丽特·撒切尔（Margaret Thatcher）见了面。撒切尔夫人从与苏联的长期对话中得出结论，"我们可以一起谋发展"，也就是与米哈伊尔·戈尔巴乔夫（Mikhail Gorbachev）领导的苏联合作。她鼓励布朗在苏联"进行一些滚动投资"。布朗向汉密尔顿的下属龙多·费尔伯格（Rondo Fehlberg，摩门教徒，全职摔跤手）下达命令，"去莫斯科看看能做点什么"。①

不久后，BP 和雪佛龙就成为自 20 世纪 20 年代末以来首批进入苏联的西方石油巨头，不过初期他们并未将发展重点放在阿塞拜疆。彼时，费尔伯格开始与位于莫斯科的苏联石油部进行谈判，但他逐渐将工作重点转移到了攻略位于里海以东的哈萨克苏维埃社会主义共和国的重要政治家身上。

后来，BP 不敌雪佛龙，未能争取到在哈萨克深入发展的机会，苏联石油部则趁机建议费尔伯格去巴库寻找机会。BP 从哈萨克一事中吸取到了若干重要的经验：苏联解体正在加速，BP 完全可以对日益独立的国家与俄罗斯之间的紧张关系加以利用；苏联的国有产业结构和西方的私有化模式存在着巨大差异，可以在其间进行运作并

---

① S. Levine, *The Oil and the Glory: The Pursuit of Empire and Fortune on the Caspian Sea*, Random House, 2007.

获取巨大收益；苏联的工业与苏联本身一样极度缺乏资金；西方石油巨头能够以其技术实力打动苏联政府官员。BP 邀请了一队苏联石油部的工作人员前往北海钻井平台参观，还邀请了哈萨克的几位相关人士前往阿拉斯加油田考察。BP 发现前来参观考察的政要和官员并不拒绝利诱，有些甚至已经开始憧憬苏联解体后的生活了。[1]

1990 年 7 月，布朗首次到访巴库。当时，阿塞拜疆和亚美尼亚正于南高加索的纳戈尔诺–卡拉巴赫地区（Nagorno-Karabakh）交战，巴库处于宵禁状态，苏联装甲运兵车在街道上巡逻。在费尔伯格的陪同下，布朗前往位于巴库海滨的阿塞石油公司（Azerneft），会见了时任阿塞拜疆苏维埃社会主义共和国石油部部长库尔班·阿巴索夫（Qurban Abbasov）。

阿巴索夫人称"石油人库尔班"（Neftci Qurban）和"石油库尔班"（Oily Qurban），是巴库的传奇人物。他从 18 岁起就投身石油行业，已在业内深耕 46 年。他曾参与开创性的纳弗特达施拉里（Neft Dashlari）海上项目，并借此荣获斯大林奖一等奖以及社会主义劳动英雄金星奖章。与费尔伯格会面时，他已经担任阿塞拜疆石油公司总经理达十年之久。

1980 年，苏联工程师发现了 4 个大型海上油田，并分别命名为"4 月 28 日""齐拉格""26 名政委""十月革命"。这 4 个油田是彼此相接的，它们共同构成了一个大型油藏，即阿布歇隆海底山脊油藏。这意味着早在西方石油公司到达此地之前，苏联就已经完成了这些油田的地质测绘工作。20 世纪 80 年代末，阿塞拜疆的石油工业因资金有限而陷入停滞，但阿巴索夫很想重振当地的石油工业。他摆好了谈判的姿态，但是当时苏联正走向解体，因此他处于非常不

---

[1]　Browne, *Beyond Business*.

利的谈判地位。

BP 对"26 名政委"油田兴致颇高。这个名字来源于 1918 年巴库苏维埃领导人因与一名英国远征军串通密谋而被处决一事。随着讨论的逐渐深入，费尔伯格向阿巴索夫说明，BP 投资者对该油田的名字不甚满意。在阿巴索夫的调解下，该油田被重命名为"阿泽里"。此举彰显出了阿巴索夫方面对于 BP 的诚意，也顺应了苏联晚期的民主主义情绪，这似乎很对 BP 的胃口。

1990 年 10 月，费尔伯格取得了重大进展，便邀请汉密尔顿前来巴库共商共议。一个月后，他们为 BP 争取到了阿泽里油田的独家经营权，无须再与其他竞标者竞争。两方将继续就细节问题进行深入协商，而 BP 成功获得阿泽里油田经营权的消息将在 11 月开幕的第一届巴库石油展上公之于众。当年 8 月，亚美尼亚议会通过决议，宣称自己是苏联内部的主权共和国；10 月，哈萨克斯坦也通过了类似决议。显然，阿塞拜疆也将紧随其后。阿塞拜疆通过举办石油展并签订海上油田协议，向西方石油公司敞开了怀抱，并借此主张自身的独立性。

然而，出乎费尔伯格和布朗的意料，石油展上并没有宣布 BP 获得经营权的消息，而是宣称各方将就此展开竞争。费尔伯格提出了强烈抗议，但美国的阿莫科公司早已通过阿塞拜疆总统穆塔利博夫（Mutalibov）获得了支持。苏联的缓慢解体引发了巴库的政治动荡，致使诸多西方石油公司在结成脆弱联盟和陷入激烈竞争之间摇摆不定。布朗层层施压，派 BP 的高层领导埃迪·怀特海德（Eddie Whitehead）去往里海地区，后又签约了史蒂夫·雷普（Steve Remp）的小型企业拉姆科能源公司，进一步强化了自身队伍。雷普是 20 世纪 20 年代以来第一位到巴库发展的西方石油人。他于 1989 年 5 月到达巴库进行石油交易，在当地拥有优质的人脉资源。

经过 6 个月的投标和谈判，1991 年 6 月，相关方面宣布阿莫科石油公司获得了在此后一年中就阿泽里油田一事进行商谈的排他性权利。BP 相关人员因此备受打击，并在希斯罗机场举行会议以商议应对策略。怀特海德传递了布朗的坚定要求："如果我们未能在 3 个月内与他们达成协议，我们就退出（苏联）市场。"会议也讨论了西西伯利亚的投资机会，但那并不是上佳选择。"那里不够好，"怀特海德说，"里海是不二之选。"①

1991 年 8 月，针对戈尔巴乔夫总统的政变以失败告终，鲍里斯·叶利钦（Boris Yeltsin）在莫斯科牢牢掌握政权，苏联的大幕缓缓落下。两个月后，阿塞拜疆宣布从苏联独立。库尔班·阿巴索夫当选阿塞拜疆石油部部长。然而，布朗仍坚持在阿塞拜疆发展，并于 9 月被任命为 BP 集团董事总经理，在董事会中争得了一席之地，从而巩固了自身实力。

我们当时在码头边，距离布朗首次到访巴库时入住的因图丽斯酒店（Intourist Hotel）仅几百米远。我们仔细研究了海图，还探讨了促使弗雷泽及其同事在里海里建造那些看不见的城市的历史原因。

📍 50 千米-阿塞拜疆，纳弗特达施拉里

日头越来越毒辣。我们到了码头边的布尔瓦公园（Bulvar Park），在树下的一张桌子旁坐了下来。服务员端着放有小杯子的托盘走到我们身边，为我们送上了几杯加了方糖的茶水。

我们铺开海图，继续探索石油之路的前 187 千米路程。从 ACG 钻井平台延伸出 4 条海底管道，直通位于巴库南部海岸的桑加查尔

---

① Levine, *The Oil and the Glory*, p. 159.

油库。它们是总长 829 千米的始自井口的管道系统的一部分，就像从煤矿铺设到大都市的火车铁轨一样。输油管道是石油经济的隐藏脉络。

想象一下，如果我们就在这片海上航行，那么我们会看到在 20 世纪 70 年代到 80 年代建造的苏联钻井平台，即归属于阿塞拜疆国家石油公司的浅水古纳西里，日采油量达 12 万桶。随着船只前行，海水将逐渐变浅，由最开始的 150 米减少至 100 米，再到 50 米。很快，著名的纳弗特达施拉里就会映入眼帘。

纳弗特达施拉里于 1951 年正式投产，是苏联的卓越工程项目，如今仍有 400 口产油井。钢柱高耸于海面之上，顶部承载着服务于 5000 名倒班工人生活起居的庞大建筑物群，其中包括 200 千米道路、一个影院、一个面包房和一个以盖达尔·阿利耶夫总统（Heydar Aliyev）命名的公园。

很久之前，人们就认为里海海床上存在石油渗漏。1949 年，工人们按照苏联第四个五年计划的要求，开始建造世界上最大的海上石油设施。他们沉了 7 艘船，打造了一个暗礁，并在其上建造了钻井平台。库尔班·阿巴索夫等苏联工程师在纳弗特达施拉里接受了培训。自 20 世纪 90 年代中期起担任阿塞拜疆国家石油公司副总裁的霍什巴赫特·尤西扎德（Khoshbakht Yussifzadeh）在这里开启了自己的职业生涯："对我们来说，那是一个勇敢的新时代。我们是先驱者，是探险家。下班后，我们会去电影院或酒吧消遣一下。实验室和食堂有很多女性职工。我还借机念了大学……我的工资高达 2900 卢布，奖金甚至有 5000 卢布。在当时，那可是实实在在的高薪！"[1]

---

[1] L. Kleveman, *The New Great Game: Blood and Oil in Central Asia*, Atlantic Books, 2004, pp. 19−21.

纳弗特达施拉里在"十月革命"32周年纪念日当天正式投产。当时，苏联、英国和美国不再以"二战"时期的盟友身份相处。温斯顿·丘吉尔宣称格但斯克（Gdansk）和的里雅斯特之间存在着无形的屏障，且西方开始禁止向苏联出口技术设备。尽管被外界孤立，苏联人还是凭一己之力进行了大胆创新。他们不仅建造了海上平台，还发明了"涡轮式钻机"，大幅提高了钻井速度，并借此研发了"水平钻探"技术（西方直到 20 年后才掌握此项技术）。

20 世纪 50 年代到 60 年代，巴库附近的石油开采量稳步提升，于 1969 年达到顶峰。同一时期，阿塞拜疆的能源系统正在发生根本性的转变，天然气变成了家庭取暖的主要燃料，阿塞拜疆也成为欧洲国家中使用天然气最多的国家。① 苏联的经济形势一片大好，接替斯大林担任总书记的尼基塔·赫鲁晓夫（Nikita Khrushchev）向公众承诺，计划经济将带领人们进入一个物质丰富的时代。

1960 年，赫鲁晓夫到访纳弗特达施拉里，并参加了在 408 号平台上举办的宴会。据传，他当时喝醉了，下令在平台上建造一栋 9 层的公寓楼，以彰显该项目的实力。之后，公寓楼如愿建成，里面容纳了 2500 名工人。他在巴库时谈到了正在建设中的新苏联公寓楼，还表示："别担心，这些只是临时住所！25 年后，苏联将成为全世界最富有的国家，届时这些公寓楼都会拆掉，工人专属的优质大楼将拔地而起。"②

然而，时至今日，我们坐在咖啡厅的桌子旁，抬头望向巴库的天际线，却依然能看到矗立着的"赫鲁晓夫建筑群"（Khrushchevki，这些公寓楼的绰号）。

---

① S. Pirani, ed., *Russian and CIS Gas Markets and Their Impact on Europe*, OUP, 2009, p. 205.

② F. Alakbarov, 'Baku's Architecture', *Azerbaijan International* 9: 4（2001）.

📍 110 千米–阿塞拜疆，阿布歇隆半岛

从中阿泽里出发，继续航行 60 千米，就到达了希里巴尔努岬角（Suiti Barnu）。驶入阿布歇隆半岛水域后，海水便不再波涛汹涌。阿布歇隆半岛在我们的右舷侧，是一个悠长而地势低矮的地块。我们在正侧航行，在持续微风的推动下，向着巴库湾（Baki Buxtasi）前进。巴库湾是里海西侧最佳的天然港口，半岛挡住了吹向巴库湾的大风。

阿布歇隆半岛的外形像伸向大海的鹰喙。它是大高加索山脉向东部的延伸。尽管周围有屏障阻挡，巴库的风力依旧强劲。巴库这个名字可能来源于古波斯语 "bad kube"（意为被风吹过）或 "bad kiu"（意为风城）。有两股风吹往巴库，一股来自北方的哈兹里（Khazri），一股来自南方的吉拉瓦（Gilavar）。在炎热的夏季，大风裹挟着沙尘吹过；而在冬季，凛冽的冬风又寒冷刺骨。尽管很多人对巴库的大风倍加诟病，但千百年来，风力一直是在里海中航行的船只的动力来源。我们想到了那些来往巴库的船只，它们有的在暴风雨中苦苦挣扎，有的在酷热难耐中停滞不前。

巴库的一边是大海，另一边则是沙漠，因此集合了两种截然不同的地貌的特征。巴库与威尼斯类似，都是为过渡水陆而建，为海上的船只和沙漠之舟——骆驼提供连接点。这座城市长期以来一直以水路和陆路运输为生。

早在一万年前，里海海域就已经出现了交通、贸易和战争。巴库以南 60 千米处坐落着戈布斯坦国家公园（Gobustan National Park），里面的岩石上雕刻着中石器时代的岩石画，其中可见一艘芦苇船。7 世纪中叶，倭马亚王朝（Umayyad Caliphate）的军队横扫高加索地区，并将阿拉伯船驶至巴库。公元 943 年，斯堪的纳维亚罗斯人（Scandinavian Rus）沿着里海的西海岸烧杀掠夺，并冒险顺库

拉河（River Kura）而上，到达了今阿塞拜疆境内。

我们在戈布斯坦国家公园里眺望巴库湾波光粼粼的水面，看到一艘油服船驶向远处的平台。这艘穿行在迷蒙薄雾里的船只让我们联想到沙皇里海舰队里的一艘船，它为俄罗斯帝国攻占了这座波斯城市；还有路德维格·诺贝尔（Ludvig Nobel）的琐罗亚斯特号（Zoroaster）油轮，即世界上第一艘油轮；以及布尔什维克的活动者们停靠在巴库港的尼古拉斯一号（Nicholas Ⅰ）蒸汽船；或是 1918 年英国远征军征用的库尔斯克号（Kursk）汽船；抑或为建造纳弗特达施拉里而沉没的七艘轮船之一。

几百年来，阿布歇隆半岛一直是供朝圣所用的火神庙。自最近一次冰河时代以来，这里的地缝源源不断地冒出燃烧着的气体。这是拜火教（也称琐罗亚斯德教，英文 Zoroastrianism，曾是阿布歇隆半岛最为盛行的宗教）至高无上的圣地。人们被含有石油的岩石吸引至此，但他们并不是来采集石油并将其运输至其他地点作燃烧用的，而是向着岩石间的火焰进行礼拜。之后，逊尼派和什叶派伊斯兰教、俄罗斯东正教、马克思主义等信仰传入此地，半岛的圣火也随之变成了一种可供采收并出口的材料。

📍 150 千米-阿塞拜疆，比比赫巴特

我们边喝茶边想着那些坐船和骆驼前往巴库的拜火教朝圣者。天气逐渐变得燥热难耐。突然，我们听到了直升机的轰鸣声。它正朝着远处的 ACG 钻井平台飞去。

我们踏上了通往巴库湾的最后一段路。途中，我们将路过于 20 世纪 50 年代早期建成的达什基纳（Dash Zina）。这是一组位于浅水区的石油建筑物，由输油管道、泵站和搭在木桩上的钻塔组成。向巴库码头行船的末段航路以西是比比赫巴特岬角。

1848 年，世界上第一口机械钻探油井就是在这个多岩石的海岸上进行钻探的。当时，这里属于俄罗斯帝国的外高加索地区。如今，人们通常认为德雷克上校（Colonel Drake）在宾夕法尼亚州钻探石油为石油时代拉开了序幕，但事实上比比赫巴特的油井比德雷克的油井还早 11 年。尽管阿塞拜疆的石油工业起步较早，但美国却后来居上，遥遥领先，其中的部分原因是阿塞拜疆在石油勘探领域的投资晚了一步。1872 年 12 月，沙皇亚历山大二世下令将含油土地拍卖给企业家和投资者，此举将金融资本引入了阿塞拜疆，之后当地的石油行业才开始迅速发展。

巴库因 5 项技术而改变：一是钻井技术，机械钻井的深度比人工打井深得多；二是炼制技术，石油经过炼制，可以得到一种照明燃料，即煤油；最重要的是三项运输技术，油轮、铁路和输油管道能将大量原油和成品油运输出去。为了谋取利益，相关方需要为照明用煤油打开市场并创造销路。当时，从城镇到乡村、从伦敦到上海，世界各地都在宣传煤油，称其是极其适配油灯的燃料。就这样，煤油代替了鲸油、蒸馏酒精和动物油脂，成为一种全球通用的石油产品。

沙皇拍卖土地后，当地掀起了一波投机热潮。巴库附近的山上建起了数百个井架。使用蒸汽驱动技术钻探的油井数量迅速增加。很多小型炼油厂如火如荼地炼制原油，排放出大量有毒烟雾，对环境造成了严重污染，迫使巴库政府下令要求所有炼厂搬迁至巴库东部的一个新郊区，也就是后来的黑镇（Black Town）。

一些不久前才从农奴制中解放出来的农民来到了这座城市，成为石油工人。当地的商人、工匠和劳工也逐渐融入了这个全新的工业领域。[1] 俄罗斯人、犹太人、格鲁吉亚人、亚美尼亚人和"鞑靼

---

[1] 1861 年，俄罗斯废除了农奴制。然而，直到 1870—1873 年，阿塞拜疆和亚美尼亚才颁布了类似的法案。

人"①（当时用该词指代讲阿塞拜疆语的伊斯兰教徒）涌入巴库老城的外围区域，即"外城"（Outer Town）。短短十年时间，巴库的人口就翻了两番。

19世纪末，巴库成为一个伟大的多元文化大熔炉。当时，一名英国游客被当地的生机活力所吸引，写道："这里像是美国西部的城市。每个人都满怀好奇、活力四射。每个人都充满希望。"②

巴库还涌现出了一个新阶级，即由石油大亨组成的富豪阶层。他们以极快的速度积累了惊人的财富，并在外城建造了风格各异的豪宅，其中包括阿拉伯式、拜占庭式、威尼斯式和哥特式建筑等。许多石油大亨是外来人士，如路德维格·诺贝尔等；当然也有部分本地人，以哈吉·宰纳勒·塔吉耶夫（Haji Zeynalabdin Taghiyev）为代表。塔吉耶夫于1823年出生于巴库，他的父亲是一名没有文化的鞋匠。他本人最初从事的是石匠工作，后来慢慢做起了贸易。在1872年12月的沙皇拍卖会上，他成功获得了比比赫巴特的土地租赁权，但当时这块土地的石油价值并不被众人看好。

此后14年，塔吉耶夫的石油勘探毫无进展，其间他的亚美尼亚跟投者撤回了投资。直到1886年9月27日，一个70米高的油柱直冲天际。巴库的一家报纸报道了当时喷出的原油从空中落下并汇成一股股油流的情景："巨大的烟柱喷薄而出，中间夹杂着的油砂在空中久久飘浮……由于缺乏足够的储存设施，大部分石油白白流进了里海，再不能为人们所用。"③

---

① 很多说阿塞拜疆语的人来自俄罗斯-波斯边境线附近。T. Swietochowski, *Russian Azerbaijan, 1905-1920: The Shaping of National Identity in a Muslim Community*, CUP, 1985.

② 引自 T. Reiss, *The Orientalist: Solving the Mystery of a Strange and a Dangerous Life*, Random House, 2006, p. 12.

③ J. D. Henry, *Baku: An Eventful History*, Constable, 1905, pp. 104-5.

此后，塔吉耶夫变成了巴库的顶级富豪。他用石油带来的收益购买了一些油轮和驳船，从而将石油经由里海运往北部，再沿伏尔加河而上，最终运输到莫斯科。他在外城建造了一座有 50 个房间的豪宅，还在位于阿布歇隆半岛东北岸的远离市区的马尔达肯村（Mardakan）打造了一个度假村，供富人消遣娱乐。

他还开设了一所农业学校，并仿照摩纳哥蒙特卡洛（Monte Carlo）的花园赌场（Casino et les Jardins）建造了一座歌剧院。[①]尽管他的受教育程度有限，但他仍说服了沙皇尼古拉二世（Tsar Nicholas Ⅱ），得到了创办一所世俗意义上的女子学校的许可，那也是伊斯兰世界最早开设的一批女子学校之一。经过上述种种努力，塔吉耶夫创造了全新的俄国-鞑靼上层资产阶级文化，并打造了全新的城市愿景。巴库逐渐向与其进行石油贸易的位于俄罗斯和西欧的"美好年代"城市靠拢看齐。

📍 160 千米–阿塞拜疆，巴库

咖啡馆外的树林里传来了音乐声。我们收好地图，闲逛过去，发现了一个四人乐队坐在科西嘉松下奏乐，其中一个人在弹奏萨兹琴（一种长颈弹拨乐器），还有一个人弹奏着雅马哈电子琴作配乐。我们坐了下来，在美妙的音乐中度过了如痴如醉的一个小时。这个乐队并不在意周围的观众——确切地说，没有人在专心听他们演奏，大家都在喝茶或玩一种与双陆棋类似的波斯游戏。在水边钓鱼的人们都紧盯着自己的鱼竿和鱼线。海面极其平静，海水的质地看起来厚重又黏稠，表面闪烁着石油的光泽。我们在里海岸边的第一天就

---

① T. de Waal, *Black Garden: Armenia and Azerbaijan through Peace and War*, NYU Press, 2004, p. 99.

要过去了，天气也逐渐凉快下来。我们准备步行穿过这个小镇。

　　背对着海水，我们发现巴库这座城市的地势在缓缓上升。巴库有着与其近 200 万人口不符的静谧。岩石高耸的悬崖遮住了巴库老城以及巴库外城。那里有些从老城延伸出来的纵横交错的 19 世纪街道。巴库的区域划分就像树干的年轮一样，呈现出一圈一圈的形状，展示了巴库的成长与发展：最里面沿袭了波斯风格，外面一圈是沙俄城镇，再外面包围着早期和晚期苏联城市。巴库经常能见到近年修建的富有新资本主义大城市特色的高楼大厦。远处的峭壁之后就是沙漠，沙漠往南、北和西三个方向延伸。

第二章

总统权威的由来

📍 **阿塞拜疆，巴库，石油工人大道**

石油工人大道（Neftçilər Prospekti）两旁有许多大牌店铺，阿玛尼、迪奥、宝格丽、杜嘉班纳、范思哲都位列其中。这些于19世纪建造的宏伟建筑面朝大海，外立面被清理得干干净净，一楼都有透亮的大玻璃窗。过去十年里，我们曾多次踏上这条街道，它的变化之大令人震惊。这里原本只是一条尘土飞扬的后苏联时期街道，而如今俨然已是21世纪石油城市的标志了。

这里到处都在施工，购物中心、酒店和豪华公寓接连不断。起重机和工地土坑旁竖立的广告牌上写着这里将成为像迪拜一样的城市。新希尔顿酒店即将开业，新四季酒店将紧随其后。马路上随处可见配有茶色车窗的黑色奔驰和保时捷SUV。

走过以光滑石板铺就的地下通道，我们踏上了一条装饰着明亮灯带的人行道，到达了巴库的中心区域。沿着另一条满是新店铺的街道一路前行，我们来到了一个广场。在树木的光影里，翻新过的喷泉在泛光灯的照射下显得尤为动人。当时已过午夜，但"喷泉广场"的酒吧和咖啡馆里仍有不少衣着整齐打扮光鲜的家人和年轻夫妇。街边的露天座位人满为患，孩子们骑着小电动四轮车在广场里追逐打闹。

推开城墙上的萨马西门（Şamaxi Gate），我们即将走入老城。用砂岩砌成的拱门让我想起了库尔班·赛义德（Kurban Said）以"一战"前的巴库为背景写就的小说《阿里与尼诺》（*Ali and Nino*）中的一段描述：

> 我爬上了这座房子的平屋顶。在这里，我可以看到我的世界，可以看到巍峨的城墙和宫殿的废墟，可以看到门上的阿拉伯文题字。在迷宫般错落的街道上，骆驼走得轻快，让人有上前摸一摸它们的冲动。我的面前矗立着低矮的少女塔（Maiden's Tower），周围尽是铭文和游客指南。少女塔的后面就是一望无际、沉闷阴郁又深不可测的里海，另一边的沙漠尽头则是参差不齐的岩石和灌木，它们寂静一片、不可征服，是世界上最美丽的风景。①

这本书出版于 20 世纪 30 年代的维也纳，书中充满了对当时正在苏联统治下迅速重建的波斯巴库的怀旧之情。②

我们进入老城。这里也在大兴土木，就连狭窄的过道都在施工当中。尽管这里已被联合国教科文组织认定为世界文化遗产，但在 14 世纪的建筑地基上仍在建造酒店。我们沿着蜿蜒的街道回到了海

---

① K. Said, transl. Jenia Graman, *Ali and Nino*, Robin Clark, 1990 [1937].

② 库尔班·赛义德是作者的笔名，而作者的真实身份一直让人们争论不休。汤姆·里斯（Tom Reiss）在传记《东方主义者》（*The Orientalist*，兰登书屋，2006 年出版）中指出，库尔班·赛义德的真实身份是列夫·努辛巴乌姆（Lev Nussimbaum），他在布尔什维克革命期间与父亲一同逃离巴库。然而，一些人质疑里斯观点的准确性。近期，一项长期调查研究表明，该书的主要作者是尤素福·维齐尔·恰门赞利夫（Yusif Vəzir Çəmənzəminli）。不论作者是何许人物，围绕着小说的重重谜团都增添了它的浪漫色彩。

滨和石油工人大道。我们路过了游艇俱乐部和空荡荡的码头，之后看到了一个被栅栏围住的大坑，一直延伸到海里。广告牌上的标语把即将建成的投资2.5亿美元的满月酒店（Full Moon Hotel）描绘成了波斯湾的未来派摩天大楼。离海稍远的地方有一个体育馆和达尔加广场商务中心（Dalga Plaza Business Centre）。这个商务中心共12层，通体覆盖着玻璃，矗立在繁华的街道上，装饰性的白色大理石柱子有半栋楼那么高。它的所有者在对外宣传时骄傲地说"在天色欠佳之时，这栋大楼便愈发凸显出来，看起来雄伟又大气"，且这座办公楼"令总统赞不绝口"。

这栋大楼是阿塞拜疆国家石油基金会（State Oil Fund of Azerbaijan，SOFAZ）的总部办公处。这个国家税收基金负责管理阿塞拜疆的绝大多数石油收入，它的成立宗旨是为子孙后代储备财富，同时抑制投资以防止经济过热。基于以上理论，阿塞拜疆应将石油收入投资于外国资产，并将投资所得留存下来，供后续有助于经济多元化和促进发展的项目使用。SOFAZ还从德国等国家购入了大量财产和证券。[1] 但是，真实情况却与其宗旨有所出入。2010年，SOFAZ共收入72亿美元，然而预计支出高达66亿美元，这意味着留给后人的部分还不到总收入的10%。计划支出的80%拨给了政府，涵盖军事、治安和建筑等领域。[2]

起初，分析人士还乐观地认为SOFAZ能妥善地管理这部分收入，但没过多久，他们就开始认识到，建立石油基金或许只是"为了对外摆出政治姿态，尤其是要彰显财政责任和支出透明"。[3]

尽管SOFAZ是石油收入的管理中心，但它并不能决定将哪部分

---

[1]　*Annual Report 2008*, State Oil Fund of the Republic of Azerbaijan, 2008.

[2]　K. Aslanli, 'Oil and Gas Revenues Management in Azerbaijan', *Caucasus Analytical Digest* 16（2010）.

[3]　S. Asfaha, *National Revenue Funds*, IISD, 2007.

收入留作未来使用、将哪些用于当前支出。我们穿过马路，从公园的栏杆外窥视里面的古鲁斯坦宫（Gulustan Palace）和总统府。总统府的外立面由一块巨大的白色石头制成，中间点缀着 300 余扇窗户。这里才是决定石油收入何去何从的真正的权力中心，阿利耶夫王朝才是背后的掌控者。

盖达尔·阿利耶夫出生于阿塞拜疆西南部的半自治山区纳克斯奇万（Naxçivan），那里比备受争议的纳戈尔诺–卡拉巴赫地区还要偏远。1939 年，16 岁的他来到巴库的石油大学就读。巴库是苏联最现代化的城市之一，而这座院校则是巴库的重要学术机构。石油大学将钻井平台上的石油工人奉为英雄的社会主义劳动者。两年后，纳粹入侵苏联，阿利耶夫转任苏联内务人民委员部（NKVD）中尉，逃过了被派往前线的命运。内务人民委员部是苏联的内部安全机构，也是斯大林肃反运动背后的力量。"二战"末期以及"二战"结束后的几年里，大量本都希腊人、车臣人和麦斯赫特土耳其人被肃反运动驱逐出高加索地区。① 直到 1953 年 3 月斯大林去世，肃反运动才戛然而止。

尽管赫鲁晓夫主导了"去斯大林化"改革，但阿利耶夫在克格勃（苏联国家安全委员会，即前 NKVD）的晋升之路依然通畅无阻。② 1967 年，他升任阿塞拜疆克格勃主席。两年后，他被苏联总书记列昂尼德·勃列日涅夫（Leonid Brezhnev）任命为阿塞拜疆共产党总书记，成为阿塞拜疆职位最高的苏联官员。登上祖国的权力之巅后，他迅速整顿了政府和学术领域。阿利耶夫还以反腐为由，解雇了 7 位部长中的 6 位，然后将来自纳克斯奇万和克格勃的亲信安插了进来。在之后的 34 年里，这个从大山里走出来的男人一直是

---

① Ascherson, *Black Sea*, p. 188.
② *Heydar Aliyev and the National Security Agencies*, Ministry of National Security（Azerbaijan），2009.

阿塞拜疆最有权势的人。

尽管一直有人出面声讨阿利耶夫的腐败行为，但他的支持者始终对这些反对者进行大力镇压。阿塞拜疆检察官加马巴伊·马梅多夫（Gamabai Mamedov）曾在议会上提出自己的反对意见，却被无情喝止了："你这是在跟谁唱反调？如果你信仰上帝，那么你应该认识到，上帝的化身（阿利耶夫）就站在我们眼前。"[①] 种种证据被压制下来，这位检察官不得不逃往列宁格勒。1982 年，阿利耶夫再次晋升，进入了苏联政治局。

阿利耶夫希望成为苏联总书记，但莫斯科媒体谴责他腐败成性，与所谓的"石油黑手党"和"鱼子酱黑手党"关系密切，还曾送给勃列日涅夫一把镶有珠宝的剑和一个嵌满宝石的大戒指。后来，他因反对米哈伊尔·戈尔巴乔夫的社会主义改革运动而被定性为反革命强硬派，并因此被逐出了政治局。1987 年，他被开除出中央委员会，在莫斯科的住宅也被没收了。

认清外界形势后，阿利耶夫转变了发展思路。1990 年 1 月，巴库发生了"黑色一月"事件，100 多名阿塞拜疆平民惨遭杀害。回头来看，阿利耶夫被逐出政治局，恰恰让他避开了阿塞拜疆独立时期兵荒马乱的那几年。仅仅三年后，他就带着他的克格勃同党重掌大权了。[②]

2009 年春天，我们来到了总统府。阿利耶夫曾在这里叱咤风云，一直坚持到了 2003 年 12 月逝世前不久。他长达 60 年的职业生涯都与这个产油区交织在一起，他是石油之路当之无愧的建筑师。

1998 年，阿利耶夫入住总统府已有 5 年时间。当时，本书作者

---

① 引自 Levine, *The Oil and the Glory*, p. 176.

② J. Hemming, The Implications of the Revival of the Oil Industry in Azerbaijan, *Centre for Middle Eastern and Islamic Studies*（*Durham*）, 1998.

之一詹姆斯曾到访此地。他带着相机在附近闲逛，想要拍下宏伟壮观的巴库湾全景。两名总统警卫端着枪，将詹姆斯押送到了总统府的地下室。在漫长又紧张的几个小时里，他的数码相机被查了个底儿朝天，之后他才被放了出来。外面已经漆黑一片。

📍 阿塞拜疆，巴库，石油大学

盖达尔·阿利耶夫因身体欠佳退出了 2003 年的总统选举。绝大多数人都认定他的家族将继续掌权，部分人仍寄期望于他的儿子伊利哈姆（Ilham）能够大刀阔斧地进行改革。不出所料，伊利哈姆·阿利耶夫赢得了 76.8% 的选票。然而，很多人认为选举过程存在舞弊，还有大量记者被关押，舆情也都被压制了下来。[①]

尽管遭到了政府当局的无情镇压，反对派仍坚持联手反对阿利耶夫政权。随着石油出口管道建设工程的推进，国际社会对阿塞拜疆的关注度日益提升。有人呼吁在 2005 年 5 月 21 日举行示威游行活动。巴库市长严令禁止该示威活动，称它"会干扰将于 5 月 25 日举办的巴库–第比利斯–杰伊汉石油管道投产仪式"。[②] 警察突袭了 40 名反对派领导人的住处并逮捕了他们。尽管组织者们宣称将有成千上万人参加示威游行，但他们知道，绝大多数人没有上街游行的勇气。[③]

出乎意料的是，示威游行当天，数百名抗议者聚集在了老阿利

① *OSCE/ODIHR Election Observation Mission Report: Republic of Azerbaijan-15 October 2003*, OSCE/ODIHR, Warsaw, November 2003; *The Azerbaijan 'Elections'-October 15th 2003*, Institute for Democracy in Eastern Europe, Baku, October 2003.

② A. Abdullayeva, N. Jafarova, S. Gojamanli and S. Bananyarli, *Report on Monitoring During the Protest Rally Held by Opposition Parties on May 21, 2005*, Monitoring Group of Human Rights Organizations, 2005.

③ 'Police Breaks up Opposition Rally', *AssA-Irada*, 21 May 2005.

耶夫曾就读过的石油大学以及德国文化中心之间的区域。中年男女是抗议活动的主力军，代表着木沙瓦特党（Musavat Party）、人民阵线、民主党等反对势力。我们来到他们集合的地方，向他们计划的游行路线看过去。他们原本打算沿着5月28日街和布布大道（Bulbul Prospekti）游行6个街区。

装甲车封锁了他们的游行路线，着黑衣的防暴警察和内政部军队严阵以待，从远处形成了包围圈。没人挪动脚步。忽然，人群中传出呼喊："自由选举！自由选举！"话音未落，警察黑压压地朝人群拥来。他们用警棍敲击盾牌，发出震耳欲聋的声响。两方正面交锋之时，警棍砸在身体上发出的响声和人们的尖叫声不绝于耳，恐慌情绪不断蔓延。示威队伍被团团围住，倒在地上的人免不了被一顿拳打脚踢。抗议活动的首领被包围，遭到殴打并被抓走。一些冲出包围圈、逃到小巷子里的人被高压水枪冲倒，同样没能逃过被捕的命运。

没过多久，这里便一片死寂。两名摔倒了的妇女已经不省人事，身边散落着旗帜的碎片。水泥地上随处可见跑丢了的鞋子、扯破了的帽子和砸烂了的标语牌。鲜血洒满了整条街道。

示威游行的发生地距离桑加查尔油库（BTC管道距离巴库最近的地方）明明有50千米，但BBC仍在报道于抗议活动4天后举行的BTC投产仪式时接受了阿塞拜疆政府当局对这次事件的解释。BBC报道称："上周六，一些示威者遭到殴打并被警方逮捕。阿塞拜疆当局称，他们采取镇压行动的原因是抗议者距离输油管道过近。"[1]

---

[1] 'Giant Caspian Oil Pipeline Opens', BBC News, 25 May 2005.

♀ 阿塞拜疆，巴库，塞服卡巴里大街，里海广场大楼

我们离开了"一战"前修建的外城，前往里海广场大楼。这栋大楼与前文提到的阿塞拜疆国家石油基金会办公楼同在近十年内建成，以玻璃和钢铁为主材料，展现出了巴库的新风貌。一楼有一家文具店，售卖莫尔斯金牌（Moleskine）笔记本。隔壁是一家旅行社，售卖飞往伦敦、伊斯坦布尔和莫斯科的商务舱机票。楼上的办公室里，顾问与外国建筑公司和若干非政府组织来往密切。

尽管我们已经在阿尔祖处大概了解了石油和 BP 对阿塞拜疆政治体系的重要性，但我们还是抱着更详细地了解当地经济背景的心态来到了这里，打算与致力于追踪政府收入的非营利组织研究人员埃米尔·奥梅罗夫（Emil Omerov）进行交谈。他是在苏联解体的大环境下成长起来的年轻人，接受的教育是资本主义而非马克思主义性质的。他身材瘦削、情绪饱满又充满活力。他对我们说，油价下跌将使明年的预算减少 8.8%，但削减的预算将由社会服务、农业和运输领域分担，而警察和军队的预算将增加 5%。[①] 另外，阿塞拜疆国家石油基金会的收入越来越多地被并入国家预算。据我们了解，2004 年，也就是伊利哈姆·阿利耶夫接任其父亲的职位后不久，这样的资金流动就已经出现了，此后流动量迅速增加，从最初的 1 亿美元、2 亿美元增加到了现如今的 50 亿美元。其中 40% 的资金被投入建设之中，而未能如计划般留给子孙后代。"仅一座桥的建造成本就高达 10 亿美元，比 2002 年的国家预算还多。"全球经济衰退导致了预算削减，整体的建设进程受到了影响，但仍有约 1000 个未完成项目需要继续建设。弄清楚经济影响并非易事，毕竟政府出具的官方数据有真有假，难以相信。"他们声称全球危机对我们没有影响，

---

①   Aslanli, 'Oil and Gas Revenues Management in Azerbaijan'.

甚至还说今年新增了 70 万个工作岗位。但这完全是胡说八道，失业的人不在少数。"

伊利哈姆·阿利耶夫曾公开指出，阿塞拜疆的经济正在朝向多元化发展，正逐步摆脱对石油的依赖。然而事实上，阿塞拜疆对原油和汽油产品出口的依赖程度却有增无减。2008 年，石油相关产品出口占阿塞拜疆总出口的 97%，其余的 3% 是农产品，埃米尔还打趣称"只有黄瓜和西红柿"。酒店、石油管道制造等逐渐发展壮大的行业都高度依赖石油行业。

一旦某个国家开始大量出口原油，那么这个国家的货币就会升值，此时其他商品的出口势必会承压。因出口自然资源而导致本国货币升值的现象被称为"荷兰病"（Dutch Disease），这也是石油资源丰富的经济体对石油的依赖程度往往会随着时间推移而提高的原因之一。2005 年，《经济学人》报道称，巴库"已为'荷兰病'所困"。[1]1999 年成立的阿塞拜疆国家石油基金会原本有能力帮助阿塞拜疆摆脱这个问题，但将大量资金用于建筑领域却适得其反，倒是刺激了短期通货膨胀。

会面的最后，埃米尔告诉我们，19 世纪末掀起的第一次石油热潮虽然造就了一批阿塞拜疆和俄罗斯的富豪，他们也靠石油建起了富丽堂皇的豪宅，但总体来说，人民并没有从中得到多大好处。在 20 世纪 30 年代到 40 年代的第二次石油热潮中，阿塞拜疆为 5 辆击败纳粹的坦克中的 4 辆供应了原油，但当地人民仍没有从发展中获益。近期，相关方向人们保证，巴库将成为高加索地区的迪拜。这波建设热潮让人们对未来充满希望，毕竟迪拜就有许多摩天大楼。但是现如今，人们听说石油产量将在明年到达顶峰后，便问起了石

---

① 'The Oil Satrap', *Economist*, 31 October 2005.

油收入都用在了哪里。街上确实有很多豪华轿车，德国巴伐利亚工厂生产的汽车甚至还没开到慕尼黑的街头，就已经在巴库奔驰了。但这只是属于一小部分人的奢侈生活，大多数人仍挣扎在贫困之中。

📍 阿塞拜疆，巴库，毕拿加迪

我们从里海广场大楼搭乘公共汽车，沿着自由大道（Azadliq Prospekti，巴库的主干道之一）朝东南方向进发，目的地是于苏联后期建造的高层建筑。车上的气氛非常压抑。我们要去探寻被巴库人民挂在嘴边的传奇建筑"十亿美元大桥"。我们与刚下班的通勤族一起下了车，四处张望着。我们对这个大桥的期待值很高，本以为它是个能够代表阿塞拜疆的新地标性建筑，却没想到它只是一座普通的灰色高架桥。桥上的车流量很大，桥的规模也不小，但根本谈不上代表性。我们甚至开始怀疑是不是走错了地方，还问了问周边的人，然后又到附近参观了另一座仍在建设中的高架桥。它与之前那座桥看起来很相似。这真是所有人都在谈论的那个传奇建筑吗？

仔细想想，我们就意识到，我们当初的期待过于美好了。这座桥的建造初衷并不是打造一个大型城市地标，而只是为了缓解交通拥堵。建成之后，它的真实成本被公之于众，它才因此臭名远扬并得到了"十亿美元大桥"的代号。建筑项目的预算超额似乎是件平常事。我们听说，有一条通往机场的道路，每千米的造价高达2000万美元。还有人告诉我们，原本用1万美元就能建成的教室，最后却花费了7万美元。[1]

---

[1] 也可参考 M. Gahramanli, V. Rajabov and A. Kazakhov, *Report on Corruption in Azerbaijan Oil Industry Prepared for EBRD and IFC Investigation Arms*, Bankwatch and Committee of Oil Industry Workers' Rights Protection, 2003.

出现如此之大的差异不仅是因为项目管理不善，还要归咎于一些故意抬高物品价格的人。这些人能够从中渔利，赚取投标价格和实际成本之间的差价，还会把公共资金转移至私人银行账户。以各种名目设立皮包公司来承揽建筑工程，然后拖延工程进度并偷工减料，已经成为阿塞拜疆权贵人士中饱私囊的致富渠道。这也在一定程度上推动了大规模的项目建设热潮。

等公共汽车时，我们想起了一个朋友讲给我们的苏联笑话。"罗马尼亚交通部部长访问了俄罗斯交通部部长。罗马尼亚交通部部长看到了俄罗斯交通部部长远超平均标准的豪华住房和奢华生活，不由得心生好奇。"

"你是怎么做到的？"罗马尼亚交通部部长问道。

俄罗斯交通部部长把他带到窗边，说道："看见那边的桥了吗？"

"看见了。"

"那座桥的造价是1亿卢布。我从中拿了一点抽成……"

几年后，俄罗斯交通部部长进行回访，发现罗马尼亚交通部部长的生活极尽奢华。俄罗斯交通部部长问道：

"你是怎么做到的？"

"看见那边的桥了吗？"

"没看见，哪有什么桥？"

"那座桥的造价是1亿列伊。"[①]

阿塞拜疆的腐败现象无处不在。警察经常以莫须有的交通违章为名向驾车者勒索钱财。我们在乘坐私家车出行时，曾多次被警察拦截并索要钱财。阿塞拜疆当局允许对这种交通罚款的批评声音存在，而且国际层面也已经开始关注这个问题。根据世界银行的调

---

① 列伊（lei），罗马尼亚货币单位。——译者注

查，32% 的企业认为，想要就某事得到官方的批准，就必须向政府行贿。[1]

记录这座"繁荣城市"中的严重腐败现象和含混的建筑项目具有极高的风险。阿尔祖曾警告我们，揭发真相的人很快就会被送进臭名昭著的巴依尔监狱里。

有关重大石油合同腐败的传闻数不胜数。接受我们访谈的那些不在 BP 和政府供职的人们几乎一致认为，如果不贿赂政府，BP 不可能得到在阿塞拜疆的石油钻探权。当然，BP 矢口否认其在阿塞拜疆的商业运作存在不法行为，但该公司的所作所为是否构成腐败行为显然只取决于如何定义腐败而已。龙多·费尔伯格（在 20 世纪 90 年代初担任 BP 的首席谈判代表）解释说，把某种行为归为"贿赂"犯了西方的过度简单化错误：

> 定义贿赂是非常复杂的。他们的文化强调共产主义，但沿袭了靠友谊和小额贿赂办事的中东旧习，而当地人都认为这种做法合乎道德。我认为，如果我得到了某位高层领导的赏识和帮助，那么依他们的文化，我理应给他一些好处。[2]

至于阿塞拜疆的高层领导为什么会竭尽全力为 BP 效劳，他们又会以什么身份为 BP 效劳，目前仍没有答案。

还有一个更公开的事实：1992—1994 年签署的所有石油合同都涉及合法的"签约金"条款，总金额高达 3.98 亿美元。[3] 有传言称，

---

① *Enterprise Surveys*, World Bank, 2009, at enterprisesurveys.org.
② 引自 S. Levine, *The Oil and the Glory*, Random House, 2007, p. 164.
③ 1992 年 9 月合同：9000 万美元；1993 年 7 月合同：7000 万美元；1994 年 9 月合同：2.3 亿美元。总计：3.9 亿美元。

与之并行的不正当收费甚至高达数亿美元。[1]

我们拖着沉重的步伐返回城区，一路上都在整理我们的所见所闻。BP 将开采石油的一部分所得通过阿塞拜疆国家石油基金会上缴给了国家。然而，根据总统的要求，绝大部分所得并没有如外界所建议的那样投放到海外，而是用在了填补建设项目等政府支出上。阿塞拜疆精英阶层开设的公司承接了这些建设项目，并通过提升物价的方式获得了巨额财富。他们将大部分所得投资到了海外，比如在伦敦置办豪宅等。因此，即便海外石油公司并未向相关人员行贿，它们在很大程度上也是让掌权者从石油行业攫取大量财富的推波助澜者。

---

[1]　Levine, *The Oil and the Glory*, pp. 183–5.

第三章

只有他们才能为我们照亮通往希望之地的道路

📍 **阿塞拜疆，巴库，苏姆盖特**

三十年前，

里海

看起来依旧

沉重得像

熔化的铅，

但如今我们安装了

采油树，

就在海底的油井里。

苏姆盖特这个贫瘠之地，

土地极度干燥缺水，

几乎寸草不生，

绿色之城不再，

只有几家工厂和十万人口。

阿塞拜疆并不缺少诗句，

但萨梅特①从未歌颂它。

明月高悬，

却孤孤单单——

并无繁星相伴。

——纳齐姆·希克梅特，1957年10月，

莫斯科-巴库路上②

苏姆盖特（Sumqayit）不再是土耳其诗人纳齐姆·希克梅特口中的"绿色之城"。这座城市在巴库以北约20千米，比毕拿加迪更偏远，整个被黑烟笼罩着，25万人口挣扎其中。苏姆盖特的石油化工污染程度非常严重，已然成为苏联环境破坏的典型代表。

几十年来，当局的监管始终不力，任由当地32家化工厂和金属厂每年排放12万吨废物。③这些工厂制造并出口滴滴涕（DDT）、林丹（lindane）等有毒化学物质，但在生产过程中会将有毒有害的副产品排放到空气、土壤和水中。④当地居民颇有怨言，称刺鼻的味道让人难以入睡。"污染物就好像进到脑子里一样，让人想吐，无法集中精力，也不能专心做事。"很多人死于癌症，还有很多儿童自出生时就身体有异。苏姆盖特的婴儿死亡率很高，是苏联的三倍，这座城市的大型儿童专用墓地就能说明一切。受电影制片人安德烈·塔可夫斯基（Andrei Tarkovsky）的大作《潜行者》（*Stalker*）的启发，一名莫斯科纪录片制作人称苏姆盖特为"死亡区"。

60年前，苏姆盖特还只是阿布歇隆半岛北部海岸的一个小渔村。

---

① 阿塞拜疆诗人。——译者注

② N. Hikmet, transl. R. Blasing and M. Konuk, *Poems of Nazim Hikmet*, Persea Books, 1994.

③ D. Biello, 'World's Top 10 Most Polluted Places', *Scientific American* 17（2007）, p. 6.

④ K. Ismayilova, 'With More Jobs, More Smog', *Eurasianet*, November 2007.

1935 年，苏联重工业部人民委员、格鲁吉亚人谢尔戈·奥尔加尼基季茨（Sergo Orjonikidze）致力于推动巴库石油工业的多元化发展。他决定在苏姆盖特建设石化厂。这个希克梅特笔下的"贫瘠之地"即将建成一个全新的现代化工业城市。

苏姆盖特开始建设之后的几十年里，当地的人口迅速增长。短短 50 年，这个只有 6000 人的小村子就变成了拥有 35 万人口的石油城。随着时间的推移，因心脏缺陷和癌症而死亡的人数不断增加，苏姆盖特也变得越来越难以管理。1963 年，在庆祝十月革命活动期间，一群制管厂工人脱离了在城市中穿行的游行队伍。他们冲到当地政党领导人所在的高台上，扯下了贴在文化宫外墙上的赫鲁晓夫的巨幅肖像。警察用警棍殴打抗议者，但骚乱仍持续到了深夜。当地居民原本计划在十周年庆之际再次举行示威活动（那时盖达尔·阿利耶夫是阿塞拜疆共产党的领导人），但因遭到克格勃的阻挠而作罢。[1]

20 世纪 80 年代末，民族主义成为苏联各地表达不同意见的主要渠道。阿塞拜疆和亚美尼亚持不同政见者都通过提出领土主张表达了对苏联的反对，双方的争夺围绕着纳戈尔诺–卡拉巴赫山区飞地的主权展开。1920 年，该地区受阿塞拜疆的统治，但越来越多当地居民都以亚美尼亚人自居。不幸的是，纳戈尔诺–卡拉巴赫地区赫赫有名的山川、歌谣和果园在阿塞拜疆和亚美尼亚不断发展的民族神话中再次变得重要起来。

1987 年，亚美尼亚苏维埃社会主义共和国首都埃里温（Yerevan）、巴库及其他小城市爆发了民族主义示威活动。之后，亚美尼亚和纳戈尔诺–卡拉巴赫地区发生了针对阿塞拜疆人的袭击事件。阿塞拜疆

---

① T. de Waal, *Black Garden*, NYU Press, 2004, p. 32.

难民一路向东逃亡，于冬季抵达苏姆盖特。1988 年 2 月 28 日，苏姆盖特发生了暴力事件，阿塞拜疆人将矛头对准了人数较少的亚美尼亚居民。次日夜晚，苏联海军陆战队开始实施戒严，5000 名亚美尼亚人前往文化宫避难。伤亡人数众说不一，有估计称 26 名亚美尼亚人和 6 名阿塞拜疆人在此次事件中丧生，4000 人被捕，14 000 名亚美尼亚居民几乎全数逃往外地。[1]

这次在苏联石油化工城市爆发的激烈冲突是历史上的苏联与未来阿塞拜疆的分水岭。1988 年至 1994 年，亚美尼亚民兵逐渐掌握了纳戈尔诺-卡拉巴赫地区的控制权，迫使当地的阿塞拜疆人背井离乡，向东迁移。许多阿塞拜疆人在苏姆盖特的空房子里暂时安置了下来，这些房屋曾是之前逃离此地的亚美尼亚人的住所。亚美尼亚和阿塞拜疆人之间持续不断的暴力冲突扰乱了外界环境，石油公司也趁此机会就在里海地区的投资向相关部门要求更高回报。新的石油之路正是在这场冲突期间建成的。

20 世纪 90 年代初，苏姆盖特与苏联其他地区一样面临着政治崩溃的局面，当地的污染水平也有所下降。这并不是因为环境监管因新市场经济而得到了加强，而是因为计划经济猝然中止，迅速地导致了去工业化。1998 年，仅有 10% 的化工厂仍在运营。当地居民说，当时的空气质量确实变好了。

21 世纪初，苏姆盖特的污染水平再次上升。当地居民认为，如果阿塞拜疆石油开采量的增加会使相关产业繁荣复兴，那么污染物的排放量将再次增加，工厂将会倾倒更多废物，废气又会弥散到空气里。一位居民说："我们又要回到过去了。空气是肮脏的，气味是

---

[1]　de Waal, *Black Garden*, p. 37.

刺鼻的。六点之后，这座城市就会臭气熏天。"[1]

阿塞拜疆，巴库，巴拉哈尼

从苏姆盖特到巴库有两条路，一条是大道，另一条是小路。小路蜿蜒穿过毕拿加迪和位于博尤克索尔湖（Boyuk Şor Lake）北岸的巴拉哈尼郊区。与苏姆盖特的不同点在于，巴拉哈尼未被特意当作城市化的对象，也没有被改造成工业城市。然而，在奥尔加尼基季茨上任苏联人民委员之前60年，现代化的力量就已经席卷了这个城市。

现如今，这座城市被19世纪和20世纪石油工业残存下来的废墟所破坏，显得格格不入。古老的井架和地上的原油坑尤为刺眼，酸臭的空气笼罩在人们的周围，不时刺激着口腔和喉咙。想要拍摄石油工业对巴库造成的污染和破坏，这里是首选地，到处都是死气沉沉的景象：有正在焚烧着的垃圾，有生锈的"磕头机"，还有倒塌的混凝土结构。经久未用的输油管道旁经常能见到被黑色原油覆盖着的流浪狗和其他动物的尸体。

在石油工业化时代来临之前，巴拉哈尼的石油行业已繁荣发展了1000多年，当时原油都是从巴拉哈尼周边手工挖掘的油井中开采出来的。19世纪70年代，巴拉哈尼成为机械化钻井的中心区域。[2]从早期拍摄的照片中可以看出，巴拉哈尼的一切都围绕着石油开采展开。与比比赫巴特的共同点在于，巴拉哈尼也有自喷井，其中包括1872年6月开始喷油的沃米舍夫斯基油井（Vermishevsky，日喷油量2600桶，持续时间13天）。"周围的土地都被石油覆盖了"，旁

---

[1]　S. Huseynova, 'Azerbaijan: Sumgayit Becomes One of the World's Most-Polluted Cities', *RFE/RL*, September 2007.

[2]　M. Mir-Babayev, 'Azerbaijan's Oil History—A Chronology Leading up to the Soviet Era', *Azerbaijan International* 10: 2（2002）, pp. 34–40.

边还形成了几个油湖。^①

这些自喷井引发了投机热潮，远方的资本陆续流向巴拉哈尼。1872 年，生于瑞典、曾在俄罗斯生活工作的诺贝尔兄弟来到巴拉哈尼，通过抢购小型竞争者的资产，迅速在这个沙皇地区确立了主导地位。路德维格·诺贝尔成了新成立的石油开采者协会委员会（Council of Oil Extractors Congress）的主席。该委员会聚集了各家石油大亨。1889 年，英国外交记者查尔斯·马文（Charles Marvin）称诺贝尔为"巴库的石油大王"。^②

诺贝尔兄弟利用从俄罗斯其他地方筹集来的资金为其新成立的诺贝尔兄弟石油公司（Branobel）提供资金支持，并依托该公司打造了全新的产业结构。过去几十年里，将原油从巴拉哈尼运输到 8 千米外的黑镇炼油厂只有一种方式，那就是由名为"阿尔巴"（arba）的工人驱着驴车或骆驼车进行运输。这些工人有在伊斯兰教节日时停工等工作习惯，而诺贝尔兄弟坚决要打破这些工作习惯。他们受美国约翰·洛克菲勒（John Rockefeller）的启发，开始建造从巴拉哈尼到黑镇炼油厂的输油管道。当地居民强烈抵制输油管道的建设，对施工现场大加破坏，因此诺贝尔兄弟石油公司聘请了哥萨克部队来提供安保服务。实际上，诺贝尔兄弟雇用了一支准军事部队。^③ 最终，于格拉斯哥制造的输油管道铺设完成。1900 年，诺贝尔兄弟在阿布歇隆半岛建造的输油管网已经涵盖了 326 条输油管道。

卢德维格·诺贝尔还决定要想办法压低经由里海后逆伏尔加河而上到达俄罗斯西部城市的石油运输路线的价格。这条运输路线的

---

① I. Zonn, A. Kosarev, M. Glantz and A. Kostianoy, *The Caspian Sea Encyclopedia*, Springer, 2010.

② C. Marvin, *The Region of the Eternal Fire: An Account of a Journey to the Petroleum Region of the Caspian in 1883*, W. H. Allen & Co, 1884.

③ J. Henry, *Baku: An Eventful History*, A. Constable, 1905.

成本主要包括盛装油品的木桶以及码头装卸服务：他当时将石油装在油桶里用船运走，实质上效仿了洛克菲勒将美国石油出口到欧洲的运输方式。1878 年，诺贝尔建造了世界上第一艘油轮琐罗亚斯德号，这艘船的船身内部有若干油舱，能够容纳大量油品。诺贝尔兄弟改变了巴库的石油工业，将其引领到了技术创新的最前沿。

从伏尔加河返回的油轮以水为压舱物。油轮到达目的地后，油舱里的水会被排放出来，用来浇灌诺贝尔在黑镇附近住宅里的乔木和灌木。他的住宅名为石油大公馆，是巴库新富豪阶层的社交中心。每逢星期三和星期六，"所有殖民者"都会来这里打台球、跳舞。[1]

这座欣欣向荣的城市开始吸引来自欧陆俄罗斯以外地区的投资。罗斯柴尔德银行法国分行为一条横跨高加索地区、终到黑海巴统港的铁路线提供了建设资金。塔吉耶夫将其所持股份卖给了伦敦的詹姆斯·瓦什瑙（James Viashnau）。1898—1903 年，英国公司向巴库石油行业注入了 6000 万卢比投资款。[2]1901 年，詹姆斯曾祖父的兄弟阿尔弗雷德·利特尔顿·马里奥特（Alfred Lyttelton Marriott）到访巴库并写道：

> 有人向我详细介绍了一家英国企业。几年前，他们花 500 万卢比买下了这家企业，如今它的价值已经超过 5000 万卢比了。它的位置非常偏僻，因此侥幸逃过了近期造成巨大损失和人身伤害的几场大火。令人惊讶的是，这里露天存储着大量极易燃烧的石脑油和原油供精炼用，但极少发生火灾。[3]

---

[1] Letter from Ludvig Nobel, quoted in B. Asbrink, 'The Dream of a Small Paradise&…', branobelhistory.com; R. Tolf, *The Russian Rockefellers*, Hoover Press, 1982.
[2] 按当时的汇率计算相当于 600 万英镑，按当今的汇率计算相当于 6 亿~30 亿英镑。
[3] A. L. Marriott, *Persian Journal*, unpublished manuscript, 1901.

欧洲西部资本是巴库石油行业的工人阶级实现快速发展的不可或缺的一部分。工人们纷纷涌入巴拉哈尼、比比赫巴特和巴库，也有人去了更偏远的格鲁吉亚巴统石油港口以及巴库-巴统铁路沿线的各个城镇。列宁曾记录下19世纪90年代高加索地区的变迁：这里"曾经人口稀少，只有一些山地人在此居住，隔绝于世界经济之外，历史甚至不曾记载。如今，这里到处都是石油工业家、葡萄酒商人、粮食制造商和烟草制造商"。[1]

工业化进程的不断推进和外国资本提出的回报最大化要求很快就遭到了社会层面的抵制。自19世纪90年代起，石油行业的各个部门都曾发生劳工骚乱，其间涌现出了一批激进的劳工组织者和思想家。约瑟夫·朱加什维利（Joseph Djugashvili，文盲鞋匠之子）便是当时最有影响力的组织者之一，其影响力可与石油大亨塔吉耶夫相比。[2]朱加什维利4岁时，也就是1878年，巴库-巴统铁路正式建成通车。罗斯柴尔德家族和诺贝尔兄弟的铁路油罐车轰隆隆地驶过格鲁吉亚的戈里镇（Gori）时，朱加什维利所住的小房子一定跟着轻轻晃动了。在朱加什维利尚未启用斯大林这个名字之前，他就已经是"石油之路"历史上的重要角色了。

1898年8月，19岁的朱加什维利加入了第比利斯的一个秘密性质的社会主义组织，并开始研习《资本论》。不久之后，他因向石油铁路工人"宣传马克思主义"而被第比利斯的神学院开除。两年之后，他在政治上向俄罗斯社会民主党列宁等人高度看齐，非常推崇列宁创办与主编的《火星报》（*Iskra*，英文 *The Spark*），并将其分发给高加索地区的民众。《火星报》最初于斯图加特出版发行，后迁往

---

[1] I. Deutscher, *Stalin: A Political Biography*, OUP, 1967, p. 39.

[2] 斯大林（也就是约瑟夫·朱加什维利）并不是这一时期高加索地区的核心活跃分子，但针对他的记录却非常翔实。T. Swietochowski, *Russian Azerbaijan, 1905–1920*, CUP, 1985.

日内瓦；最后又挪到了伦敦的克莱肯威尔格林（Clerkenwell Green）。这一饱含激进分析的报刊通过诺贝尔的油轮和罗斯柴尔德家族的石油铁路运到了巴统和巴库。石油源源不断地流出高加索地区，新思想则从遥远的城市涌入，与当地已然十分激烈的劳工斗争发生了碰撞。

当时以科巴（Koba，意为不屈不挠者）为假名的朱加什维利已经远近闻名。他在巴统组织了若干次石油罢工活动，然后在流放到西伯利亚的途中成功逃离，并于1904年12月到达巴库。当时，巴库正在举行一场大罢工。他匆忙赶去与谢尔戈·奥尔加尼基季茨（未来的苏联重工业委员兼苏姆盖特建立者）和斯捷潘·邵武勉（Stepan Shaumian，未来的巴库苏维埃负责人）等持激进观点者会合。在之前的罢工行动中，雇主方直截了当地拒绝了工人们提出的需求，甚至还派军队镇压罢工工人。这次罢工的规模比以往几次更大，工人们将石油所有者围堵在办公室里。罢工尚不足三周时间，雇主们迫于重压，不得不与罢工工人进行谈判。双方达成了建立九小时工作制、每月四天带薪休假以及提高工人工资的协议。①

高加索社会民主党联盟宣布罢工取得了胜利，并发表了科巴撰写的声明：

> 俄罗斯就像一把上了膛的枪，一触即发……我们要永远牢记，只有党委能正确地领导我们，只有他们才能为我们照亮通往希望之地——社会主义世界的道路。②

---

① J. Stalin, 'The December Strike and the December Agreement', in *Works*, Foreign Languages Publishing House, 1954.

② Deutscher, *Stalin*, p. 85.

巴库罢工的成功在整个俄罗斯帝国内引起了骚动，其他地方也陆续爆发了动乱。次月，1000 名抗议者在圣彼得堡的沙皇冬宫前被枪杀，这次"流血星期日"（Bloody Sunday）事件成为 1905 年革命的导火索。然而，在巴库，沙皇军队挑起了伊斯兰教徒和亚美尼亚人民之间的冲突，进而破坏了工人群体的团结，并消解了他们对沙皇政权同仇敌忾的不满情绪。[①] 一位目击者后来回忆道："街上都是尸体，基督教徒墓地和伊斯兰教徒墓地不堪重负，尸臭味令我们窒息。整个城市火光冲天。燃烧着的石油从油井里溢出，浮在里海海面上，连成了一片火海。"[②]

俄国 1905 年革命尽管得到了群众的支持，但还是被沙皇镇压住了。俄国随后加快了改革的步伐。但是，经此一事，巴库发生了翻天覆地的变化，油田遭到了严重破坏，外国投资者的信心也因工人阶级的激进行为而极大动摇了。出于对资产的长期安全性的担忧，他们不再为钻井开发和油井维护提供资金支持，导致巴库的石油开采量逐年下滑。巴库曾是世界上规模最大的石油生产地，但 1914 年时，巴库的原油产量仅占全球总产量的 9%。罗斯柴尔德家族或许是对大屠杀心有余悸，将其下属的公司出售给了荷兰皇家壳牌集团。

革命组织仍在持续运作，甚至开始以侵占他人财产的方式为政治运动筹款。绑架石油大亨和抢劫行为更加普遍且高调，其中包括攻占停靠在巴库港的船只尼古拉斯一号（Nicholas Ⅰ）。科巴的旗帜在布尔什维克派内部冉冉升起。1907 年 5 月，他从巴库前往伦敦，参加在哈克尼区（Hackney）举行的俄罗斯社会民主工党第五次代表大会。他后来写道："与巴库石油工人为伍的为期两年的革命工作将

① T. Swietochowski, *Russian Azerbaijan*, 1905–1920, CUP, 1985, pp. 40–4; R. Suny, *Revenge of the Past*, Stanford University Press, 1993, p. 168.

② Ohanian, quoted in Reiss, *Orientalist*, p. 14.

我打造成了一名实干家。在与巴库的先进工作者进行接触时……在工人和石油工业家之间尤为激烈的冲突中……我第一次认识到了做广大工人阶级的领导者意味着什么。"[1]

将石油工人组织起来并非易事。巴拉哈尼和巴库附近地区的劳动阶级是严格按照行业和祖居进行划分的。黑镇的炼油厂以及机械车间的工人多为俄罗斯人和亚美尼亚人，而工资最低的油田工人大多是来自波斯和俄罗斯帝国的伊斯兰教徒——"鞑靼人"。这些石油工人往往来自乡村，文化程度很低，经常被其他人瞧不起。伊萨德·贝依（Essad Bey）等作家称这些人为"野蛮的劳动者"。[2] 科巴等活动家与他们一同挤在巴拉哈尼油田的简陋棚屋里，试图激发众多无产阶级的强烈欲望。布尔什维克派的目标是突破 20 世纪最初几十年里巴库的宗教、种族、语言和民族障碍，建立起一个能够团结熟练工人和非熟练工人的工会。

在阿布歇隆半岛环境恶劣的油田里，一个激进的社会愿景开始生根发芽。人们不仅渴望更好的工作条件，还想要改变整个社会——改变不仅局限于巴库和高加索地区，更要覆盖整个俄罗斯，甚至全世界。在石油热潮与巴拉哈尼自喷井造成的混乱局面里，一个关于新秩序的愿景，"被称为社会主义世界的希望之地"，正式诞生了。

◉ 巴库，根瑟利克，米尔加西莫夫街

巴库的根瑟利克区（Gənclik）距离污染严重的博尤克索尔湖的南岸不远。冷风裹挟着沙漠里的沙子，逼近战后建成的公寓和周围

---

[1] Deutscher, *Stalin*, p. 108.

[2] E. Bey, *Blood and Oil in the Orient*, Simon & Schuster, 1932, p. 4. 伊萨德·贝依是假名，其真实身份应该是列夫·努辛巴乌姆。

的平房。我们一路躲闪着延伸到小路上的晾衣绳和在人行道上修车的男人们，朝着阿塞拜疆绿党和梅伊斯·古拉利耶夫的办公室走去。

"女权主义、地方分权、生态视野。绿党的意识形态就是整个高加索地区的未来政治形态。"梅伊斯的热情温暖了我们，让我们从瑟瑟寒风中缓过神来，也排解了苏姆盖特和巴拉哈尼带给我们的阴郁情绪。他坚信，对生态环境和社会公平的重视可以让阿塞拜疆远离军事冲突，应对当地的健康灾难，恢复国家的粮食自主生产能力，避免里海遭受污染，并解决水资源短缺问题。"这就是我们在 2006 年创建绿党的初衷。虽然我们还没有得到人们的高度认同，但我们已经在路上了。"

"面对绝大多数问题，我们都不能采取硬碰硬的解决方式，而是要迂回地找到解决方案。得益于地方分权，我们找到了一种能与亚美尼亚人讨论纳戈尔诺–卡拉巴赫问题的方式，而不必区分出绝对的'赢家'和'输家'。从经济和环境角度来看，想要解决油气开采不具有可持续性的问题，做法其实很简单：停止油气钻探。反正开采油气的全部利润都归政府当局所有。不过，如果我真的当选了，那么中央情报局一定会给我扣上库尔德特工或亚美尼亚特工的帽子，然后把我轰下台。"

梅伊斯实在是让人惊喜连连。他出生于阿塞拜疆东部的农村，现年 48 岁，身材矮小而健壮，穿着西服、打着领带，外形整洁又考究。他长得像中年版本的罗伯特·德尼罗（Robert DeNiro），英俊潇洒，眉毛浓密、两鬓的发色略显斑白，嘴角常挂着微笑。

梅伊斯早些时候在哈萨克斯坦从事物理研究，后到乌克兰从商，在 20 世纪 90 年代末期回到了阿塞拜疆。他参与了反对镇压的民主运动，并对环境问题产生了浓厚兴趣。"但我认为，正义始终是核心问题，它是人权、生态和自由的结合体。"2000 年后，政界和金融界越来越关注石油行业和拟建的 BTC 管道，这引发了梅伊斯对阿塞拜疆真实发展的担忧。"每个人都在说我们会成为下一个迪拜，BTC 管道会为我们带来自由和财富。但这不过是一个白日梦而已！事实上，造价 10 亿美元的 BTC 管道与一座难看的桥无异！"

直言不讳地表达对 BTC 管道的看法需要莫大的勇气，对于一个缺少长期政党和大型非政府组织支持的人来说更是如此。巴库"公民社会"的所有人几乎都对西方公司开发石油的行为怀有极高的热情，各大报纸都会谴责持批评意见的人，称他们是外国人或者叛徒。就连反政府人士都支持 BTC 管道的建设，认为它将助力阿塞拜疆的发展，助力阿塞拜疆超越亚美尼亚，还能创造更多就业机会，并为人们带来自由。有权有势的人们知道他们会因此而变得更加富有，穷人们则希望他们能如愿找到工作。为了寻找盟友，梅伊斯与格鲁吉亚、土耳其等地的批评者取得了联系，而我们也借此机会与他成了朋友。离开巴库后，梅伊斯将担任我们在阿塞拜疆的向导。

当时，他没有继续住在绿党办公室的平房里，而是与妻子和孩子住在城外。他向我们解释了花园使他快乐的原因。"花园里有 60 棵树，里面有几棵杏树。我每天早上六点起床，花上一个小时在花园里侍弄花草，然后才去上班。我一般九点到达办公室，晚上六点下班。到家后，我还会在花园里待上一个小时，然后再吃晚饭。我认为，每个人都要有触摸土壤、触摸大地的机会。"

2005 年秋天，米卡（Mika）在土耳其给梅伊斯拍了一张照片。照片上的他正在草地上叉干草，脸上带着灿烂的笑容，穿着依旧非常得体，整个人洋溢着幸福与快乐。"这些富有的石油人从未体验过从早上六点到晚上十点一直用双手辛勤劳作的感觉。但我是农村人，不是巴库人。我与巴库这座城市格格不入。"

梅伊斯的办公室布置得非常像一个 20 世纪 80 年代东欧持不同政见者的家：木地板漆成了深棕色，上面铺着量产的波斯地毯；墙上贴满了看上去脏兮兮的棕色花纹墙纸；靠墙一侧摆放着一个巨大的富美家牌（Formica）柜子，里面堆放着两摞书，有俄语、阿塞拜疆语和英语书。

"我非常同情那些从纳戈尔诺-卡拉巴赫地区的绿色原野逃亡而来的难民。他们已经在毕拿加迪艰难地生活了 15 年。他们来自乡下，如今却被困在这个城市里，忍受着恶劣的生存环境，饱尝贫困之苦。"梅伊斯解释说，20 世纪 90 年代初期，成千上万来自战区的难民逃往巴库，在未完工的混凝土建筑和年久失修、四面漏风的公寓里勉强住了下来。时至今日，还有很多人的住处没有接入电力或天然气管道，因此他们只得从当地变电站直接拉条电线接到自己的房间里，然后用电加热器做饭。这些难民非常聪明，他们知道统治阶级并不在意他们的处境，因此他们决定自己动手，自行铺设了污水管道，以将住处的污水排放到地下。很多难民的住处没有自来水管道，而即便安装了自来水管道也会时常出现问题，因此许多人不得不靠购买送水车售卖的水过活。①

尽管政府宣称当地经济正在蓬勃发展，但梅伊斯坚称仍有20%~25% 的人生活在贫困线以下。"政府和国家机构将不断增长的GDP 视为贫困率下降的标志。居民的平均收入是增加了，但物价也随之上涨了。"总体而言，人们的实际收入和社会福利水平并没有提高。② 就业岗位的紧缺和资源的稀缺进一步加剧了难民和巴库长期居民之间的紧张关系。③

梅伊斯说："建筑师来到毕拿加迪为新贵们建造豪宅，卡车拉来一桶桶水泥供建造使用。难民的住所破坏了新贵们的景致，因此警

① *Azerbaijan: IDPs Still Trapped in Poverty and Dependence*, Internal Displacement Monitoring Centre（Geneva），2008.

② Aslanli, 'Oil and Gas Revenues Management'.

③ A. Balayev, 'Oil Producing Villages: Ethnography, History and Sociology', in L. Alieva, *The Baku Oil and Local Communities: A History*, CNIS（Baku），2009, p. 203.

察开始设法驱离难民，但难民们坚持抵抗。"我们离开那里后，政府为了满足新贵之需，欲在当地新建一个地下车站，于是迫使更多难民腾挪让地。难民们无法忍受此等对待并爆发了抗议活动，还在总统府外游行示威。50 名参与示威游行的难民被警车带走了。[1]

梅伊斯靠在桌子上，总结道："尽管如此，人们仍旧没有放弃。巴库的石油史可以充分说明世事的多变。这座城市曾经站在历史的前沿，这足以令人振奋。谁又能断言它不会东山再起呢？"

📍 阿塞拜疆，巴库，萨希尔公园

我们还是来晚了几个月。2009 年 1 月，我们所在的这个位于巴库中心区域的公园还在施工，公园中心用石头和陶瓷制成的 "26 名政委纪念碑" 被巴库城市管理局的工作人员拆除了。这座纪念碑的内部嵌有一条天然气管道，管道顶端燃着火苗，终年不息。对于曾经的苏联来说，它拥有重要的标志性地位，外国政要和在校师生都会前来参观，新婚夫妇也会来此献上鲜花。1920 年，红军解放巴库。6 个月后，被英国军队密谋杀害的 26 名政委的尸体被运回这里重新下葬。诗人弗拉基米尔·马雅可夫斯基（Vladimir Mayakovsky）的诗句激情澎湃："二十六人的鲜血永不冷却——永远不会！"

然而，"永远不会" 只是美好愿望而已。苏联解体后，纪念碑被人破坏了，火焰也熄灭了。如今，在阿塞拜疆独立 19 年之际，这座纪念碑被拆除了，埋葬的骸骨也被挖了出来。外界对此众说不一。阿塞拜疆民主主义者声称，纪念碑下只发现了 22 具遗骸，巴库公社领袖斯捷潘·邵武勉等亚美尼亚裔政委并未在其中。

---

[1] Residents of Binagadi Staged Protest Action in Front of the Presidential Administration, azerireport.com, 30 August 2010.

1917 年俄国十月革命爆发一周后，巴库公社在邵武勉的领导下夺取了政权。当地的油田很快被收归国有，因为苏联希望接手过去由诺贝尔兄弟、罗斯柴尔德家族、壳牌公司及其他石油巨头控制的大量石油资源。这是世界上第一次就石油行业实现的国有化。

统治巴库一个多世纪的沙皇帝国崩溃瓦解了，外界局势动荡不安。布尔什维克努力争夺巴库的控制权，但人们却认为布尔什维克与亚美尼亚人和基督徒结盟，联手对抗伊斯兰教徒和阿塞拜疆人。1918 年 3 月，布尔什维克解除了几名乘坐伊夫利纳号（Evelina）轮船返回巴库的伊斯兰骑兵的武装。一场恶性冲突事件就此爆发，数千名伊斯兰平民被布尔什维克和亚美尼亚军队杀害。

当时，"一战"仍在持续，德意志帝国和奥斯曼帝国迫切希望夺取巴库的石油资源。十月革命后，沙俄在土耳其的阵线瓦解了，苏丹率领着奥斯曼军队逼近巴库。但是，英国决意阻止石油落入德国人手中，且英国本身也对里海地区的石油工业有所图谋。英国战时内阁决定派遣一支驻守在波斯的英国远征军对巴库发动海上进攻。1918 年夏天，以指挥官莱昂内尔·邓斯特维尔少将（Major General Lionel Dunsterville）的名字命名的"邓斯特维尔部队"曾一度为推翻邵武勉巴库苏维埃的里海舰队中央委员会独裁政权提供支持，还监禁了那些政委。[1]

当时，英国暂时夺取了巴库的控制权。其间，被囚禁的 26 名政委成功越狱，乘船驶过里海，逃至土库曼斯坦。不幸的是，土库曼斯坦在名义上也处于英国的控制之下。这 26 名政委被处决了，而布尔什维克将矛头指向了英国。1938 年，从事间谍活动的菲茨罗伊·麦克林（Fitzroy Maclean）报告称，"苏联当局始终在竭尽所能保留民

---

[1] L. C. Dunsterville, *Adventures of Dunsterforce*, Edward Arnold, 1920.

众对外国武装干涉的记忆。我在巴库时，他们正在为 26 名政委牺牲 20 周年的纪念活动做准备"。[①] 直至 20 世纪 90 年代，一代又一代巴库儿童被灌输了英国在该地区的帝国主义侵略行径，全国各地都有牺牲政委的雕像，还有街道和油田以他们的名字命名。但如今，英国重新夺回了控制权，"26 名政委"海上油田被更名为"阿泽里"油田，政委纪念碑也被拆除了。

我们转过身，走在如布加勒斯特（Bucharest）和巴黎一样高楼林立的大街上，想着兵荒马乱的"一战"末期之前那几年的光景。那必定如《阿里与尼诺》一书所讲的一般：

> 旧城墙之外就是外城。那里街道宽阔、楼宇高大，人们吵吵嚷嚷，都是金钱的奴隶。外城因沙漠中可以创收的石油而建。那里有剧院、学校、医院和图书馆，也有警察和裸露肩膀的美女。外城的枪击案永远因钱而起。[②]

詹姆斯给我们展示了一些令他记忆深刻的照片，并给我们讲述了背后的故事。照片拍摄的是 1919 年 2 月在格鲁吉亚第比利斯举行的一场阅兵仪式。行进中的方队肯定是格鲁吉亚民主共和国的部队，在旁观观礼的人群中有身穿英国军装的士兵。这些照片的拍摄者是詹姆斯的祖父。1917 年 8 月，罗兰·马里奥特（Rowland Marriott）[③]参军了。他是家里五兄弟中年纪最小的。他的哥哥弗雷德（Fred）和迪格比（Digby）在法国伊普尔（Ypres）阵亡了，而罗利也抱着必死的决心。

---

① F. Maclean, *Eastern Approaches*, Jonathan Cape, 1949, p. 34.
② Said, *Ali and Nino*, p. 24.
③ 后文多用 Rowley 之名指代此人，故下文均译为罗利。——译者注

　　然而，出乎意料的是，罗利并没有被派往西线战场，而是去了战势相对缓和的巴尔干半岛南部。在盟军"大举进攻"的前一晚，保加利亚军队叛变了，还引爆了自己的弹药库，霎时间天空亮如白昼。几天后，奥斯曼帝国和英国军队签署了停战协议。但是战争并未彻底结束，罗利所在的部队奉命向东部进发。

　　四万名士兵乘船经由黑海抵达巴统，之后乘火车沿着石油铁路线去往第比利斯。当年冬天和次年春夏，罗利都在高加索地区度过。之后，他回到了英国莱斯特郡（Leicestershire），陪伴丧夫又丧子的母亲。这段战争历史已然被英国遗忘了，但对于我们的格鲁吉亚朋友而言却刻骨铭心。詹姆斯一家仍保留着这些照片。

　　1919年7月23日，罗利可能在第比利斯。当时，一等兵斯特尔（Stell）给母亲写信："亲爱的妈妈，我很好，你身体好吗……我们整天都在打扫卫生。我们不是来镇压布尔什维克主义的，而是来保护英国在油田投入的资金的。"[1]

　　根据英国政府部长级会议的记录，斯特尔在信里写的并不假。战时内阁的东部委员会想要保住英国军方的能源利益——毕竟盟军的胜利是建立在掌握石油资源的基础上的。[2]1918年12月的会议记录显示，柯松勋爵（Lord Curzon）坚持认为："我们决不允许阿塞拜疆人、亚美尼亚人或布尔什维克永久占领巴库并控制那里丰富的资源。"东部委员会的其他成员建议将巴库交给法国，但总参谋部的一份文件指出："从军事角度看，通往印度的几条大路……于巴库交会，因此将如此重要的地区交由一个军事力量强大的国家（法国）管辖是很不明智的。尽管法国目前与我们相交甚好，但它始终是我们的

---

[1]　Stell documents in Imperial War Museum, Misc 204, Item 2972, quoted in M. Hudson, *Intervention in Russia, 1918–1920: A Cautionary Tale*, Leo Cooper, 2004, p. 129.

[2]　F. Venn, *Oil Diplomacy in the Twentieth Century*, Palgrave Macmillan, 1986, p. 35.

强劲对手。"①

在之后召开的一次会议中，外交大臣阿瑟·贝尔福（Arthur Balfour）与柯松勋爵规划了高加索地区的未来：

> 贝尔福："我们一定比法国更擅长治理高加索地区。但是，我们为什么要让高加索地区如此太平呢？"
>
> 柯松勋爵："你说的这件事也不是不行。让法国做这件事的话，他们就会互相残杀。"
>
> 贝尔福："我同意让法国控制高加索地区。我们只消保护好巴统、巴库还有连通两地的铁路和输油管道就可以了。"②

📍 阿塞拜疆，巴库，伊斯提格拉里亚特街

伊斯提格拉里亚特街（Istiglaliyyat Street）上尘土飞扬，车辆来来往往、速度飞快。这条弧形的街道沿着旧城外墙铺设，沿途经过巴库苏维埃地铁站。我们正在寻找 1919 年原阿塞拜疆民主共和国的议会大楼。我们有一张大楼内部的黑白照片，上面的男人们身着深色西装，多数蓄着胡子，头上戴着毡帽，照片上还有一扇窗户。我们不大清楚大楼的外观是什么样的，我们只知道它就在这个区域。

英国政府仍就高加索地区的治理一事争吵不休，而高加索当地的局势则在迅速变化。1918 年 11 月 17 日，威廉·汤普森少将（Major General William）率领英国军队占领了巴库，当时距离土耳其休战还不到三周时间，距离邓斯特维尔部队撤退也只有 4 个月。汤普森宣

---

① 引自 Hudson, *Intervention in Russia*, p. 130.
② C. King, *The Ghost of Freedom*, OUP, 2008, p. 168.

布了戒严令，并自封为军事总督。他将先前被巴库苏维埃收归国有的石油和运输系统据为己有，并设立了一个劳工管理办公室，还命令手下的士兵镇压劳工罢工。

当地的政治权力以非正式的形式在英国司令部和阿塞拜疆民主共和国穆萨瓦特党（Musavat）政府之间进行了分配。穆萨瓦特党政府支持世俗主义的伊斯兰教徒、阿塞拜疆民族主义以及社会主义政治，并早英国10年引入了普选制。然而，实际掌握巴库控制权的是英国，而英国既不承认阿塞拜疆的独立地位，也不支持阿塞拜疆的主权诉求。[1]

阿塞拜疆本想在1918年12月召开议会，但我们现在正在寻找的那栋建筑当时被汤普森派士兵封锁了。英国还一直干预阿塞拜疆的经济：阿塞拜疆政府曾邀请美国标准石油公司（Standard Oil）参与一项为期6个月的巴库石油运输合同的竞标，但汤普森却从中作梗，最终合同落入了英国–荷兰企业荷兰皇家壳牌公司手中。

尽管穆萨瓦特领导层的统治权力面临着重重限制，但他们仍支持英国在巴库驻军。这是因为，尽管穆萨瓦特党在1918年5月夺取了巴库的控制权，但阿塞拜疆民族主义者仍要面对由俄罗斯、亚美尼亚和伊斯兰工人组成的多元化的人口结构，其中还有很多人接受过长期的社会主义教育，并参与过1904年及之后举行的罢工活动和斗争。布尔什维克主义曾多次成功为工人阶级争取权利，因此在巴库打下了坚实的人民基础。这意味着穆萨瓦特党在巴库的地位并不稳固，需要依靠外国势力——先是奥斯曼帝国，后来是英国——来"对抗红军"。[2]

[1] C. King, *The Ghost of Freedom*, OUP, 2008, p. 168；S. Abilov, 'Historical Development of the Azerbaijan Oil Industry and the Role of Azerbaijan in Today's European Energy Security', *Journal of Eurasian Studies* 2: 3（2010）.

[2] R. Suny, *Revenge of the Past*, Stanford University Press, 1993, p. 42.

英国方面，阿塞拜疆的命运融入了英国对布尔什维克的干预之中。与英国结盟的俄罗斯白卫军屡屡战败，而英国在"一战"刚刚结束的尴尬期发动的干预行动并没有得到英国群众的广泛支持。高加索问题最终得到了圆满解决。1919 年 8 月，英国军队撤出巴库，乘坐火车撤回巴统。英军离开后，穆萨瓦特政权苟延残喘了 8 个月，最终于 1920 年 4 月向入侵的红军投降。

当地的油田被重新收归国有，石油大亨和资产阶级仓皇逃往伊斯坦布尔、巴黎、柏林等地。列夫·努辛巴乌姆和他父亲也匆忙离开了巴库。巴库当地掀起了再分配的革命性热潮，人们期待着富人的垮台和底层民众的觉醒，期待着民众能夺回原属于自己的东西。在此期间诞生了世界首个永久国有化的石油产业以及一个为工人谋求利益的国家。

巴库拥有至关重要的战略资源、悠久又激进的历史以及庞大的工业无产阶级队伍，因此在苏联早期极其重要。1922 年 11 月 7 日是十月革命五周年纪念日，巴库举办了盛大的庆祝活动。阿瑟尼·阿夫拉莫夫（Arseny Avraamov）的《工厂汽笛交响曲》（*Symphony of Factory Sirens*）响彻整个城市，苏联里海舰队的所有雾号、巴库工厂的所有汽笛、大炮、水上飞机、汽车喇叭和众多合唱队共同出演，场面蔚为壮观。指挥们站在特制的高塔上，用彩旗和手枪向不同声部发出演奏信号。喧闹的卡车队驶过巴库，一台"汽笛机器"和庞大的乐队奏响了《国际歌》，这场大型音乐会迎来了最终章。

壳牌、标准石油公司和英波石油公司（Anglo-Persian Oil Company，BP 的前身）因凭空失去其在巴库的投资而感到异常愤怒。它们试图通过一系列法律和政治手段来夺回被没收的资产，但急需外汇的苏联政府坚决不妥协。苏联政府与西方石油公司之间达成的具体协议类似于当今的"技术服务合同"，即私人公司负责完成具体项目，但不掌握石油资源的控制权。这类协议并不受大型企业的欢迎，毕竟油田的所有权是它们的立身之本。

经历了战争和革命的洗礼，石油之路逐步重建。巴库的油井得到了修缮，一条全新的巴库–巴统输油管道正式投入使用，各种石油产品成功进入全球市场，甚至能在西方石油公司的本土市场与之竞争。1924 年，苏联的销售公司在英国卖出了 50 万英镑的燃料油。1929 年，这一数字增长了 8 倍。1932 年 5 月，英波石油公司的巴兹尔·杰克逊（Basil Jackson）写到，欧洲的石油市场"在过去 12 个月里完全被俄罗斯人和罗马尼亚人占领了，美国企业再无一席之地"。[1]

苏联对巴库这个重要产油区实行国有化管理标志着石油行业的范式转变。自从比比赫巴特和宾夕法尼亚州引入机械钻井技术以来，石油工业的很大一部分利润不再归个人所有，而是归国家所有。政治世界可以分为社会主义和资本主义抑或新东方与新西方，石油工业也能分成为私人谋利和为国家创收两类。

石油工业的差异化已经超过了政治意识形态差异的范畴。1989 年以来，以社会主义国家自居的国家数量有所减少，但掌握在国有公司手里的全球石油储备的比例却在迅速上升。然而，最先带领政府实行石油工业国有化的斯捷潘·邵武勉却被世人遗忘了，就连他的老乡巴库人都不记得他的丰功伟绩。

⚲ 阿塞拜疆，巴库，纳卡富路拉菲耶夫街

走出 1918 年议会大楼，我们拦住一辆出租车，匆匆穿过巴库市区，途经前往土库曼斯坦的渡轮码头和诺贝尔大街，赶往黑镇赴约。

---

[1] J. Bamberg, *The History of the British Petroleum Company, Volume 2: The Anglo Iranian Years, 1928–1954*, CUP, 1994, p. 113.

我们想从"BTC 管道背后的创建者"那里更深入地了解阿塞拜疆在 20 世纪 90 年代初期向西方石油公司开放石油资源的原因。考虑到阿塞拜疆政府与壳牌公司的谈判和 1919 年时与标准石油公司的谈判有一些相似之处，苏联解体前发生的事情是否能为后来的事情提供一些线索呢？

萨比特·巴吉罗夫（Sabit Bagirov）曾于 1992 年至 1993 年代表阿塞拜疆国家石油公司与西方石油公司进行谈判。如今，他依托自己开设的咨询公司 FAR 经济与政治研究中心（FAR Centre for Economic and Political Research）为外国企业提供服务。他邀请我们到他的办公室会面，具体位置在纳卡富路拉菲耶夫街（Nacafqulu Rafiyev Street）上的一座破旧房屋的一楼。我们走进那栋房子，发现走廊和几间屋子里整齐堆放着大量图书和文件。

我们围坐在桌子旁，一位秘书为我们端来了茶水。萨比特讲述了他的故事，说起了始于 1989 年阿塞拜疆仍未脱离苏联时的谈判。俄罗斯方面认为需要追加投资以开采里海深处的石油资源，而外国石油公司也对苏联改革、当地发达的石油基础设施以及丰富的海上石油资源颇有兴致。

戈尔巴乔夫的权力逐渐衰微。1991 年 12 月 31 日，苏联最终走向解体。当时，阿塞拜疆已经宣布独立，阿塞拜疆共产党最后一任领导人阿亚兹·穆塔利博夫（Ayas Mutalibov）成为阿塞拜疆独立后的首任总统。尽管约翰·布朗曾于 1991 年 6 月威胁称"如果我们未能在 3 个月内与他们达成协议，我们就退出这个市场"，但 BP 还是选择了留下。但是，BP 与政府的谈判进展缓慢，而石油公司之间的竞争却异常激烈。BP 曾邀请当地官员访英，借机拉拢他们。1992 年 3 月，英国外交大臣道格拉斯·霍格（Douglas Hogg）到访巴库，并表示英国同意与阿塞拜疆建立正式外交关系。竞争对手也采取了类似的策略：优尼科公司曾经带领阿塞拜疆官员去加利福尼亚和曼谷游玩，让他们好好放松了几天，然后又带着他们参观了公司在泰国的油田。[1]

萨比特接着给我们讲述了自推行民族主义的人民阵线于 1992 年6 月开始掌权以来，双方的沟通协调是如何快速走上正轨的。阿塞拜疆"灰狼"组织发动了政变，将穆塔利博夫赶下了台，并控制了议会和国家广播电视大楼。三个月后，来自人民阵线的阿布法兹·埃利奇别伊（Abulfaz Elchibey）当选总统。萨比特在人民阵线中扮演着重要的角色，且对石油行业有着深刻的理解，还曾在一家机械公司担任工程师，因此被选为阿塞拜疆国家石油公司的新领导。

新一届政府上台后，BP 需要采取措施来超越其商业竞争对手。1992 年 7 月，BP 新任总裁戴维·西蒙会见了英国首相约翰·梅杰（John Major），请求英国政府为 BP 提供援助。鉴于越来越多石油公司觊觎巴库的石油财富，BP 担心自己会遭到排挤，而 BP 的重要应对策略之一就是向外界展示 BP 与英国政府的亲密关系。尽管英国已与阿塞拜疆建立外交关系，但当时英国并未在巴库设置大使馆，大部分事务都是通过俄罗斯从中协调的。BP 新购置的市中心办公区仍有富余的空间，于是 BP 划分出了一块区域，供英国政府代表使用，并在办公区外面升起了英国的外交旗帜。尽管当时 BP 是家私人企业，但布朗声称"我们必须与英国政府保持密切联系，因为后苏联国家仍旧更加倾向于与政府做交易"。[2]

萨比特显然非常满意他在阿塞拜疆国家石油公司的表现，但似乎对我们的提问有些不耐烦，一直用手转着放在红色桌布上的眼镜。直到我们问起 1992 年 12 月撒切尔夫人到访巴库时他是否在公司任职时，他才提起了兴趣，眼睛瞬间亮了起来。"是的，我还接

---

① Levine, *The Oil and the Glory*, p. 159.
② Browne, *Beyond Business*, p. 156.

待了她。我甚至还与她合了影，但是我不能拿给你看。BP 驻巴库代表通知了我她要来巴库的消息。然后我又将这个消息报告给了埃利奇别伊总统。"撒切尔夫人见证了阿塞拜疆国家石油公司与 BP 就齐拉格油田和沙赫德尼兹（Shah Deniz）气田签署谅解备忘录的全过程。

撒切尔夫人是第一位到访巴库的西方高层政客。尽管当时撒切尔夫人已经辞任英国首相一职近两年时间，甚至不再是英国国会议员，但 20 年后的今天，我们仍很难想象那次访问对于成立不久的阿塞拜疆政府意味着什么。当时，英国外交部建议由贸易大臣迈克尔·赫塞尔（Michael Heseltine）出席备忘录签约仪式，但阿塞拜疆政府并不买账。然而，阿塞拜疆政府非常欢迎撒切尔夫人的到来。布朗后来解释说，为了让埃利奇别伊总统支持 BP，BP 特意请来了撒切尔夫人，称"她非常反共，因此欣然接受了 BP 的邀请"。[1] 布朗的顾问尼克·巴特勒（Nick Butler）负责陪伴撒切尔夫人从中国飞往阿塞拜疆。他们快到巴库时，她坦白地告诉尼克，"如果（阿塞拜疆）不签（协议），她就不会离开（巴库）"。[2]

当撒切尔夫人将两张总面额 3000 万美元的支票交给埃利奇别伊总统时，布朗的目的达到了。萨比特等阿塞拜疆人对此印象深刻，并签署了第一份合同。[3] 两周后，英国外交和联邦事务部（FCO）的一份名为"到访巴库的女男爵"的内部备忘录称这次访问大获成功："BP 成功捍卫了特许权……我们在如此有限的时间里安排了撒切尔夫人的巴库之行，而事实也证明我们的努力是值得的！此次访问有着清晰的方案和目标，撒切尔夫人也依然是英国公司的强大外交

---

① 同上。

② N. Butler, 'Energy: The Changing World Order', bp.com, 5 July 2006.

③ D. Morgan and D. Ottaway, 'Azerbaijan's Riches Alter the Chessboard', Washington Post, 4 October 1998.

武器！"①

根据这份备忘录的记载，埃利奇别伊总统非常钦佩撒切尔夫人，
"甚至有点像她的粉丝！撒切尔夫人告诉我，她们之间的私下交流多
数围绕着自由和反共斗争展开"。撒切尔夫人承诺为赴英留学的阿
塞拜疆学生提供巨额奖学金，还支持阿塞拜疆夺回被俄罗斯掠夺的
国宝。这一承诺让在场的英国外交官员左右为难。在备忘录的结尾
处，有几个人名被抹掉了，"当她正激情澎湃地高谈阔论时，我小声
对 ×× 说，×× 不可能比她做得更好。他给了我 5 英镑，让我在事
后把这番话转述给撒切尔夫人"。②

当时，这份初步合同并没有被公之于众，其细节也没有对外
披露。外界只知道 BP 向正与亚美尼亚酣战的阿塞拜疆政府支付了
3000 万美元。因此，在萨比特自豪地告诉我们以下内容时，我们非
常惊讶："我以阿塞拜疆国家石油公司总裁的身份签署了这份备忘录，
约翰·布朗则代表 BP 签了字。我一直保存着这份文件，以备将来之
需。我还扫描了这份文件，将 PDF 存在了我的电脑里。我可以让你
看看，但我不能给你，因为我将来有可能会出本书，把这份文件发
表出去。"

我们很想一睹为快，赶紧点了点头。萨比特把他的笔记本电脑
推到了我们面前，屏幕上显示着 BP 和挪威国家石油公司（Statoil）
与阿塞拜疆签署的第一份合同。米卡迅速浏览了一遍，想要尽可能
多地记住里面的内容。这份 4 页的备忘录详细记录了初步的开发计
划，承诺要修建一条出口管道，并授予两家公司与阿塞拜疆政府就
未来合同进行谈判的特许权。双方的签名上方有以下字样："基于英

---

① FCO, 'Letter: The Baroness in Baku–AGI/FOI 10', 24 September 1992, obtained
through FOIA.

② FCO, 'With the Baroness in Baku–AGI/FOI 9', September 1992, obtained through
FOIA.

国支持民主发展的传统以及对阿塞拜疆政府近期民主成就的肯定"，BP 将向阿塞拜疆政府"支付 9000 万美元"。结合这一点来看，BP 最初支付的 3000 万美元只是一笔预付款。

萨比特解释说，人民阵线领导者一心想要吸引外国公司的投资，因此与外国石油公司签署如此大规模的合同是他在阿塞拜疆石油公司的首要任务。与亚美尼亚的战争极大消耗了阿塞拜疆的国家预算，而合同"奖金"是迅速创收的重要渠道，与外国石油公司达成协议则有助于建立战略联盟。在苏联，预算问题、不稳定的局势以及居高不下的通胀导致工资和退休金不能按时发放，进而引发了政治动荡。要迅速开发大型海上油田，就必须有大量资金和先进技术的支持，但阿塞拜疆并不满足这两点要求。

然而，萨比特并未就这两家石油公司利用各自谈判优势的方式以及布朗采取的策略提出自己的看法。自 1990 年 11 月到两年后撒切尔夫人访问巴库这段时间里，阿塞拜疆政府一直在尝试以不利于外国公司的条件与某家外国公司达成协议。但在埃利奇别伊总统上任 3 个月后，阿塞拜疆面临着战争、苏联解体以及英国外交使团施压等重重压力。正如英国外交和联邦事务部的内部备忘录所指出的那样，"以正常的商业标准来衡量，BP 在保护自身特许权方面已经做得相当出色了。"[1]

这是私人石油公司利用英国外交政策手段为自身谋利的绝佳例子，与 1919 年壳牌和汤普森的密切合作颇有异曲同工之妙。1993 年，英国外交大臣道格拉斯·赫德（Douglas Hurd）与 BP 的董事召开了一次会议，会议记录中精练地总结了石油公司与英国政府之间的关系："（赫德）强调，在阿塞拜疆和哥伦比亚等地，英国最重要的利益

---

[1]　FCO, 'Letter: The Baroness in Baku-AGI/FOI 10', 24 September 1992, obtained through FOIA.

取决于 BP 的运营情况。他希望政府能与 BP 就这些地区的石油事务开展密切合作。"① 撒切尔夫人访问巴库后，这家"英国"公司击败了一众美国石油公司，仿似 1919 年那一幕的重演。

然而，BP 的领先地位并没有表面上看起来那么稳固。美国阿莫科公司仍掌握着阿泽里油田的部分话语权，且经过为期一年对阿塞拜疆政府的施压，美国"利用"海上油田的要求也得到了一定正面回应。1993 年 5 月，阿塞拜疆石油公司在萨比特的领导下提出，阿泽里油田、齐拉格油田和古纳西里油田应该合并管理，统称为 ACG 油田。这三家油田分别由 BP、阿莫科和鹏斯石油公司占有，而三个油田的合并将这三家公司卷入了一场激烈斗争中，斗争的焦点就是哪家公司能持有最大份额的股权。

6 月 11 日，埃利奇别伊与 BP、挪威国家石油公司、阿莫科、土耳其国家石油公司（TPAO）、优尼科、麦克德莫特（McDermott）和鹏斯石油公司初步达成了共同开发 ACG 油田的协议。他也同意了 2.1 亿美元的"签约款"，其中第一笔 7000 万美元款项将于 6 月 30 日在伦敦举行官方签约仪式前支付完毕。阿塞拜疆国家石油公司代表阿塞拜疆持有 ACG 油田 30% 的股份。而 1991 年 3 月，BP 曾在投标阿泽里油田运营权时提出 50/50 的股份分割方案，与 30% 相差很大。

但是，事情并没有如预想般顺利推进。萨比特补充道："当时我们马上就要签署最终合同了，埃利奇别伊也准备动身前往伦敦。就在此时发生了政变，人民阵线被推翻。盖达尔·阿利耶夫成了阿塞拜疆的新领导人，然后搁置了这项谈判。"

当时，阿塞拜疆的第二大城市占贾（Gəncə）爆发了武装起义。根据政府的官方说法，阿利耶夫"拯救了国家"，这一天也成为阿

---

① FCO, 'Minutes: Call on the Secretary of State by the Chairman and Chief Executive of British Petroleum-HF/FOI 68', 2 December 1993, obtained through FOIA.

塞拜疆的公共假日，即"拯救日"。在短短十天里，他平定了占贾的叛乱，被选为议会议长，还向自己授予了统治阿塞拜疆的"特别权力"。[1]布朗后来写道："我当时在巴库，那里的形势非常有戏剧性……军队曾一度距离巴库仅几千米远。"[2]冲突一触即发，布朗和其他石油公司的高管迅速逃往土耳其，并对是否按计划支付首笔"签约款"而感到左右为难。为了确保合同的顺利签约，他们尽管心存疑虑，也不知道这笔款项进了谁的口袋，但还是按要求完成了支付。然而，阿利耶夫还是取消了合同和签约仪式，各家石油公司支付的7000万美元款项也打了水漂。[3]

布朗说，阿利耶夫的政变让他对合同的渴望进一步加深了。"在阿塞拜疆进行投资的风险是显而易见的，但收益也同样可观。如果阿塞拜疆政府要与外界达成协议，那么BP必须成为占股最多的参与方。"[4]《星期日泰晤士报》（Sunday Times）的一篇文章援引了一家土耳其情报机构的报告内容，甚至声称BP是这次政变的支持者："据情报称，英国BP和美国阿莫科两家石油巨头……是1993年针对埃利奇别伊的政变的幕后推手。"一名土耳其特工振振有词地讲述了他与BP高层会面讨论"以武器交换石油"交易的经历。他说BP与负责向盖达尔·阿利耶夫提供武器的中间人取得了联系。[5]但是这个故事禁不起推敲——BP否认曾插手政变，这篇文章也被从《星期日泰晤士报》网站上撤下来了。

政变结束，与埃利奇别伊的交易也取消了。之后，石油公司与

---

[1]　de Waal, *Black Garden*, pp. 293−4.

[2]　Browne, *Beyond Business*, p. 158.

[3]　Levine, *The Oil and the Glory*, pp. 172−3.

[4]　Browne, *Beyond Business*, p. 158.

[5]　*Sunday Times*, 26 March 2000. 后来,《星期日泰晤士报》网站撤下了这篇文章,但可以在其他网站看到转载的信息。

新任的阿塞拜疆政府重新启动了谈判议程。萨比特回忆说："我辞去了阿塞拜疆国家石油公司总裁的职务，因为我无法为盖达尔效力。他先是请了一些欧洲顾问来做参谋，后来又直接插手此事，还任命他儿子伊利哈姆为阿塞拜疆国家石油公司副总裁。"

各家石油公司担心盖达尔·阿利耶夫会忠于苏维埃政权，但它们很快就发现盖达尔是一位经验丰富、老谋深算的政治家，他打造了石油公司所需要的"稳定"局面。[1]西方石油公司在三年时间里与阿塞拜疆总统、政治党派、阿塞拜疆石油公司领导以及民众运动等不同社会力量进行了谈判，之后得出了结论，认为应将谈判对象锁定在一个集中的权力中心那里，也就是盖达尔·阿利耶夫。就这样，一个"一站式服务机构"应运而生。

阿利耶夫的首要任务和埃利奇别伊一样，都是利用 ACG 合同和外事交流来促使阿塞拜疆与其他国家结成政治联盟，从而确保阿塞拜疆的独立地位，并尽快结束与亚美尼亚的战争。1994 年 2 月，在 BP 的帮助下，阿利耶夫到达英国，与英国首相约翰·梅杰和外交大臣道格拉斯·赫德进行了会面，并签署了阿塞拜疆和英国的"友好合作宣言"。[2]

1994 年年初，各家石油公司联合起来，开始与盖达尔的儿子伊利哈姆·阿利耶夫进行谈判。5 月的一个深夜，双方在阿莫科休斯敦办公处的五楼办公室里边吃比萨边敲定了最终细节。外界关于贿赂和支持政变的传言属实与否是无从考究的，但 1994 年 9 月合同最终签订时，BP 和阿莫科确实是持股量相当的最大股东方，而且 BP 被选为各大公司联合体的运营方。阿塞拜疆石油公司持有的份额再

---

[1] J. Hemming, *The Implications of the Revival of the Oil Industry in Azerbaijan*, Centre for Middle Eastern and Islamic Studies, University of Durham, 1998.
[2] 三个月前，BP总裁戴维·西蒙会见了英国外交大臣道格拉斯·赫德。自那时起，BP 一直在唆使英国外交部邀请阿利耶夫前来。

度减少，已经缩减到了 20%。也就是说，从 1989 年 5 月至 1994 年合同签订时，阿塞拜疆在石油开发领域所占的份额从 50% 下降到了20%。①

"世纪合同"这个浮夸的代号让各个签约方心满意足。时至今日，这个代号仍在沿用，但很少有人问起这个"世纪合同"是针对谁来说的——是阿塞拜疆的人民群众，还是阿利耶夫家族，抑或签订了利润丰厚的合同并掌握了新的重要资源基地的石油公司。

谈判进行时，外部局势可谓剑拔弩张。石油公司高管们在巴库的酒店里会面，而阿塞拜疆的军队正从各大油田撤军，大量难民为躲避纳戈尔诺–卡拉巴赫战争涌入巴库。

亚美尼亚军队在战争中占了上风，还建立了一条从亚美尼亚本土到战争区域的陆路通道。双方都在大肆屠杀。1993 年，亚美尼亚军队建立了一个所谓的"缓冲区"，比纳戈尔诺–卡拉巴赫地区的面积要大得多，几乎占据了阿塞拜疆 20% 的领土，致使 100 余万当地居民远走他乡。1994 年春天，战争陷入僵局，阿塞拜疆军队无力驱逐盘踞在阿塞拜疆境内的亚美尼亚军队。②

国内外评论员都认为这场战争是一场不可避免的"种族冲突"。然而，这场战争并非因一个种族决定攻击另一个种族而起，也与"历史、身份或国家命运"无太大关联，而是与控制领土和领导者的个人欲望有关。③ 无论真实原因是什么，这场战争都对石油谈判产生了深远影响。

1994 年 9 月"世纪合同"签署之时，双方的停火协议仅维持了18 个星期，而阿塞拜疆实质上已经失去了五分之一的领土。阿利耶

---

① N. Sagheb and M. Javadi, 'Azerbaijan's "Contract of the Century" Finally Signed with Western Oil Consortium', Azerbaijan International 2: 4 (1994).

② de Waal, *Black Garden*, p. 237.

③ King, *Ghost of Freedom*, p. 219.

夫声称，石油将是阿塞拜疆收复失地的途径和手段。阿塞拜疆将用石油行业的收入组建现代化军队，不断强大军事力量，直至打败亚美尼亚军队为止。

萨比特依旧支持石油开采计划，并对自己在推动该计划落地的过程中起到的作用而感到自豪——尽管在合同签署时，他已经被调到了学术岗位上。他认为，阿利耶夫同意签署合同时，石油公司因政治局势不稳定而面临着更高的风险，因此"提出了更为苛刻的要求"。[①]

但是萨比特并不在意这些"苛刻的要求"，他说"重要的是签下合同"，需要重点关注的是"如何分配石油利润，而不是我们在其中所占的份额"。换句话说，支持这个合同的原因应该是它对地缘政治产生的影响，而不是在 30 年的合同期限里以"公平交易"的形式延续下去。此时的阿塞拜疆政府以牺牲自身利益为代价维护国家的独立，这与穆萨瓦特党政府在 1918 年对英国采取的策略如出一辙。

①　其他分析人士也认同这一观点。他们认为，盖达尔·阿利耶夫极其重视与强大的国际盟友结盟并确保可靠的硬通货来源，他将外国的商业利益和国家利益与阿塞拜疆的命运紧密联结在了一起。可参考 Hoff man, 'Azerbaijan: The Politicization of Oil'.

第四章

只剩下许多脏兮兮又空荡荡的摩天大楼

📍 阿塞拜疆，巴库，巴伊尔，石油大公馆

我们终于要去 BP 阿塞拜疆总部了。我们沿着里海岸边的石油工人大道一路南行，路过了总统府和阿塞拜疆国家石油基金会的黑色玻璃大楼，向着巴伊尔进发。巴伊尔远离巴库市区，坐落于凸向巴库湾的多岩石海岬上。那里过去曾是海军码头和监狱区，拥有独特的历史。

走过满是尘土和过往车辆的长长的主干道，我们已经非常累了，需要喝杯咖啡休息一下。我们在"山村咖啡馆"（Cottage Café）停了下来。这是英国人开的馆子，菜单上有牧羊人派和炸鱼薯条。

马路对面有一面高墙，高墙后是一个简朴却种满植物的院子，院子后面就是石油大公馆。现如今，这里早已易主，不再是路德维格·诺贝尔的住宅，而是 BP 阿塞拜疆总部的所在地。BP 并未更改该建筑的名字，仍沿用了诺贝尔在 19 世纪的命名，这代表了一种传承。1995 年，阿塞拜疆国际运营公司的成立大会就是在这栋由石油大亨宰纳勒·塔吉耶夫建造的大楼里举办的。这背后还有一个强有力的叙事：西方公司夺走了被苏联占据了 70 年之久的财产。

一名武装警卫守在门口，上方飘扬着 BP 的旗帜和阿塞拜疆的国旗。过去十年里，里海海底石油资源的利用以及阿塞拜疆经济和社会的重构多数都是在这堵墙内决定的。其他政府机构的办公处大多看起来富丽堂皇或庄严威武，但阿塞拜疆的石油公司总部却出人意料的朴素。

我们进入大厅，看到一群群工作人员和承包商从旋转门进入大楼。那些男人都很注重仪表，胡子剃得干干净净，穿着衬衫和斜纹裤子。大厅的墙上挂着"本月最佳员工"的公告，旁边还有一个出售幼犬的广告。灰泥造型的天花板上装饰着锤子和镰刀的石膏图案，佐证了这座建筑曾经与苏联海军有关的说法。一位访客曾表示："安全围栏后面的墙上原本挂着苏联的五年计划公告，如今已经变成 BP 的广告了。"①

📍 英国，伦敦，圣詹姆斯广场

建造 ACG 海上平台、从里海深处开采原油并将其运往世界各地的客户处并非易事。之所以要如此大费周章，多是出于谋利，而无关社会发展。BP 与塔吉耶夫和诺贝尔等人开设的公司一样，进行采油作业只是为了获取丰厚的资金回报。如果不能靠石油赚钱，那么BP 就不会如此积极地寻找、开采并销售石油。

作为一家英国公共责任有限公司，BP 的资本由公司股东持有，股东投资公司的方式是购入股份。BP 的规模很大，业绩较为突出，其股份占伦敦证券交易所总股份的 9%，因此大多数综合性投资组合都会包含一定量的 BP 股份。根据英国公司法，BP 领导层的首要任务是实现股东投资的长期收益最大化。尽管近期英国出台了新的法

---

① Kleveman, *The New Great Game*, p. 65.

律，要求公司运营"兼顾"员工、社会和环境的利益，但股东的利益仍应排在首位，毕竟没有股东的资金支持，BP 就无法正常运营。一旦股东大量抛售股票，公司的股价就会暴跌。相反，如果公司经营不善甚至破产，股票就会变得毫无价值，股东也会血本无归。因此，公司和股东相互依存、密不可分。

BP 是一家国际性企业，在全世界范围内的股本数多达 190 亿股，但大部分股份集中在少数几个城市的 150 家机构处。这些机构是 BP 的资产所有者。它们将持有股份所对应的决策权委托给"资产管理"公司进行管理。12 家资产管理公司控制着 BP 的绝大多数股份，其中只有一家不在伦敦。这些公司性质不同，包括三家养老基金、两家保险公司、一家银行和五家单位信托。[1] 但是，这些管理公司并没有雇用很多关注石油行业的管理人。可以推断，为 BP 股份做出关键决策的总人数可能不超过 50 人。从理论上讲，这些管理人有义务为其管理的数百万储蓄者、养老基金受益人和投保者争取最大化的投资收益。

这些机构里的资产管理人必须在大量股票和股份中做出选择，这离不开内部顾问的协助。例如，洞察力投资公司的资产管理人会征求公司投资者责任部门总监罗里·苏里万（也就是前文提到的在旧宽街会面的那个人）的意见。他们还会征求外界分析人士，即伦敦石油市场专家的意见。这些人大多就职于银行，会就是否购买、出售或持有 BP 股票向资产管理人提出建议。他们会密切关注 BP 的

---

[1] 数据来自 Thomson's–December 2008. In the UK: 1. Legal and General Invest Management, Ltd, 2. M&G Invest Management, Ltd, 3. Capital World Investors, 4. Barclays Global Investors（UK）, 5. Scottish Widows Investment Partnership, Ltd, 6. Insight Investment Management（Global）, Ltd, 7. Standard Life Investments, Ltd, 8. Capital Research Global Investors, 9. AXA Investment Managers UK, Ltd, 10.The readneedle Asset Management, Ltd, 11. Aviva Investors Global Services, Ltd; and in the US: 12. State Street Global Advisors（US）.

动向，监控公司的经营业绩，还会仔细研究 BP 的季度财务报表。

BP 的首席财务官会向投资者和金融媒体发布季度财报，并且每个季度会发表一次半个小时的讲话。资产管理者和石油分析师会坐在 BP 位于伦敦圣詹姆斯广场的公司总部的办公室现场聆听讲话，或是上网收听讲话转播。

2009 年春天，拜伦·格罗特（Byron Grote）任 BP 的首席财务官。这个身材瘦削的美国人在 BP 董事会里扮演着举足轻重的角色。他自 2002 年起担任 BP 首席财务官，任职期已经很长了。1986 年，他开始与布朗在克利夫兰（Cleveland）共事，之后二人的关系逐渐亲近，后期格罗特还成为布朗的"党羽"之一，并追随布朗和托尼·海沃德来到了伦敦。格罗特是"世纪合同"谈判的核心人物，也是号召投资者支持 BP 投资 295 亿美元建设阿泽里海上平台和输油管道这一决策的关键人物。[①]BP 在阿塞拜疆的投资额巨大，因此将其标榜为"BP 的利润中心"就情有可原了，格罗特在过去 10 年里频繁提及阿塞拜疆也合情合理。事实上，格罗特和萨比特同样是这条石油之路"背后的创建者"之一。

格罗特深知资产管理者和石油分析师对于 BP 财务碳网络的重要性。尽管他们一贯信任 BP 的管理，但如果没有他们的支持，BP 不可能在巴库取得如此巨大的成就。他们起到的作用与前文提到的政府和使馆的能源外交政策是不冲突的。当初，BP 为了赢得阿塞拜疆的合同，曾多方求助碳网络里的政府官员们。与之类似，如果得不到这些金融机构的支持，BP 就不可能在巴库发展得如此顺利。

2009 年 4 月，BP 将举办一季度财务业绩说明会。听众们如往常一样，期望听到让人安心的好消息。阿塞拜疆的状况令他们揪心，

---

① 'BP Sinking Cash into Azerbaijan', upi.com, 2 September 2010.

毕竟过去 6 个月里，这个利润中心的表现并不出色。2008 年 9 月，中阿泽里油田发生了井喷事件，差点酿成了大祸，幸亏工作人员及时发现了海面上不断冒出的气泡并迅速通过直升机撤离了海上平台。这次危机事件发生时，ACG 油田的采油量刚刚达标 4 个月。钻井平台全体员工紧急撤离这一消息传到石油大公馆时，肯定引起了轩然大波。大公馆的高层领导肯定与在伦敦的董事们召开了一场紧急电话会议，BP 阿塞拜疆公司总裁比尔·施拉德应该通过视频向 BP 总裁托尼·海沃德以及格罗特汇报了具体情况。此次事件之后，ACG 油田的产油量每天骤减 50 万桶，每周收入损失高达 3.5 亿美元。[1]

在 BP 总部办公室举办的季度财务业绩说明会上，格罗特将负责回答投资者们就中阿泽里事件提出的所有问题。但是可能不会有人就此提问，因为 BP 没有如实公开这次危机事件的严重性。BP 派出一艘微型潜艇对事故周围的海床进行调查，发现泄漏是因井口附近的水泥浇筑不当而产生的。这条信息对于分析师而言至关重要，但 BP 为了不失去投资者对公司的信任，一直对此事秘而不宣。[2]一年后，同样的原因导致 BP 所属的墨西哥湾马孔多井（Macando）发生井喷，致使公司股价在短短两个月内缩水 40%。

📍 阿塞拜疆，巴库，巴伊尔，石油大公馆

在石油大公馆的大厅里等候接见时，我们翻了翻身旁桌子上的一本杂志。那是 BP 最新一期的内部杂志《地平线》（*Horizon*），其中的一篇文章对 ACG 油田大加赞颂，题为《世纪之天平》（*Scale of*

---

[1]　J. Herron, 'BP: Azeri Oil Field Partially Restarted', Dow Jones Newswires, 24 December 2008.

[2]　T. Bergin, *Spills and Spin: The Inside Story of BP*, Random House, 2011, p. 131.

the Century）："在阿塞拜疆，ACG 油田不但实现了创收，还在 6 年里为国民提供了 1.5 万个工作岗位以及符合国际标准的培训机会……'世纪合同'的宗旨就是在开采石油的同时推动国家的发展。"[1]

一位穿着得体的女士从大厅的另一边呼唤我们。她是 BP 阿塞拜疆社区投资计划（CIP）的负责人伊琳娜（Irina）。她在接待处帮我们签了到，然后带着我们走过了旋转门。

我们爬上了三楼。这里楼梯很宽，通风很好，明媚的阳光透过大窗户照进来，带来了大海的气息。墙上挂着的照片有管道建设的场景、面带笑容的乡下孩子以及明亮的海上平台。很快，我们就来到了顶楼的走廊，两边都是高层经理的办公室。当初，BP 阿塞拜疆公司的董事会正是在这里策划并指导了海上平台以及 BTC 管道的后期建设工作。我们从未想过会在这里与他们见面。

走廊尽头是 BP 阿塞拜疆公司总裁比尔·施拉德的办公室。透过他办公室的窗户向南眺望，可以看到深不可测的里海以及距离岸边不远处的自升式钻井平台。他的前任戴维·伍德沃德（David Woodward）被称为"'BP 帝国'在阿塞拜疆最有权势的人物"。BP 在阿塞拜疆的地位如此之高，以至于阿塞拜疆政府在做出重要的石油决策前，必须得到伍德沃德（非正式的）允准。BP 的一位发言人称，如果 BP 退出巴库，阿塞拜疆会在一夜之间崩溃。[2]

隔 8 个办公室、咖啡机的旁边是塔玛·巴亚特利（Tamam Bayatly）的办公室。十多年来，她一直负责 BP 阿塞拜疆公司在国内外的新闻与传播战略。新闻、外事和社区投资办公室都在这条走廊里。他们与阿塞拜疆总统的关系密切，而且对于稳固 BP 在阿塞拜疆的地位，也就是获得"社会许可"极为重要。

---

[1] H. Campbell, 'Scale of the Century', *Horizon* 1（2009）, p. 39.

[2] Kleveman, *The New Great Game*, p. 65.

施拉德办公室的旁边是一间会议室，再旁边是一扇可以自动归位的重型钢质防爆门。伊琳娜的同事艾登·加西莫夫（Aydin Gasimov）也加入了我们的访谈。我们背对着窗户，在一张大大的 U 形桌子旁坐下，她们二人坐在我们对面。桌上摆满了麦克风和通信设备，墙上的显示屏和时钟显示着伦敦、休斯敦、安卡拉和巴库的时间。我们所在的这间办公室正是 2008 年 9 月召开紧急电话会议的那一间。

伊琳娜开始讲述 BP 在管道沿线和桑加查尔油库附近开展的社区投资项目。她对这些项目的目标和成果如数家珍，显然她已经说过无数遍了。一边说着，她一边用 3 英寸（1 英寸 ≈ 2.54 厘米）高的黑色高跟鞋不停地敲击着桌腿。

"我们做了一个社会经济调查，从中了解了社区所面临的主要问题以及未来的发展方向。然后，我们就开始从基础性事务做起——这些社区多数都未曾经历过任何开发干预。"我们把这些项目外包给了拯救儿童会（Save the Children）、国际救援委员会（International Rescue Committee）等想要与 BP 合作的国际非政府组织。伊琳娜解释说，这些援助机构非常擅长于"将社区动员起来，让民众了解社区团体能够做什么，以及它们如何解决问题。社区团体的作用是凝心聚力，而不是建造实体基础设施"。后期，她们还承担了一些规模很小的项目，包括整修医疗设施、翻修学校、修建幼儿园等。我们在 BP 阿塞拜疆公司的可持续发展报告中得知了绝大部分内容，而直言不讳的伊琳娜坦诚告知了 BP 承担这些 CIP 项目的真实动机："社区投资的最终目标是与社区建立良好的关系，从而确保 BP 的资产安全。"与 BP 的其他投资一样，CIP 项目也是由拜伦·格罗特对公司股东的信托责任推动的。

在探讨了有关管道监测和投资计划的细节后，我们想看看能否从艾登处了解更多信息。他说，2008 年 8 月 BTC 管道土耳其段发生的爆炸事件并未对 BP 造成经济损失。"桑加查尔油库的库容量很大，因此因爆炸事件而不能运输出去的石油完全可以暂时储存在油库里，待管道修好后再行运输。"但我们知道，如果 BP 不能通过管道将石油出口出去，那么在短时间内，油库的库容就会被填满，海上平台的采油作业就必须暂停。另外，BP 如果不能出口原油，就会遭受进一步的损失。我们提出疑问，在 BP 因南奥塞梯冲突而关闭穿过格鲁吉亚的第二条输油管道之后的一个月里，BP 是否经由俄罗斯境内运输原油。他的回答斩钉截铁："我说不出来，我不知道——我给不了你们答案。"

当我们问及 2008 年 9 月的井喷事件时，艾登只说那是"天然气泄漏"。我们追问，埃克森美孚、挪威国家石油公司等其他联合体成员企业是否将这一重大技术故障归咎于运营方 BP？他回答说，显然没有，因为"海上钻探的难度非常大。往往已经钻到海床下方 5 千米了，你都不知道接下来将面对什么。真正出现问题时，钻探深度已经很深了——石油行业确实会面对这种困难的条件。但是我们的合作伙伴理解这一点，因此并没有苛责我们"。[1]

或许是察觉到了我们已经发现了他故事里的漏洞，艾登的情绪更加激动了："之前在电话里沟通时，我说我们可以聊聊社区投资项目。我没说我们要谈论这些政治问题。"显然，艾登和伊琳娜都不想因未在可持续报告里提及的内容而节外生枝。BP 对向外公布哪些信息、对外隐瞒哪些信息都进行着严格的控制。

我们站了起来，转过身望了望窗外。远方的海面在乌云的笼罩下闪烁着微光，楼下不远的地方有几个被高墙和大量铁丝网层层包

---

[1] 这次会面的一年后，我们通过维基解密发布的美国电报发现，BP 的合作伙伴实际上非常不认同 BP "控制有关该事件的舆论"的做法并感到十分失望。US Embassy, 'Azerbaijan Income Takes a Hit as Now Short-Term Fix', 26 September 2008, released by Wikileaks and guardian.co.uk on 15 December 2010.

围的四四方方的灰色院子，两个戴着脚镣的男人跟跟跄跄地走着，后面跟着两个狱警。转回身，我们跟随艾登和伊琳娜走出了那间办公室。

📍 阿塞拜疆，巴库，巴伊尔，巴伊洛夫监狱

致里海

又过子夜时分，

我亦无法入眠，心情难以平静。

是里海的水，

在黑暗中激荡不息，令人生畏。

掀起波浪冲垮这座塔吧——

这座囚禁着我们的高塔。

翻涌潮水淹没它，

这个用无法破解的魔咒困住我们的高塔。

我们犯下了什么罪过？我们又做错了什么？

请你来问问我，因为他们要我沉默。

我们做了什么，要为自己感到耻辱？

请你来问问我，因为他们要我沉默。

——乌姆古苏姆·萨迪格扎德

（Ummugulsum Sadigzade）

1937 年于巴伊洛夫监狱（Bailov Prison）①

---

① U. Sadigzade, 'Our Eyes Full of Tears: Our Hearts Broken', *Azerbaijan International* 14: 1（2006）, pp. 46–7.

　　4个孩子的母亲乌姆古苏姆在巴伊洛夫监狱写下了这些诗句。她的丈夫在几个月前的斯大林肃反运动中被围捕并处决了，她也不幸被苏联国家安全委员会逮捕。在巴伊洛夫监狱的前4个月里，她设法找到了几张纸片，记下了36名妇女挤在一个牢房中的不人道待遇以及她们做出的抵抗。"我们要继续绝食。我一站起来就膝盖发软，止不住地抖，眼前闪着红红绿绿的光。没人倾听我们的抱怨，没人理会我们的痛楚。"尽管如此，最终"我们还是决定放弃绝食，因为我们不能放弃唯一拥有的东西，那就是生命"。

　　乌姆古苏姆在苏联国家安全委员会的监狱和劳改营里苦苦挣扎了7年，最终还是咽了气。在她生命的最后三年里，年轻的盖达尔·阿利耶夫在斯大林安全警卫队伍中的地位稳步提高。没人清楚他是否曾在巴伊洛夫监狱工作。

　　20世纪30年代到40年代，与乌姆古苏姆有着相同遭遇的人还有很多。国家为了维持对巴库油田的严格控制，实施了长时间的镇压措施。在斯大林掌权之前，他本人也在巴伊洛夫监狱坐过牢——30年前，也就是1908年，他曾被沙皇尼古拉二世的特工捕获并锒铛入狱。这个监狱拥挤不堪，1500人挤在仅可容纳400人的牢房里。

　　斯大林（当时还叫科巴）和同为街头组织者的谢尔戈·奥尔加尼基季茨曾对监狱的艰苦条件提出抗议，还因抗议运动过于具有煽动性而遭到了当局派出的一个连士兵的殴打。科巴不得不硬着头皮接受惩罚，"他高昂着头颅，迎着步枪枪托的重击向前走，手里还拿着几本书"。[①]

　　从1908年3月到9月这7个月里，他们一边等待着相关部门下达将他们流放到西伯利亚的命令，一边就革命策略、石油工业以及

---

① S. Sebag Montefiore, *Young Stalin*, Weidenfeld & Nicolson, 2007, p. 214.

未来愿景展开激烈的政治辩论。科巴在极尽落魄潦倒之时学会了世界语，还和谢尔戈玩双陆棋来打发时间。之后几十年里，科巴和谢尔戈打了漂亮的政治翻身仗，因此我们得以了解他们二人在巴伊洛夫监狱里的抵抗行径，但其他狱友几乎都被历史遗忘了。

2009 年 1 月，萨鲁尔·阿利扎德（Salur Alizade）在驱车回家途中被警车围堵住了。警察把他从车里拖了出来，拽到了街上，给他铐上了手铐，之后从他的车里"搜出"了毒品。12 个星期过去了，如今他正在巴伊洛夫监狱里等待宣判。萨鲁尔知道他在法庭上百口莫辩，毕竟司法系统要服从上层的命令，警察为了把某些无辜者送进监狱也会不择手段地栽赃陷害。他的庭审日期就在 4 天之后。因着莫须有的罪名，他很可能会被判刑三年。

扎尔杜什特·阿利扎德告诉我们："我儿子是在 1 月中旬被捕的。警察说他涉毒，这是警察的惯用伎俩。别说他没有涉毒，就算他真的涉毒，他也不会蠢到在车里放毒品，更何况他的父亲如今还是受相关方面时刻关注的反动人士。"[1] 萨鲁尔被捕前两个月，扎尔杜什特曾在于布鲁塞尔举办的欧洲议会上公开发言，称阿塞拜疆的一个"有组织的犯罪统治阶级利用石油资金来维护对于人民的权威统治"。阿塞拜疆大使也出席了那次会议，但并没有对此事做出肯定回应。

1 月 20 日是阿塞拜疆的全国哀悼日（为纪念 1990 年 1 月 20 日苏军进入巴库镇压独立运动时的殉难者）。2009 年 1 月 20 日，英国广播公司采访了扎尔杜什特。他说，事后看来，该事件并不是因阿塞拜疆争取独立而起，而是为了拯救盖达尔·阿利耶夫并为他争取更多利益。"经过这场灾难性事件，我们失去了许多活动家和领导人，也牺牲了与俄国的友好关系。"

---

[1]　更多例子可参考 azerireport.com。

第二天，秘密警察拦住了扎尔杜什特儿子的车，这无异于给他当头一棒。"他甚至不是政治圈的人，他就是个给车喷漆的。站出来发声的是我，为此付出代价的却是他。"扎尔杜什特聘请了一位优秀的律师，但他知道这无济于事，"国家安全局（MTN），也就是新克格勃，知道用这样的方法对付我比让我坐牢更有用。"

科巴、乌姆古苏姆和萨鲁尔都曾被来自不同机构的秘密警察以莫须有或是不公正的罪名关进监狱，这些机构包括沙皇的国家保安局、斯大林的苏联内务人民委员部以及伊利哈姆·阿利耶夫的国家安全局。乌姆古苏姆和萨鲁尔被囚禁，并非由于自身行为不当，而是当局为了向她的丈夫和他的父亲施压。在过去的一百年里，巴库的统治者靠这座海滨监狱牢牢控制着巴库的居民以及地底石油带来的收入。

离开石油大公馆的前院，我们走上了休几那比街（Xoşginabi Kuç），一路向东，寻找从 BP 会议室窗户看见的那栋建筑。

如今，巴伊洛夫监狱的四周环绕着六米高的围墙，墙上的黄漆早已斑驳，墙头布满了带尖刺的铁丝网。墙体外侧包围着一圈带刺的钢丝网眼栅栏，屋顶上还有持枪狱警来回巡逻。除了这些狱警外，从监狱外面看不到有其他人在里面。街道上空无一人，只有两只体型高大的德国牧羊犬和一只杜宾犬在争夺撕咬一个罐头盒子。詹姆斯见它们跑过来，吓得跳了起来，急着要走。一个小男孩低着头匆匆跑过，手里拿着面包，连看都不看我们一眼。

在监狱的大门口，两个戴着皮帽子的士兵正在修理一辆看上去很正式的黑色轿车。他们埋头在引擎盖下拧着扳手，一名军官则在不耐烦地轰着油门。车子修好后，看起来好像有自动起落功能的白色入口栏杆竟被士兵用手抬了起来。萨鲁尔还被关在监狱里面，替他勇敢的父亲当替罪羊。

我们想到了这条阴沉沉的街道和窗明几净的石油大公馆，它们天差地别却又紧密相连。我们想到了《地平线》中的那句话："'世纪合同'的宗旨就是在开采石油的同时推动国家的发展。"[1]

📍 阿塞拜疆，巴库，自由广场

回到城里，我们下了公共汽车，来到了开阔的自由广场（Azadliq Meydani）。这里巍然屹立着 20 世纪 50 年代阿塞拜疆苏维埃的政府大楼。这栋楼有十层高，用拱门、立柱和皇冠样的端部进行装饰，具有典型的斯大林式风格，非常类似莫斯科和华沙的建筑。我们在这栋大楼的影子里，沿着 2008 年 6 月阅兵式的行军路线漫步。那次阅兵式是为了纪念阿塞拜疆民主共和国成立九十周年举行的。

时间回到 2008 年 6 月。高高的主席台上站满了今阿塞拜疆的高层军事将领，包括国防和国家安全部部长、内部部队司令和一排将军。广场上，坦克和榴弹炮、装甲吉普车、防空导弹系统等各种武器装备接受着领导们的检阅。空中不时飞过战斗机和直升机。盖达尔·阿利耶夫阿塞拜疆军事高中的学生们从主席台前走过，高唱着在纳戈尔诺-卡拉巴赫战争期间由新成立的阿塞拜疆选定的国歌：

> 阿塞拜疆！阿塞拜疆！
>
> 你是英雄的国家！
>
> 我们愿为你献出生命！
>
> 我们愿为你流尽鲜血！
>
> 愿三色旗永远鲜亮！
>
> 很多人已经为你牺牲，

---

[1] Campbell, 'Scale of the Century', p. 39.

你已然是一个战场。

每个为你奋斗的战士，

都是当之无愧的英雄。[①]

　　阿塞拜疆通讯社在阅兵之前曾充满激情地报道了"龙卷风（Smerch）反导拦截系统，阿塞拜疆是唯一一个拥有该系统的南高加索国家。阿塞拜疆还将在本次阅兵式上首次展示无人驾驶侦察机……还有乘坐梅赛德斯乌尼莫克和路虎军用汽车的武装士兵"。该通讯社还饶有兴致地提到，"此次阅兵式最引人注目的环节是国防部三个特种部队的行军表演，军人们都装配了北约的现代小型武器、制服和面罩"。[②]

　　这次威风的阅兵式是阿塞拜疆与亚美尼亚发生冲突以及阿塞拜疆通过阿塞拜疆国家石油基金向政府输送石油收入的直接成果。阿塞拜疆的军事支出在 2005 年增加了 51%，在 2006 年又增加了 82%。[③]2010 年 10 月，伊利哈姆公开指出了军费在国家支出中的特殊地位："明年，我国的军事开支总额将超过 30 亿美元。至于一直强占我国领土的亚美尼亚，它全部的国家预算才刚刚超过 20 亿美元。我们先前定了一个目标，阿塞拜疆的军费开支要超过亚美尼亚的全部预算，如今看来已经达成了。当然，我们以后还会进一步增加军费支出。"[④]

[①]　T. Bagiyev, T. Heydarov and J. Novruzov, *Azerbaijan: 100 Questions Answered*, Azerbaijan Boyuk Britaniya Ganjlari Jamiyyati, 2008, p. 11.

[②]　'General Training of Military Parade Held on the Occasion of 90th anniversary of Azerbaijani Armed Forces To Be Held on June 16', at en.apa.az, 25 June 2008.

[③]　S. Freizer, 'Nagorno-Karabakh: A Frozen Conflict that Could Boil Over', *European Voice*, 31 January 2008.

[④]　I. Aliyev, *Opening Speech at the Meeting of Cabinet of Ministers*, at president.az, 20 October 2010.

主席台上还站着阿塞拜疆共和国特别国家保护局（Special State Protection Service of Azerbaijan）的领导人瓦吉夫·阿克洪多夫（Vagif Akhundov）将军。该机构的任务是保卫 BTC 输油管道以及南高加索天然气管道。北约曾为该机构提供几架直升机和车辆，以便其执行该项任务。[①] 美国则一边制裁着阿塞拜疆，一边帮助阿利耶夫加强军事实力。美国国务卿科林·鲍威尔（Colin Powell）为美国的矛盾行为做出了解释，称"政府认为，提升阿塞拜疆的实力是非常重要的，这样可以……确保美国能够获得对国家安全利益至关重要的石油资源"。鉴于阿塞拜疆出台了禁止外国军队驻军的规定，美国军方于 2004 年雇用黑水公司（Blackwater）组建了一支海豹突击队，以应对"午夜过后"出现的危机。美国欧洲司令部（EUCOM）欧洲计划与政策部领导迈克·安德森（Mike Anderson）对此做出了更详细的解释："我们一直在训练阿塞拜疆特种部队并为他们提供武器装备。一旦阿塞拜疆的油气平台被恐怖分子占领，这些特种部队就能第一时间冲上去并摧毁平台……这是出于美国利益的考虑，确实是自私之举。事实上，我们为阿塞拜疆和哈萨克斯坦这两个沿海国家提供帮助，都是为我们自己的利益考虑。"[②] 军队是 BP 在阿塞拜疆开展业务的碳网络中的一个元素。相关方应该已经就军队的训练计划和军事安排与 BP 进行过协调或讨论，而 BP 负责该事务的领导很可能是公司阿塞拜疆项目的安全负责人、前英国特种空勤团（SAS）司令托尼·凌（Tony Ling）。

以上就是九十周年阅兵式的大背景。阿塞拜疆政府利用这次阅兵式充分展示了自身的军事实力，并获得了外界对阿塞拜疆军事地

---

① 'NATO to Supply Azerbaijan and Georgia with New Technical Equipment', at today.az, 27 April 2007.

② D. Stokes and S. Raphael, *Global Energy Security and American Hegemony*, Johns Hopkins University Press, 2010, pp. 137–8.

位的认同。阿利耶夫政权称，阿塞拜疆经历了长达 2500 年的战争、入侵和扩张，这就是阿塞拜疆大力发展军事的正当理由。根据由第一夫人梅赫丽班（Mehriban）建立的盖达尔·阿利耶夫基金会的说法，"阿塞拜疆人民拥有历史最悠久的国家体制"。①

击败波斯皇帝后，亚历山大大帝任命其指挥官阿特罗巴特（Atropat）为米底亚（Medea Minor，位于今阿塞拜疆境内）总督，统治了阿特罗帕特纳（Atropatena）。两个世纪后，希腊历史学家斯特拉波（Strabo）将阿特罗帕特尼描述为"一个军事实力雄厚的国家，拥有 1 万骑兵和 4 万步兵"。②据阿塞拜疆驻伦敦大使所述，"阿塞拜疆的国家认同始自阿特罗帕特尼"。③

在塞尔柱、希尔万沙和萨法维时期，在此定居的突厥民族逐渐成为"阿塞拜疆最强大的军事和政治力量以及阿塞拜疆国家机构传统的主要传承者"。正是这种军事背景给了马拉哈特·易卜拉欣吉齐（Malahat Ibrahimgizi）等阿塞拜疆国会议员足够的底气，让他们能在国家拯救日自豪地宣称，"阿塞拜疆自古以来始终捍卫国家独立，并于 20 世纪 90 年代初重获独立"。④

这个故事的讲述者们多数认为阿塞拜疆民族主义和亚美尼亚民族主义是长期被压抑的原始意识的爆发。沉睡了七十年的阿塞拜疆民族在戈尔巴乔夫改革后彻底觉醒了。可想而知，阿塞拜疆民族和

---

① 这是被政府部门、多数亲政府报纸和反对派报纸认可的阿塞拜疆国家的官方历史。本章援引的例子来源包括：Heydar Aliyev Foundation, 'Azerbaijan from Ancient Times to the Acceptance of Islam', at azerbaijan.az; Azeri Embassy in UK, 'History of Azerbaijan', at azembassy.org.uk; 'Roots Deeper than Oil', at divainternational.ch.

② Azeri Embassy in Sweden, 'Emergence of Early States', at azembassy.se.

③ Azeri Embassy in UK, 'History of Azerbaijan'.

④ 'Azerbaijani MP: Day of National Salvation Is of Great Importance for Azerbaijani People', at today.az, 15 June 2010.

亚美尼亚民族之间的"旧怨"定将再添新争。

但是，如此这般讲述阿塞拜疆的故事本就是一种危险的政治行为。无论是德国还是克罗地亚，土耳其还是阿塞拜疆，国家总是由个人和政党利用历史叙事、语言、宗教仪式和领土来建构的。1918年5月，阿塞拜疆民主共和国宣布独立，彼时广大公民基本上没有国家认同。阿塞拜疆领导层和知识分子原本支持泛伊斯兰主义和土耳其主义，但自国家宣布独立后就以阿塞拜疆人自居。然而，普通民众大多认为自己是俄罗斯沙皇统治下的伊斯兰教徒或鞑靼人。[1] 历史学家认为，当时绝大多数阿塞拜疆民众具有"乌玛意识"，[2] 而阿塞拜疆作为一个民族国家的观念尚未深入人心——这也许可以解释红军轻而易举地推翻了阿塞拜疆共和国统治的原因。[3]

在主流的阿塞拜疆历史中，苏联政权是国家认同的敌人。但具有讽刺意义的是，苏联统治时期其实是阿塞拜疆作为一个国家的成型时期。苏联的"本土化"政策利用平权运动培育出了很多民族知识分子。苏联的意识形态反对政治上的民族主义，但是大力倡导"民族自决"。政府当局试图保持稳定局面，并将这个重要的产油省归入苏联政权的统治之下，因此将在"阿塞拜疆"做一名"阿塞拜疆人"打造成了一种重要的生活现实。在建设苏姆盖特等新工业城市的同时，阿塞拜疆还建造了国家歌剧院、科学院与电影制片厂等文化基础设施。20世纪30年代，在盖达尔·阿利耶夫入学前不久，巴库的石油大学更名为阿塞拜疆工业大学。

尽管推行俄罗斯化的压力真实存在且俄罗斯语与现代性存在关

[1]　Suny, *Revenge of the Past*, p. 42.
[2]　乌玛意识（umma consciousness）指个人对伊斯兰群体的认同超过对其他群体（如对民族）的认同。
[3]　T. Swietochowski, *Russian Azerbaijan, 1905–1920: The Shaping of National Identity in a Muslim Community*, CUP, 1985, p. 193.

联，但不断涌入的移民使得阿塞拜疆苏维埃社会主义共和国的人口组成更加同质化了，这进一步巩固了民族与国家领土的统一性。在石油之路建成后的早期阶段，巴库的文化具有多元性，但经过苏联七十年的统治，巴库逐渐转变成了一个以阿塞拜疆人为主体的城市。另外，在苏联的统治下，阿塞拜疆重视阶级制度，因此阶级不再是煽动异议的有效工具。此时，种族成了动员反动派的最有效工具，这也给阿塞拜疆人和亚美尼亚人带来了悲剧性的后果。

这次阅兵式举办之前十八年，我们所在的这个广场总是会挤满成千上万的示威者。1990年1月，这里还是民众集会的根据地，当时这里还叫列宁广场。可以俯瞰广场的苏维埃政府大楼对民众不再具有威慑性。那时，罗马尼亚前总统齐奥塞斯库（Ceauşescu）刚被轰下台，苏联上下洋溢着喜庆的气氛。就在一周前，人民阵线的组织者们才带领民众拆除了与伊朗交界处的栅栏并烧毁了边境瞭望塔，实现了阿塞拜疆的南北"大团圆"："成千上万人冲过边境线，人们欣喜若狂。很多年了，阿塞拜疆人民第一次见到了伊朗的同胞。"①

巴库市民举行了各种抗议活动，人民阵线分崩离析。扎尔杜什特·阿利扎德等社会民主党人士因不满主导派系狭隘的民族主义，愤然退出人民阵线。1月13日，另一群示威群众在巴库聚集之前，人民阵线领导者将愤怒的矛头指向了亚美尼亚居民。扎尔杜什特记得，在集会现场，"反对亚美尼亚人的呼喊声不断，最后一句口号是'没有亚美尼亚人的巴库万岁'"。天黑之后，写着亚美尼亚人住址的清单被散发出去。包括纳戈尔诺–卡拉巴赫难民在内的示威人群开始对亚美尼亚人发动袭击。据引述，阿尔祖·阿卜杜拉耶娃曾恳求一名警察前去援助一名遭到袭击的亚美尼亚人，但被告知"我们有命

---

① de Waal, *Black Garden*, pp. 88-9.

令，不得干涉此事"。①

接下来几天里，袭击事件继续发生，苏军营房也遭到了封锁。一周后，戈尔巴乔夫派军队进驻。相关方面宣布进入紧急状态，军方坦克开进了城市中心。士兵向逃跑的平民开枪；坦克撵过汽车，甚至连救护车也不放过；"黑色一月"期间，共有135名群众不幸丧生，还有数百人受伤。这次暴力镇压事件是苏联力度相当大的一次，实际上终结了俄罗斯对阿塞拜疆地区的控制。次日，几乎所有巴库居民都参加了遇难者的葬礼，成千上万人烧掉了他们的共产党员证。盖达尔·阿利耶夫在莫斯科向新闻媒体发表了重要声明："绝大多数人都支持人民阵线。"然而，正如扎尔杜什特在2009年接受BBC采访时所说，阿利耶夫在"黑色一月"事件中所扮演的角色至今仍存在着很大争议。

20世纪90年代，阿塞拜疆的民族主义者已有数十万人。然而，由于阿塞拜疆真正实现自治的时间尚短，要维持人民群众对于新政权的忠诚与拥戴，政府就需要不断地重塑身份认同。随着盖达尔·阿利耶夫重掌大权，他更加重视这一点，并开始以自己为图腾建立阿塞拜疆国家。如今，全国各地的广告牌上都能见到他的肖像，旁边的口号写着安全、自由和财富。政府网站上，这位"国父"昂首向上，仰望未来。街道、博物馆和工厂也都以他的名字命名。

在阿利耶夫所宣扬的社会愿景中，他就是帮助国家实现独立的救世主，能复兴阿塞拜疆文化，还能运用石油武器对抗亚美尼亚。与其他强有力的民族神话一样，阿利耶夫也将具有争议性的现实凝结在与过去的经历产生共鸣的简单意象之中。它强调了失去纳戈尔诺–卡拉巴赫文化腹地的痛苦经历，将民族认同建立在"苦难、悲伤

---

① de Waal, *Black Garden*, pp. 90–1.

和迫害"之上。① 同时，他还畅想出了美好的未来，以弥补这种苦难：巴库将靠石油收入变成下一个迪拜。

在 BP 进驻巴库后不久，该公司就致力于强化阿利耶夫父子和石油在这个阿塞拜疆民族故事中的核心作用。BP 借由出版物和各种对外声明讲述了过去发生的事情和未来的美好愿景，进而在塑造当代阿塞拜疆民族主义方面发挥了重要作用。BTC 管道位于阿塞拜疆的首站和位于土耳其的末站都以老阿利耶夫的名字命名。欧盟官员也强化了这种叙事：即便 2011 年年初北非地区的政权纷纷垮台、对"阿塞拜疆之春"的呼声也愈发高涨，欧盟委员会主席何塞·曼努埃尔·巴罗佐（José Manuel Barroso）仍在向"国父盖达尔·阿利耶夫"致敬。②

BP 的大力支持得到了回报。阿利耶夫父子公开承认 BP 开展的海上平台以及 BTC 管道等石油业务属于"国家项目"。提出反对意见的人被当成了国家的敌人，还被与"阿塞拜疆的外国敌人"联系在了一起，这里的外国敌人特指亚美尼亚。在 2002 年和 2003 年的巴库会议上，支持 BTC 管道的群体宣称"反对 BTC 的人都是亚美尼亚的间谍"——阿塞拜疆人对于亚美尼亚人有着极其负面的刻板印象，认为他们善于算计又诡计多端。其他地方的人利用反犹太人的偏见来阻止进步事业，而这里的 BTC 支持者则利用亚美尼亚人传播阴谋论的负面形象来压制异议。

这些猛烈的攻击加上媒体审查制度扼杀了民众对 BP 项目发表真实想法的可能性。BP 表面上声称支持自由讨论和公众参与，实际上却任由相关方压制批评。BP 在阿塞拜疆开展石油业务的社会许可与

---

① T. Goltz, 'How the Other Half Lives in Oil-Rich Azerbaijan', *Los Angeles Times*, 23 November 1997.
② J. Barroso, 'Speech: The EU and Azerbaijan: A Shared Vision for a Strong Partnership', at europa.eu, 14 January 2011.

阿利耶夫的民族主义社会愿景结合得非常紧密，就连 BP 阿塞拜疆公司新闻发言人塔玛·巴亚特利都不曾在公开声明中将 BP 与反亚美尼亚阴谋论划清界限。

📍 阿塞拜疆，巴库，塞服卡巴里大街，里海广场大楼

如今，巴库有很多由政府筹办的非政府组织（GoNGO）、以个人为单位的非政府组织（CoNGO）和黑手党非政府组织（MaNGO），这些都是扎根在阿塞拜疆民间社会的神奇组织。GoNGO 是指得到政府支持的非政府组织，CoNGO 是个人利用网络进行大肆宣传但甚少有实际行动的非政府组织；MaNGO 通常由当权者的亲属建立，主要用于洗钱。

20 世纪 90 年代初，重掌大权的盖达尔·阿利耶夫对非政府组织持高度怀疑态度。苏联时期的阿塞拜疆没有非政府组织，这些组织显然与他的统治站在对立面。然而，后来他也认识到，非政府组织在西方社会广受认可，而且可以帮助他提高国际声誉。在之后的几年里，阿利耶夫政府创建了数百个类似的组织，但它们除了提升阿利耶夫父子在国内外的地位之外，几乎没有什么作为。2009 年，阿塞拜疆政府反对土耳其与亚美尼亚和解，而阿塞拜疆的青年慈善机构则四处散发支持阿塞拜疆政府的信件。此前，阿塞拜疆政府为了向国际金融机构表明阿塞拜疆国内公众支持 BTC 管道项目，创建了一个"支持 BTC 阿塞拜疆非政府组织联盟"。曾在撒切尔夫人的见证下与 BP 签订协议的阿塞拜疆国家石油公司总裁萨比特·巴吉罗夫被任命为该联盟的领导者。

阿尔祖·阿卜杜拉耶娃向我们解释说，政府成立了一个"资助公民社会的公共委员会"。她认为，接受这种资助的组织与当权者是相互勾结的。"真正的非政府组织从不接受这种贿赂，但 GoNGO 却

乐此不疲。这意味着真正的公民社会非常软弱无力。"

　　我们又回到了里海广场大楼，也就是之前我们与国家预算集团的埃米尔·奥梅罗夫会面的地方。我们乘电梯来到了九楼，发现好几个非政府组织在几间宽敞且相互连通的房间中办公。每个组织的办公室都很明亮，里面有很多台电脑，淡色的松木家具与白色的墙面相得益彰。大多数人都能说一口流利的英语，很多都是毕业于斯坦福大学或哈佛商学院的研究生。这些组织的共同点在于，它们都得到了乔治·索罗斯（George Soros）下属索罗斯基金的分支机构——开放社会研究所（OSI）的资金支持。一名友好又年轻的接待员向我们介绍了自由经济援助公共协会（Public Association for Assistance to Free Economy）和里海税收观察组织（Caspian Revenue Watch）的工作人员。后者是《采掘业透明度倡议》（*Extractive Industries Transparency Initiative*，EITI）的区域协调方。

　　《采掘业透明度倡议》由英国首相托尼·布莱尔于 2002 年发起。该倡议要求跨国企业对外公开支付给自然资源国的款项，从而让广大民众了解政府因资源而获得的收入。该倡议由英国国际发展部以及挪威国际合作开发署（Norad）牵头，并得到了大型石油公司的背书以及国际非政府组织的支持。

　　里海税收观察组织的负责人加里布·埃芬迪耶夫（Galib Efendiev）告诉我们："当地的 EITI 非政府组织联盟自 2006 年以来一直被值得信任的人控制着。过去四年里，EITI 一直是非常热门的话题。在两个月前的多哈世界论坛上，阿塞拜疆宣布成为首个全面实施该倡议的国家。"

　　我们问加里布 EITI 对于阿塞拜疆的影响到底有多大。加里布转了转他手里的钢笔，向我们讲述了它的重要性。"确实有些人认为 EITI 没什么实际作用，认为该倡议只是汇总了各个资源产出国政府的收入数字，而没有研究政府如何支配这笔收入。事实上，EITI 力求以简单的数据提供普遍适用于各个国家、各种类型政府的工具。"

"经过三年的努力，我们已经可以定期出具付款报告了。因此，阿塞拜疆宣称实施 EITI 倡议。"其他 NGO 也很支持 EITI。《全球目击者》（Global Witness）报告称："自 2003 年实施 EITI 以来，阿塞拜疆在发展和减少贫困方面取得了很大进展。"该报告接着引用了伊利哈姆·阿利耶夫的话："我们必须利用石油财富来发展强大的经济，而不是被未来的石油和石油价格牵着鼻子走。为了实现这个目标，我们必须高度重视石油收入和支出的透明度。"[1]

加里布的讲述清晰地渗透出了一个信息，即阿利耶夫政府已在民众中树立起让阿塞拜疆成为"EITI 拥护者"的"先锋"形象。事实上，阿塞拜疆确实是 EITI 的第一个拥护者。[2] 但是在我们看来，尽管阿塞拜疆在 2009 年春天多哈世界论坛上得到了政治家和非政府组织的认可，但他们不经意间把这个政权浮于表面的透明公开和多样化主张当成了事实。

我们的时间很紧迫，不能再事无巨细地追问了。用 EITI 来解决发展不平衡问题——比如前文说过的"十亿美元大桥"问题——似

---

[1] *Oil Revenue Transparency: A Strategic Component of US Energy Security*, Global Witness, March 2007.《全球目击者》报告做出了解释："统计数据在很大程度上证实了阿利耶夫的发言。人均 GDP 增速从 1999—2000 年的 10.4% 增长到了 2004—2005 年的 25%"，并且"2002 年至 2005 年，阿塞拜疆的外国直接投资增长了 160%"。新建并投入使用的七座海上钻井平台和一条输油管道必将使外国直接投资和人均 GDP 飙升，对于阿塞拜疆这个贫穷小国更是如此。但是，不能将外国直接投资和 GDP 增长简单地等同于"国家发展和贫穷减少"。除非所谓的"发展"包括不可持续的酒店建设热潮，否则阿塞拜疆的人民仍将深受其苦。巴尤尔根（Bayulgen）针对外国直接投资提出了一个相当有用的观点，认为在石油资源丰富的发展中国家中，拥有独裁政权的国家往往比民主统治或混合政权的国家更易吸引外国直接投资，且外国直接投资将为独裁政权提供合法化的资金，从而使这些政权得以延续。巴尤尔根可能没想到"外部资金合法化"会得到反腐败运动组织的赞赏。

[2] C. Eads and A. Tunold, *Progress Report 2007–2009: Establishing Resource Transparency*, EITI Secretariat, 2009.

乎有些不得要领，毕竟透明度只是问题的一小部分。开放社会研究所和里海税收观察组织认识到了侵犯人权和腐败行为仍在继续，但EITI确实促进了阿塞拜疆的民间社会发展，因此阿塞拜疆实施EITI的经验是成功的。

我们告别加里布，前去与自由经济援助公共协会的佐哈拉布·伊斯玛伊洛夫（Zohrab Ismayilov）会面。见面后，我们交换了名片，然后坐了下来。他说，国有石油公司SOCAR的腐败现象非常严重："公司支出在不断增加，但该公司却没有采用招标。有时，SOCAR会为价值1马纳特[①]的产品支付30马纳特。"

里海广场大厦9楼的很多员工对于石油公司所扮演的角色却避而不谈。佐哈拉布解释道："就算这些公司对阿塞拜疆有任何影响，那也是积极意义上的。虽然尼日利亚和安哥拉的一些石油公司确实存在一些问题，但阿塞拜疆的石油公司不存在这些问题。"

后来再回想我们在里海广场大厦的短暂停留，我们坚信，这些在阿塞拜疆等地备受压迫的独立声音非常需要外界的支持。但是，开放社会研究所在巴库的地位非常重要，它在塑造"公民社会的发展"方面拥有与其规模不符的巨大权力。[②]为各大非政府组织提供资金的除了OSI，还有来自美国的欧亚基金会，该基金会支持苏联的"建立民主和自由市场机制的计划"。[③]这两家基金会在促进独立于政权存在的部分关键领域时发挥着重要作用，同时也能正确引导有关受支持的NGO的外界舆论。它们大肆批评地方腐败和收入管理不善，却完全忽略了阿塞拜疆正在转变为资源殖民地这一严峻的问题。阿塞拜疆在世界经济中应该扮演的角色是众所周知的，而伊利

---

① 阿塞拜疆货币单位。——译者注
② 尽管OSI在阿塞拜疆的年度预算只有大约300万美元，但其影响是巨大的，因为它专门支持没有政府资助的反对派团体。
③ 'Resource Links', at soros.org.

哈姆·阿利耶夫也被无意间描绘成了一个可接受的独裁者。我们想起了阿尔祖说过的话："当你问'要民主还是要石油'时，当然是选石油。因此，我们的诉求是，'不要因石油而出卖民主'。"

📍 阿塞拜疆，巴库，马特布亚特大街

走在巴库并非易事。伴随着建筑热潮，许多大楼、道路和天桥迅速落成，但街道地图却没有相应更新。有时，地图上的街道名字变了，但现实生活中的路牌却没有修正；有时则是路牌上的名字更改了，但地图却没有进行迭代。

前去与扎尔杜什特·阿利扎德会面的路上，我们被一个城中军事基地拦住了。地图上清楚明白地标出了那条路，但现实中，那条路却被一道金属路障挡住了。路障后面停放着几排坦克，再后面是一个警卫哨所。这里看不到平民走动，只有穿着整洁制服的军官在闲逛聊天。我们当时非常紧张，因为我们已经与政府批评人士进行了交谈，因此可能处于危险之中。在这种情况下，横穿军事基地可能不是个明智的计划。

但是我们已经有点来不及了，而且刚才还迷了路。我们不想让扎尔杜什特等太久。于是我们深吸一口气，硬着头皮继续往前走，尽量避免与把守路障的卫兵发生目光接触。穿过路障后，我们发现这里是一所军事训练学校。对于我们这两个迷路的外国人来说，这里的安保相对比较宽松。

这条巴库街道非常安静，尘土不小，两旁的大树枝繁叶茂，只是挂满了塑料袋。我们所要寻找的建筑就矗立其中，但入口却不太好找。我们发现了两个入口，一个通往汽车修理厂，另一个通向杂货店。最终，我们在一条小巷子里发现了一扇侧门，门上贴着用英文手写的通知，称委员会的会议地点变更了。这可帮了大忙。

这栋大楼里有巴库唯一一家独立的新闻学校。扎尔杜什特热情地将我们迎到了他挤在角落的小办公室里。这个房间布局非常紧凑，只能容下两张桌子和一个书柜。扎尔杜什特皮肤黝黑，眼眸清亮，笑容满面，神采奕奕。他拿给我们一些拉斐罗巧克力和俄罗斯巧克力，供我们挑选。他很高兴见到我们，还向我们谈起了7年前在伦敦与我们会面的时候。

扎尔杜什特的名字来源于拜火教创始人扎尔杜什特拉（Zarathustra）。3000年前，后者曾反对波斯的等级和阶级结构。扎尔杜什特是20世纪80年代最初的人民阵线的创立者，致力于推动阿塞拜疆的民主进程和社会发展。但是，考虑到后来人民阵线中的民族主义者逐渐占据主导地位并挑唆与亚美尼亚的冲突，扎尔杜什特和他的盟友退出了人民阵线，另起门户，成立了社会民主党。

扎尔杜什特回忆道："发起阿塞拜疆民主运动时，我还在担心阿塞拜疆会走上埃及的老路。"1969—1971年，他从苏联军队临时调任到阿塞拜疆，看到了石油对当地政府的重要影响。"如今，我们也走上了同样的道路。阿塞拜疆存在一批腐败又反民族主义的精英，他们控制着信息、石油和天然气，并以此谋取暴利。阿塞拜疆的统治阶级根本不讲道德。"

近些年，扎尔杜什特远离政党政治，专心经营他创建的这所新闻学校。除此之外，他还自愿担任阿塞拜疆开放社会研究所的所长。扎尔杜什特任此职位也说明了OSI对于巴库的影响的复杂性和矛盾性。他热情洋溢，对他人大家称赞，但对自己却非常谦虚。他证实了我们在其他地方听到的许多事情。

"BP从未支持过独立的公民社会。关于这一点，你应该问问梅伊斯。他曾经在OSI的监测机构工作，并对BTC管道提出过批评。BP就曾对OSI说：'我们会支持你们的计划，但前提是梅伊斯不能加入联盟。'这是他们参与我们计划的条件之一。诚然，BP作为一家公司，逐利是必然的，他们只会支持那些支持他们的 GoNGO，那些认为 BP 非常顺从、非常优秀、非常干净的 GoNGO。在巴库，这样的 GoNGO 数不胜数，其中很多都曾是持激进观点者，后来变成了政府拨款的攫取者。我对这样的 GoNGO 从不会高看一眼。我承认它们有存在的权利，但我也有不尊重它们的权利。"

我们在办公室里的时候，常有年轻男女探进头来，向扎尔杜什特提问，而他则耐心地一一解答。学生们的眼中满是对他的尊敬和喜爱。

这并不是巴库唯一的新闻学校。BP 也与英国文化协会（British Council）联合开办了一些新闻课程。扎尔杜什特承认 BP 的这个项目很不错，因为学生们能从中学到新闻的基础知识。但是，这些课程的效果非常有限。他说，如果新闻记者用该项目教授的方法对 BP 进行调查，那么"他就会成为 BP 的敌人，就像梅伊斯一样。政府和 BP 都想阻止梅伊斯发声，想让他闭紧嘴巴，让他保持沉默"。在说到 BP 试图压制批评的举动时，扎尔杜什特还挥了挥拳头，做出了砸人的动作。

扎尔杜什特饶有兴致地继续到，阿利耶夫王朝和 BP 的双赢是以牺牲阿塞拜疆民众的利益为代价的。他认为，石油收入可用于国家发展，用于城乡建设，用于打造一个无须依赖石油和天然气的未来。扎尔杜什特指出，OSI 等索罗斯下属的项目已被俄罗斯政府叫停，却可以在阿塞拜疆境内正常运作。"这里的政府甚至想与我们的 OSI 健康项目合作。这是否意味着我们生活在民主社会中？并不！但是这么做对 BP 非常有利。"

两小时后，扎尔杜什特向我们告辞并深表歉意。"我得去参加 OSI 的董事会了。又该研究向乔治付款的事情了。"他开车把我们送回了巴库市中心。途中，他说道：

"美国同事来这边时，往往会问我：'你为什么对这些漂亮的高楼大厦和豪车名店嗤之以鼻？别人都很喜欢这些东西。你不认为社会正在持续向好吗？'我回答说：'不，这不是我所认同的社会。这是腐败的国家机器的一部分。石油会枯竭，BP 会撤出，精英们会迁往伦敦和巴黎。到那时，这里能剩下什么呢？'只剩下许多脏兮兮又空荡荡的摩天大楼。"

第二部分

陆上管道

第五章
汩汩油流涌到油腻的地面上

📍 阿塞拜疆，巴库，比比赫巴特

我们沿着一条尘土飞扬、坑洼不平却又车水马龙的公路驶离巴库，准备顺着 BTC 管道一路西行，去往阿塞拜疆平原、格鲁吉亚山区和土耳其高原等地的村庄开展调查研究。我们原本计划雇用一名司机带领我们找寻石油的踪迹，但没能在阿塞拜疆找到合适的人选。梅伊斯联系了一些人，但得知我们要沿着这条管道行进之后，所有人都立刻回绝了。最后，梅伊斯远在外地的兄弟梅赫迪（Mehdi）同意来巴库承担这份工作。

我们挤在梅赫迪脏兮兮的白色拉达牌汽车里，在沿海公路上向南行驶。远处的阿布歇隆半岛和巴库的高楼逐渐淡出我们的视线。之后，我们到达了比比赫巴特的郊区。塔吉耶夫及其苏维埃追随者在郊区的村子里搭建了大量钻机，还铺设了很多输油管道，附近的土壤都被原油浸透了。

工业的迅猛发展让这里遭到了毁灭性的破坏。同更北部的巴拉哈尼一样，这里也吸引了很多摄影记者和探秘者前来。约翰·布朗曾在自传中提及詹姆斯·邦德系列电影《黑日危机》（*The World is*

Not Enough)[1]，称电影中随处可见的生锈井架和抽油机深入人心。如今，很多旅游指南将这一区域称为"詹姆斯·邦德油田"。

约一百年前，库尔班·赛义德借小说人物阿里之口描述了下面这个情景："不久后，我们看到了比比赫巴特地区的井架。那些黑黢黢的井架看起来就像令人厌恶的黑木头一样。空气中弥漫着石油的气味。井眼里的汩汩油流涌到油腻的地面上。一些工人站在旁边，油滴从他们的指尖缓缓掉落。"[2]

我们选择了一条始自巴库的古老的贸易路线。公元前530年，这里被波斯人占领，变成了波斯帝国的南部省份。后来，阿特罗帕特纳和阿尔巴尼亚（Albania）先后从波斯帝国中独立出来，继续与南部的城市进行贸易。7世纪，阿拉伯人征服了这一地区，之后便常能在海岸公路上看到长长的骆驼队驮着"一包包"原油朝着大不里士（Tabriz）、巴格达、伊斯法罕（Esfahan）和巴士拉行进。当时，人们用这种原油来取暖、照明、打仗和治病。

阿布·伊斯哈格（Abu Ishaq）等阿拉伯作家曾记录过石油这种神奇物质在这个位于阿巴斯哈里发帝国的偏远城市里被采挖出来并进行交易的过程。马可·波罗曾在书中提到"一眼石油泉，大量石油喷涌而出。人们牵来很多骆驼将这里的石油运走……它的燃烧性能很好。邻国的居民都用这种油品来点灯，就连远方的人们也会特意前来购买这种油品"。[3]

到了19世纪，俄罗斯帝国势力在阿塞拜疆不断扩张，掌控了自高加索山脉至阿塞拜疆北部之间的领土，并取代了伊斯兰教徒在阿塞拜疆南部的统治地位。巴库成为俄罗斯帝国的边境城镇，石油的

---

① 曾在比比赫巴特油田取景。——译者注
② Said, *Ali and Nino*, p.94.
③ M. Polo, transl. William Marsden, *The Travels of Marco Polo*, Wordsworth Classics of World Literature, 1997, pp.16-17.

贸易路线也随之发生了变动，改由伏尔加河的油轮以及北上的货运火车进行运输。

📍 BTC KP 0-187 千米-阿塞拜疆，锡霍瓦海滩

绕过比比赫巴特海岬，一望无际的里海映入眼帘。海水呈现蓝灰色，海面上散布着各种石油设施。我们经过了一连串度假酒店。梅伊斯告诉我们，酒店外种植的一排排棕榈树都是从迪拜和巴西高价进口来的，就像路德维格·诺贝尔为石油大公馆的公园进口来的灌木和水一样。

里海虽然名字里带有"海"字，但并不是真正的海，而是世界上最大的盐湖。湖水源自北方的伏尔加河和乌拉尔河。这两条河从俄罗斯内陆地区奔涌而来，途经俄罗斯的草原和针叶林。据马可·波罗记载，13 世纪 80 年代前后，里海"四面环绕着陆地，与其他海洋不相连通……里海盛产鱼类，河口处的鲟鱼和鲑鱼数量尤其庞大"。

这片广袤的水域受这两条河流的直接影响。2009 年夏天，俄罗斯西部长期干旱，当时里海的水位可能下降了约 3 米，且其中的营养物质含量过多，导致海藻大量繁殖、鱼类数量骤减。里海里的鲟鱼亦难逃厄运，以致当年的鱼子酱产量急剧减少。这种里海的历史象征岌岌可危，以在里海里捕鱼为生的人们险些失去经济来源。鲟鱼不但受到了随伏尔加河流下来的污染物的威胁，还难抵原油的困扰。由于不当的海上钻井操作造成了石油泄漏，里海部分区域甚至漂浮着 0.5 厘米厚的原油。[1]

---

[1] M. Javadi and N. Sagheb, 'Caspian Caviar in Peril', *Azerbaijan International* 2: 3（1994）, pp. 50-2.

道路紧挨着海岸。走在路上，我们能看见高大的自升式钻井平台的轮廓，还能隐约看见宛如钢铁制成的蜈蚣般盘在海面雾气里的细长的栈桥和浅水平台。这些自升式钻井平台的四角处都有高高的桩腿，整体看起来像是桌腿悬在空中的翻倒了的桌子。这些平台归属于瑞士越洋钻探公司（Transocean）和斯伦贝谢等油服公司，是在海上进行采油作业的设施设备，也是碳网络的组成部分之一。石油公司租入钻井平台，然后将其拖到可能产油的区域，再开始对下方的海床进行钻探作业。

我们眼前的海域归属于阿塞拜疆，它被划分为 14 个不规则的特许区块。石油地图标注了这些区块的名字，如 ACG、勒日克（Leik）区块等，另外还标出了各个区块的新所有者，包括 AIOC、埃克森美孚、BP、道达尔、阿吉普（Agip）等。钻井平台就在这些区块间被来回拖动。

我们离开海岬，沿着锡霍瓦海滩（Şixov Beach）的海岸线前行。最近一次冰河世纪时，冰河融化的水与里海化为一体，这里也变成了里海的河床。随着时间流逝，水体逐渐褪去，河床便裸露了出来，变成了我们脚下宽阔的泥地。我们的左边是灰绿色的里海，右边则是灰棕色的泥地。我们看惯了西欧郁郁葱葱的绿树和阿拉伯的沙丘，对于从车窗中窥见的这番景象并不觉得心旷神怡。我们想到了《阿里与尼诺》中的一段话："我热爱平静的大海，热爱无垠的沙漠，热爱其间古老的城市。前来寻找石油的人们熙熙攘攘，他们在这里找到石油后，赚得盆满钵满，之后又离开此地……他们可不喜欢沙漠。"[①]

公路两侧矗立着特征并不明显的工业建筑和一个水泥厂，更远

---

① Said, *Ali and Nino*, p. 17.

处有一座 SOCAR 的油库，油库外墙上涂刷着盖达尔·阿利耶夫的名言：

> 阿塞拜疆永远独立！
>
> 经济强大之国家无所不能！

马路对面竖立着一块巨大的指示牌，上面写着"盖达尔·阿利耶夫深水桩腿制造厂"。这个苏联钻井平台制造厂组装了 6 个庞大的 ACG 钻井平台。为了建造海上平台，当初共有 1500 名阿塞拜疆工人受雇，绝大多数在这个制造厂工作。负责雇用员工的不是阿塞拜疆本地的公司，而是一些外国企业，包括美国的麦克德莫特公司、法国的布伊格海上公司（Bouygues Offshore）、瑞典的埃姆通加国际公司（Emtunga International）以及意大利的赛波姆公司（Saipem）。尽管盖达尔·阿利耶夫提出了建设强大经济体的口号，但"世纪合同"却对阿塞拜疆本国的公司大肆打压，而对与 BP 有合作关系的国际公司极尽偏袒。这是 BP 碳网络的工程部分，它与外交政策、财政和军事部分同为征服里海地区的重要手段。

麦克德莫特公司是 BP 在阿塞拜疆的最大承包商。2005 年，该公司遭遇了阿塞拜疆近期唯一一次成功的工人罢工。我们从阿尔祖那里得知，该公司向工人们施加了巨大的压力，但仍未能在短时间内压制这次罢工，最后不得不同意提高员工工资。但后来，扎尔杜什特提出，这场罢工之所以能成功，部分原因是阿塞拜疆的政府在其后推波助澜。政府没有出面阻止这场罢工，而是利用罢工来迫使外国公司就范并从中获益。

我们的左边是一片空旷的海滩，周围被栅栏围了起来。一排橙黄色的标记物从里海海面一直延伸到海滩上。这是始自 ACG 油田、经里海海床敷设的长 187 千米的输油管道的终点。尽管海滩上的标记物并不起眼，但它们所指示的管道却运输了阿塞拜疆 80% 的石油和大部分天然气。在会客室和宾馆、政府大楼和企业办公室进行的所有会谈、谈判、斗争和交易都建立在这个客观事实的基础之上。在我们看不见的地方，石油在泵的作用下从繁忙的高速公路和阿特兰（Aztrans）铁路下面流过，最终进入桑加查尔油库。

我们驶离主干道，朝油库大门处的岗亭驶去。路旁种植的小树整整齐齐，光秃秃的细枝从泥地里冒出头来。头顶上方是一个三面广告牌，上面有 BTC 管道的地图、盖达尔·阿利耶夫面带微笑的脸庞以及如下刻字：

盖达尔·阿利耶夫　巴库－第比利斯－杰伊汉管道 2005 年 [1]

📍 BTC KP 1–188 千米－阿塞拜疆，桑加查尔

桑加查尔集中了产自里海的石油和天然气。从 BP 在阿塞拜疆的海上油井里抽出来的石油和天然气在位于东方和北方的哈萨克斯坦和土库曼斯坦装船，然后经由里海运输至桑加查尔附近的岸边，再装上铁路罐车，最终运输至桑加查尔油库，并在那里进行卸油作业，将罐车里的石油卸到油罐里储存起来。之后，油罐里的石油会通过 BTC 管道输送出去。这种运输方案缓慢、烦琐且成本很高，因此很多人提出可以在里海海底修建一条输油管道，也就是将既有的 BTC 管道向东延伸至里海之中。

我们的南面 50 千米处是 ACG 油田的姊妹油田——沙赫德尼兹气田。1992 年，BP 开始就阿塞拜疆南部海岸附近海床的勘探开发合

---

[1]　Heydar Aliyev Adina Baki-Tbilisi-Ceyhan Boru Kemeri 2005.

同进行谈判。4 年后，即 1996 年 6 月，沙赫德尼兹气田产量分成协议正式签署。该协议授予以 BP 为代表的联合体 860 平方千米海域的勘探权，相当于 ACG 特许面积的 2.5 倍。经过 3 年的勘探作业，该区域发现了大型气田。该联合体无意将产出的天然气出售给高加索国家，而是计划修建一条与 BTC 并行的输气管道，还就该管道申请了法律允许。2006 年 5 月，沙赫德尼兹气田产出的天然气被加压输送至桑加查尔，然后由 SCP 输气管道经阿塞拜疆和格鲁吉亚运输至土耳其东部的埃尔祖鲁姆。

沙赫德尼兹气田首次输出天然气时，就是西欧能源供应政治博弈中的重要棋子了。桑加查尔当时也是中东以外世界最大的油气库，具有重大的战略意义。

我们站在风中接受检查，门卫在警卫室里煮茶。高大的栅栏那边是敦实的火炬塔、油气处理设备和像倒扣过来的桶的黄色油罐。这里的建筑物都被漆成了黄色或白色。桑加查尔油库没有多少高耸的建筑，但是占地面积很大。为了消化沙赫德尼兹日益增长的产量，该油库将继续扩容，预计不久后将占地 800 公顷（1 公顷 =0.01 平方千米）。

在大致游览油库后，我们把车停在了里海能源中心（Caspian Energy Centre）的游客中心，准备赴约。在一块写着"管道唤醒古老历史"的标牌下，中心经理伊斯梅尔·米里耶夫（Ismayil Miriyev）热情迎接了我们。为了喝口热茶，我们去了厨房，在路上看到了挂在墙上的照片，上面都是桑加查尔的访客：土耳其总统埃尔多安（Erdogan）、爱沙尼亚总统托马斯·伊尔维斯（Toomas Ilves）、瑞士总统帕斯卡尔·库什潘（Pascal Couchepin）以及联邦参议员（2005年）巴拉克·奥巴马。伊斯梅尔说："他待人非常友善。当时，他和一众参议员共同到中亚和阿塞拜疆地区访问。这是关乎地缘政治的访问，他们这样的政客经常会来我们这里。大多数到巴库的政客都会来我们中心转转。我们不会挂出所有人的照片。但后来，奥巴马当上总统了，我们想起他曾经来过这里，于是从档案中翻出了这张照片。"

紧接着，我们看到了约翰·布朗、安德鲁王子、美国能源部部长塞缪尔·博德曼（Samuel Bodman）、土耳其总统塞泽尔（Sezer）、格鲁吉亚总统萨卡什维利（Saakashvili）以及伊利哈姆·阿利耶夫本人的泥塑手印。"他们齐聚一堂，参加盛大的投产仪式。"他所说的投产仪式就是 2005 年 5 月 25 日举行的 BTC 管道正式投产仪式。我们看着这些照片，想起了投产仪式 4 天前在石油大学外面举行的示威游行。鉴于这场游行"会干扰正式投产仪式的准备工作"，警方残酷地镇压了示威者。①

伊斯梅尔自豪地向我们介绍了这个中心的来历。"我们想为游客打造一个专门的参观地，这样他们既不会干扰我们的正常工作，也能知晓每个装置的工作原理。"里海能源中心完美诠释了 BP 在那个阶段的工作内容。"世纪合同"签署 9 个月后，布朗晋升为 BP 总裁，达到了职业生涯的顶峰。作为 BP 有史以来最年轻的总裁，他迅速适应了新身份并决心要大展拳脚。接下来的一年半里发生了两件大事，彻底改变了他干事业的基调。

1995 年 11 月 10 日，作家兼活动家肯·萨罗-维瓦（Ken Saro-Wiwa，奥戈尼族族长）和 8 个奥戈尼族（Ogoni）人被尼日利亚政府绞死。萨罗-维瓦是发起正义运动的领袖，该运动旨在为因壳牌等石油公司在该地区长达半个世纪的石油开采作业而造成的痛苦和剥削伸张正义。该运动对壳牌公司（壳牌对萨罗-维瓦的死负有部分责任）产生了巨大的影响。壳牌的加油站和办公室纷纷被围攻，许多

---

① Abdullayeva et al., *Report on Monitoring*.

民众要求严格审查壳牌公司，员工的士气也萎靡不振。BP 当时不在风口浪尖上，但对此事感到异常焦虑。1995 年晚些时候，BP 驻尼日利亚的一名员工表示："肯·萨罗-维瓦被绞死的次日早上，BP 就成立了社会责任部门。"①

1996 年 10 月，英国广播公司的调查研究类节目《全景》(*Panorama*)播出了 BP 为哥伦比亚军事"暗杀队"提供协助和财政支持的故事。照理说，BP 也将重蹈肯·萨罗-维瓦事件的覆辙，但 BP 管理层迅速采取了行动。BP 华盛顿办公室的政治事务工作人员被紧急调往波哥大。BP 哥伦比亚公司负责人现身英国电视台，为 BP 的行为进行辩护，还拉拢主流的非政府组织进行"利益相关者对话"。BP 的策略行之有效，这场风暴平息了：BP 企业社会责任的积极作用得到了证明，布朗时代的基调也就此确定下来。

BP 随后宣称，计划在里海和地中海之间铺设的 BTC 管道将比照企业社会责任的最高标准进行建造。该承诺意味着 BTC 管道是与众不同的，石油行业也能以社会友好和环境友好的形象示人，一个全新的时代即将开启。BTC 管道凭借这一承诺在伦敦、华盛顿和布鲁塞尔等遥远城市赢得了良好的声誉，也在 BP 内部员工、投资者和媒体等群体间引发了热烈的反响。正如我们所见到的一样，该承诺对于这条 1750 千米输油管道的沿线地区产生了多重影响。在桑加查尔，这一承诺体现在了道路两旁的树苗、里海能源中心以及"桑加查尔乌龟"的故事里。

欧洲陆龟是阿塞拜疆的濒危物种之一。冬天，它们会在地下冬眠，因此很容易在土方工程施工时受到伤害。BP 进行的一项调查研究显示，欧洲陆龟广泛分布于里海沿岸区域。因此，在油库施工建

---

① 摘自作者对艾琳·格拉赫（Irene Gerlach）的采访。

设期间要采取谨慎措施，避免对它们的栖息地造成破坏。

BP 为保护欧洲陆龟所做的努力得到了广泛宣传。大量内部刊物和外部出版物刊登了 BP 社区联络员戴着手套为欧洲陆龟提供庇护的照片。在施工过程中发现的 8 只陆龟被转移到了特殊地点进行专门看护。这些陆龟当然受益了，它们得以幸存下来。另外，BP 赢得了嘉许，员工士气大振，BP 在阿塞拜疆境内的营运能力也极大提升了。这就是被 BP 奉为圭臬的"三重底线：人、地球、利润"的完美例证。

企业履行社会责任的关键在于以开放、透明的形象示人。里海能源中心就是由此而建的。伊斯梅尔解释说："我们可以把孩子们带到这里，让他们了解石油和 BP 对阿塞拜疆的影响。"

在中心的演示厅，我们结识了演示人奥尔赞·阿巴西（Orxan Abasov）。他 25 岁上下，是阿塞拜疆人。他曾被派往伦敦自然历史博物馆接受培训，且他本人很渴望再次前往英国进行深造。演示厅有 30 多个座位，但当时只有我们两个人。奥尔赞没有懈怠，仍逐页讲解着他的幻灯片，并不时地用激光笔指出他感兴趣的照片。

桑加查尔油库的建设始于 1996 年，工人们平整土地、开挖沟渠、砌起高墙、竖立围栏。建设工程于 1997 年完工并正式投入使用，每天能够接收 15 万桶石油。在新 ACG 海上平台建成后，桑加查尔油库也相应进行了扩容，增加了处理设备并建造了容量更大的油罐。经过一次又一次扩容，油库的面积不断增加，石油加工能力也提高到了每天 120 万桶。

经由铺设在泥泞沙滩下的海底管道输送过来的石油量的波动幅度很大，主要取决于海底深处油藏的地层压力大小。石油的日输送量最低只有 50 万桶，最高可达 90 万桶。2008 年夏天，连续 5 天的日输油量达到了创纪录的 100 万桶。

奥尔赞解释说，相比于 BP 开采出来的"阿塞拜疆轻质油"，雪佛龙从哈萨克斯坦运输过来的原油质量更差且含硫量更高。因为这两种原油要同时使用 BTC 管道进行运输，所以雪佛龙会经过复杂的计算，向 BTC 管道的其他股东方（也就是那 11 家合作方）支付一定费用以弥补损失。奥尔赞很愿意给我们讲述这个故事，显然他对于"我们的阿塞拜疆轻质油"非常自豪。有趣的是，虽然他死心塌地地忠于 BP，但他的言语中经常透露出另一种身份。他曾多次使用"我们"来指代 BP、阿塞拜疆人甚至是阿塞拜疆国家石油公司。在描述伊那姆（Inam）和阿洛夫（Alov）油田合同的持股情况时，奥尔赞解释说，经过后续谈判，"我们获得了更大份额的股权"。这里的"我们"指代的是阿塞拜疆国家石油公司，它持有 50% 的股份，而在 ACG 中只有 10%。

桑加查尔油库的油罐容量很大，但总库容也只相当于海上平台 2.5 天的最高产量，即 250 万桶。"如果不能及时将库存的油品运输出去，海上平台就得关停。这意味着我们要遭受重大经济损失。另外，一旦停止生产，再想复产时，各个油井不大可能在同一时间重启，那时井口的压力会下降，极大影响生产效率，所以关闭平台是迫不得已之举。"

2008 年夏天，一些输油管道在俄罗斯-格鲁吉亚战争中遭到轰炸，迫使 BP 关停了几个大型油田。比起资历更深的同事艾登·加西莫夫，奥尔赞显然更为坦诚。他说，当时他们不得不用火车将原油经高加索地区运往黑海。但后来，这条铁路也被地雷炸毁了，该运输方式也不再可行了。将石油运输到西方国家的最后一个途径是经由巴库-新罗西斯克（Novorrosisk）管道进行管输。这条管道会经过俄罗斯，因此 BP 一般不考虑这种运输途径。但是当时，油价仍处于历史高位附近，因此 BP 行使了优先权，先 SOCAR 一步将石油运了出去。

奥尔赞对于石油收入给这座城市带来的变化似乎非常满意。"我们新建了六座大桥和很多高层建筑，还修了不少路。如果油价像现在一样处于低位，那么这些建设项目就会放慢速度，等待油价抬升后再回到正轨。"如果全球油价跌至每桶 45 美元以下，ACG 平台就无法赢利。相比之下，中东油田的盈亏平衡点要低得多。ACG 油田的生产成本如此之高，部分原因是将石油管输至杰伊汉的费用居高不下。"如果油价在一段时间内都没有超过这个水平，继续采油就不值当了，到那时平台就可能会关停。"

奥尔赞的幻灯片中有一张特别引人注目的图片，那是阿塞拜疆历史产油量的曲线图。图上有 4 个峰值，时间分别为 1904 年、1941 年、1968 年和 2010 年。一般来讲，阿塞拜疆历史上经历了两到三次"石油热潮"，第一次是在"石油大亨时代"，第二次是在苏联卫国战争前夕，第三次是在"后苏联复兴时期"。[①] 20 世纪 60 年代时期，战后苏联石油工业取得的成就并不符合上述条件，也很少被称为热潮。

从图片中还能看出，石油产量于 2010 年达到峰值，之后如预期般迅速下降。事实上，这张图恰恰佐证了我们从巴库批评者那里多次听到的观点：尽管政府和企业一再宣扬阿塞拜疆光明的石油前景，阿塞拜疆的石油产量已经达到"峰值"了。国家预算集团的埃米尔·奥梅罗夫曾告诉我们："但现如今，人们听到石油产量将在明年达到峰值这样的说辞时，就会问收益都用在了哪里。"

对于阿塞拜疆来说，石油收入骤减一事并不新奇，毕竟 20 世纪 10 年代、40 年代以及 70 年代都曾经历过"石油萧条"。每每出现衰退迹象，阿塞拜疆都会采取措施来引导经济向多元化发展，而不是单纯地依赖开采和出口原油。石油大亨塔吉耶夫在 20 世纪初

---

① 之所以说"两到三次"石油热潮，是因为在 20 世纪 30 年代到 40 年代早期的第二次石油热潮经常被西方评论员略过不谈。

时将其石油资产卖给了英国金融家詹姆斯·瓦什瑙，并将回款投资于棉花厂、鲟鱼养殖场和农业等领域。苏姆盖特则是弗拉基高加索（Orjonikizde）在 20 世纪 30 年代发展的代表地，该地能将从阿布歇隆半岛源源不断运来的原材料加工成化工产品和工业产品。20 世纪 70 年代和 80 年代，苏维埃阿塞拜疆在盖达尔·阿利耶夫的引领下加大了对蔬菜和棉花生产的投资。

奥尔赞提供的数据引出了一个问题：阿塞拜疆要如何应对即将到来的"石油萧条"？这正是阿塞拜疆国家石油基金会应该解决的问题，而奥尔赞引以为傲的"六座新桥、很多道路和高层建筑"都无法解决这个问题。正如扎尔杜什特所说，"这里能剩下什么呢？只剩下许多脏兮兮又空荡荡的摩天大楼"。

我们很想再问奥尔赞一些问题，但他的讲解已经结束了，我们也该离开桑加查尔了。我们没能在此行中去到我们非常想去的地方。来到游客中心的访客不能进入控制室参观，控制室远在油库的"禁区"。我们在 BP 的一份报告中看到了控制室的图片：两名身穿黑色工作服的男子目不转睛地盯着电脑屏幕，一个人指着一行数据，另一个人则用鼠标进行操作。图片的标题是："控制室技术人员菲尔多西·伊萨耶夫（Firdovsi Isayev）和桑加查尔油库联合控制室生产主管伊布拉吉姆·特雷古洛夫"（Ibragim Teregulov）。[①] 铁栅栏另一边的不向公众开放的区域内一定会有一间监控室，BP 的工作人员会在那里监控从海上钻井平台向油库输送过来的石油和天然气以及从油库进入 BTC 管道并途经格鲁吉亚和土耳其，最终到达杰伊汉油库的石油和天然气。奥尔赞解释说，ACG 油田的产油量每天都在变化，甚至每小时都不同，并且原油的价值也随着全球油价的波动而变化。

---

① 'BP in Azerbaijan: Sustainability Report 2007', BP, 2008, p. 6.

2008 年 7 月，BP 的日原油开采量近 100 万桶。11 日，油价触及每桶 147 美元的历史纪录。按此价格计算，当天 BP 生产的石油价值高达 1.47 亿美元。两个月后，中阿泽里发生天然气井喷事故，BP 被迫关停油井，致使石油开采量减少了三分之二。受信贷紧缩以及油价创新高后汽油需求迅速下降的双重因素影响，油价跌到了每桶 60 美元。这意味着 2008 年 9 月 ACG 油田的石油日产出值只有 2100 万美元。在短短 70 天里，ACG 油田石油产出值的跌幅就超过了 85%。

表面上，待在监控室里的生产主管只负责监控石油在输油和储油系统中的流动情况，但实际上，他们正置身于一个全能的会计室。

📍 BTC KP 25-212 千米-阿塞拜疆，戈布斯坦

离开桑加查尔，我们沿着沿海公路继续向南行驶。我们的左侧仍是灰蒙蒙的里海，而右侧的地势不断升高，到了戈布斯坦（Qobustan）的沙漠丘陵地带。梅伊斯和梅赫迪坐在汽车的前排，他们头上戴着阿塞拜疆人常戴的黑色低顶圆帽。

石油自工业开采阶段至今总共 140 年。一个家族只需繁衍四代人，就能完整体验这 140 年的沧桑巨变。大多数行业和政府文献将 19 世纪末期认定为第一次石油热潮，并将 20 世纪 90 年代中期之后的那段时间认定为第二次石油热潮。每次石油热潮都会引起社会剧变——又或者说，是社会剧变引发了石油热潮。这两次"石油热潮"期间发生的重大变化集中在地质、技术和资本领域，这些变化几乎是不可避免的，本质上也是向好的。

另外，1872 年，沙皇废除了石油行业的国有制，阿塞拜疆迎来了一波石油热潮。苏联的解体沉重打击了重回国有化的腐败行业，又一波石油热潮顺势而来。

然而，现实情况是，巴库从一座拥有拜火教神庙、什叶派清真寺和骆驼队伍的城市变成了一座街道四通八达、豪宅随处可见的城市，还出现了巴拉哈尼和比比赫巴特这样肮脏不堪的区域。这种转变是由圣彼得堡、巴黎和伦敦引导的社会剧变，它催生出了一批石油大亨，一些因油田而起的重大的环境和社会问题，以及1905年和1918年的大屠杀事件。

巴库发生的下一次转变是从由石油大亨和荷兰皇家壳牌等外国公司主导的石油城市转变为以阿夫拉莫夫的《工厂汽笛交响曲》、石油大学和拥有先进技术的纳弗特达施拉里为代表的社会主义城市。这次转变同样是一场社会剧变，只是主导者变成了俄国。与上一次转变不同的是，这次转变往往被新自由主义者略过不谈。

巴库发生的最后一次转变是从尘土飞扬的苏联大都市变成了一个由玻璃和钢铁大楼、时尚商店和"十亿美元大桥"组成的现代化都市。这次转变也是一场社会剧变，受到了英国、美国和比利时的影响。但是，在这次转变中，毕拿加迪陷入了贫困，巴伊尔关押的囚犯也更多了。

引领石油行业的资本主义者和国家社会主义者非常鼓励在沙漠和海床上钻探石油的行为。路德维格·诺贝尔、斯大林、约翰·布朗、伊利哈姆·阿利耶夫等人都把这些油井奉为推动人类进步的引擎，并为BP披上了密不透风的积极进步的外衣，不容一丝置疑。正因如此，BP才能一边宣扬其对8只桑加查尔欧洲陆龟的妥善保护，一边对被监禁的记者和毕拿加迪的贫民窟三缄其口。

一名警察拦下了我们的车，我们停在了紧急停车区。梅赫迪跟着警察走回去，上交"超速违章"罚款。等待期间，我们拿出地图，找出了我们将要追寻的输油管道。它一路向西，穿过广袤的沙漠，然后沿着遥远的高加索山脉一路上升。

第六章
如果管道着火了，我也会跟着同归于尽

📍 BTC KP 55-242 千米-阿塞拜疆，哈奇卡布尔湖

　　一只巨大的草原鹰在我们的头顶上盘旋。它伸展双翼，从我们上方滑过，又迅速掠过马路，速度比梅赫迪的拉达车还快。我们一个小时前离开桑加查尔，一路西行，追寻这条从里海出发并穿过阿塞拜疆沙漠的管道。现在，我们的左侧是哈奇卡布尔湖（Lake Hacıqabul），它的湖水碧蓝又平静，与周围的干燥土地形成了鲜明对比。我们的右侧是一片大草原，越往北地势越高，远处连着群山。有一列火车在向西疾驰，后面拖着几节圆滚滚的黑色油罐车。这些罐车里装载着埃克森美孚公司的石油，目的地是格鲁吉亚黑海沿岸的巴统。

　　更近处可以看见黄顶的金属桩，上面标注着的黑色数字代表输油管道的里程：

61 62 63 64 65

　　地下的 BTC 管道与地面上的火车轨道沿同一路径敷设，与之并行的还有南高加索天然气管道和较早建成的巴库-苏普萨管道。里海

原油从桑加查尔油库出发，在泵的作用下流过 1768 千米长的 BTC 管道，十天就可以到达土耳其地中海沿岸。我们追随着 BTC 管道的标志桩一路前行，沿途经过了沙漠、高山、田野和树林。

125 年前，拉载着石油的火车第一次沿着这条铁路线向西行驶，当时使用的燃料是巴库黑镇炼油厂炼制照明用煤油后残余的液体燃料（ostatki）。1883 年，这条铁路线延伸到了高加索地区，当时欧洲和美国的火车头和蒸汽轮船仍以煤炭为主要燃料。德国、英国和美国等地并不接受液体石油燃料的概念，但它在里海地区已深入人心。①

这条铁路修建到西方的海港时，从巴库始发的蒸汽轮船还只能航行至里海周围的波斯和俄罗斯以及伏尔加河和乌拉尔河流域。诺贝尔兄弟迅速渗透进俄罗斯市场，让煤油的消费量翻了几番。但真正的大市场不在沙皇帝国，而是被洛克菲勒的标准石油公司垄断的西欧和远东地区的潜在市场。一些石油大亨发现很难切入由诺贝尔兄弟主导的俄罗斯市场，于是开始考虑修建从巴库到黑海港口巴统的铁路。沙皇军队在不久前结束的 1877—1878 年俄土战争中从奥斯曼阿卜杜勒哈米德二世（Abdulhamid Ⅱ）手中夺取了巴统这个海滨城市，并且沙皇亚历山大二世一心想建设新军事基地并将巴统打造成一座港口城市。

1883 年，罗斯柴尔德银行法国分行行长阿尔方斯·罗斯柴尔德（Alphonse Rothschild）抵达巴库并带来大笔资金，将这个翻山越岭的铁路修建计划变成了现实。当时，新沙皇亚历山大三世出台了禁止犹太人对油田进行直接投资的法律，罗斯柴尔德家族的投资因此受阻，于是将目光转向了石油运输环节。他们凭借之前在欧

---

① C. Marvin, *The Region of the Eternal Fire*, W. H. Allen & Co., 1884.

洲投资铁路建设的经验，向沙皇提出要继续完成俄裔亚美尼亚破产石油大亨 A.A. 邦奇（A. A. Bunge）和 S.S. 帕拉什科夫斯基（S. S. Palashkovski）的未竟建设项目。得到亚历山大三世的批准后，铁路建设项目开始动工。这条铁路线始自巴库，穿过沙漠，沿着库拉河谷一直到达第比利斯，再翻过高耸的苏拉姆关隘，沿着里奥尼河而下，最终抵达巴统。铁路建成后，巴库的煤油就能从黑海海岸通过博斯普鲁斯海峡运往世界各地了。没过多久，巴库的煤油就运抵了阜姆、的里雅斯特、马赛、巴塞罗那、安特卫普（Antwerp）和伦敦。铁路的运载量迅速增长，1884 年至 1887 年，油罐车数量从几百辆增加到了数千辆。

大批工人参与了该铁路的建设，且建设过程中修筑了很多堤坝、隧道和桥梁。这条铁路使高加索地区完成了从山地地区向俄罗斯帝国工业中心的转变。建设工程不到两年就完工了。诺贝尔兄弟在阿塞拜疆石油巨头中的统治地位仍旧稳固，但罗斯柴尔德家族也凭借这条铁路奋起直追。在这条铁路上行驶的油罐车中，有 450 辆属于诺贝尔兄弟，100 辆属于罗斯柴尔德家族。不久后，"以慎重闻名于世的罗斯柴尔德家族"竟然"满怀激情地进入"了巴库的石油市场，买下了巴统石油炼制和贸易公司（Batumi Oil Refining and Trading Company，常用俄罗斯缩写 BNITO 代表）并成立了实体企业里海–黑海石油公司（Caspian-Black Sea Oil Company）。[①] 1884—1887 年，罗斯柴尔德家族的投资额近 200 万英镑，相当于今天的 2.2 亿英镑。[②] 当时，一辆铁路油罐车仅价值 75 英镑，可想而知 200 万英镑着实算是巨款。沉重的火车头拉着原油一路西去，火车经过约瑟夫·朱加

① N. Ferguson, *The World's Banker: A History of the House of Rothschild*, Weidenfeld & Nicholson, 1998, p. 880.

② Marvin, *Region of the Eternal Fire*, p. 332.

什维利在戈里的小屋，发出轰隆隆的响声。

随着石油开采量的增加，铁路运输在陡峭的苏拉姆关隘遇到了难题。两台火车头一前一后，一拉一推，也只能带动八节油罐车翻过这里。苏拉姆关隘的海拔超过 1000 米，其最低点正好分隔了格鲁吉亚的西部绿地和东部干旱区域。1886 年，石油大亨兼慈善家塞伊纳·塔吉耶夫（Zeynalabin Taghiyev）在比比赫巴特发现了喷油井，巴库的石油开采量持续增加，因此提高这条石油之路的运输能力是有利可图的。罗斯柴尔德家族得到了塞伊纳·塔吉耶夫和路德维格·诺贝尔的额外融资，开始修建一条与铁路并行的煤油管道，还有一条电话线路。

但是，工程的进度非常缓慢，圣彼得堡起初只批准在格鲁吉亚中部最陡峭的 60 千米地段铺设管道。近 20 年后，新沙皇即位，罗斯柴尔德家族才获得了到黑海沿岸巴统的整条输油管道的建设许可。最终，该管道于 1906 年建设完成。

这条铁路和输油管道重塑了巴库和巴统两地、里海和黑海两地之间地区的地缘政治格局。一个半世纪以来，这条铁路一直是俄罗斯和波斯的分界线。如今，它指向了西欧。俄罗斯、法国、英国、奥匈帝国和一些公司将这一地区重新定义为"出口走廊"并在该地区拥有重大的经济利益，最终导致英国在 1918 年派 4 万军队占领了高加索地区。新的经济和政治力量在该地区逐渐成形。铁路网络和石油港口为第比利斯和巴统提供了大量工作岗位，两地的工人阶级不断壮大。这两个地方后来都成为布尔什维克活动的中心。

1929 年苏联占领该地区后，随着电灯和以汽油为燃料的交通工具的普及，煤油的出口量不断减少，于是从巴库到巴统又铺设了一条与原有管道并行的原油管道。巴统的炼油厂将新管道输送来的原油加工成汽油，并由苏联销往欧洲市场。然而，这条管道仅运行了十余年，就被拆除了。苏联军队在遭到纳粹军队入侵时迅速撤退并将该管道一节一节拆下来再运往西西伯利亚，然后在那里重新组装起来，为红军发动反击提供燃料。

战争过后，高加索地区铺设了更多输油管道，阿塞拜疆原油可以经由多种路径运输至远方的苏联市场。20 世纪 80 年代末，大部分管道都停用了，高加索依靠苏姆盖特等地区成为一个大型炼油和石化中心。20 世纪 90 年代中期，BP 开始计划加大 ACG 油田的开采量，当时该地区有很多条石油出口路径。早些时候，西方公司与阿塞拜疆人进行谈判并签订合同，其中就会包括建设输油管道的条款，比如布朗与萨比特·巴吉罗夫于 1992 年 9 月在撒切尔夫人的见证下签署的那份合同。运输成本最低的输油管道当属巴库–新罗西斯克管道，它从里海沿岸向北延伸到俄罗斯，然后在车臣改向西行，最终抵达黑海北岸的新罗西斯克港。这条管道已经铺设好了，只需适当维护即可，且新罗西斯克的地理位置十分优越，自 19 世纪 80 年代以来就一直是高加索北部迈科普（Maikop）和格罗兹尼油田的石油出口地。

然而，BP 的利益与美国政策制定者的利益并不一致。苏联解体后，美国利用风雨飘摇的俄罗斯牟利。自 1993 年起，比尔·克林顿政府国家安全官员开始在俄罗斯寻求战略利益，声称"美国有正当政治理由积极介入里海事务"。[1] 美国政府提出要新建一条能在避开俄罗斯的前提下连接东西方世界的"能源走廊"。[2] 克林顿的副国家安全顾问桑迪·伯杰（Sandy Berger）召集了一些高级政府官员，开始发布有关里海油藏对美国的重要性以及与阿塞拜疆进行防务合作

[1] J. Joseph, Pipeline Diplomacy: *The Clinton Administration's Fight for Baku-Ceyhan*, Woodrow Wilson School of Public and International Affairs, 1999.

[2] S. Cornell, *The Guns of August 2008: Russia's War in Georgia*, M. E. Sharpe, 2009, p. 38.

的政策指导。① 1995 年年中，BP 和阿塞拜疆国际运营公司打算利用巴库–新罗西斯克管道经俄罗斯境内运输未经处理的"早期石油"，此时伯杰采取了行动。1995 年夏天，伯杰先后两次会见了 BP 负责阿塞拜疆国际运营公司事务的特里·亚当斯（Terry Adams）并明确表示，一切必须遵守美国的规则。BP 只得放弃以 5000 万美元成本修复已有管道并加以利用的计划，转而耗资 2.5 亿美元新建了一条从桑加查尔到格鲁吉亚黑海港口苏普萨的输油管道，从而绕过俄罗斯。伯杰的话本就很有分量，在他获得了世界银行等国际金融机构的补贴贷款后就更是如此了。

此外，巴库–新罗西斯克管道也不是稳妥之选。1991 年 9 月，车臣宣布脱离俄罗斯联邦，此后六年里双方展开了激烈的对战。战争期间，使用巴库–新罗西斯克管道运输里海石油一事引起了各方的注意，因为这条管道途经车臣的首都格罗兹尼。英国记者塞巴斯蒂安·史密斯（Sebastian Smith）写道：

> 在北高加索地区，一说到"输油管道"（neftprovod），每个人都知道那指的是什么。亲眼见过这条管道的人不多，知道它的确切位置的人也没有几个，但大家都能对号入座。巴库–新罗西斯克管道的存在感很强。人们一提到车臣之战，就会想到这条管道。②

1996 年 11 月，俄军撤退，车臣真正实现独立。新的车臣政府要求对车臣境内管段收取过境费用，并就此与管道运营方进行了一系列焦灼的谈判，导致管道延后投产，但最终这条管道还是投入了正

---

① Joseph, *Pipeline Diplomacy*, 1999.
② S. Smith, *In Allah's Mountains*, I. B.Tauris, 1998, p. 73.

常使用。俄罗斯政府显然非常反对这条战略输油路线经过与其敌对的国家境内，于是在 1999 年再次入侵车臣并挑起了战争。这条管道不久后就停用了，阿塞拜疆国家石油公司的石油只能通过铁路运输到新罗西斯克，以避开车臣战区。之后几个月里，俄罗斯国家石油管道运输公司（Transneft）修建了一条名为"车臣旁路"（Chechen Bypass）的输油管道，原油不必通过车臣境内就能运输至黑海港口。

此时，巴库–新罗西斯克管道对于石油公司的重要性就不那么明显了。1995 年 9 月，BP 与阿塞拜疆国家石油公司达成了一个共同修建输油管道的协议，也就是后来的巴库–苏普萨管道。另一边，克林顿政府提出了一个听起来没有恶意的建议，由此可见其在里海区域的外交能源政策：他们呼吁建设"多条输油管道"。[①] 在这一框架下，巴库–新罗西斯克管道被称为北线出口管道（NREP），而巴库–苏普萨管道则被称为西线出口管道（WREP）。

巴库–苏普萨管道每天只能输送 11.5 万桶石油，而阿塞拜疆国家石油公司计划每天从近海油田开采 100 万桶石油，二者的差距非常悬殊。既然巴库–新罗西斯克管道并不稳妥，怎样才能将剩余的 88.5 万桶石油运往全球市场呢？

BP 似乎想将桑加查尔油库接入伊朗的管道系统，从而将阿塞拜疆的原油输送到波斯湾，但这一想法遭到了美国政府的强烈抵制。从表面上来看，利用伊朗北部这条距离较短的输油管道在实际操作上非常简单且具备经济可行性，但依赖伊朗并不是一个理想方案。当时还有另一个方案同样遭到了美国的反对，那就是铺设一条穿越中亚地区到达中国的输油管道。

20 世纪 90 年代，美国和英国持续施压，要求铺设多条西行管

① D. Morgan and D. Ottaway, 'Azerbaijan's Riches Alter the Chessboard', *Washington Post*, 4 October 1998, p. 3.

道。伯杰升任美国国家安全顾问，与里海盆地能源外交大使理查德·莫宁斯塔（Richard Morningstar）搭班工作。他们为建设途经亲美国家的 BTC 管道而奔走游说。1999 年，二人终于实现了目标，阿塞拜疆、格鲁吉亚和土耳其政府签署了建设 BTC 管道的条约。三年后，BP 联合挪威国家石油公司、道达尔、雪佛龙等石油公司成立了 BTC 管道公司（BTC Co.），负责这条管道的建设运营工作。

19 世纪 80 年代，受财政因素影响，罗斯柴尔德家族的铁路和管道引发了重大政治变革。如今，BP 这条穿越高加索地区的管道对地缘政治格局的影响极大。莫宁斯塔曾表示，美国在里海地区的基本政策目标"不仅仅是建设油气管道，而是利用这些具有商业利益的油气管道来搭建政治和经济框架"。[①]

天干气燥，我们打开了车窗，听见了火车在 19 世纪末铺设的铁轨上行进时发出的有节奏的声响。铁轨旁并行着三条新管道，其中建造时间最早的是建于 20 世纪 90 年代末期的巴库-苏普萨管道，而 BTC 输油管道和南高加索输气管道都建设于 21 世纪初期，它们年头更短但管径更大，敷设在同一个管沟里。

📍 KP 187-374 千米-阿塞拜疆，卡拉博克

"他们昨天来的。他们昨天在这里。穿着红色西装的男人。""有几个人？""八个。我们想跟他们说话，但他们都一言不发，只是站在栅栏外向里看。我们向他们挥手，想让他们停车，但他们就是不肯停。"

[①] R. Morningstar, 'Testimony: Commercial Viability of a Caspian Sea Main Export Energy Pipeline', Senate Subcommittee on East Asian and Pacific Affairs, 3 March 1999.

2003 年 5 月，我们来到卡拉博克村（Qarabork）参观。奇怪的是，在我们之前不久，另一队与我们来自一处的人也来到了这里。这八名身着红色连体工作服的男人应该是我们在阿塞拜疆占贾住店时遇到的那群工程师。我们坐在饭店的楼梯间聊天时，看到他们穿着 BTC 工作服，正拖着沉重的行李爬楼梯。他们看起来都是四五十岁的样子，至少有四个来自英格兰。我们无意中听到他们说接下来还要去四个地方。

卡拉博克到桑加查尔油库之间的管道长 187 千米，位于沙漠以西。库拉河流过卡拉博克，带来了无限绿意。六年前，我们曾来到这里探访一处复杂的施工现场。BTC 管道在阿塞拜疆和格鲁吉亚境内进行施工时，通常会绕开当地居民的房屋，但有两处是例外，卡拉博克就是其中之一。BP 不愿拆毁居民的住房并迫使他们迁居别处，因为这样做可能加大 BP 获得用于建设工程的公共资金的难度，还会改变伦敦等城市的民众对一个已经饱受争议的项目的态度。因此，这些工程师们来到卡拉博克，研究了从曼苏拉·伊比什瓦（Mansura Ibishova）家地下铺设管道的可行性。

曼苏拉的家外观精美，是两层的木房。房子悬空建在柱子上，前面有个阳台，外面是零星种着果树的花园，花园四周围着整齐的木栅栏。房子后面有一大片菜地和一片竹林，还有用库拉河水浇灌的田地。

曼苏拉已经年迈，身材矮小，身高应该不过 5 英尺。她的脸很小，皱纹很深，头上包着橘黄色的头巾，眼里满是怒气："他们要在我家下面挖一条沟，还不想给我们一点赔偿。"

那些外国人是在 2002 年年初来到这里的。他们带来了一份用阿塞拜疆语拟就的文件让她签字。她虽然看不懂，但还是签了。阿塞拜疆语使用的是拉丁字母，但她们那代人大多只能看懂西里尔字母。盖达尔·阿利耶夫总统尚未下令引入拉丁字母时，阿塞拜疆境内通行的还是西里尔字母。那些外国人留下了一本题为《里海油气出口项目》的小册子，还对她说她得搬离这里，但是会因此得到补偿。自那时起，她就不再种植西红柿和土豆了。可后来，这件事就不了了之了。

一只戴胜鸟拍打着翅膀飞过院子，落在了一棵果树上。阳光明媚，但房子边上的阴凉处非常凉爽。我们与曼苏拉和她女儿站着交谈，旁边围着她的朋友们和几个小孩，其中有一个穿着亮色上衣的小女婴和一个六七岁的男孩。男孩非常瘦弱，头发很短，头顶秃了几块。

市政部门告诉她，BP 会从她家房子下面挖一条隧道，这样她就不用搬家了，当然也得不到搬迁补偿。根据协议，若修建管道造成了土地的破坏，农民有权获得与其损失的农作物价值相当的补偿。

她想要得到补偿。她宁愿施工队把她的房子拆掉。她不想住在管道上面。她说她的邻居曾经说过："如果管道着火了，我也会跟着同归于尽。"但她认为邻居疯了。曼苏拉说："如果我得不到补偿，我就给阿利耶夫总统写信。"

我们用脚步大致量出了施工带的宽度，总共是 44 米。[①] 整个花园也只有 38 米宽。周围一片寂静，我们甚至可以想象，这条自东方而来的管道将从这个房子下面经过，再一路铺设到格鲁吉亚。每天将有 100 万桶石油以每秒 2 米的速度流过厨房下面的管道，而屋子里还有婴儿床上的小女孩、睡着的曼苏拉和她放在旁边梳妆台上的头巾。

我们之前来到卡拉博克是受一个组织联盟之托对建设输油管道造成的影响进行调查。该联盟内部的组织包括梅伊斯所在的阿塞拜

① 'Resettlement Action Plan: Azerbaijan', BTC Co., November 2002.

疆公民倡议中心（Azeri Centre for Civic Initiatives）、由米尔瓦里·加拉曼尼（Mirvary Gahramanli）领导的石油工人权利保护委员会（Committee of Oil Industry Workers' Rights Protection）、格鲁吉亚的绿色替代组织（Green Alternative）、中东欧地区银行监控网络（CEE Bankwatch Network）以及罗马的世界银行改革运动组织（Campagna per la Riforma della Banca Mondiale）。英国的地球之友、转角屋、库尔德人权组织（Kurdish Human Rights Project）、涨潮组织（Rising Tide）和平台组织以及来自其他国家的很多组织也都参与了进来。①

该联盟组织的大部分活动都聚焦于"贷款集团"。该集团汇集了国际金融机构、出口信贷机构和知名银行，还计划为 BTC 管道提供 16 亿美元贷款。21 世纪初，欧洲复兴开发银行（European Bank for Reconstruction and Development）、世界银行下属的国际金融公司（International Finance Corporation）以及诸多欧洲、美国和日本出口信贷机构的公职人员都从各自国家的政府处得到了重要指示，要大力支持 BTC 管道的建设。美国和欧盟都表示要确保里海原油向西方的正常运输，以维护它们的地缘政治利益。

这些国际金融机构的职责是用公共资金来帮助贫穷国家的发展。它们会定期向跨国公司提供贷款，用于建设出口自然资源的化石燃料项目。这些贷款都被用于打造自由化的经济结构，并让外国企业从中获得巨额利润。

在 BP 看来，公共财政不仅带来了资金，而且提供了更为重要的政治支持。西方出口信贷机构提供了资金支持，足以表明它们所

---

① 有时"大赦国际"（Amnesty International）和世界自然基金会（WWF）也会参与其中。其他组织还包括德国的厄吉华德组织（Urgewald）、荷兰地球之友（Milieudefensie）、美国地球之友（Friends of the Earth USA）、法国地球之友（Amis de la Terre）、国际地球之友（Friends of the Earth International）以及华盛顿特区的银行信息中心（Bank Information Center）。

属的国家将在未来任何有关 BTC 的争论中与 BP 站在同一边，不论对立方是阿塞拜疆、格鲁吉亚还是土耳其政府。正如约翰·布朗后来说的那样："我们也需要（国际金融机构）来支持我们的财产权利……这样可以减少牵涉其中的公司的风险。"[1]

由于这些公共机构使用的是纳税人的钱，再加上公民社会团体的持续施压，上述机构大多会受到或多或少的公众监督。使用公共资金的项目在处理强制拆迁等问题时需要满足相应的标准，而这也是卡拉博克受外界关注的焦点所在。因此，针对 BTC 管道建设产生的负面影响而举办的地方、国家和国际会议和抗议活动都直接指向了这些公职人员。

📍 伦敦，主教门

我们告别了曼苏拉。五个星期后，我们在伦敦金融城的主教门会见了欧洲复兴开发银行高级环境顾问杰夫·杰特（Jeff Jeter）。我们其实在上个星期已经见过面了，但他提出要再和我们谈谈，因为他很想详细了解"管道从房子下面穿过的那个地方"。

他对此事的浓厚兴趣让我们陷入了道德困境。杰夫曾提到，"如果管道真的从房子下面穿过去了，那么我们一定不会资助这个项目"。但是，如果我们真的把这件事告诉了杰夫，他会不会转头告诉 BP，BP 又会不会把情况告知阿塞拜疆政府有关部门？这样一来，曼苏拉一家会不会遭到威胁？

经过第一次会面，我们对杰夫的印象非常不错。他态度友好，言辞恳切，说话很有分寸。电话里的他谈笑风生，充满了美国人的

---

[1] Browne, *Beyond Business*, p. 170.

那种同志式的友情。作为一名财政方面的公职人员，他应该会在我们和 BP 之间持中立态度，认真对待我们的谈话，三思而后行吧？

之前，杰夫曾向我们保证会保守秘密，在未得到我们的允许时不会向 BTC 公司[①]提及此事，以免引起连锁反应，对曼苏拉造成伤害。但这次会面时，他告诉我们他已将此事告知了 BTC 公司，而 BTC 公司也向他阐明了立场。

杰夫用黑色圆珠笔在横线本上勾画出了曼苏拉家的平面图，然后画了一个果园，果园的另一面是另一个房子。"BP 说管道可以从两个房子中间的果园下面走。他们不想采用开挖管沟的方式铺设输油管道，因为那样会给两旁的住户造成很多困扰。他们决定采用水平定向钻的施工方案。整条管道上有两处进行了水平定向钻施工，一处在 169 千米处……另一处我记不清了。"

我们换了个话题，谈到了规定管道与有人居住的建筑物之间安全距离的国际标准：在英国标准里，输油管道适用 1993 年修订的 BS 8010《陆上管道实用规程》（*Code of Practice for Pipelines on Land*）条款 2.4.2.1，输气管道适用条款 2.4.2.2。

他要去了我们带来的资料，然后叫人去复印。不久之后，一名年轻女子拿着一沓 A4 纸回来了。杰夫逐一解答我们的疑问："如果管壁足够厚，那么满足表 2.1 第 J 行的要求就可以了……也就是说最小间距是 3 米。你们说输气管道和住宅之间的距离过短，会造成危险，但我并不这么认为。"他继续道："BTC 公司不会冒着危险铺设管道，这一点我可以打包票。我做这个项目已经两年了，他们极其重视安全……"在这个可以俯瞰伦敦金融区的房间里，我们想到了杰夫一定已经与 BP 的领导和工程师开过会了，想到了曼苏拉花园里

---

① BTC 公司负责建设和运营 BTC 输油管道。鉴于 BP 是 BTC 公司的主要合伙人，在讨论 BTC 项目时，它们的名字往往可以相互替代。

的那只戴胜鸟和我们在那里度过的时光。

我们本不应过多谈论技术层面的问题。杰夫对技术方面的数字非常精通，所以他能用数字将所有问题解释通。我们倒是能理解那些不在场的工程师们，但杰夫却不能理解曼苏拉的处境。这是否意味着我们可能让她陷入了更加艰难的处境之中？

我们告诉杰夫，曼苏拉曾说管道将从她的房子下面经过。杰夫说，工程师们告诉他一切建设工程都是按照标准程序进行的。我们当时本应直截了当地质问他："如果 BTC 公司如此确信这条管道的安全性，那么他们为什么没有将真实情况告知受影响的住户？他们在害怕什么？她为什么想搬走？"

这次会面之后的几个月里，BTC 管道的建设工程逐渐推进，大量机器和人员到达卡拉博克。通常情况下，他们会先圈出施工范围，然后挖出宽 28 米的地表土并小心翼翼地堆放在一侧的裸露地带。土地处理好后，载着三段巨大黑色管道的卡车就进场了。履带式挖掘机用磁力吊臂抓起管道，然后放置在用白色塑料沙袋制成的缓冲垫上。一节节管道首尾相接，放在一起，穿过田野和小溪，向远处延伸而去。

管道被放到指定位置后，焊工就开始在银色的钢制电焊棚里对每处接头进行焊接作业。焊接完成后，挖掘机会在施工现场挖一条管沟，挖出来的土会被堆放到一边。紧接着，一组机器会将焊接好的管道吊起来并放入管沟。放置完毕后，挖出来的土会被回填到管沟里，再用原来的表层土覆盖上去。完成这些工作后，戴着黄色安全帽和黑色墨镜、身穿橙色荧光工作服的工人们就继续向西边的格鲁吉亚进发。

但是，卡拉博克附近的管道却没有按照这种标准方式进行铺设。BTC 输油管道和 SCP 输气管道被深埋地下，从道路和房屋之间的空地经过。

♀ BTC KP 187-374 千米-阿塞拜疆，卡拉博克

六年后，我们在梅伊斯的陪伴下再次来到卡拉博克。无花果树绿叶满枝，小溪两岸草木茂盛。曼苏拉和她女儿看起来苍老了许多。曼苏拉的头上依然裹着鲜艳的头巾，但鞋子却破破烂烂，脚上穿着好几双袜子。屋里很冷，只有一个小木炉取暖，而与之形成鲜明对比的是，她们的房子附近每天都会流过大量供取暖使用的天然气。

指示管道走向的标志桩就在花园栅栏的外边。管道早已建成了，但曼苏拉和她女儿都未放下心来。对于她们而言，管道从房子下面走还是从花园下面走其实没有什么区别。房子和花园都是她们赖以生存的家园。一旦发生爆炸，管道位置的细微差别并不会产生任何实际影响，毕竟木栅栏起不到任何保护作用。每个星期，她们都能几次感受到房子的晃动，但管道建成之前从未发生过这样的事情。墙上也开始出现裂缝。

我们为什么告诉杰夫·杰特阿塞拜疆的管道只要符合英国标准就行了？我们为什么要纠缠于那些监管细节呢？毕竟这条管道途经许多军事冲突地区，曾遭到过炸弹袭击，还有当地军队和 BP 安保人员巡逻。卡拉博克距离纳戈尔诺-卡拉巴赫"冻结冲突区"前线不过40 千米远。

"没有人来查看我们的情况。没有人关心我们的死活。"曼苏拉说道。

♀ BTC KP 264-451 千米-阿塞拜疆，雷西姆里

我们与两位来自纳戈尔诺-卡拉巴赫的难民妇女坐在草地上，几棵树为我们提供了荫蔽。她们指着田野远处的紫色轮廓，那是她们居住的村庄。她们没有村里的土地。村里通了自来水，但是没有天

然气。她们靠外面送来的食品补给过活，每个人每月能得到一千克糖、一升油和一千克大米。

其中一位妇女告诉我们，她宁愿当初被亚美尼亚人杀死，也不想像现在这样苟且偷生。她和另一位妇女把东西放在了田地边上。我们刚才眼看着她们背着沉重的柴火捆佝偻而行，迈着沉重的脚步穿过田野，鲜艳的橙色和红色衣服在棕色的土地上格外显眼。

她们告诉我们，她们已经花了两个半小时在远离主干道的地方收集木柴。今天收集到的木柴足够全天烧火做饭和烧开水所用。她们每天都要出来收集木柴。一个女人的家里有六口人，另一个有五口人。有一些孩子跟着她们出来了，正在树林中玩耍，其中一个十岁上下的男孩刚才也扛着一捆木柴。

在我们脚下一米深的地方，每天会有 14 万桶来自齐拉格油田的石油朝着苏普萨油库奔涌而过。当时是 2003 年 5 月 9 日下午 1 点，地点是阿塞拜疆中部耶夫拉赫（Yevlax）附近的雷西姆里（Rəhimli）。BP 的输油主管道尚未建成，但通往黑海的巴库-苏普萨管道已经投入使用了。伦敦是上午 9 点，国际石油交易所刚刚开市，原油的交易价格为每桶 30.20 美元。也就是说，在这捆柴火下面流淌着价值约 420 万美元的燃料。这样看来，石油公司多年以来一直致力于通过谈判达成协议，还将该协议称为"世纪合同"，并且 BP 向股东报告说阿塞拜疆是个利润中心，如此种种都情有可原了。

我们和梅伊斯一起在卡拉博克以西沿着主干道驱车 20 千米，离桑加查尔越来越远了。我们正在寻找雷西姆里村附近的那片田地，也就是六年前我们与那两个妇女坐着聊天的地方。路上的管道标志桩为我们指引着方向。突然，我们看到了那片树林，接着又看到了南高加索输气管道的标志桩。梅赫迪停下车，把我们放了下来。

阿塞拜疆的经济一度严重依赖天然气。20 世纪 60 年代和 70 年代的大型输气管道系统扩建项目让天然气走进了千家万户。1990 年，阿塞拜疆 180 万户家庭中有 80% 接通了天然气，大型发电厂也用天然气发电，因此阿塞拜疆对天然气这种燃料的利用程度要远远高于西欧国家。天然气在阿塞拜疆大放异彩之时，英国等地还没有掀起"冲向天然气"的风潮。苏联解体后，天然气管网的运行情况不断恶化。没过多久，只有不到一半的家庭能用上天然气，巴库以外的住户更是难以获取天然气。①

如今，BP、公共银行和阿塞拜疆政府已经完成了阿塞拜疆天然气基础设施的重建工作，但此时这些基础设施的主要用途不再是为各家各户输送供暖用的天然气，而是将沙赫德尼兹气田出产的天然气运输到桑加查尔，再进入南高加索输气管道，然后向西运送到国外。

南高加索输气管道于 2007 年竣工，每年可以将 88 亿立方米里海天然气经高加索山脉输送至位于安纳托利亚高原的埃尔祖鲁姆市，然后在那里接入土耳其输气管网，再运输至安卡拉和伊斯坦布尔。石油公司和欧盟计划在原有 SCP 管道的基础上再铺设一条长 4000 千米的新管道，途经保加利亚、罗马尼亚和匈牙利，抵达中欧地区，将阿塞拜疆的天然气并入不断扩张的欧洲天然气管网。该新建项目的五个伙伴国都派出代表到维也纳国家歌剧院观看了威尔第的歌剧《纳布科》(*Nabucco*，一部关于波斯皇帝的歌剧)，并以该剧为新管道命名。② 这条管道如果能顺利建成并投入使用，就能为奥地利、德国等欧洲国家的发电站和家用炉具提供燃料。最后，如果一切能按计划进行，那么一张巨大的管网将从欧洲向四面八方延伸，一直触及北极、中亚和尼日尔三角洲。

---

① J. Bowden, 'Azerbaijan: From Gas Importer to Gas Exporter', in S Pirani, ed., *Russian and CIS Gas Markets and Their Impact on Europe*, OUP, 2009.

② T. de Waal, *The Caucasus: An Introduction*, OUP, 2010, p. 185.

欧盟大力促进天然气消费之时，成员国内部的天然气开采量却一直在回落，因此未来几年中天然气将出现巨大的供应缺口。2020年，欧盟的预计年用气量将达到 6500 亿立方米，而 2010 年欧盟的用气量仅有 5300 亿立方米。为了满足欧盟的天然气需求，在欧盟内部天然气开采量下降的前提下，进口量需要在 10 年间增加 50%。[1]为了填补供需缺口，欧洲委员会制定了一个双管齐下的策略，即欧盟 27 个成员国要放宽并整合泛欧盟天然气市场，同时分拆能源供应公司与运输公司。

与此同时，欧盟委员会负责能源和对外关系的公职人员牵头发起了将燃料资源运输到欧洲的基础设施建设项目，并得到了欧洲投资银行和欧洲复兴开发银行的资金支持。新的管道将铺设在绵延数千千米的山脉、海洋、沙漠和苔原上，向北方、东方和南方延伸出去，将"生产国"的自然资源运输至主导经济的欧盟消费国处。

欧盟称其计划的目标是确保未来的"供应安全"。欧盟将与欧洲能源企业密切合作，确保未来几十年内欧洲市场的天然气供应。欧盟认为：

> 欧洲是天然气需求量最大的地区之一。里海和中东地区的天然气储量在全世界首屈一指。从当下来看，这两个重要市场之间并没有直接联系。我们理应搭建起运输天然气的南部走廊，通过土耳其和欧洲南部等地区将这两个市场连接起来。[2]

---

[1] R. ten Hoedt and K. Beckman, 'For Nabucco It Is Now or Never', *European Energy Review*, 4 November 2010.

[2] 同上。

欧盟认为"理应"将中东、里海、西伯利亚、俄罗斯、处于北极圈内的斯堪的纳维亚、北非以及几内亚湾的天然气资源运输到欧盟一事或许并不让人出乎意料。当然，在不借助外力的前提下，天然气不可能自发地到达欧盟。天然气不像水，山间的溪流倒是可以依靠重力顺势而下，汇入支流和河流，为山谷里的城市提供水源。天然气比原油轻，但管输天然气时仍需对天然气进行加压。另外，天然气的管输路线受到政治和经济因素的影响。

考虑到以上因素，这个天然气管网的中心设在了布鲁塞尔。欧盟委员会官员和天然气公司高管在演讲时展示了一些图片，上面的天然气管道向着各个方向延伸，整个管网看起来与大自然高度和谐统一，仿佛线路的选择是由地理因素决定的一样。而现实是，管网的排布是大量游说的结果，其中牵涉到数十亿美元的贷款以及政治和经济力量的权衡。

欧盟委员会能源主管让-阿诺德·维努斯（Jean-Arnold Vinois）以及意大利埃尼石油公司高级副总裁马可·阿尔韦拉（Marco Alvera）于 2008 年 10 月在布鲁塞尔举行的欧洲能源论坛晚宴上发表了有关天然气管道和供应安全的专题演讲。当时距离中阿泽里油田发生天然气泄漏事件不过几周时间，BP 在里海地区的开采活动也已基本停止。这两位政府官员和企业领导夸赞了"欧洲在天然气领域的独特地位"，并指出了欧盟相对于东亚和北美的地理位置优势。[①] 同为世界领先的经济体以及用气大户，东亚和北美的天然气将非常依赖进口，但欧洲周边却存在大量可以通过管道进行运输调配的潜在资源。[②]

[①] J. Vinois, *Security of Gas Supply in the EU*, European Energy Forum, 6 October 2008; M. Alvera, *Security of Supply: Does the Future Lay on Gas Pipelines /Infrastructure?*, European Energy Forum, 6 October 2008.

[②] 近期美国应用压裂技术极大增加了页岩气的开采量，导致进口需求下降。

待建的管道属于长距离输气管道。要将产自里海的阿塞拜疆天然气运抵奥地利，需要修建 5000 多千米的管道。这就是所谓的"南部走廊"。纳布科管道也将接收伊拉克、埃及甚至伊朗的天然气，并将其输送至中欧地区。拟议中的跨撒哈拉天然气管道全长将达到 4300 千米，从尼日尔三角洲沿岸一路北行，贯穿撒哈拉沙漠，到达阿尔及利亚的哈西鲁迈勒（Hassi R'Mel），在那里接入已有的输气管网，再穿过地中海，运往西班牙和意大利。壳牌等欧洲企业一直想要支持这些建设项目。欧盟能源专员安德里斯·皮耶巴尔格斯（Andris Piebalgs）则表示会依托英国投资银行为这个耗资 210 亿美元的项目提供资金支持。[1]

维努斯于 2008 年向企业和政府代表发表演讲时称这些计划为"欧洲重点项目"，并且"必须纳入各国的战略计划"。[2] 欧盟实施的"四个走廊"战略旨在通过延伸、拓宽并强化这些进口"走廊"，与中亚、中东、俄罗斯、斯堪的纳维亚、北非和西非等天然气储量较大的地区连接起来，进而从更远的地方获取更多天然气。

政策文件和演讲中使用的"能源走廊"一词掩盖了一个真相，那就是这些基础设施是单向的，是实现长期资源掠夺的途径，将开采出来的燃料都集中在了欧洲的输气管网之中。巴库近郊的沙赫德尼兹气田、土库曼斯坦有待开发的天然气储量以及我们脚下的雷西姆里的土地都将在欧洲的能源愿景中占据一席之地。

六年前我们来这里与那两名妇女交谈时，田边只有一些树。如今，这里多了一些熟悉的标志桩。我们转身离开，爬进梅赫迪溅满泥巴的拉达汽车，继续向西驶去。

---

① 'EU Offers $21 Billion for Trans-Saharan Pipeline', afrol.com, 18 September 2008.

② J. Vinois, *Security of Gas Supply in the EU*.

第七章

施拉德的命令就是厕纸

📍 BTC KP 320-507 千米-阿塞拜疆，哈卡利

复活节的早晨阴冷刺骨。我们正驱车经过一片平坦而肥沃的土地，雨滴轻轻地落在挡风玻璃上。田野里长满了矮秆小麦和三叶草，牧羊人看管着小群小群的长耳绵羊。这片土地一直延伸到北面的库拉河。

我们的目的地是哈卡利村。过去五年里，梅伊斯是这个村子的常客。BTC 管道从哈卡利村经过，同时遗留下了长期悬而未决的赔偿问题。BTC 管道在阿塞拜疆境内路过的很多村子都存在着同样的问题。

今天，梅伊斯非常劳累，路况又极其复杂，所以我们花了很长时间才找到哈卡利村。我们在哈卡利村附近的拉克村（Lək）外发现了一些标志桩，其标识的管道线路与道路呈直角，向西延伸。我们还在路边发现了 BTC 管道的隔断阀。BTC 管道每隔几千米就会布置一个隔断阀，作用是在紧急情况下截断油流。我们的面前有一些小而方正的院落，它们被高高的钢围栏和混凝土防爆墙包围着，墙上覆盖着光滑的浅灰色水泥。外围墙的四个顶角都安装了摄像头。梅赫迪停下车，向站在院门旁、身穿亮橙色 BTC 连体工作服的男子问

路。我们并没有重视这次相遇，也没有拍下照片，只是根据他的指示在下一个路口左转了。

经过两个池塘，我们到达了哈卡利村。黑翅鹬在浅滩上觅食，燕子在水面上方穿梭捕虫。附近有一台锈迹斑斑的联合收割机。梅伊斯解释说，在苏联时期，这样的土地要么属于生产合作社，要么属于国有农场。盖达尔·阿利耶夫重掌大权后的第三年，所有村子都成立了土地委员会，职责是划分农田。划分过程会受到由阿利耶夫任命的当地官员的监督。

我们在哈卡利村停了车。每家每户都被高高的围墙环绕着，有些是用又大又圆的鹅卵石砌成的，有些是用奶油灰色的水泥砖砌成的。梅赫曼（Mehman）热情地将我们迎进了他的院子。他身材魁梧，有一米八以上，戴着黑色低顶圆帽，鹰钩鼻，留着一撮修剪得很整齐的小胡子。

我们走了进去，里面是一个泥泞的庭院，当中有一棵榆树，还有几堆草垛。穿过庭院，我们脱了鞋，迈进了一个又窄又长的房间。房间里很冷，三面墙上都有大木框窗。梅赫曼贴心地为我们准备了拖鞋。墙上的装饰不多，只有一张麦加大清真寺的大照片和几张黑底金字的阿拉伯书法图。

梅赫曼矮小的母亲从一道帘子后面走出来招呼我们。他的三个孩子围在我们身边，其中有个孩子六岁大，裹着毛皮大衣，戴着帽子和条纹手套。

梅赫曼和梅伊斯用阿塞拜疆语聊得火热。梅伊斯将他们的聊天内容翻译给我们听。他说，村子里的很多人家都受到了这条 44 米宽的管廊的影响。在管道建设期间，表层土壤被移走，挖掘机在地上挖出深沟，机器吊起焊接好的管道然后放到沟里，而在此期间靠这些土地为生的小户农民就失去了经济来源。项目竣工后，表层土被重新覆盖上去，农民才能重新使用土地。每个地主都应得到与他们数年的损失相当的赔偿金，但村里有 14 户人家根本没有拿到任何补偿。BP 似乎已经支付了部分价款，但应该是落到了外人手里。

梅伊斯在笔记本上画了幅图来说明问题。"BP 称梅赫曼的地盘离管道很远，但实际上管道就从他那里经过。"哈卡利村的很多人家都受到了影响。根据 BP 的赔偿规定，大多数人家都应得到约 4000 美元的赔偿，相当于一年多的收入。对于 BP 这样规模的公司来说，这笔钱实在是微不足道，但 BP 也想追求利益最大化，因此想尽可能地节约额外的赔偿费用。

BP 一再拒绝直面这一问题，坚称梅赫曼等人的要求是毫无理由的。他们说，这是当地腐败造成的问题，不是他们的责任。尽管 BP 确实对应补偿的村民们有亏欠，但梅伊斯认为他们的态度非常傲慢，缺乏真诚。"BP 既然夺走了他们的土地，就理应恰当地给予赔偿。他们不能只是说'我们已经把钱给出去了，他们自己再作分配就可以了'。"

这 14 户人家向当地法院和阿塞拜疆最高法院提起了诉讼，但起诉均被驳回了，毕竟当时的司法系统是公认的腐败又政治化。这些人家想要把事情闹到国际层面，于是梅赫曼和转角屋组织以及库尔德人权组织帮助他们把案子提交到了欧洲人权法院。梅赫曼解释说："我们已经去过法院很多次了。道森（Dawson）来过了，也努力过了。"

"道森"这个名字在阿塞拜疆平原地区、格鲁吉亚山区和土耳其高原地区人尽皆知，但他的真实身份却众说纷纭：有些人认为他是英国大臣，有些人认为他是欧洲外交官，也有些人认为他是律师。事实上，"道森"的全名是邓肯·劳森，当时是英国贸易和工业部（DTI）的公职人员。在转角屋尼克·希尔迪亚德多年的施压下，他才开始探访沿线的居民。

经合组织（OECD）制定了跨国企业负责任商业行为指南。一旦发现某家跨国企业有违反该指南的行为，相关方就可以向经合组织在该跨国企业总部开设的国家联络点（NCP）进行投诉。也就是说，BP 违反该指南时，应该向英国 NCP 投诉。NCP 实质上是在工业部门工作的公职人员，而在英国工业部门工作的邓肯·劳森（Duncan Lawson）就是英国的国家联络点。因此，在针对 BTC 开展的公共抗议活动中，希尔迪亚德向 DTI 的国家联络点提出了哈卡利村的问题，并援引了经合组织的跨国企业行为指南。这一投诉程序非常复杂。

自 2003 年以来，希尔迪亚德与该地区及欧洲各地的盟友一道，针对 BP 在阿塞拜疆、格鲁吉亚和土耳其的违法行为进行了多次投诉，而英国政府却一直拖延，寄期望于这些投诉可以不了了之。希尔迪亚德的投诉尽管屡屡碰壁，但至少达到了迫使"道森"对 BTC 管道进行实地调查的目的。为了迎合英国工业部门，BP 承诺支付相应的费用并驱车将公职人员送至相关地点，但希尔迪亚德坚持要签署公平议定书。因此，"道森"有一半时间与 BP 协同工作，另一半时间与当地活动人士待在一起。

我们手里拿着一厚沓 A4 文件，外面套着透明的塑料皮，内容是 BP 对劳森报告的官方回应。

这里包含一份手写的阿塞拜疆语文件，由 BP 官员以及哈卡利村行政管理人员（即由总统指派的国家驻村代表，负责监督村务）于 2005 年 11 月 10 日签名确认。其中指出，关于土地的起诉是毫无根据的，已被法院驳回。这份文件被送交至 BP 位于石油大公馆的阿塞拜疆总部，进行了翻译并打印成文，之后与其他阿塞拜疆文件一同被寄往 BP 伦敦总部，与来自格鲁吉亚和土耳其的文件进行整理汇编。2005 年 12 月，BP 将整理完毕的文件递交给了英国贸易与工业部。

奇怪的是，BP 拒绝与转角屋、梅伊斯和其他相关人士共享这些文件。2009 年 2 月，为了避免法律诉讼，BP 最终发布了文件，当时

BP对外隐瞒文件内容已三年之久。BP就该文件制定了严格的使用准则，包括不得将文件电子化，不得与土耳其社区伙伴等人共享文件。2009年3月，我们收到了希尔迪亚德送来的打印件，然后拿回了哈卡利村。

这时，一名自称是村长的男子气喘吁吁地跑进院子。他接到了给我们指路的那个BTC工作人员的电话，说是有两个拿着地图驱车的外国人要在管道沿线地区埋设地雷。村长告诉我们，当地警察、国家安全部人员以及行政当局都已经出发了，准备前来对我们进行盘问。

我们手足无措，将求助的目光投向了梅伊斯。他板着脸，挺直了腰板，整理了一下领带，看起来胸有成竹。他没有正面回答我们，只是说："淡定。"

这时，一个面色红润的警官走进屋里，身着饰有徽章的制服，头戴一顶大毛帽子。我们没有起身，坐着和他握了握手。他坐在我们对面，让我们跟他回警察局。梅伊斯拒绝了，说我们并没有做错什么事，我们不会去警察局，除非警察能向我们出示逮捕我们的书面证明。

屋外，三辆警车堵住了梅赫曼大院的入口，几名警察把守着大门。两名警察闯进屋里，其中一个是村里的行政管理人员，寡言少语，满嘴金牙，而另一个显然地位要高些，身穿细条纹西装，外面套了一件黑色大衣，满脸怒气。他走到梅伊斯对面坐下来，说他是MTN（即国家安全局，前身是克格勃）的人。

很显然，我们一直在战略基础设施周围晃悠，我们的身份非常可疑。他是来调查我们的，还要即刻检查我们的证件。

梅伊斯：我为什么要出示护照？你们先给我看你们的证件，证明你们有权力这么做。

MTN：不行！你们得先出示证件。我们看见你兄弟在外面的车里等着，我们已经把他的身份证件收走了。

梅伊斯：我凭什么要给你们？把我兄弟的身份证件还回来。

MTN：BP 的比尔·施拉德下达了命令，要求拦截并检查所有在管道附近区域问东问西、拍照或者四处张望的人。

梅伊斯：我先为我的粗鲁道歉，但施拉德的命令就是厕纸。我只认同阿塞拜疆的宪法。作为公民，我们拥有在国内自由行动的权利。施拉德又算哪位？我们的总统是伊利哈姆·阿利耶夫，不是施拉德。

MTN：请注意您的言辞。你不知道 BTC 是什么吗？这里具有极强的战略意义，你们不可以来这里。这些管道是通往苏普萨、埃尔祖鲁姆和杰伊汉的。你们无权在未经相关机构批准的情况下参观调查这些具有战略意义的村子。

梅伊斯：我可太了解 BTC 了。不但了解，我还与德国联邦议院、欧洲议会和意大利议会的议员探讨过 BTC 管道的种种事项。你所谓的"相关机构"是什么？如果让公众知道想去某些地方还需要得到施拉德的批准，那么阿塞拜疆在欧洲的名誉就会受损。你们为什么要这么做呢？

除了在铺着白色蕾丝桌布的小咖啡桌前展开激烈交锋的梅伊斯和秘密警察以外，房间里的所有人——梅赫曼、他的妻子、母亲和三个孩子——都一动不动地站在原地。那个戴毛帽子的警官给自己倒了一杯茶。

梅伊斯告知警察他的全名是梅伊斯·古拉里耶夫，但他拒绝出示身份证件，还反过来要求查看警察的证件。我们把护照递给 MTN 官员，他用一支蓝色圆珠笔将我们的名字记在了笔记本上。让我们感到惊讶的是，他用的笔记本是 BP2007 版袖珍日记，而当时已经是 2009 年了。一名高级国家安全警察居然会使用 BP 遗弃不用的文具，这也许恰恰说明了 BP 与这个国家之间的紧密关系。我们询问了这位官员的名字。

MTN：我叫纳齐姆·巴巴耶夫（Nazim Babayev），国家安全局第二大分局占贾分局的副局长。你们不能在管道附近停车。

梅伊斯：你凭什么说不能停车？有"迅速通行"或"禁止停车"的标志吗？有"国家安全重要地区，禁止无故到此"的标志吗？这村子里有"战略重地，禁止入内"的标志吗？什么都没有。所以根据宪法，我有权来到这里。

交锋过程中，梅伊斯始终站在道德制高点，言辞激烈地谴责警方，称对方在诋毁宪法，而他则在捍卫宪法。他用宪法作为武器来反对当局滥用职权，这一点同样体现在了萨哈罗夫（Sakarov）和哈维尔（Havel）等苏联和东欧持不同政见者的斗争中。

梅伊斯一直据理力争。过了很长时间，纳齐姆和其他警察意识到他们吓不住梅伊斯，于是才服了软，试图一笑了之："我知道你是谁，梅伊斯，我在报纸上见过你。"

我们一直被扣留在这个房子里，等候 BTC 安保人员确定是否要将此事上报到阿塞拜疆国家特殊保护局（State Special Protection Service）。这是一个精英军事单位，直接听命于总统阿利耶夫，职责包括保卫 BTC 和 SCP 管道。[1] 后来，警官们走出了房子，众人如释重负。梅伊斯的身体放松了下来，跌坐在椅子上。在审问过程中一直沉默不语的梅赫曼的家人在这时突然爆发了："我们从没见过这么多警察来这里。要是这儿有人死了，我们就算给他们打一千个电话，他们都不会来。现在他们却派来了 3 辆警车，还有 15 个警察！"

两辆警车仍停在门外，死死堵着大门口。厨房飘来了诱人的香味，逐渐平静下来的我们突然感觉很饿。梅伊斯苦中作乐道，既然

---

[1] Republic of Azerbaijan Special State Protection Service, 'Another World-Scale Confidence', at dmx.gov.az.

我们已经被软禁了，就不得不在这儿吃午饭了。

屋子里尽是蔬菜煎饼和炖杏的香气。梅伊斯解释说，在这样的交流中，他非常注意自己的肢体语言，因为每一个微小的肢体动作都能起到震慑对方的作用。他系了领带，说明他是从巴库来的；警察进门时，他没有起身迎接，也没有与他们握手。"一旦你伸出手去，他们就会抓住你的手反铐起来，从而彰显他们的权力。这样你就输了。"

我们刚到这里时，梅赫曼还面带微笑又热情洋溢，然而现在他却沉默不语且焦躁不安，担心会遭到报复。他靠种地为生，有时也在村里的学校兼职做维修工，他妻子则是学校的清洁工。他们担心行政管理人员会让他们丢了工作。

那个满口金牙、沉默不语的男子名叫穆巴雷兹·马马达多尔（Mubariz Mammado）。2005 年 11 月，他在给"道森"的联名信上签了名，称村民们无权提出索赔。值得注意的是，村长是由村民选出来的，但每个村的行政管理人员却是由总统机构任命的。这个由阿利耶夫父子创立的制度让他们拥有了对一个平行于政府机构的权力机构的控制权并掌握了左右学校、选举、土地等地方事务的权力。当地的行政管理人员负责对输油管道进行监管并镇压反对派人士，甚至有能力断了这些人的活路。

显然，梅伊斯之前到访此处后，行政管理人员都会对梅赫曼及其朋友施压，让他们放弃投诉。"如果我们的投诉惹恼了他们，他们就能让我们丢掉工作。他们还能轻而易举地给我们扣上个涉毒的帽子，然后逮捕我们。"梅赫曼的邻居扎赫德（Zahed）同样没有得到土地补偿，还告诉我们警察曾多次在晚间来他家骚扰他。"没几家人有电话，所以很难告诉梅伊斯这里发生了什么。"

后来，被警察堵在外面的梅赫迪进来了，说警车都已经开走了。那些警察好像是被叫走了，但没有向我们下达任何指令，所以我们自认为我们可以走了。"我跟警察说，'不要在这等我了，有这时间不如去路边赚点钱补贴家用！'"大家听后大笑起来。每个人都心知肚明，他是在讽刺警察惯于随意拦截驾驶员并索要贿赂这件事。

他接下来的话让大家笑得更开怀了。"他们进屋说他们要找埋地雷的外国人时，我脱口而出：'你们说的怕是费扎（Feyzalla）的炸弹吧！'"费扎是一部著名阿塞拜疆小说中的人物，身份是19世纪沙皇俄国的一名英雄警察。上级曾派他去寻找炸弹，他报告说他发现了一堆球形的爆炸物，但事实上只是一堆西瓜。

我们二人和梅赫曼、扎赫德一起挤在梅赫迪的拉达车后排，共同前往那些有争议的区域。车子沿着小路一路颠簸，路过了老旧的联合收割机和村里的池塘，到达了那片长满小麦和三叶草的田地。它开阔平坦，一直延伸到远方的紫色山丘处。

我们沿着地上浅棕色的土路步行穿过了这片庄稼地。一群百灵鸟被我们吓到了，慌慌张张向四处飞散。我们的左边和右边分别是BTC和SCP管道的黄色标志桩，两列并行的标志桩一直延伸至远方。300千米的标志桩就在附近。此时此刻从我们脚下流过的原油约在两天前离开桑加查尔，在一周以内刚从里海深水区开采出来。

在梅赫曼的帮助下，我们丈量了他家的土地：长100米，宽30米。管廊正好从他家的地里穿过。"这是我的土地，管道显然从这里经过。如果这不算我的土地，那么总得告诉我我的地在哪里。"

百灵鸟在寒冷萧瑟的东风里叽叽喳喳地叫着。我们跟在那三个戴着黑色低顶圆帽的男人后面，朝着我们的拉达车走去。

2009年4月的复活节周末，哈卡利村发生了一系列事件，充分揭露了这一工业基础设施的"安全"属性以及对当地村民维护自身权利的种种限制。虽然没有人遭受折磨，总体上也没有造成太大损失，但梅赫曼所言甚是，称沿线的MTN和BTC安保人员让"人们更加恐惧了，这一点从大家的脸上就能看得出来。在遭到如此恐吓时，谁又敢与腐败做斗争呢"。

事实上，管道沿线的土地和村庄都被划入了安保区。梅赫曼的担忧不无道理，数月后行政管理人员便让他丢了学校维修工人的工作。我们自认对此负有一定责任，便尽力在这段艰难时期给他一些帮助。我们知道是梅赫曼主动邀请我们去哈卡利村的，但也确实是因为我们，他才落入了如今这般田地。

BP 与阿塞拜疆政府的合作体现在各个层面上。纳齐姆·巴巴耶夫曾使用一份带有 BP 阿塞拜疆公司总裁与国家安全警察签名的文件来威胁梅赫曼。[①] 在我们向那位穿着橙色制服的 BTC 工作人员问路后，他立即与 MTN 占贾总部取得了联系并汇报了相关情况，从中我们也能看出石油公司与政府之间的关系。具体到哈卡利村的案例来看，BP 因与这些政府机构的密切合作而规避了逐一向利益受损的人家给予补偿的问题。

面对如此巨大的压力，梅伊斯的绝望便情有可原了。他言语中满是愤怒："人在见不到希望的时候，又能苦苦挣扎多久呢？我实在是太累了——倒不是身体疲乏，而是心累。当然，我们也取得了一些小小的胜利，我们让一部分人拿到了赔偿金。但是我们并不满足于此。我们的目标是寻求正义——但他们之所以支付了这笔钱，就是为了行不正义之事。"

---

① BP 在 2009 年 6 月与平台机构的一次通话中否认了这份文件的存在。然而，2007 年，一份就 BP 石油设施签署的双边安全协议里包含了 BP 和阿塞拜疆之间相互借力并开展合作的内容。2009 年，BP 与阿塞拜疆出口管道保护部门达成了更深层次的合作。*BP in Azerbaijan: Sustainability Report 2010*, BP, 2011, p. 19.

第八章

你们带书了吗？

📍 **阿塞拜疆，占贾**

我们从哈卡利村出发，经过一个小时的缓慢行驶，在天黑后到达了占贾（Gəncə）市区。曾被苏联旅行社（Soviet Intourist）占用的大楼如今经过翻新，改造成了占贾酒店，正开门迎客。占贾是阿塞拜疆的第二大城市，也是著名的贸易城市。11 世纪，占贾被塞尔柱人征服，之后这个位于巴库通往西部的主干道上的城市变得越来越重要。载着原油等货品的骆驼队要先经过这里，才能去往第比利斯、埃尔祖鲁姆和伊斯坦布尔。数百年后修建的巴库–巴统铁路也从占贾经过。近年来，占贾曾多次爆发战争和叛乱。在一场战争之后，沙皇尼古拉一世的军队攻入波斯，取得了决定性的胜利，最终导致俄罗斯与波斯签订《土库曼恰伊条约》（*Treaty of Turkmenchay*），外高加索被并入俄罗斯帝国。1920 年，阿塞拜疆民主共和国的军队在占贾打响了抗击红军的最后一战。1993 年 6 月，盖达尔·阿利耶夫镇压了占贾的叛乱并重掌大权。

尽管占贾长期以来一直是区域交通枢纽，但深夜里还营业的餐馆寥寥无几。烤肉摊都收摊了，我们只找到了一家就要打烊的闷罐羊肉（一种用羊肉、鹰嘴豆、西红柿和土豆在陶罐中烹制的汤）店，但店里也没剩下什么食材，肉都没有了，火也熄了，只剩下了一个土豆。我们只好将就着喝了几碗飘着大团羊油的冷汤。

我们不紧不慢地吃着晚餐。其间，梅伊斯向我们讲起了 2004 年和 2005 年有关部门对 BTC 管道进行监督的故事。"开放社会研究所（OSI）当时已经同意了与 BP 一起对 BTC 管道进行监督。"当时的 OSI 所长萨比特·巴吉罗夫任监督活动的顾问。他安排了一次圆桌会议，宣布将通过竞争比选出几家非政府组织，组成四个监督小组。"我们所在的公民倡议中心被选入人权小组。"

每个小组都得到了有关 BTC 建设程序的详细说明，知晓了需要关注的问题和应记录的程序。梅伊斯继续道："后来，他们请来了一位'监督专家'来指导我们的工作。那个人叫克莱夫·摩根（Clive Morgan），是威尔士的一名审计师，曾为许多石油公司工作。"与此同时，我们在巴库里海广场大楼会见的里海税收观察组织负责人加里布·埃芬迪耶夫多次鼓励梅伊斯对 BP 进行批判，但提醒他用词不要过于激烈："我们想在明年再组织一次监督，所以请高质量地完成报告，为明年的工作打下良好基础。"

2005 年年初，梅伊斯已经就哈卡利村等管道沿线部分村庄做了调研，并将调查结果分享给了人权小组的其他成员，意图与他们交换手中的信息。结果，他发现，其他人都没去过受影响的地区。他们回信夸赞了梅伊斯的报告，并对自己之前的懈怠表达了歉意。但 15 天之后，其他人都收到了 OSI 所长萨比特发来的信件，其中提出了一个颇有分量的问题：有谁打算在梅伊斯的报告后签名？

当时，梅伊斯正在布拉格接受培训。他的同事们趁他不在，与萨比特讨论了他的报告。之后，他们给梅伊斯发了一封联名信，说梅伊斯没有权力让他们签名，并且不应该在报告中体现村民的投诉。"我非常生气。"梅伊斯道。两天前，他们明明还很支持这份报告，但现在都倒戈了。

梅伊斯从布拉格回来之后，监督员们又开了一次会。刚一开场，萨比特就非常生气，要求把报告中的所有引述和名字都删掉。其他人应声附和，纷纷规劝梅伊斯服从指令，理由是公开土地所有者的名字会让他们身陷险境。对此，梅伊斯认为"非常可笑"，因为土地所有者之所以选择公开自己的名字，就是希望他们的投诉能得到有针对性的回应。

梅伊斯说，阿塞拜疆在政治上向来打压异己，但他也同时指出，如果监督小组批判 BP 过于危险，"那就意味着 BP 和新克格勃之间存在勾结。这正是有关方面限制与 BTC 管道有关的言论自由的原因所在。我认为，我们必须直面这个问题"。会议一直持续到了晚上 10点，会上大家不断提出意见，萨比特愤怒的声音贯穿始终。最终，梅伊斯同意删除报告里的具体人名，条件是要在报告中列明具体的村庄，并让他在最后的记者招待会上发言。

阿塞拜疆语的报告打印出来后，"监督专家"克莱夫·摩根对英文版报告进行了修改。梅伊斯认为摩根做出的改动不能恰当体现村民对于侵犯人权行为的不满情绪，得出的结论也较为保守。对摩根来说，"专业化"的报告显然意味着弱化批判效果。

召开新闻发布会前，摩根说他们需要进行彩排。他架起了一台摄像机，并以记者的身份向梅伊斯提问。梅伊斯记得，他每每发表具有批评意味的言论，就会立刻被要求整改。最后，他表示整个过程完全是在嘲弄真正的监督。他对着摄像机说："开放社会研究所试图与 BP 拉近关系，与他们合作，其实就是想掩盖真实的影响。"摩根慌忙关掉了摄像机："不行，不行，你不能这么说。"

发布会召开的前一天，新闻稿已经成型了。经过不懈努力，梅伊斯在新闻稿中加上了一句话："我们发现了很多侵犯人权的行为。"但第二天一早，他来到开放社会研究所的办公室时，就发现这句话已经被删除了。"我非常生气，夺过那张纸然后把它撕了。然后我直接去了国际新闻中心的新闻发布会现场。"房间里挤满了记者，萨比特、加里布、摩根和其他监督员都先梅伊斯一步到达了现场，把发布台占满了。梅伊斯不想加把椅子坐在发布台边上，因为那样他们就能轻松地把他从镜头中剪辑出去。于是他对社会小组的协调员说："起来，这是我的位置。"对方问："凭什么？"梅伊斯答："因为你是BP的走狗。""所以他们才让我坐在这，免得你这样的人在记者面前出丑。"

"我要求最后发言。我说其中存在很多侵犯人权的行为，而BP非常想掩盖这一事实。"新闻发布会原本只计划开一个小时，但后来时间延长了，这样其他人就能再次发言，对梅伊斯进行人身攻击和批评："他孤掌难鸣，大错特错，他根本不知道自己在说什么。"

没有一家报纸报道人权问题，新闻照片的说明也没有提到梅伊斯的名字，只写到了其他人的名字。"他们把这个叫作监督。他们监督出什么了？情况有任何改变吗？"

梅伊斯的这个问题让我们印象深刻。在石油大公馆会见BP的艾登·加西莫夫时，我们也问了他监督项目取得了什么成果，促成了哪些变化。他回答说，该项目"教会了阿塞拜疆的非政府组织如何对输油管道这样的大型项目进行监督和审计"。依此看来，"监督"不一定是为了改善被监督的基础设施，而像是在教育监督者不要把侵犯人权视作侵犯人权。

我们拨弄着碗里的肉块，听着梅伊斯讲述发声的村民如何被各个层面打压，梅伊斯本人又是那么勇敢又坚定，不禁感到动容。在长达四年的时间里，他始终与梅赫曼及其家人等备受压迫的可怜人士站在一起，为争取某种形式的公平公正而不懈努力。相比之下，巴库非政府组织的其他人早已将这一切抛之脑后了。

在步行返回旅行社酒店的途中，我们路过了占贾的大型广场。广场中央有几棵法国梧桐，藏在其中的乌鸦一直在聒叫。广场的一侧是前有列柱的市政厅，那是源自斯大林时代的宏伟建筑。但它的规模在占贾算不上最大，最大型的建筑在占贾的郊区。布尔什维克活动家兼斯大林在巴伊洛夫监狱的狱友谢尔戈·奥尔基尼茨基自1928 年起任苏联最高国民经济委员会主席，自此在占贾的转型中发挥了关键作用，还深度参与了苏联前两个五年计划（分别始自 1928年和 1933 年）的制定工作。在他的带领下，占贾经历了快速的工业化，建造了许多工厂和冶金厂。我们从远处就能看到一个高耸的红砖烟囱，上面还有四个白色数字，"1932"。

巴库、第比利斯和巴统在"一战"之前就已发展起来，之间还修建了铁路，但高加索和苏联其他地区仍处于农业社会。到了 20 世纪 30 年代，一切发生了翻天覆地的变化。就在这短短十年的时间里，苏联迅速实现了工业化，而当初英格兰足足花了一个多世纪才真正实现工业化。伊萨克·多伊彻（Isaac Deutscher）曾写到，"苏联城市化的速度和规模是前所未有的"。[1] 土地集体化、农业机械化以及占贾、苏姆盖特等城市的发展让这个地区焕然一新。

1932 年,《纽约晚报》记者休伯特·克尼克博克（Hubert Knickerbocker）写到了一次阿塞拜疆之旅。对于正经历大萧条的美国人来说，那一定是如同乌托邦一样的存在："我在完美的沥青路面上行驶了 20 多英里（1 英里 ≈ 1.61 千米），路边都是漆成白色的新东方式建筑……四年前，这里就修了四通八达的街道，堪称俄罗斯境内最优质的道路系统，人们不必再依靠马车出行。城际铁路线修到了'黑城'（Black City），那里的油井能产出极其黏稠的石油。铁路沿线的车站颇具艺术性。"克尼克博克在溜达时听到了一声枪响，并跟随着枪声找到了一个政治主题的射击场："有一个资本家被打倒，就

---

[1]　R. Suny, *The Soviet Experiment: Russia, The USSR, and the Successor States*, OUP, 1998, p. 249.

有一个社会民主人士站起来。有一个自私贪婪的人被打倒，就有一个肥头大耳的银行家出现……巴库虽然富有，但主色调依然是红色。"①

快速的工业化当然离不开大量的燃料。但是为了给苏联积攒外汇，里海油田产出的大部分石油都被出口到国外了。克尼克博克写到，石油工人拼尽全力"以最快的速度开采石油并将其转化为五年计划急需的美元"。苏联的石油工业受苏联最高国民经济委员会的管理，而委员会主席奥尔基尼茨基又是世界主要石油公司、壳牌和英波石油公司的竞争对手——BP 的总裁。1928 年，即第一个五年计划的开局之年，全苏联的石油产量达到了 1170 万吨。1933 年，即第一个五年计划的收官之年，石油产量几乎翻了一番。②

1928 年到 1940 年，苏联的工业产出以每年 17% 的速度增长。这个增长率是空前绝后的。占贾等地新建了很多用钢铁和石头建造的大楼、机械化的大众交通和宏伟的文化宫殿。③遗憾的是，奥尔基尼茨基本人没能亲眼看看这个全新的世界，他可能是饮恨自尽的。④

1951 年，也就是第五个五年计划的开局之年，占贾已是苏联的工业城市之一。占贾取得了辉煌的成就，但也做出了巨大的牺牲。与西方经济体不同，苏联工业缺少资金来源和殖民地，全靠工人和农民的勤劳与奉献。数百万人在古拉格（Gulags）辛勤劳作，修建了运河和道路。即便有些工厂不逼迫劳工做苦役，它们也会修订

---

① H. R. Knickerbocker, 'The Soviet Five-Year Plan', *International Affairs* 10: 4（July 1931）.

② A. Nove, *Economic History of the USSR*, Penguin, 1991, p. 192.

③ Suny, *Soviet Experiment*, p. 250.

④ 有记录称奥尔基尼茨基死于心脏病发作，但赫鲁晓夫在 1956 年发表的著名的秘密演讲中提出了他系自杀身亡的说法。

《劳工手册》，对工人施加各种限制，将工人与他们的工作牢牢捆绑在一起。

次日黄昏后，我们抵达占贾郊区，步行到了苏联时期著名的冶金厂旧址，看到了它锈迹斑斑的大门。如今，这座曾占地数英亩的大型工厂变成了一片荒草丛生的废墟，到处都是混凝土块和残破的砖瓦。铁轨穿过灌木丛，经过废弃仓库的残垣断壁。废弃起重机的吊臂从倒塌的屋顶上方支出来，在黑夜里若隐若现。一对在附近散步的夫妇解释说，就在两天前，占贾的铝厂宣布停产，800名工人因此失业。这件事标志着占贾80年繁荣发展的终结。

与苏姆盖特一样，数十年的重工业发展对占贾的土地、水和空气造成了严重污染。1993年的一项研究发现，制造厂附近土壤中的多氯联苯含量超标。中世纪诗人尼扎米·根切维（Nizami Gencevi，阿塞拜疆民族诗人，曾在12世纪撰写并改写了许多波斯和阿拉伯的爱情故事，如《莱利与玛居农》和《霍斯劳与希琳》等）的陵墓就位于昔日的工业区附近。20世纪70年代，铝厂排放出的有害气体开始腐蚀这座石灰石陵墓。1988年，这座陵墓彻底塌陷了。

漆有"1932"字样的工厂烟囱被视为代表苏联成为新经济大国这一美好愿景的纪念碑。75年后的今天，这个纪念碑更像是从残酷且不由选择的工业化时代留存下来的一处遗迹。然而，要想解读BTC管道这样的基础设施，难度就大得多了。它从盛开着鲜花的土地或广阔的农田下经过，看起来无害又平常。然而，BTC管道也是一个纪念碑——它既代表着西方国家将力量投射到高加索地区的愿景，也代表阿塞拜疆重新实现独立的希冀。站在这座破败的冶金厂外面，我们不禁要问：75年后，人们又会怎样看待这条管道呢？

新建的BTC管道并没有导致诸如20世纪30年代和40年代发生的劳改营和清洗运动等事件，但它同样造成了人身伤亡和环境破坏。BTC 管道每年可以向世界市场输送 3.65 亿桶原油。这些原油每年产生的二氧化碳排放量超过 1.5 亿吨，比比利时和丹麦两国的碳排放量更大。如此巨量的碳排放正在悄然改变地球的气候。据估计，每年有超过 30 万人死于气候变化。[①] 确切的数字可能存在争议，但其中的逻辑非常简单：通过管道输送原油会导致更剧烈的气候变化，致使更多人丧生。

20 世纪 70 年代，二氧化碳排放与大气变化之间的关系得到了科学认证。1992 年，该问题得到了广泛关注，联合国还通过了《气候变化框架公约》，即《京都议定书》的最终基础。在约翰·布朗及其团队努力争取里海海底石油开采权的同时，国际层面已经开始基于气候变化框架公约发起应对气候变化的行动了。在 ACG 钻井平台、沙赫德尼兹气田和 BTC 管道的建设过程中，公众已经普遍认识到了将地下的碳转移到大气中的危险性。

石油工业、金融机构和政府都在混淆视听，拒绝承担责任，坚称他们是在完成优先级更高的工作，即满足现代社会的需求。但是未来，那些明知道开采化石燃料会导致更多人死亡却执意这样做并从中获利的人会不会被追究责任？一些法官已经开始处理与气候变化有关的问题了。

然而，如果政治没有发生转变，仍将化石燃料开采行为及其引发的灾难划归在可接受的范围内，那么法庭就不大可能解决这一问题。这样的政治转型必然会引发冲突。1932 年的工厂和现如今的BTC 管道都为社会上的部分人带来了繁荣、财富和现代化，但对那些没有权力的人却意味着死亡和破坏。

---

① L. Gray, 'Climate Change "Kills 300,000 Every Year"', *Daily Telegraph*, 29 May 2009.

📍 BTC KP 442-629 千米-阿塞拜疆，克拉斯尼大桥

我们的小巴车开出占贾，向西北方向行驶了三个小时，最终抵达阿塞拜疆与格鲁吉亚的交界处。梅伊斯不便再远送，于是我们向他挥手告别了。

我们下了车，背上背包，走向面前的几栋低矮的灰色建筑，建筑的周围是一道道纵横交错的铁丝网。太阳火辣辣地炙烤着地面，一些穿着制服、戴着皮帽的边防卫兵无精打采地待在阴凉处。我们径直向右手边的大门走去。地上有一只倒置的水桶和几包香烟，卖家可能是离开了，毕竟附近没有多少顾客。

三个身穿制服、头戴皮帽的边防卫兵查验了我们的证件。"你们在阿塞拜疆都做什么了？去了哪些地方？做过哪些事情？有没有拍照？你们的相机给我们看看。"

我们早该想到这一点的。我们的相机里有沿途拍摄的照片，其中包括卡拉博克村和雷西姆里村的标志桩以及哈卡利村的田地。我们想方设法地拖延时间，米卡则趁机把相机里的电池取了出来，又胡乱摆弄着镜头，想要找机会删掉储存卡里的照片。然而，卫兵们根本没有给我们任何机会。他们拿走了相机，我们心里一沉。梅伊斯说过，哈卡利村并没有竖立禁止拍照的标志牌，但我们知道相机里的 BTC 管道照片会引起边防卫兵们的警觉。2005 年 2 月，我们的英国-库尔德朋友、库尔德人权保护组织的克里姆·伊尔德兹仅仅因为向巴库方面询问与 BTC 管道有关的事宜，就被逐出了阿塞拜疆。

一名说英语的士兵检查了我们的相机，浏览了一下里面的照片，几秒后就把相机还给了我们。显然，他并不知道怎样查看所有照片。"这里只有三张照片！你们在阿塞拜疆待了这么久，就只拍了三张照片？你们不觉得阿塞拜疆很美吗？"我们长出了一口气，解释说我们已经把最喜欢的照片通过电子邮件发回英格兰了。

希拉姆河（Xram River）从我们右边的山谷潺潺流过。一大群羊把山坡挡得严严实实，全然不见山地，只能看见山顶的边境瞭望塔。那三个士兵放我们过去了，但我们刚走出几米，就被两名看起来相当有钱的海关官员拦住了。他们盯着我们的背包看，显然他们并不想翻查里面的东西。然而，他们接下来的问题又让我们紧张了起来。"你们带书了吗？"

他问的不是大麻也不是海洛因，更不是武器或炸药，甚至也不是大量现金，而是书。

之前有人警告过我们，在阿塞拜疆携带纸质出版物可能会给我们带来麻烦。梅伊斯给我们讲过一个故事，说的是平台机构出版的一本有关 BTC 管道计划的书，书名是《几个常见问题》（*Some Common Concerns*）。2003 年，他将这本书翻译成了俄语和阿塞拜疆语两个版本。他先出版了俄语版本，并邀请 BP、反对党议员和非政府组织参加新书的发布会。该书引起了强烈反响。支持 BTC 管道建设计划的协调员萨比特·巴吉罗夫气愤地把手里的书甩到了桌子另一边，嘴里喊着："在阿塞拜疆出版这种书非常危险。你这是在支持亚美尼亚的侵占行为，你小心点！"几家报纸发表文章对梅伊斯进行了抨击。人民阵线报刊《自由报》（*Azadlıq*）发表了署名为"萨阿达特·贾汉基兹"（Saadet Jahangirqizi）的长篇文章，称这本书极其危险，并质问国家安全部门为什么没有阻止其出版。梅伊斯坚持认为该文章的作者是 BP 员工。

MTN 的秘密警察也迅速采取了行动。他们恐吓出版商，要求他们停止发行这些俄语书。梅伊斯想要印刷阿塞拜疆语版图书时，发现出版商们已经收到警告，不敢这么做了。"巴库的出版商都拒绝印刷这本书。他们应该都被 MTN 警告过了。"许多出版商接到了电话，明确表示这本书已经被定性为"敌方的宣传物"。"显然，政府试图阻止我出版能让大多数阿塞拜疆人读懂的《几个常见问题》，所以我公开宣称将在达吉斯坦印刷出版这本书。几个月后，政府不再过分关注此事，我们便趁机找了一家与政府处于同一阵线上的大型公司出版了这本书。这家公司与政府的关系极其密切，因此做事较为潦草轻率，并没有仔细检查他们出版印刷的图书的内容。MTN 可能都没想过要警告他们！"

几天之后，这本书再次被群起而攻之，然而已经无济于事了。梅伊斯和公民倡议中心已经拿到了印刷好的书，开始向民众分发。

"有书吗？"海关官员又问了一遍。米卡打开了一个背包，取出了一厚摞装订成册的 BTC 管道照片并递给了他。这些照片是为 2005 年总统在管道投运仪式上的讲话准备的，是桑加查尔的奥尔赞·阿巴西给我们的。海关官员看不懂英文，只是一张一张地向后翻看。翻到其中一张照片时，他停了下来，照片上写有弯弯曲曲的非拉丁字母。"啊！这是亚美尼亚语！"他显然是抓住了我们的把柄。"不，这是格鲁吉亚语，"詹姆斯回答道，"这是 BP 送给我们的礼物。"

查到这本照片书之后，海关官员们显然已经心满意足了。我们顺利通过了一条两旁有士兵把守且被铁丝网重重包围着的通道，又经过了三名士兵的检查，然后拿到了出境签证。

我们向前方走去，那里空无一人。这时，我们身后传来了声响，一名士兵沿着围栏追了上来。我们加快了脚步，希望在被他追上之前越过边境线，但没能成功。他喊道："你们叫什么名字？"然后又问："是美国游客吗？"我们笑了，然后顺利通过了边境线。

我们的左边是一座用红砖建造的已经废弃了的老桥，名字叫克拉斯尼大桥（Krasny Most）。这座桥曾是阿塞拜疆和格鲁吉亚两国之间的主要通道，也是 1921 年红军入侵格鲁吉亚门什维克（Menshevik）的现场。沙俄崩溃后，格鲁吉亚民主共和国于 1918 年 5 月 26 日宣布独立，两天后阿塞拜疆共和国新政府也宣布独立。在门什维克社会党的统治下，格鲁吉亚请求西方盟国的援助和保护，并在六个月后迎来了英国军队的支援，其中包括詹姆斯的祖父以及巴库的汤普森将军所在的军队。然而，1919 年，英国军队撤出了格鲁吉亚，格鲁吉亚难以招架入侵高加索地区的红军。1920 年 11 月，阿塞拜疆和亚美尼亚双双沦陷，格鲁吉亚孤立无援。

1921 年 2 月 16 日凌晨，17 000 名士兵、3000 匹马、400 支机枪和 4 辆装甲车在谢尔戈·奥尔基尼茨基的指挥下涌向克拉斯尼大桥。布尔什维克计划利用巴库铁路油罐车上的引擎驱动 5 辆重型装甲火车和 8 辆坦克越过边境，但是格鲁吉亚军队炸毁了位于铁路线下游的波伊鲁铁路桥（Poylu Railway Bridge）。

尽管格鲁吉亚奋起反抗，但红军仍凭借压倒性的人数优势迅速冲破了防线，到达了第比利斯郊区。[1] 铁路桥修好后，装甲火车很快突破了格鲁吉亚的防御工事，格鲁吉亚政府被迫将仅剩的军力撤回西面的巴统。在越过克拉斯尼大桥的九天后，奥尔基尼茨基骑着一匹白马，带领他的士兵昂首阔步地进入了第比利斯。

在新的格鲁吉亚苏维埃社会主义共和国建立并加入苏联后，巴库-巴统铁路的管辖权再一次回到同一个政治机构手中。列宁启动了苏联的新经济政策计划。战争的硝烟褪去，革命也已结束，巴库的产油量开始慢慢增加。苏联与美国、英国、德国和挪威的公司合作，对比比赫巴特和巴拉哈尼油田的炼油和钻井技术进行了升级。与巴库-巴统铁路平行敷设的煤油管道得到了修复和强化，石油之路重建完成。

一名货币兑换商站在与克拉斯尼大桥平行修建的一座新桥上，周围一个人都没有。他的身后是格鲁吉亚边境哨所，修建得非常美

---

[1] 格鲁吉亚方面倒是有几架现代化的飞机，质量比红军的飞机要好得多。然而，由于政府拒绝购入足量的石油和零部件，格鲁吉亚飞行员无法充分发挥他们的技术优势。A. Andersen and G. Partskhaladze, 'Soviet-Georgian War and Sovietization of Georgia 1921', *Revue historique des Armées* 254（2009）.

观，里面有白色的墙壁、闭路电视、一台 X 射线机和一台数码相机，可以在我们进入哨所时拍下我们的影像。边上有个指示牌，上面写着这是由欧盟赞助的检查站。

📍 BTC KP 446-633 千米-格鲁吉亚，詹达拉

我们乘坐一辆通往鲁斯塔维（Rustavi，格鲁吉亚最大城市）的小巴车，来到了詹达拉（Jandara）泵站附近。这个泵站的规模非常大，占地面积堪比五个足球场，与炼油厂一般大小。周围的田地里都是管道、圆柱形油罐和金属塔架。我们曾在乘火车去往巴库的途中路过这里，当时黄色和红色的灯光在一片漆黑中若隐若现，一束耀眼的火光照亮了夜空，烟囱里冒出的白烟直冲云霄。现在是白天，空气里满是刺鼻的硫黄气味。

BTC 管道共配备了八个泵站，其中两个位于格鲁吉亚。这些泵站每天能为一百万桶石油提供翻越高加索山脉的动力。阿塞拜疆境内的 440 千米管道高程变化不大，从海平面开始逐渐上升。相比之下，格鲁吉亚境内的管道长度只有阿塞拜疆境内长度的一半多一点，但高程变化极大，要翻越海拔 2500 米的科达尼亚隘口（Kodiana Pass）。如此大量的石油想要到达如此远的地方，必定会消耗大量能量。詹达拉泵站的输油泵一刻不停地运转，由五台高效能的燃气轮机驱动，燃气轮机里的燃气来自 SCP 输气管道。这些燃气轮机不为附近村庄的居民提供家用电力，而是专门为泵站里的泵提供电力，进而为管道里的原油提供动力，将原油输送到地中海的油轮上。

我们的小巴车开过了几个村庄。这几个村庄几乎连在一起，更像是一个长条状的大村子。道路两旁分别有一排房子，部分房子之间有几码的空隙，代表着两个村庄的交界处，前后分别有两个写着村庄名字的标识。院子里的樱花开了，刚耕种过的土地呈现出生机

勃勃的棕色，处处洋溢着春天的气息。五只水牛在吃草。一个男人在用长把锹挖土。大白鹭和乌鸦在田地里找虫子吃。路旁有几个教堂，不知是刚刚建成还是维护精心。教堂附近聚集着很多火鸡和猪。

路边竖立着几个白色钢制"葡萄藤十字架"。这种十字架高十英尺，双臂向下倾斜。据传说，这种十字架是在 4 世纪由圣尼诺（Siant Nino）传入此地的。为了躲避罗马当局的镇压，她逃出了罗马，来到了今格鲁吉亚境内。当时，她带着一个用葡萄藤和自己的头发缠绕而成的十字架。如今，这种十字架仍是格鲁吉亚东正教（基督教的一个分支，几个世纪以来一直是格鲁吉亚人的主要信仰）的独特标志。苏联解体后，格鲁吉亚教会不断发展壮大，连政客们都不敢对其等闲视之。

绵羊在吃地上刚长出来的草和地里尚未采收的庄稼。杨树和柳树纵横交错。远处的田野呈深棕色，与格鲁吉亚西部黑海流域那些绿意盎然的林地形成了鲜明对比。这种气候差异是长期存在的，只是如今更加明显。几天后，我们采访了格鲁吉亚环境部的玛丽娜·什瓦尼格拉兹（Marina Shvangiradze）。她说，格鲁吉亚东部的气候已经出现了显著变化。当地农业受到的冲击尤为严重，干旱期延长了，气温升高了，春天的风力也更强劲了。种种因素对农业产生了不利影响：小麦产量直接减半，向日葵则颗粒无收。第比利斯、鲁斯塔维等中心城市已经出现了供水缺口。

向北方远眺，我们看见了大高加索山脉。其中有一座山峰，名字叫卡兹别吉山，是格鲁吉亚的标志之一，据传普罗米修斯就被绑在这座山的悬崖峭壁上。这片广袤的山脉帮助格鲁吉亚和阿塞拜疆抵挡了来自北方的入侵。当初，红军横扫里海海岸，先后攻入巴库、埃里温和第比利斯，而二十年后，苏联军队将高加索山脉视为抵挡德国军队的屏障。

1941 年，纳粹德国的军队兵分三路在德国东部边境发动了闪电战。他们突破了苏联的防线，占领了大片领土。这是历史上规模最大的一次陆地入侵，当时德国集结了 360 万士兵，还有 5 万门火炮和数千架飞机坦克。希特勒曾有言："这将是一场歼灭战……与西方的战争截然不同。"[1] 纳粹计划效仿法国和英国帝国的模式，吞并苏联西部地区。这场战争的目的之一是为德国争取资源殖民地，包括乌克兰的粮食高产区域以及高加索的产油区，另外还要更改石油之路的走向。

1941 年冬天，莫斯科撑过了那场残酷的防御战。在之后的蓝色作战（Operation Blau）中，一百多万名德国士兵向南方和东方行进，目标是迈科普、格罗兹尼和巴库的油田。德军迅速地在哈尔科夫（Kharkov）发动了一次钳形攻势，导致 25 万名红军士兵被俘。苏联人节节败退，还摧毁了大高加索山脉以北的油田，防止它们落入德国人之手。几周之内，法西斯分子就到达了位于高加索山脉以北的主要城市奥尔基尼茨基，即如今的弗拉季高加索。[2]

当时，德国第六集团军到了卡兹别吉山脚下。那里与格鲁吉亚苏维埃社会主义共和国接壤，距离巴库也不远。希特勒的将军们知道他们会攻下巴库，于是向希特勒呈送了一个装饰着巴库石油钻井平台的蛋糕。希特勒早些时候曾表示："得到巴库的石油，这场战争才算是胜利了。"事实上，1942 年，苏联 70% 以上的坦克、飞机和装甲车都使用比比赫巴特和巴拉哈尼两个油田产出的石油。如果没有这些石油，苏联的机械化部队就会停摆。1921 年红军骑兵进入格鲁吉亚之后，苏联军队逐步实现了机械化，并使用石油作为燃料，能够同时派出 3 万辆坦克参与作战，比世界其他国家拥有的坦克总

---

[1] 57% 的苏联战俘在被捕后死亡，而英美战俘的死亡率只有 3.5%。Suny, *Soviet Experiment*.

[2] 尽管谢尔戈·奥尔基尼茨基四年前自杀了，也失去了民众的爱戴，但这个小镇仍以他的名字命名。

数还要多。

在战争的前期准备阶段，石油开采量一直在稳步增长。德军入侵的那一天，当地的男男女女都被征召去油田，就像应征入伍一样。一周后，这些人开始实行十二小时轮班制，而且没有一天假期。一年后，工作时长改成了十八小时一班，一周七天。石油的重要性在"一战"临近尾声的几年凸显了出来。石油是所有现代战争的基石。

阿塞拜疆进入德国军队的打击范围后，斯大林立即下令将巴库的石油工业撤到乌拉尔山脉（Urals）以东地区。巴库的 1 万名工人和所有钻井设备都被调往伏尔加河区域、鞑靼斯坦（Tatarstan）和哈萨克斯坦等地。巴库–巴统输油管道被一节节拆卸下来并运往东部，764 口油井被用混凝土封死。

很快，阿塞拜疆石油专家就将鞑靼斯坦打造成了"第二个巴库"。不到一年时间，苏联的石油开采量就恢复到了战前水平。另外，纳粹并没有如愿拿下巴库。德国第六集团军在斯大林格勒的冰天雪地中全军覆没，德军在那一个月里的死亡人数超过了西线战场上的全部死亡人数。有了足够的石油燃料来驱动坦克，红军缓慢地将德军逼退了。到 1945 年 3 月，在苏联领土牺牲的法西斯人已经超过了 600 万人，占"二战"中德国总死亡人数的 80%。

当时，巴库的石油产量骤减。面对即将入侵的法西斯军队，石油工程师们打算彻底摧毁油井，而不是暂时封住它们。尽管德军从未真正越过高加索山脉，但巴库还是被他们从苏联产油中心的霸主地位上拉了下来，取而代之的是鞑靼斯坦和西伯利亚。

当巴库转向下一个发展阶段，开始着眼于纳弗特达施拉里海上项目时，冷战开始了，阿塞拜疆与西方国家的石油贸易因此中断。直到 20 世纪 30 年代，石油之路才通过铁路和管道向北延伸到了俄罗斯，并向西延伸到了阿塞拜疆和格鲁吉亚。如今，石油之路主要发展其北部路线。

📍 BTC KP 475-662 千米-格鲁吉亚，鲁斯塔维

加巴丹（Gabardan）草原上有成排的"赫鲁晓夫建筑群"。这些房屋朦胧的剪影中交织着带有红白条纹的钢厂烟囱。1951 年启动的第五个五年计划使住房建设投资翻了一番，而 1956 年启动的第六个五年计划又在此基础上翻了一番。尽管赫鲁晓夫曾在巴库宣称这些建筑不过是"暂时的住所"，但资金还是源源不断地投了进来。为了满足速度和数量的要求，这些楼群的建筑材料、建造方法和美观程度都大打折扣。

阿塞拜疆和格鲁吉亚老城的郊区有很多这样的建筑，而鲁斯塔维的房子几乎都是这种。鲁斯塔维的大部分社区都有千百年的历史，但它实现现代化却只有 60 年时间。这座新苏联城市的工业化进程始于一个庞大的冶金工厂，它建在姆特卡河（Mtkvari，即库拉河的格鲁吉亚语）河畔。从卡拉博克村出来之后，我们一直在沿着这条河行进。1941 年，红军击退了入侵的纳粹，战争中被俘的德国士兵建造了这座工厂。斯大林的"战时经济"带来了钢铁厂、化工厂、制药厂和一个位于巴库-巴统铁路线上的新枢纽。当时，鲁斯塔维冶金厂是全格鲁吉亚雇用员工人数最多的单位。这座大型工厂的办公大楼比第比利斯的格鲁吉亚议会大楼还要壮观。20 世纪 50 年代，工厂附近的草原上建起了一排排"赫鲁晓夫建筑群"，为成千上万工人提供了住所。鲁斯塔维建城仅十年后，就拥有约 90 座大型工厂，实乃苏联机器上的一颗重要齿轮。

鲁斯塔维的成功依赖于苏联对原材料和市场产品进行整合考量的工业策略。巴库、苏姆盖特、占贾、鲁斯塔维等城市被牢牢捆绑在同一个系统内。1990 年后，苏联解体，分裂为若干个民族国家，每个国家都有不同的税收制度和通行货币，苏联原有的由资源基地、工厂和市场构成的正式组织结构彻底瓦解。

如今，鲁斯塔维只剩下贫穷、犯罪、当地生产的伏特加和格鲁吉亚首个高安全级别监狱。尽管该城市的人口在过去二十年里减少了四分之一以上，但仍有 65% 的劳动力处于失业状态。冶金厂被私有化了，并于 2005 年出售给了总部位于希尔内斯（Sheerness）的泰晤士钢铁公司（Thames Steel）。后来，这座工厂又几次易主，最终被英国控股的科尔基公司（Kolkhi）收入囊中。如今，这座工厂的前景尚不明朗。尽管它仍在生产石油钢管，但有报道称该工厂的部分厂房正被当作废弃金属向外出售。[1]

2004 年 1 月初，住在鲁斯塔维 18 号和 19 号区域"赫鲁晓夫建筑群"的梅拉比·瓦舍里什维利（Merabi Vacheishvili）以及埃莱奥诺拉·德格梅拉什维利（Eleonora Digmelashvili）发现一些重型卡车和拖拉机正在他们住处附近的工地上施工。他们没有听说任何建筑计划，于是向穿着橙色连身工作服的工人询问情况，并得知这些工人正在为修建 BTC 管道做准备。虽然二人都听说过这条管道，也对其重要性略知一二，但没有人告诉过他们管道会离他们的住所这么近。距离计划建造区域不到 250 米处有四座多层公寓楼，居住着 700 户人家。

这个工程很快引起了附近居民的担忧。公寓楼的质量很差且年久失修，建造管道可能会导致房屋出现结构性损坏。一月晚些时候，鲁斯塔维市长说他"之前根本不知道管道会离建筑物这么近"。[2] 既然连市长本人都不知道这条管道会修建在这里，那么埃莱奥诺拉、梅拉比和周边群众没有听到消息也就不足为奇了。从 BTC 公司两年前绘制的管道走向图来看，BTC 管道将在鲁斯塔维以外 10~20 千米

---

① 'British Investor Wants Rustavi Plant Back', *Georgian Times*, 26 October 2009, at geotimes.ge.

② M. Vacheishvili and E. Digmelashvili, 'Complaint to the IFC Compliance Advisor/ Ombudsman', 16 March 2004, at bankwatch.org.

的范围内进行铺设。当18号和19号区域的住户意识到BTC公司将管道周围500米范围内划为永久"安全区"并禁止在安全区内建造学校和医院时,他们就已经很焦虑了。[①]但现实情况却是,18号和19号区域本身就在安全区以内。也就是说,BTC公司可以随心所欲地在离格鲁吉亚居民的住处很近的地方修建管道,但管道埋入地下后,BTC公司就不允许其他人在管道250米范围内修建建筑物了。

BP未能重视当地居民的诉求,于是居民们决定采取行动。2004年2月7日,约400名"赫鲁晓夫楼"住户组织了一次抗议罢工,要求地方议会、国家政府和BP听取他们的意见。罢工期间,他们封锁了施工工地,并阻碍了管道施工。随后,警察赶到现场,对居民们发起了攻击。"大多数抗议者都是妇女儿童,但他们下手仍毫不留情。"埃莱奥诺拉和梅拉比说道。带头的警察表示,"他们接到了政府命令,要严厉打击干扰BTC管道施工的反动分子"。[②]

2月晚些时候,鲁斯塔维居民向BTC公司的社区联络员安娜·佩特里亚什维利(Ana Petriashvili)致电,要求与她见面。约翰·布朗曾承诺将BTC打造成企业社会责任的典范,于是BP聘请了社区联络员来提高运营的透明度并彰显公司对社会责任的重视程度,还组建了一个团队,专门与管道沿线的居民进行沟通。但是,安娜·佩特里亚什维利对埃莱奥诺拉和梅拉比的态度与约翰·布朗的承诺大相径庭,她态度粗鲁,言语粗俗,还抱怨说她已经"花了太多时间与我们这种人打交道,她认为人们只是想牺牲BTC公司的

---

① BTC和SCP协议为两条管道的敷设划定了一条宽44米的施工走廊,就是我们之前在卡拉博克村和哈卡利村看到的那条管廊。但是根据协议,这条施工走廊应该坐落于宽500米的大走廊内,大走廊里不应该有任何建筑物。然而现实情况却是,BTC管道与建筑物的距离不到250米。*Resettlement Action Plan: Georgia*, BP, December 2002.

② Vacheishvili and Digmelashvili, 'Complaint'.

利益来解决他们自己的社会问题。她想让我们相信这条管道是安全的"。当他们要求她提供有关安全标准的文件时，她只是轻描淡写地回答说，BP 已经向格鲁吉亚政府承诺将满足西方最高标准的要求。①

我们沿着"赫鲁晓夫楼"之间的街道向前走，在距离铁路线不远处看见了一个专门存放石油管道的院子。院子里没有熟悉的 BP 标志，只有一些印着马士基公司（Maersk）标志的集装箱和堆放整齐的黑色管道。这些管道是为 BTC 管道准备的备件，在某段管道需要更换时使用。尽管附近的冶金厂就能制造输油管道，但是院子里堆放着的管道和那些已经铺设在阿塞拜疆和格鲁吉亚境内的管道并不是在鲁斯塔维制造的。BP 在日本买到了最划算的管道。六七十艘船驶过东海、印度洋、苏伊士运河、博斯普鲁斯海峡和黑海，从世界的另一头载着 15 万根管道远道而来。② 在巴统卸船后，这些管道经由铁路运到这里并堆放起来，在需要使用时再三个一组用卡车运往施工现场。

莫斯科曾将鲁斯塔维与占贾和苏姆盖特一同规划为"生产中心"，外地的铁矿石和煤炭源源不断地运往这些地方。如今，鲁斯塔维已经走向衰败了。其他遥远国家将其重新定义为"走廊"。价值最高的自然资源被泵输送到鲁斯塔维的边缘，再运到其他城市进行加工和销售。

---

① Vacheishvili and Digmelashvili, 'Complaint'.

② 'BTC Section-Pipeline Construction Begins', *Azerbaijan International* 11: 1（Spring 2003），pp. 74–9.

第九章
根本无须修改法律，我们通过条约凌驾或规避当地法律

📍 **格鲁吉亚，第比利斯**

第比利斯是格鲁吉亚的首都，沿着险峻的姆茨海塔里峡谷（Mtkvari Gorge）而建。姆茨海塔里河蜿蜒流经格鲁吉亚三分之二的领土以及土耳其的东北部。河水呈现浅棕色，流过深深的混凝土河道，向东奔流至里海。人们三三两两地站在岸边钓鱼。第比利斯沿着陡峭的山坡向上延伸。姆塔斯明达山（Mount Mtatsminda）的山脊上有一根无线电杆，上面有一串彩灯在闪烁，看起来很像布莱克浦尔塔（Blackpool Tower）。更东边矗立着一座巨大的"格鲁吉亚母亲"（Mother Georgia）铝制雕像。她一手持剑，一手端着酒杯，脚下是个植物园，里面的橡树长出了黄绿色的新叶。

BTC 管道在第比利斯的南部穿过。这条管道其实并不经过巴库和杰伊汉，因此更确切地说，这条管道应该叫作桑加查尔–鲁斯塔维–戈洛沃西（Gölovesı）管道。与巴库相比，第比利斯算不上"石油城市"，不是 BTC 管道的起点或终点，只是中间站而已。尽管如此，BTC 管道还是深深嵌入了第比利斯的政治、经济和环境之中。

我们站在鲁斯塔维大街（Rustavelis Gamziri）上的卡什维梯圣乔治教堂（Church of St George of Kashveti）旁等待玛纳娜·科切拉兹。在过去的八年里，这位老朋友一直在就 BTC 管道问题与 BP 和格鲁吉亚政府做斗争。她将陪伴我们完成在格鲁吉亚的旅程。鲁斯塔维大街很宽，但尘土很大。现在是春天，也是一年中最潮湿的季节。昨晚下的大雨把我们都吵醒了，但东西表面的灰尘未被大雨洗刷干净。人行道、马路、汽车、窗户玻璃，到处都蒙着一层薄薄的灰，标牌、石头、树皮和油漆原本的颜色都被盖住了。

这条大街以 12 世纪民族诗人肖塔·鲁斯塔维（Shota Rustaveli）的名字命名，是第比利斯的标志物。街道两旁矗立着这座城市的标志性建筑，包括议会大楼、歌剧院、国家剧院、大教堂和大型酒店等。这条街的尽头是自由广场（Tavisuplebis Moedani）。在过去的两个世纪里，这个空旷的广场在不同掌权者的命令下已经多次更名。格鲁吉亚处于沙俄的统治下时，这个广场叫埃里温广场；并入苏联后，广场更名为贝里亚广场，后又改为列宁广场。来到这里的商人会在美术馆对面颇为富丽堂皇的万怡酒店（Courtyard Marriott）会面。这家酒店曾经是俄罗斯帝国神学院，19 世纪末时则是远近闻名的寄宿学校，培养出了很多革命者。1907 年，该学校最知名的毕业生斯大林从巴库回到这里，带着 40 个人袭击了广场上的马车。这次惊动一时的运动引来了国际媒体的热议，伦敦《每日镜报》报道称："炸弹如雨点般落下：革命者搞大破坏。"[①]

在格鲁吉亚，每个看起来较为官方的建筑上都能看到欧盟的旗帜，旗子的背景色是蓝色，中心处有 12 颗围成圆圈的星星。格鲁吉亚政府迫切地想加入欧盟，但始终未能如愿。显然，第比利斯对欧

---

① Montefiore, *Young Stalin*, p. 154–picture plate.

盟的热情超过了大多数欧盟成员国。不过，格鲁吉亚倒是欧洲理事会的成员国。欧洲理事会是以法律标准和人权为中心的国际组织，共有俄罗斯等 47 个成员国，所用的旗帜与欧盟相同。[①] 格鲁吉亚极其重视它在欧洲理事会的成员资格。在格鲁吉亚，这面旗帜被当作效忠西方以及敌视北方邻国俄罗斯的象征。这种效忠和敌视在 2009 年春天表现得尤其明显，因为仅仅八个月前，格鲁吉亚与俄罗斯之间的紧张关系导致了南奥塞梯地区的公开战争。

现在是星期天上午，街上熙熙攘攘。商店并没有固定的营业时间，食品店里的顾客非常多，网咖、餐馆和"老虎机俱乐部"都热闹非凡。地铁入口处挤满了排队的人，麦当劳和我们所在的卡什维梯圣乔治教堂都是非常受欢迎的地方。身穿棕色、粉色、蓝色和红色祭袍的神父站在教堂的铁门处，迎接来来往往身着黑衣的人们，形成了鲜明对比。黑色是格鲁吉亚的颜色。男女老少的裤子、夹克、裙子和衬衫都是黑色，很好地衬托出了人们的白皮肤和黑头发。

玛纳娜到教堂后，我们就去老城找地方吃饭了。我们找到了一家饭馆，点了奶酪面包和产自卡赫季州（Kakheti）的葡萄酒。格鲁吉亚人离不开葡萄酒。当地共出产 400 多种葡萄酒，用葡萄酒配餐是格鲁吉亚人的习惯。格鲁吉亚有祝酒人的习俗，这与喝伏特加的俄罗斯人有显著区别。玛纳娜将时间都投入到了绿色替代组织和她四岁的儿子身上了。她的卷发披在肩上，穿着灰色羊毛开衫，素面朝天，但涂了红色的指甲油。玛纳娜颠覆了我们对格鲁吉亚的刻板印象。

绿色替代组织是中东欧地区银行监控网络的组成部分，负责能源基础设施项目的公共贷款事宜。该组织重点关注欧洲复兴开发银

---

① 欧洲理事会的非欧盟成员国包括俄罗斯、土耳其、挪威、阿塞拜疆、瑞士和亚美尼亚等。

行和欧洲投资银行，在非政府组织联盟中发挥着至关重要的作用。该组织非常重视 BTC 管道。玛纳娜及其同事负责处理苏联时期遗留下来的环境和社会问题以及对抗 21 世纪能源项目产生的负面影响。她们一面利用着欧盟法律的政治杠杆，一面对欧盟主导地缘政治和能源领域的意愿持谨慎态度。玛纳娜非常担心公共银行给东欧和中亚地区基础设施项目发放贷款，但格鲁吉亚显然是她要考虑的首要问题。

饭毕，玛纳娜说道："格鲁吉亚需要思考自己的未来。但是经济学家和政治家都太过执迷于建设过境管道，其他一切都得靠边站。"她说，过境国并不会从中得到任何实际利益。"输油管道为我们带来了什么呢？少数人有了工作，政府得到了微薄的收入，仅此而已。银行美其名曰这条管道能让我们实现独立自主。但事实上，这条管道只是将我们的依赖转移到了其他方面，比如维护欧盟与阿塞拜疆的关系。"她认为，BP 是唯一不会因 BTC 管道而蒙受损失的一方，因为 BP 靠销售海上油田产出的原油获得了丰厚利润，足以覆盖其在 ACG 油田和沙赫德尼兹钻井平台以及在巴库–苏普萨、BTC 管道和 SCP 管道上的投资。

离开饭店后，我们沿着鲁斯塔维大街向西走，一直走到了查夫查瓦兹大街（Chavchavadze Avenue）。这条街以 19 世纪末领导格鲁吉亚民族复兴运动的诗人兼律师的名字命名。伊利亚·查夫查瓦兹亲王（Ilia Chavchavadze）提倡自由民族主义，这与当时的沙皇帝国和不断发展的马克思主义运动背道而驰。查夫查瓦兹将当地贵族阶级和农民阶级之间的家长制关系置于社会主义的对立面。[1]1907 年，他和妻子被暗杀，同年，埃里温广场发生了马车抢劫案。谋杀案的

---

① Suny, *Revenge of the Past*, p. 121.

幕后黑手尚未浮出水面。一些人将矛头对准了沙皇尼古拉一世的秘密警察，但尼古拉一世在格鲁吉亚的最大竞争对手明显是社会主义阵营中的门什维克。斯大林提出，22 岁的谢尔戈·奥尔基尼茨基应该对此事负责。[①] 米哈伊尔·萨卡什维利（Mikheil Saakashvili）总统的保守派民族主义运动民族联合运动（United National Movement）实际上继承了当初查夫查瓦兹原政党的衣钵。

进入瓦基（Vake）街区，街道两旁的树木变得愈发茂密。街头小摊与奢侈品店混杂在一起，使馆与老式高楼相邻。绿色替代组织就在其中一栋老式高楼里。玛纳娜带领我们走到大楼门口，那里有几只在树荫下睡觉的狗，墙上贴着褪了色的"阻止俄罗斯"的标签。上了年头的电梯吱嘎作响，慢慢向上爬升。

办公室里阳光充足，看起来像是欧洲组织的总部。办公桌上摆放着电脑，到处都是新旧活动的宣传单，墙上贴着海报，杯子里泡着咖啡。成堆的报告等待分发。

玛纳娜和她的同事凯蒂·古贾拉泽（Keti Gujaraidze）曾多次走访格鲁吉亚管道沿线的村庄，经常与当地居民待在一起，帮助他们提起诉讼，还会请来记者倾听居民的故事。2003 年，他们发现 BTC 公司开展的所谓的综合影响评估研究忽略了一整个村子。达格瓦里村（Dgvari）的 600 名居民住在管道的下坡处，距离管道不到一千米。管道施工引起了多次严重的山体滑坡，极大威胁到了这些居民的人身安全。过去几年里，我们曾几次到访达格瓦里村，亲眼看到了当地倒塌的房屋和等待重新安置的居民。

在沿着管道进行走访的过程中，绿色替代组织时常发现安保人员非常强势。玛纳娜讲述了全副武装的 BTC 警卫阻拦凯蒂在很远的

---

① Montefiore, *Young Stalin*, p. 187n.

地方拍摄詹达拉泵站，还把她扣留了两个小时的事情。"警卫用枪指着她，她在雪地里进退两难。"凯蒂向警卫解释她并没有走到泵站的指定安全区域内，但是他们还是让她在冰天雪地里等了很长时间。"当时正值隆冬，天气非常寒冷。"

玛纳娜和凯蒂认为，BTC 管道给格鲁吉亚带来的好处越来越少了。BP 曾于管道开工前在格鲁吉亚各地召开新闻发布会和市政厅会议，会上一再承诺 BTC 管道将为 5000 人提供铺设管道的工作岗位。但是，会议结束后不久，格鲁吉亚政府往往会向外报出更高的数字，比如 BP 会提供 10 万个工作岗位——这对于一个仅有不到 500 万人口的国家而言并不是小数目。BP 方面也并没有对这些虚假信息提出质疑。如今，BTC 管道已经铺设好了，但显然它并没有提供多少永久工作岗位。当时爱德华·谢瓦尔德纳泽总统（Eduard Shevardnadze）想要将 BTC 项目打造成了解决格鲁吉亚多数社会问题的万能药，因此虚报了那些数字。

格鲁吉亚政府宣传的 BTC 管道带来的主要长期效益其实是过境费收入。过境费是针对流经某国领土的石油收取的税款，税收归管道所在国所有，不过阿塞拜疆并没有针对巴库-苏普萨管道、BTC 管道和 SCP 管道收取过境费。至于格鲁吉亚，如果输油管道满负荷运行，那么格鲁吉亚每年能得到 5000 万美元的过境费，约占格鲁吉亚 40 亿美元年度预算的 1%。但格鲁吉亚需要权衡这笔收入与其为履行对 BTC 管道的义务，主要是保证管道安全方面所付出的成本。根据《东道国政府协议》这一明确管道地位与格鲁吉亚义务的文件，保护管道是东道国的责任。格鲁吉亚从未公布在管道沿线部署数百兵力的费用。

2009 年春天，绿色替代组织将矛头指向了总统米哈伊尔·萨卡什维利。玛纳娜说："他做出了很多错误的决策，格鲁吉亚陷入战乱、经济政策失误、实行激进的私有化、环境破坏严重……他毫无章法可言。唯一可以确定的是，他明年还会修建更多喷泉！"她并没有对他抱太大期望，因为他在 2003 年之前曾是谢瓦尔德纳泽政府的司法部部长。即便如此，她还是没想到萨卡什维利会比他的前任更加强硬。她解释说，2004 年，他刚当上总统就修改了宪法，还剥夺了议会的权力。"在很长一段时间里，外国机构都没有察觉到这一点，即便那些察觉了的也并不介意，因为它们都喜欢萨卡什维利。我们向欧盟提出了这个问题，但欧盟根本不在乎。"

很多第比利斯居民都对这位从哥伦比亚大学毕业的萨卡什维利颇有不满。墙上、地下通道和广告牌上经常能见到"Ratom？"字样的涂鸦，意思是"为什么？"。到处都贴着印有萨卡什维利笑脸的贴纸，脸上有一个十字准星，上面还叠着一个问号。一开始，没有人声称对这些标语和贴纸负责，并以此大肆炒作。但一段时间后，该运动背后的组织者、自称为"为什么？"的组织公开露面，在反对派电视频道卡夫卡西亚（Kavkasia）上发布了几段视频，问道："米哈伊尔·萨卡什维利居然还是总统！为什么？"

"为什么？"组织与很多反对派组织展开了合作，其中既有长期活动的批评者，也有近期从萨卡什维利内阁退出的部长级别反对人士。尽管不同反对者在政治上存在着严重分歧，但多数反对派人士一致呼吁在 2009 年 4 月 9 日举行大规模抗议活动。之所以选在 4 月 9 日，是因为格鲁吉亚在 1991 年 4 月 9 日宣布脱离苏联正式独立。他们决定在议会大楼外举行重大集会，且领导者们坚持在萨卡什维利辞任前继续集会。

所有人达成一致共识的是，萨卡什维利做出的在 2008 年 8 月攻击南奥塞梯的决定是极其失败的。这个决定导致格鲁吉亚陷入与俄罗斯的战争之中并遭遇惨败。小小的南奥塞梯共和国试图脱离格鲁吉亚，并在此事上得到了俄罗斯的支持。格鲁吉亚人民普遍认为，BTC 管道能从格鲁吉亚境内经过一事让萨卡什维利总统过于自信，认为美国、欧盟和北约会支持格鲁吉亚对抗俄罗斯。事实上，这是一个灾难性的误判：西方利益主要集中在 BTC 管道的安全上，而不是南奥塞梯。西方大国的无作为让格鲁吉亚人民大失所望，他们也逐渐认识到了欧美政治家的真实意图。①

活动当天，议会大楼和卡什维梯圣乔治教堂之间的鲁斯塔维大街挤满了参加集会的人。他们用路障挡住了来往车辆，数千人涌上街头，高喊口号或聆听演说。许多人举着带有格鲁吉亚民族符号或十字架的旗帜，还有一些人举着嘲笑萨卡什维利喜欢建造喷泉和体育场的标语牌。

对格鲁吉亚人来说，这栋壮观的议会大楼不仅是权力中心，还承载着人们对推翻政权以及总统的起义与冲突的记忆。最近，议会大楼的墙上添了新涂鸦，写着"去他的北约"和"去他的美国"。"民众曾经是亲美的，但布什对萨卡什维利的支持让民众对美国的态度发生了转变，"我们旁边的一名摄影师评论道，"2007 年和 2008 年大选后，美国大使馆爆发了抗议活动。人民群众之所以对美国感到失望，并不是因为美国没有在战争期间给予格鲁吉亚支持——大家都知道这并不现实。人民群众的愤怒之源在于，欧美对萨卡什维利的亲西方立场感到非常满意，却在萨卡什维利伪造选举结果并试图镇压反对派时视而不见。"

美国的政策分析家也同意这一观点。据他们观察，"美国和格鲁吉亚的政府高层之间存在牢固的私人关系，因此美国无法利用其权力和影响力来有效地约束萨卡什维利政府"。②

另一位抗议者插话说："他们对格鲁吉亚这个国家毫无兴趣。他

---

① P. Jawad, *Europe's New Neighborhood on the Verge of War: What Role for the EU in Georgia?*, Peace Research Institute (Frankfurt) , 2006.

② 引自 S. Blank, 'From Neglect to Duress', in S. Cornell, *The Guns of August 2008: Russia's War in Georgia*, M. E. Sharpe, 2009.

们只是贪图我们的领土——要么就是在我们的地盘上铺设管道，要么就是觊觎我们的港口，或者是想把我们这里打造成前往阿富汗的过境空军基地。美国和欧洲都想把格鲁吉亚拉到自己的阵营里。但是，我们有自己的文化，还有历史悠久的教堂和文字。我们为什么要受美国或俄罗斯的控制？"

集会中的反对派领导者轮流爬上议会大楼前的台阶，面向人群，大声谴责萨卡什维利。很多人希望把这次集会打造成如 2003 年推翻前总统爱德华·谢瓦尔德纳泽的玫瑰革命一般的大规模街头抗议活动。空气中弥漫着紧张的气氛，人们既愤怒又紧张。上一次大规模抗议遭到了警察的镇压，特种防暴部队将人们从第比利斯市中心赶到了郊区，然后将他们打散，再各个击破。每个集会者都在想，这次政府是否会再次出动特种部队，又会动用多少暴力手段来清空鲁斯塔维大街的集会人群。

出人意料的是，现场的警察非常少，只有几个全副武装的警卫站在议会大楼台阶的最高处，居高临下地观察着集会者。我们看不到其他警察。"这并不意味着周围没有警察，"一位朋友说道，"萨卡什维利会让数百人待命，等待行动。"

他的话一语成谶。我们绕到议会大楼后面时，发现了一堵无人看守的墙。透过墙缝，我们看到了数十名身穿防弹衣的警察蹲伏在盾牌后面。一些人正挥舞着手里沉重的木棒。一些人掀起了头盔面罩，露出了里面的巴拉克拉瓦盔式帽，掩盖了他们的真容。坦克和水炮都严阵以待。

从这些防暴装备中能够看出萨卡什维利自上台以来是如何建立起那几个关键性的支持群体的。事实上，安保部队的预算在近年来增加了 10 倍。到处都新建了窗明几净的警察局。民众间流传着玩笑话，说这些建筑是玫瑰革命的主要成就，而巨大的玻璃墙就是萨卡什维利对增加透明度的理解。

我们遇到的大多数人都希望萨卡什维利尽早下台，但没人希望前总统爱德华·谢瓦尔德纳泽回归政治舞台。20世纪70年代和80年代，盖达尔·阿利耶夫是阿塞拜疆的主要领导者，谢瓦尔德纳泽则是格鲁吉亚的主要领导者。这两位高加索领导人的职业生涯是平行的，他们通常是竞争对手，偶尔也会展开合作。谢瓦尔德纳泽从20世纪70年代初期开始领导格鲁吉亚共产党，1978年被提拔为苏联政治局委员，而阿利耶夫在1882年才进入苏联政治局。谢瓦尔德纳泽是位传奇人物，人称"白狐"。他在打击腐败和镇压持不同政见者时是出了名的强硬。

勃列日涅夫接替赫鲁晓夫担任苏联总书记之后，苏联的机制体制日渐僵化，腐败横生，民众的幻想都破灭了。谢瓦尔德纳泽和他的政治局同事米哈伊尔·戈尔巴乔夫意识到了变革的重要性，称"我们不能继续这样生活下去"。这两个人沿着黑海海岸散步时，萌发了发起一场以改革和开放为核心的新运动的想法。他们共同打造了一个基于民主化的社会主义共和国愿景的政治项目，旨在削弱党内官僚的权力，停止镇压，并赋予民众更多的自由和权利。他们提出的转型是深刻的，但他们仍受前斯大林时代苏联社会主义的启发，认为那仍可能成为资本主义的替代品。

1985年，戈尔巴乔夫被任命为苏联总书记。他迅速任命谢瓦尔德纳泽为外交部部长。他们倒是春风得意，而阿利耶夫未能如愿当上苏联的领导人。因此，在谢瓦尔德纳泽进行体制改革、支持德国统一并协助苏联从东欧撤军时，阿利耶夫成为抵制变革的"保守派"一员，并最终因腐败问题被逐出了政治局。

谢瓦尔德纳泽奉行"辛纳屈主义"（Sinatra Doctrine），即东欧国家应该"走自己的路"。在该信条的指导下，格鲁吉亚在1991年4月宣布独立。然而，新上任的领导人兹维亚德·甘萨克胡迪亚（Zviad Gamsakhurdia）很快就因其激进的"建立格鲁吉亚人的格鲁吉亚"计划失去了自己的支持者。不到一年，一场大型动乱席卷了第比利斯，他被迫在议会大楼内避难。第比利斯的核心区域在"百米战争"中停摆了，我们所在的街道当时战火纷飞，甘萨克胡迪亚在枪林弹雨的空隙中侥幸逃脱。

1991 年 12 月，苏联正迅速解体，谢瓦尔德纳泽辞去了外交部部长一职，并受战后成立的临时军事委员会之邀回到了第比利斯。1992 年 3 月，他被任命为格鲁吉亚总统。在之后的 12 年里，有两个地区因欲脱离格鲁吉亚而发生了冲突，一个是南奥塞梯，另一个是阿布哈兹（Abkhazia）。讽刺的是，尽管谢瓦尔德纳泽在苏联时期大力惩治贿赂行为，但格鲁吉亚在谢瓦尔德纳泽统治期间却异常腐败。他的盟友和家庭成员以牺牲国家利益为代价控制了国家的大部分经济。2003 年 11 月选举期间，弄虚作假和操纵选票行为更是让民众怒不可遏。

来自全国各地的抗议者来到第比利斯，将议会大楼包围了二十天之久。2003 年 11 月 22 日，谢瓦尔德纳泽想要召开新一届议会会议，但萨卡什维利领导反对派人士拿着玫瑰冲进了议会大楼，中止了议事程序。谢瓦尔德纳泽于次日辞职，结束了其对格鲁吉亚政治的长期统治。这场玫瑰革命取得了圆满成功。

美国意识到了谢瓦尔德纳泽在格鲁吉亚的地位已岌岌可危，因此支持推翻谢瓦尔德纳泽的统治。然而，西方列强长期以来一直支持谢瓦尔德纳泽，主要是因为 BTC 管道之所以能经由格鲁吉亚铺设，他是功不可没的。他认为 BTC 管道是他在总统任期内取得的"最高荣誉"。

谢瓦尔德纳泽一直是美国副国家安全顾问桑迪·伯杰的亲密盟友。他们一起说服 BP 在 1995 年建造了巴库–苏普萨管道。在接下来的四年里，谢瓦尔德纳泽支持克林顿政府修建 BTC 管道和 SCP 管道，认为这些管道不仅能为格鲁吉亚带来经济效益，还能让格鲁吉亚加入北约。

1999 年 11 月，奇拉根宫（Çiragan Palace）热闹非凡。那是奥斯曼苏丹在伊斯坦布尔博斯普鲁斯海峡的住所。55 位国家元首齐聚于此，参加欧洲安全与合作组织峰会。BP 及其盟友选择利用这次机会公开签署支持 BTC 管道的法律条约。谢瓦尔德纳泽和阿利耶夫分别坐在比尔·克林顿和土耳其总统苏莱曼·德米雷尔（Süleyman Demirel）的两侧，见证了两位总统在政府间协议上签字的重要时刻。美国能源部部长比尔·理查德森（Bill Richardson）强调："这不仅仅是一笔油气交易，也不仅仅是一条管道。它有可能改变整个地区的地缘政治格局。"[1]

他是对的。就像当初的"世纪合同"对阿塞拜疆经济产生了重大影响一样，这些法律文件巩固了石油公司在该地区的地位，重塑了阿塞拜疆、格鲁吉亚和土耳其的未来。这些文件的起草工作由 BP 的签约律师事务所贝克博茨（Baker Botts）负责，该事务所也是碳网络法律部门的组成部分。贝克博茨休斯敦总部的乔治·古尔斯比（George Goolsby）负责监督 BTC 管道的运行。

在参与 BTC 管道项目之前，古尔斯比已经在里海石油行业工作近十年了，还曾制定阿塞拜疆国际石油公司（Azerbaijan International Oil Consortium）和巴库–苏普萨管道的相关合同。[2] 他的办公室在位于休斯敦市中心的一号壳牌广场大厦（One Shell Plaza）的 36 楼，可以看到高架公路和摩天大楼，还有远处沿着加尔维斯顿湾（Galveston Bay）向得克萨斯城延伸的炼油厂和石化厂。他的发型打

---

[1] T. Babali, 'Implications of the Baku-Tbilisi-Ceyhan Main Oil Pipeline Project', *Perceptions*, Winter 2005.

[2] 本节涵盖的大部分调查研究都摘自平台组织的格雷格·穆提特以及转角屋的尼克·希尔迪亚德的研究论文，'Turbo-Charging Investor Sovereignty: Investor Agreements and Corporate Colonialism', Platform/Corner House, 2006.

理得利落得体，操着得克萨斯口音，时常慷慨激昂。他所在的公司从石油行业刚刚兴起时就致力于推广石油利益。1840年，一位热心捍卫奴隶主利益的人赶在石油热潮之前，在休斯敦创立了贝克博茨公司。①

伊斯坦布尔峰会正式召开的两年前，政府间协议和东道国政府协议就已起草完毕了。为了促成这些协议，古尔斯比一直在伦敦、巴库、第比利斯、安卡拉、华盛顿和休斯敦之间奔波游走。为了确保未来40年内BP能在三个国家之间实现利益最大化而建立法律框架是一项艰巨的任务。为了简化这一复杂问题，贝克博茨的法律团队起草了东道国政府协议，从而规避这三个国家的现有法律。用古尔斯比的话来说，"根本无须修改法律，我们只消制定条约就能凌驾于当地法律之上或是逃过当地法律的制裁"。②

这些协议既是国际条约，又是与主权国家签订的内部合同。它们虽然遵守各个国家的宪法，但能够凌驾于其他现行法律和未来法律。这些协议涵盖了"从土地征用、税收到环境法规和军事安全行动赔偿责任免除等各个方面的内容"。③这些协议创建了全新的税收结构，改变了现行的税率，规定BTC管道的所有承包商都无须向各国纳税。东道国政府与石油公司的争议不受阿塞拜疆、格鲁吉亚或土耳其法院的管辖，而是交由斯德哥尔摩、日内瓦或伦敦的国际法庭解决。"外国公司需要信心。"古尔斯比解释道。

这些协议明确保证"石油运输自由"，实质上是主张石油本身拥

---

① 关于彼得·格雷（Peter Grey）、贝克·博茨和奴隶制的历史，请参阅得克萨斯大学图书馆保存的在线摘要：Guide to the Judge Peter W. Gray Papers 1841–1870, at www.lib.utexas.edu.

② D. Eviatar, 'Wildcat Lawyering', *American Lawyer*, November 2002.

③ 同上。

有自由流动的权利。① 然而，在协议的制约下，阿塞拜疆、格鲁吉亚
和土耳其三个东道国政府需要放弃对管道走廊的统治权。也就是说，
这三个国家无法再保护本国公民免受环境破坏影响或健康危害，也
放弃了在未来四十年内修改管道法律法规的能动性。这些国家将自
己锁在了一个"被冻结了的"、被严重削弱了的监管环境中。②

安全是一个关键问题，因为计划铺设的管道将从几个冲突地区
的旁边甚至内部穿过。例如，在阿塞拜疆卡拉博克村铺设的管道距
离尚未完全结束的纳戈尔诺–卡拉巴赫战争的停火线仅有 40 千米距
离。协议规定，每个东道国政府都必须派军队保卫管道。这项规定
是阿塞拜疆成立特别国家保护局的原因之一，我们在哈卡利村差点
遇上的那群人就是保护局的员工。"大赦国际"仔细检查了这些协
议，发现某些条款有鼓励严重侵犯人权行为的嫌疑，特别是要求以
军事手段应对"民众干扰"的相关条款。③ 然而，古尔斯比了解 BP
在哥伦比亚的经历，因此能确保 BP 不因士兵或警察在保卫管道时侵
犯人权而承担任何法律责任。

这三个国家的某些政客对部分条款非常不满，但古尔斯比利用
这几个政府的弱势谈判地位，进行了强有力的反击。他说："我们多
次向政府说明，'如果贵国不能建立起一个实际可用的法律结构，那
么没有人会过来投资'。"④ 但建立法律结构需要牵扯到大量劳动力。

① A. S. Reyes, 'Protecting the "Freedom of Transit of Petroleum: Transnational Lawyers Making (Up) International Law in the Caspian"', *Berkeley Journal of International Law* 24: 3 (2006).

② Muttitt and Hildyard, 'Turbo-Charging Investor Sovereignty'. See also Center for International Environmental Law, 'The Baku-Tbilisi-Ceyhan Pipeline Project Compromises the Rule of Law', 2003.

③ Amnesty International, *Human Rights on the Line: The Baku-Tbilisi-Ceyhan (BTC) Pipeline Project*, May 2003, p. 5.

④ Eviatar, 'Wildcat Lawyering'.

与他在休斯敦的同事一样，古尔斯比得到了四位在巴库工作的阿塞拜疆籍年轻律师的帮助。他们为贝克博茨事务所工作，接受英国侨民克里斯汀·弗格森（Christine Ferguson）和管道专家安东尼·希金森（Anthony Higginson）的监督。在协议签署之前的两年时间里，古尔斯比团队的工作时长达到了 4 万小时。

当然，贝克博茨仅仅代表着其客户的利益。但是，当我们站在格鲁吉亚议会大楼外的鲁斯塔维大街上，挤在熙熙攘攘的人群里，我们明显感到了格鲁吉亚政府的无能。与阿塞拜疆不同，格鲁吉亚没有石油公司竞相争夺的油气资源。对于格鲁吉亚而言，唯一的资产就是其位于油气开采地和销售地之间的过境国的地理位置，也就是其"能源走廊"的功能。这个走廊主要由美国和比利时政府划定，而格鲁吉亚也将这两个国家视为至关重要的盟友。

此外，古尔斯比致力于为他的客户打造一个"安全稳定的走廊"，但 BTC 管道途经的重要国家格鲁吉亚却经历了二十年的动荡起伏。从 1990 年 7 月约翰·布朗首次到访巴库，到 2009 年春天民众上街游行要求总统下台，格鲁吉亚脱离苏联实现独立，经历了两次"革命"，在三次战争中失去了大部分领土，工业经济走向崩溃。这样看来，格鲁吉亚在与 BP 谈判时处于劣势地位也就不足为奇了。

第十章
我们向媒体封锁了消息

📍 BTC KP 467–654 千米-格鲁吉亚，阿哈利萨姆戈里

"我在电视上看到过……他们在格鲁吉亚投掷炸弹，从卡兹别吉山到博尔若米，处处都没有放过。他们想打造一条通往亚美尼亚的走廊。"说话的这个男人脸上带着最灿烂、最温暖的笑容，露出了一颗金色的门牙。他的牛仔裤已经褪色了，看起来不大干净，棕色的鞋子上沾满了泥。黑色低顶圆帽下藏着他的灰发。

我们来这里寻找一条炸弹弹坑连成的线。那条弹坑线很可能是2008 年 8 月南奥塞梯战争时俄罗斯使用喷气式飞机进行轰炸后留下来的。玛纳娜带我们来到了一个围满生锈铁丝网的棚户区，探访可能亲眼见过这些飞机的人。我们走近第一个棚子，发现那是一个猪圈。一头身形硕大的母猪躺在猪圈里，一只小猪在猪圈外乱跑。远处有五只狗向我们奔过来，吠叫不停，看起来异常凶猛。好在几秒后，那个戴着黑色低顶圆帽的男人出现了，吹口哨制止了他的狗。

这一小块农田的周围都是废弃的土地。输油管道翻山而过，从山的一边顺下去，再沿着远处的山坡爬升。我们已经跟随着标志桩，沿着油气管廊走了两三个小时了。26 号和 27 号桩位于这个山谷的东西两侧。管道的施工和敷设工程应该在三年多之前就完成了，如

今这条管道与附近的环境融为一体，很难用肉眼分辨出管道的走向。不仔细观察，根本发现不了管道路过之处的浅坑、草色的深浅变化和石块的多少不同。

2008 年 8 月 8 日，大约八个月前，俄罗斯军队从我们目前所在地的西北方 80 千米处入侵了南奥塞梯，并击败了格鲁吉亚军队。人们对俄罗斯军队是否会占领、轰炸或毁坏 BTC 管道存在着种种猜测，而事实上 BTC 管道的走向特意避开了俄罗斯的势力范围。一旦 BTC 管道遭到俄罗斯的攻击，格鲁吉亚作为可靠又安全的"过境走廊"的名誉就会受损，美国或北约也可能立即进行军事干预，为迅速崩盘的格鲁吉亚军队提供支持。

多位格鲁吉亚部长曾表示，俄罗斯飞机对 BTC 管道沿线区域进行了轰炸，但没有直接命中管道。一位英国记者提交了一份报告，其中提到了穿过 BTC 路由的一条整齐的炸弹弹坑。格鲁吉亚政府将这份报告视为俄罗斯进行轰炸的证据，但俄罗斯对此予以否认，普京表示："我们对能源设施的保护非常完善，我们不会破坏任何能源设施。"[1] 在这件事上，BP 站在俄罗斯的一边。"这些报告毫无根据，"石油大公馆的 BP 发言人塔玛姆·巴亚特利表示，"格鲁吉亚境内的BTC 管道没有遭到轰炸。"[2] BP 向管道投资者提供了一份简报，称提及爆炸的媒体报道纯属"一派胡言"。[3]

那么事实究竟是怎样的呢？提交报告的是《华尔街日报》驻伦敦记者盖伊·查赞。此行之前，我们在圣保罗附近的一家比萨餐厅

---

[1] M. Kochladze, 'Pipe Dreams Shattered in Georgia', 26 September 2008, at brettonwoodsproject.org.

[2] N. Mustafayev, 'BP-Azerbaijan Refutes Reports that Russian Planes Bombed BTC', 12 August 2008, at en.apa.az.

[3] 'The Baku-Tbilisi-Ceyhan Pipeline Project—DSU Update', BTC, October 2008, p. 36 (released under FOIA by ECGD on 26 March 2010).

见到了他。盖伊向我们展示了他之前绘制的弹坑图，还讲了 BTC 管道遭受的两次攻击：第一次在 8 月 9 日凌晨，位置大约在 25 千米标志桩处；第二次在 8 月 12 日，位置大约在 27 千米标志桩处。盖伊经验丰富，还是一名亲俄人士，他自 20 世纪 90 年代早期以来一直在高加索地区调查走访，距今已经有近 20 年了。他知道他在调查什么。

那么，到底是谁投下了炸弹？为什么 BP 如此坚决地否认 BTC 管道曾经遭遇袭击？有一种可能性是，格鲁吉亚人自己投下了炸弹，以从西方国家获取更多支持。然而，俄罗斯也可能是投弹方。

我们来格鲁吉亚时，非常想亲眼看看这排弹坑并拍照记录下来，也想弄清楚俄罗斯人当初是否瞄准了那些管道，想问问当地村民还记得什么。但是事情并没有那么简单。

那天早些时候，我们与玛纳娜和凯蒂一同离开了绿色地带组织在第比利斯的办公处。她们的司机拉马齐穿着法式黑白条纹毛衫，个子不高，穿着干净整洁。他的手轻轻搭在方向盘上，车子摇摆不定。这简直就是极限驾驶。我们试着转移注意力，但车子一直在左右摇晃，遇到坑洼时还上下颠簸，真让我们胆战心惊。

我们第一次看到 BTC 管道是在鲁斯塔维外的主路上。那里的高楼像墙一样从尘土飞扬的开阔草原上拔地而起。我们正准备从高速路上下来，看看被铁丝网罩起来的管道截断阀，但忽然发现管道旁边停着两辆车，有一辆军用吉普，还有一辆白色的 BTC 四驱车。两辆车里的人盯着我们，显然是让我们赶快开走。这里与阿塞拜疆一样，没有正式的法律规定或标识明确说明公民不能接近或拍摄管道，但我们从过往经验中得知，遇见国家和公司派出的管道巡逻人员时，一定要绕道走。毕竟根据东道国政府协议的规定，格鲁吉亚境内的管道走廊是一个自治区域，其实质是一个半禁区。

又开了几千米，我们在山顶处发现了一个标志桩，上面写着

"24km"，意思是到阿塞拜疆和格鲁吉亚边境的距离是 24 千米。我们停了下来，沿着崎岖不平的小路前行，一直走到了 25 千米的标志桩处。这里有很多奇怪的土堆，从中找到一条弹坑几乎是不可能的。不过，由于施工工人未能在埋设管道后回填表土，管道的路由倒是清晰可见。

这件事令人费解，因为盖伊曾明确提到有炸弹落在 25 千米标志桩附近。除了盖伊的话，我们其实还有其他的证据。玛纳娜曾联系格鲁吉亚石油和天然气公司的相关人员，索要有关轰炸的资料，并收到了一张 DVD，里面有一些官员参观弹坑现场的视频片段和照片。这些影像资料摄于 2008 年 8 月 10 日和 12 日，也就是轰炸袭击发生的几天之后。我们一直把这张 DVD 带在身边，还用笔记本电脑又仔细查看了一遍。看过之后，我们更困惑了，因为现场的情景和影视资料完全对应不上。视频里的草长得很高，地势更低，土地更湿润，弹坑在山谷之中。就连标志桩的设计都不大相同。

我们继续往前开，前往 26 千米标志桩和 27 千米标志桩之间的山谷，因为我们觉得视频一定是在那里录制的。但我们到了现场之后，发现仍然对不上视频里的景象。我们爬到附近的小山丘上，想着站高些能获得更好的视角。但是我们仍旧一无所获，只看见了山谷里缓缓流淌的小溪和一群金翅雀叽叽喳喳地飞过。附近有一些棚屋和猪圈，我们在那里遇见了那个戴着黑色低顶圆帽的农民。我们本以为他会讲到亲眼看到的轰炸和弹坑，告诉我们有人过来把弹坑填平了。但是他并没有这样讲，而是说："我是从电视上看到这些的。"他的住处距离管道只有半千米远。

我们愈发困惑了。我们找到了另一户农家，他们住在苏联遗留下来的破旧的集体农场里。家里有一位老妇人和两名中年男子，其中一名男子能说一口流利的英语。"我们去年 8 月没有待在家里。当时我们在山上放牛。"我们给他看了视频。"视频里不是这儿，"他说，"夏天这里没有草。所以我们才要去别的地方放牛。"

我们搞清楚了，视频里的标志桩并不是 BTC 管道的标志桩。BTC 的标志桩更高一点，且黑色的千米数字也比视频中小一点。

此时此刻，我们开始怀疑视频有可能是假的，那可能是格鲁吉亚政府利用该国作为"能源走廊"的地位以及 BTC 的高姿态来让与其有利益瓜葛的西方国家站在自己一边的方法。玛纳娜最初对这个想法持怀疑态度，但如今也开始动摇了。她告诉我们，格鲁吉亚政府出于自身利益考虑，一再发布虚假视频。近期发布的三条视频声称其中一个反对党购买了武器。警方称这些视频是在一次诱捕行动中拍摄的，但没有多少人相信它们是真实的。2007 年 11 月，民众爆发了抗议活动，但遭到了政府的镇压，相关方还发布了试图规劝反对派的视频。但是，人们不相信这些视频的真实性。也许这张记录着俄罗斯弹坑的 DVD 也是如法炮制的。

最后，我们决定冒险接近管道警卫。有几个穿着绿色制服的警卫一直在 28 千米标志桩处的截断阀那里盯着我们。玛纳娜建议不要惊动他们，于是我们把车停在了远处，步行前往现场。走近一些后，我们看到那些警卫穿着格鲁吉亚军队的制服和战斗服，肩上挎着半自动步枪。后来，我们阅读了平台组织发布的文件，才知道他们应该是由 500 名内政部士兵组成的国家管道安全部队的成员。他们的工作职责与阿塞拜疆的国家特殊保护局一致。

与我们打交道的四名士兵非常友好，也很松弛，显然对在管道附近转悠了几个小时的我们并不在意。我们问了他们同样的问题，得到的答案是：他们当时也不在这里，而是在南奥塞梯。此外，这段管道不曾遭到轰炸，被炸的是几千米外的 BP 巴库–苏普萨管道。

原来如此。看来我们不仅找错了地方，还找错了管道。这就是视频里的标志桩看起来非常别扭的原因所在。但是当时天色已晚，玛纳娜需要回第比利斯照看她四岁的儿子。我们只能明天再继续了。

我们在 BP 的边缘地带苦苦摸索，试图理解并解释一切。在遥远的 BP 总部，这里应该是一个由确凿事实、数据清单、统计数据和可靠数据组成的世界。但身处此地的我们知道，这里是一个充满未知、变幻莫测的迷宫。

第二天一大早，我们就到了阿哈利萨姆戈里村（Akhali-Samgori）。BTC 管道、SCP 管道和巴库–苏普萨管道在这个村子外面罕见地汇集在一起，近距离并行。我们比较了视频里的标志桩，发现视频里的是巴库–苏普萨管道的标志桩，而不是盖伊的报告和格鲁吉亚政府所说的 BTC 管道的标志桩。

我们在阿哈利萨姆戈里村与一群聚集在水塔附近的村民们进行了交谈。一位老妇人正在用塑料容器装水，准备运回家。与我们交谈的人抱怨说，这几条管道离他们的家只有几米远。他们说，如果输气管道发生爆炸，那么整个村庄都可能被夷为平地。这样的事情也是有前车之鉴的：1998 年，BP 位于哥伦比亚马丘卡（Machuca）的管道被游击队炸毁，导致 66 名村民死亡，数百人受伤。[1]"战争开始之前，我们就已经战战兢兢了。如今，我们更是胆战心惊，"一位村民说道，"我们感觉整个村子都被管道剥夺了。许多人甚至没有得到该有的补偿，而且我们都没用上天然气。天然气可能会要了我们的命——可笑的是，我们甚至没有做饭用的天然气。"

我们问起了轰炸的事情。一名男子竟然说他知道弹坑的具体位置，这让我们分外欣喜。他坐到了副驾驶的位置，给拉马齐指路。我们沿着原路折返到 BTC 管道 24 千米标志桩处，然后继续往前开，驶入了一个宽阔的山谷。我们之前怎么没有注意到这个山谷呢？眼

---

① G. Muttitt and J. Marriott, *Some Common Concerns: Imagining BP's Azerbaijan-Georgia–Turkey Pipelines System*, CRBM/CEE Bankwatch Network/Corner House/FoEI/Kurdish Human Rights Project/Platform, 2002.

前的群山越来越熟悉——我们以前在视频中见过它们。山谷郁郁葱葱，一派生机盎然，与视频中的景象高度一致。我们拐下马路，沿着一条小路颠簸前行。之后，我们便清楚地看见了一排巨大的弹坑，沿着山坡和山谷底部向远方延伸。弹坑中间夹杂着巴库-苏普萨管道的标志桩。附近有一群牛在吃草。

我们停下车，拿上相机，朝着25千米标志桩走去。标志桩周围是巨大的土堆，地上有几个数米深的坑。我们爬进坑里，坑很深，只能勉强看到外面。管道路过的地方，草色明显更淡一些。我们测量了弹坑的距离。炸弹的落地点间隔约30米。由标志桩指明的巴库-苏普萨管道和由弹坑指明的BTC管道垂直相交。炸弹并没有击中管道，管道两侧15米处都有炸弹坑。不可思议的是，我们能听到远处传来的爆炸声，那是北方的瓦济阿尼（Vaziani）军事基地进行训练演习的声音。

山坡上还有一排弹坑，与管道之间的夹角更小。我们数了一下，至少有45枚炸弹落在这片田地上。轰炸行动一定是分两次进行的，应该是有一名飞行员行动过早了，以至于在炸到管道之前就用光了炸弹或驶离正确路线了。

我们回到了车上，沿着巴库-苏普萨管道的标志桩向西北方向行驶，目的地是27千米标志桩处。突然，我们的前方出现了一名骑着瘦马的年轻人。他的马鞍上隐约可见一抹红色。他会是BTC的警卫吗？我们曾经仔细阅读过BP的内部杂志《地平线》，并从中对负责巡线的装备齐全的"民间安全"骑手有了一定了解。然而，我们眼前的这个人制服半脱，头戴一顶鸭舌帽而非正规的白色安全帽，骑着一匹无精打采的小马，看上去颇有些凄凉。玛纳娜和他聊了一会儿，发现他无意阻止我们，于是我们就离开了。

我们又开了十分钟，然后看见了立在高高的草丛里的27千米标志桩。离管道十米远的地方有一个巨大的深坑，底部有一大摊水，坑至少有 4 米宽。这枚炸弹的威力真是十分强大。旁边的山坡上有一个废弃了的苏联空军基地，巨大的飞机库和燃料库都建在地下。俄罗斯军队曾经占领过这个空军基地，直到几年前他们才同意离开。这是一次针对管道的定向轰炸——显然不是针对瓦济阿尼军事基地进行的攻击出现了偏差。

我们试图弄清这些事件的前因后果。2008 年 8 月 5 日，就在格鲁吉亚–俄罗斯冲突爆发的几天前，在数百英里以西的土耳其雷法希耶镇（Refahiye）附近，库尔德工人党炸毁了一段 BTC 管道。BP 关停了这条管道，并立即启用了刚翻新不久的巴库–苏普萨管道。与每天能输送 100 万桶石油的 BTC 管道相比，巴库–苏普萨管道的日输送能力仅有 15 万桶，但终归聊胜于无。转用巴库–苏普萨管道几天之后，俄罗斯轰炸机在该管道的 25 千米标志桩处投下了 45 枚炸弹。尽管这条管道险些被炸，BP 仍继续通过这条管道运送珍贵的石油，直到 8 月 11 日俄罗斯军队在戈里村附近越过了这条管道才作罢。

8 月 12 日，BP 宣布停用巴库–苏普萨管道、SCP 管道以及 BTC 管道。当晚，另一架俄罗斯飞机在巴库–苏普萨管道 27 千米标志桩处投下了几枚炸弹。与此同时，俄罗斯军队还将坦克部署在了戈里村附近的巴库–苏普萨管道上方，时间长达两个星期。

那么，为什么格鲁吉亚石油和天然气公司（GOGC）向外宣称 BTC 管道被炸了，而不是如实说明被炸的是巴库–苏普萨管道呢？为什么 BP 向记者和英国公职人员否认有输油管道遭到了轰炸？是时候去找出答案了。

看到弹坑的两天后，我们先去拜访了 BP 格鲁吉亚对外事务负责人马修·泰勒（Matthew Taylor），然后去了 GOGC。BP 格鲁吉亚分公司的总部位于第比利斯萨布尔塔罗区（Saburtalo）的一所大学旁边，在一座不起眼的建筑里。我们经过了安全检查，通过了一处路障，绕到建筑后面的入口处，然后交出了护照，拿到了安全通行证，又穿过了一道旋转门。由此可见，这里的安全措施非常严格。我们在大厅里见到了 BP 驻格鲁吉亚高级公关顾问塔米拉·尚特拉泽（Tamila Chantladze）。塔米拉面带笑容，待人友善，已经在 BP 格鲁吉亚公司工作九年了。她代表着 BP 在格鲁吉亚的公众形象，负责形形色色的对外事务。

我们到了楼上的一个开放式办公室，见到了马修·泰勒。他身材高大、风度翩翩，不但为我们倒上了咖啡，还邀请我们到他的房间坐坐。我们交谈时，他的状态非常松弛，翘着椅子的前腿前后摆动，还会偶尔看看放在桌子上的手机。

我们聊了很多，才切入正题。管道是被俄罗斯人轰炸的吗？"谁能知道这个呢？"马修漫不经心地回答，"你应该去问俄罗斯人。"但随后他变得严肃起来。

"我们对媒体的公开说法是，我们的管道没有遭到任何直接袭击。巴库-苏普萨管道靠近与 BTC 管道相交的地方有被炸过的痕迹，附近还有瓦济阿尼军事基地，也许轰炸者的目标是那个基地。但事实上，那个基地离轰炸点有好几千米远。我们不想继续编这个故事了，所以向媒体封锁了消息。"他继续道，"格鲁吉亚政府试图把我们拉入这起轰炸事件里，想让西方国家成为众矢之的。我们觉得证据还不够充分。但我们并不会做出那样的事。遇到这种情况，我们必须保持中立。俄罗斯可能对格鲁吉亚进行了某种恐吓，向欧洲和西方国家提出了哈萨克石油和土库曼天然气是否应该通过这里的问题。但如果他们曾经轰炸 BTC 管道，那么后果可能是全球性的，毕竟我们的石油消费量约占全球总消费量的 1%。"

也许 1% 看起来并不多，但从全球范围来看，国际市场的原油供应量即便只减少 1%，也会对世界油价产生巨大影响，这一点从 2008 年夏天油价到达历史高位一事中就可见一二。"俄罗斯人攻入戈里时，我们关停了巴库-苏普萨管道，因为我们无法保证相关员工的人身安全。之后，管道经过了数年整修，刚于 7 月重新投用。"

45 分钟后，我们回到了大街上，公关的魔力逐渐消退。尽管格鲁吉亚非常想要公开这些消息，但 BP 还是下大力气"封锁消息"，不事张扬。用马修的话说，我们曾跳进去过的深坑只不过是一些"痕迹"而已。

我们打了一辆出租车，前往位于卡赫季高速公路旁的格鲁吉亚石油和天然气公司。这栋办公楼非常显眼，从远处就能轻易看见，外面挂着很多旗帜，通往机场的主路上还有一个宣传公司的大招牌。尽管它外观看起来富丽堂皇，但一迈入大厅，你就能立即感受到这里并不能掌握实权，与 BP 格鲁吉亚公司的情况正好相反。大楼里面死气沉沉的，巨大的大厅空空荡荡，角落里有一棵枯萎的植物。服务窗口后的女人无精打采地给了我们通行证。

GOGC 公关经理塔穆纳·肖西亚什维利（Tamuna Shoshiashvili）接待了我们。她和她的助手索菲亚（Sofia）带着我们上了楼，途中我们看到了一些在 BTC 和 SCP 管道建设期间拍摄的航拍照片。尽管如此，GOGC 公司在这些管道的运营中扮演的角色纯粹是监管性的，它并不持有这两条管道的股份。塔穆纳的办公室与马修办公室的风格完全不同。塔穆纳办公室里的家具都是深棕色的，没有实用的白板和活动挂图板。平平无奇的灯泡挂在天花板上未经修饰的孔洞里。墙上有一张"杰出人士：能源公关人员和能源记者研讨会"证书。

我们问起了爆炸事件，塔穆纳向我们讲述了她所知道的 8 月 9 日和 12 日发生的事情。她说，炸弹是冲着 BTC 管道来的。我们对此提出了质疑，她便改了口：她刚才指的是巴库–苏普萨管道。她记得第一次参观现场时，有一名白头发的记者盖伊·查赞一同前往。我们一起查看了视频和照片，里面记录了穿着高跟鞋和裙子的塔穆纳在被轰炸过的地面上小心行走的影像。她解释说，8 月 9 日，她穿着常服到公司上班，然后就被匆忙带去现场了，根本没有时间换衣服。从现场回来后，他们又急急忙忙地发布了一份新闻稿并配上了现场图片。

她是否对此次爆炸事件在国际上受到的关注如此之少感到惊讶？她的回答是，她并不确定国际层面是否真的不关注此事。她是否对 BP 拒绝牵涉其中感到惊讶？她说这件事不能问她，要问 BP 才对。我们向她解释，马修·泰勒曾告诉我们他们"封锁了消息"。塔穆纳稍做停顿，然后故意说道："这个问题挺有意思的。"她是否认为 BTC 管道和 SCP 管道让格鲁吉亚成为打击对象？"啊，这个问题我不能回答。"

在讨论的过程中，我们越发明确一个事实：当 BP 和格鲁吉亚政府就管道事件的对外宣传方面发生争执时，塔穆纳所在的公司并不能起到任何实质性作用，主导此事的应该是部长级人物，至少也得达到 GOGC 董事会的层级。

我们离开之前，塔穆纳让索菲亚站到椅子上伸手去够橱柜顶上的东西。索菲亚抓到了一块钢制件，扔到了我们手里。"这是我们去年 8 月拿到的管道纪念品。"她说道。这块扭曲变形的红褐色弹片是从巴库–苏普萨管道的弹坑里取回来的，上面的文字难以辨认，其中的秘密也不得而解。

> 格鲁吉亚关于俄罗斯军队入侵格鲁吉亚并占领土地（情况在迅速变化，但至少包括距离苏普萨约 20 千米的波季以及距离第比利斯约 40 千米的塞纳基和戈里）的第一手信息和媒体报道相互矛盾，导致管道所需的运营人员不断增加且面临更大不确定性。
>
> BTC 沿线各地并未对外报出遭遇炸弹袭击。
>
> 非必要的外国员工和承包商被遣至土耳其和阿塞

拜疆。①

> ——2008 年 8 月 12 日-BP 给 BTC 贷款集团下属银行
> 的备忘录，2008 年 8 月 1 日

他的评估结果是，近期的行动并没有针对 BTC 管道。我提出了炸弹落在了距离管道很近的地方，但他说他们确信那只是因为管道与攻击目标军事基地非常近而已。②

> ——英国驻第比利斯大使馆与 BP 会谈的备忘录，2008
> 年 9 月 19 日

没有任何迹象表明 BTC 管道或是西线管道被俄罗斯针对或轰炸了。我们当时就知道这些新闻报道极具误导性，也极力驳斥了这些说法。此外，我们在重新使用这两条管道之前，对它们进行了广泛的调查。③

> ——BP 给英国出口担保信贷集团（UK Export Guarantee
> Credit Group）的电子邮件，2008 年 11 月 17 日

我们以信息自由为名拿到了一些备忘录和电子邮件，并从中缕出了诸多事件可能的先后顺序。2008 年 8 月 9 日，格鲁吉亚时间凌晨 4 点左右，美国国家地理空间情报局（NGA）的分析师正在处理美国间谍卫星观测到的有关高加索冲突的数据。NGA 位于得克萨斯州的胡德堡（Fort Hood），那里是美国规模最大的军事基地。当时是得克萨斯时间下午 5 点，恰好是工作日的下班时间。这些分析师

---

① Email from BP to Société Générale, subject: 'RE: BTC: Fightings in Georgia', 12 August 2008, p. 28（released under FOIA by ECGD on 26 March 2010）.

② Digest of email from British Embassy Tbilisi meeting with BP, subject: 'Meeting with BP', 19 September 2008, p. 26（released under FOIA by FCO on 12 April 2010）.

③ Email from BP to ECGD, subject: 'RE: News 141108', ECGD, 17 November 2008, p. 37（released under FOIA by ECGD on 26 March 2010）.

将图像提取出来，还建造了适当的模型，最终确定炸弹弹坑就在巴库–苏普萨管道附近。该分析小组将分析结果上报至位于华盛顿特区贝塞斯达地区（Bethesda）的 NGA 总部。在波托马克河（Potomac River）旁的办公室里，一名地理空间情报工作人员撰写了一份精简的分析报告，并将其转发给了五角大楼、国防部情报副防长和中央情报局南高加索事务部。这些人一定仔细阅读了这份报告，因为这些管道系统代表着美国和英国在格鲁吉亚的重要政治利益和经济利益。

这位工作人员的工作内容还包括与私人企业进行联络，所以他应该已经给 BP 美国公司打过电话了。让我们猜一下，他们的对话内容是怎样的呢？"先生，你们在高加索地区的管道刚刚遭到轰炸。你们可能需要检查一下。不，不是 BTC 管道，BTC 管道几天之前就关停了。被炸的是规模小一点的那条管道，巴库–苏普萨管道。"BP 伦敦总部应该迅速将该信息传给了在巴库的比尔·施拉德和马修的上司、在第比利斯的尼尔·邓恩（Neil Dunn）。施拉德和邓恩可能就此做出了决定，BP "不想继续编这个故事了"，并提出了应对计划。

与此同时，贝塞斯达的工作人员还在继续分享卫星数据。他将数据发给了哪些人？其中可能包括英国国防部，即美国仅有的三个地理空间情报伙伴之一。然而，平台组织获得的电子邮件显示，尽管英国政府部门反复确认，BP 还是坚称那些将俄罗斯称为管道攻击方的报告是"纯属瞎想""漏洞百出"且"完全错误"的，并称"没有任何迹象表明 BTC 管道或西线管道被俄罗斯针对或轰炸"。[1] BP 是说没有任何迹象，但那 45 个弹坑却真实存在着。

---

[1] Email from BP to Société Générale, subject:'RE: BTC Shutdown Lender Update 15th August, 2008', 15 August 2008, p. 25（released under FOIA by ECGD on 26 March 2010）; 'Baku-Tbilisi-Ceyhan Pipeline Project–DSU Update', p. 36. 'RE: News 141108', p. 37.

美国方面是否通知了格鲁吉亚军方，也就是在第比利斯郊外的克尔特桑尼西训练基地（Krtsanisi Training Base）接受美国海军陆战队训练的联络人员？也许当初 GOGC 的格鲁吉亚石油官员是从美国方面得知这次袭击事件的，而不是从当地农民或政府官员那里知晓的。

就在同一天晚上，俄罗斯军事指挥部审查了巴库–苏普萨管道沿线发生的轰炸事件。在美国间谍卫星附近轨道运行的俄罗斯间谍卫星将摄像头对准了这条管道，以评估这次轰炸事件造成的破坏。格鲁吉亚时间凌晨 1 点 30 分，TU-22M3 轰炸机的飞行员应该返回了俄罗斯北奥塞梯共和国的莫扎多克（Mozdok）空军基地并得到了相关消息。他们是否因为没有命中管道而遭到训斥了？还是会因为恰好没有命中管道而沾沾自喜？一旦轰炸行动的结果明确了，军事规划人员可能会坐下来讨论是否要进行新一轮的轰炸。

8 月，美国、英国和俄罗斯的军事人员、公职人员和企业人员肯定都在讨论格鲁吉亚东南部阿哈利萨姆戈里村附近的弹坑。格鲁吉亚人应该是最后知道这次轰炸事件的。格鲁吉亚人试图通过放出新闻来造势——用马修的话说，"试图把 BP 拉下水"，但几乎没有引起国际媒体的关注，尽管塔穆纳的说法恰恰相反。鉴于 BP 和普京都表示无事发生，新闻媒体也就不再关注此事了。

为什么 BP 在轰炸事件发生近 5 天后才关停了巴库–苏普萨管道呢？在发生了可能造成管道损坏的轰炸事件后，继续使用日输送量达 15 万桶石油的管道似乎是非常不负责任的。BP 本应在 8 月 9 日一大早就赶到管道的 25 千米标志桩处，尽快封锁该区域并核实管道的损坏情况。然而，GOGC 的视频里并没有 BP 工作人员的身影。

如果俄罗斯轰炸 BTC 管道，那么他们可以轻而易举地飞到阿哈利萨姆戈里村以东、三条管道近距离并行的地方并进行轰炸。他们也可以把目标对准 BTC 和 SCP 管道在詹达拉的泵站，毕竟泵站规模不小，在空中就能看得一清二楚。俄罗斯军方知道，在土耳其发生库尔德工人党袭击事件后，BTC 管道已经关停了。他们也知道，攻击 BTC 管道可能会导致美国直接支援格鲁吉亚。

巴库–苏普萨管道被轰炸，使得格鲁吉亚民众会从中意识到，作为通往西方国家的"过境走廊"，格鲁吉亚成了被打击的目标，而不是更安全的所在。与东道国政府协议谈判一样，这些事件再次展示出了格鲁吉亚对 BP 的弱势地位。

仔细想想，BP 在 2008 年 8 月阻止事件发酵的过程中也存在瑕疵。《地平线》杂志上的一段话与 BP 公开披露的信息出现了矛盾。冲突期间，巴库–苏普萨管道的生产技术人员阿基尔·莫纳塞利泽（Archil Monaselidze）在 13 号泵站值班。他说："那是一段非常艰难的时期。冲突期间，我们关闭了泵站的照明灯，以免引起外界的注意。我看到过军用喷气式飞机从上空飞过，有一段时间村子里还有几辆坦克。"[1]

这些弹坑牵扯出了许多问题。我们想起了洞察力投资公司罗里·苏里万的评价，说 BTC 管道是"既定事实"。尽管 BP 想努力将BTC 管道打造成一个成功且封闭的项目，但 BTC 管道却一直在发生变化，并在坦克、炸弹和人类感知的战争中发挥作用。

---

[1] M. Naughton, 'Teams Unite to Manage Tough Times', *Horizon: The Global Publication for BP People* 7（December 2008）, p. 36.

第十一章

我们生活在充满暴力的走廊里

📍 **格鲁吉亚，戈里**

自从 1989 年实现独立以来，格鲁吉亚经历了一系列混乱的变革：意识形态从共产主义转变为民族主义，工业经济几乎彻底崩溃，此外还伴随着政变和激烈的内部冲突。南奥塞梯和阿布哈兹欲脱离格鲁吉亚实现自治，但第比利斯方面却坚持要维护民族团结。紧张局势不断升级，这两个地区相继爆发了战争，最终实现了独立。新组建的格鲁吉亚国民警卫队与得到俄罗斯士兵和高加索山区人民联合会战士支持的奥塞梯和阿布哈兹民兵作战。战争非常惨烈，数千人死亡或失踪。

双方勉强达成了停火协议，但独立出去的共和国又将目标对准了格鲁吉亚族人。战争结束后，大批难民从饱受战争蹂躏的地区涌出，数十万难民涌入第比利斯，挤在政府大楼、医院和学校里。市中心的酒店被难民们霸占了十多年。1998 年，我们去第比利斯访问，看到了许多住在火车站阴暗又如洞穴般的地下通道里的人家。

在国际外交界，20 世纪 90 年代初爆发的冲突被称为"冻结"事件。尽管没有解决方案，人们也一直担心战争可能会再次爆发，但持续的紧张局势并没有阻碍石油之路的发展。坚定支持该项目的谢瓦尔德纳泽总统极力想促成该管道经格鲁吉亚铺设一事。1996 年，也就是南奥塞梯战争停火后的第三年，相关方达成了协议，将巴库–苏普萨管道的路由安排在戈里附近，距离停火线仅 20 千米。这条"能源走廊"之前蜿蜒穿过了卡拉博克，就在距离纳戈尔诺–卡拉巴赫战争停火线仅 40 千米的地方，现在又从戈里路过。

　　谈判和冲突解决程序本应解决问题，但双方当权者都不肯让步。随着时间的推移，能源管道的建设不断推进，格鲁吉亚有望加入北约，西方国家与俄罗斯的关系普遍恶化，导致格鲁吉亚逐渐向西方靠拢，因此解决问题的可能性越来越小。[1]里海的石油资源和管道的路由走向引发了激烈的国际竞争，加剧了局势的不稳定性。[2]2008 年 8 月的那场战争和阿哈利萨姆戈里村附近管道旁的弹坑都是在这种不稳定的形势下发生的。

　　拉马齐开车带着我们沿着 1 号高速公路向西驶离第比利斯，经过姆茨海塔里山谷，沿着巴库–巴统铁路向苏拉姆隘口攀登。这条路位于高加索山麓的高处，可以看到宽阔的淡褐色山谷。过了戈里，我们从南奥塞梯首都茨欣瓦利（Tskhinvali）开下高速。这条高速公路只有两个车道，向北直至南奥塞梯中心区域，途经利亚赫维峡谷（Liakhvi Gorge），一直延伸到罗基隧道（Roki Tunnel），也就是连接北奥塞梯与俄罗斯的唯一通道。

　　2008 年 8 月 7 日晚，格鲁吉亚军队去往茨欣瓦利攻打奥塞梯民兵，选择的就是这条路线。两天后，他们沿原路撤离，遗弃了被炸毁了的卡车，人员死伤惨重。不久之后，1200 辆俄罗斯坦克从这条路上开过，隆隆作响地向南进发，誓将格鲁吉亚领土一分为二。许多平民为避开这条路上的部队，从森林里仓皇逃离。

---

① S. Blank, 'From Neglect to Duress', in Cornell, *Guns of August 2008*, p. 106.

② B. Coppieters, ed., *Contested Borders in the Caucasus*, VUB Press, 1996, p. 9.

71 岁的古谢因·梅拉纳什维利（Gusein Melanashvili）就是逃亡的难民之一。古谢因还记得他在村子里的最后一晚。当时，他在这条公路东面的一座小白屋外挖土。8 月 8 日，俄罗斯飞机开始轰炸位于利亚赫维峡谷的克赫维（Kekhvi）。他说："我们随手抓了些东西就赶紧跑了。根本没有时间收拾行李。"他和他的家人正沿着一条土路开车逃命，一枚炸弹就在他们眼前爆炸了。"挡风玻璃都被炸碎了，碎片飞到了我的身上。我的头都流血了。我们弃车而逃，还看到了好多俄罗斯坦克。从罗基隧道到茨欣瓦利都是坦克。"

古谢因侥幸逃到了第比利斯，在植物保护研究所的一个临时难民中心住了五个月。如今，他回到了格鲁吉亚西部，与妻子和两个年幼的孙子挤在这个小小的水泥房里。我们周围有 500 个排列整齐的新建房。古谢因把铁锹靠在墙上，背靠薄薄的塑料门坐在门槛上。他逗弄着三岁的小孙子，捏了捏孙子的肩膀，弄得小孩子咯咯笑了起来。古谢因出生于利亚赫维峡谷的克赫维，之后曾短暂地外出求学，然后回到村里当了 26 年的教师，又当了 25 年的校长，是经历了赫鲁晓夫、勃列日涅夫和戈尔巴乔夫时期的人民公仆。如今，他靠联合国儿童基金会每月 25 拉里（约合 20 英镑）的救济金生活。然而，这项财政援助即将取消，格鲁吉亚政府承诺向他一次性支付200 拉里。

但古谢因表示，他不想要美国或欧洲的援助，也不需要这座难民屋。他只想回到自己的那片土地，然后自力更生。尽管古谢因非常渴望回到家乡，但他仍在努力将分配给家人的临时建筑和土地打造得更加温馨。他的脚边有一把用来劈硬土的镐。交谈期间，古谢因 70 多岁的朋友正用铁锹翻土并清理土里的石头。附近的大多数住户也开始翻土，准备迎接即将到来的春天。古谢因想要种些西红柿，而他的朋友则种下了六颗茶藨子，之后应该会长成一片树丛。

他们似乎都不在乎 4 月的寒意。呼啸的风声混杂着从通往茨欣瓦利的道路上疾驰而过的车辆的声音：欧洲安全与合作组织（OSCE）派出的监测吉普车驶往南方的第比利斯，欧盟的装甲车则驶往北方的停火线。

古谢因说到重要之处时，会举起左手的一两个手指。他的右手一直紧紧握着拳头，放在大腿上。

古谢因说，他以前的学生有格鲁吉亚人、奥塞梯人和亚美尼亚人。从历史上看，他觉得格鲁吉亚人和奥塞梯人的关系并不坏。他指责俄罗斯在苏联解体后"煽动"分离主义者，间接导致了后期的冲突，但他认为萨卡什维利政府才是让他流离失所的罪魁祸首。"连我都知道，没人能打败俄罗斯。我们不应该挑起战争的。现在我们什么都没有了。我们成了乞丐，只能靠外界的帮助过活。"谈起自己的家时，他开始在朋友和我们面前抹眼泪，丝毫不觉得难为情，"与这里相比，我的家就是天堂。在家的时候，我拥有我所需要的一切，我很快乐。现在，我什么都没有了。"

我们回到车里，朝着北方的前线驶去。开了 2 千米后，我们发现了一个大型 OSCE 基地。基地外面插着国际旗帜，停着白色的维和吉普车，好像在说"这里不该有战争"。即便这是我们的臆想，那些穿着防弹衣、躲在装甲车里的人也会时刻监视战争的动向。

距离基地入口 50 米的地方有几个熟悉的标志桩，这表明巴库–苏普萨管道就在这条路的下面经过。这条管道从东向西延伸，每天有 15 万桶石油流过这段路下面的管道。

2008 年 8 月 11 日，俄罗斯的坦克就在这里轰隆驶过管道的上方。我们已经看了阿哈利萨姆戈里村的弹坑，俄罗斯投掷的炸弹险些命中 BP 的基础设施。坦克就在通往茨欣瓦利的路上经过。俄罗斯人在那里待了两个星期，然后撤到了现在的根据地，就在此地以北几千米的地方。

两名男子将一辆破旧的蓝色福特车停在了路边的深水坑里。水坑就在一个管道标志桩旁边，坑里的水从一条决堤的小溪而来。这两个人用水坑里的水洗了车，而在洗车的过程中，就有价值500万美元的原油从他们脚下流过。

古谢因的回家之路异常艰辛。他的难民屋到他在利亚赫维峡谷的家园之间有许多障碍，包括由俄罗斯人、格鲁吉亚人和奥塞梯人设立的军事检查站、OSCE和欧盟的监测人员，还有脚下的BP管道。

📍 BTC KP 484-671千米-格鲁吉亚，克尔特桑尼西

次日，玛纳娜带着我们会见了一户因战争而流离失所的人家。1993年，这家格鲁吉亚族人逃离了阿布哈兹战争区。我们开车翻越了将第比利斯与南部区域分隔开的陡峭山脊，第比利斯的公寓楼被我们甩在了身后，眼前是牧场和平缓的山丘。我们要去克尔特桑尼西（Krtsanisi），那里的村民曾以封锁道路和建筑工地的形式反对BTC管道的建设，并因此多次登上新闻头条。

快到这个村子时，我们穿过了一片小松林。低矮的建筑散布其中，相互之间由碎石小路连接在一起。这里看起来就像在树林里建造的一个安静的大学校园，学生们在各个院系之间漫步。与普通大学不同的是，学生们都穿着迷彩服，随处可见的半自动步枪打破了学术象牙塔的常规场景。这里是格鲁吉亚国家军事学院（Georgian National Military Academy）。

这里也是美国在高加索地区的主要军事基地。美国之所以能派兵进驻此地，是因为谢瓦尔德纳泽总统和萨卡什维利总统极力想将格鲁吉亚纳入美国的地缘战略轨道。两位总统除了为格鲁吉亚加入北约一事四处游说外，还大力支持美国发动阿富汗战争和伊拉克战争，不但为美国开放了格鲁吉亚领空和军事基地，还派兵前往喀布尔和巴格达进行支援。作为回报，美国欧洲司令部也在格鲁吉亚境

内为这个新盟友启动了一项规模宏大的支持计划。他们在克尔特桑尼西建造了一个训练基地、一个武器试验场和一个弹药库,还在黑海的巴统和苏普萨石油港口附近建造了雷达基地。2003 年,美国国务卿科林·鲍威尔来到这个隐藏在树林里的军事基地,视察美国特种部队训练格鲁吉亚士兵进行反叛乱战斗的情况。

2002 年,第一支美军部队抵达第比利斯。根据美国陆军的说法,"格鲁吉亚训练和装备计划"派出了 150 名精壮有力的美国军人,协助格鲁吉亚陆军训练"地面战斗技能、射击技术以及在伊拉克进行城市作战的技能"[1]。这些技能在与阿布哈兹和奥塞梯民兵对战时很可能会派上用场。当被问及美国派军支援格鲁吉亚一事时,BP 的一位发言人回答说:"我们的管道一定会因美军的到来而获益。"[2] 美军抵达格鲁吉亚三个月后,负责建设 BTC 管道的 BTC 公司正式成立。玫瑰革命后,萨卡什维利上台,之后格鲁吉亚与美军的关系更加密切了。不久后,格鲁吉亚计划就成为美国在全球范围内规模最大的驻外训练计划之一。与此同时,格鲁吉亚的军事预算在 2001 年至 2008 年增长了 100 多倍,甚至达到了全部国家预算的 25%,这一点与巴库是一致的。[3]

格鲁吉亚尽管进行了扩军,但仍在 2008 年 8 月为期五天的南奥塞梯战争中败北了。当时,格鲁吉亚最优秀的 2000 名士兵并不在国内,而在巴格达。美国空军倒是将这批优秀士兵空运回了格鲁吉亚的军营,但为时已晚。等他们到达时,戈里附近的战争都已经结束了。

---

[1] J. Moore, 'Republic of Georgia Puts Her Best into Iraq Fight', United States European Command, 1 September 2005, at eucom.mil.

[2] N. P. Walsh, 'Oil Fuels US Army Role in Georgia', *Observer*, 12 May 2002.

[3] 'Press Release: 2009 Budget Adopted', Government of Georgia, Ministry of Finance, 12 January 2009.

离开美军基地后，我们开车穿越了一个尘土飞扬的山谷，路上到处都是塑料袋。当克尔特桑尼西村出现在我们面前时，我们在左边看到了 BTC 和 SCP 管道的标志桩。在之前的 20 千米中，这两条管道与巴库–苏普萨管道的路由并不一致，后者从第比利斯以北经过。从现在开始，我们将追随 BTC 管道，开启前往土耳其杰伊汉海岸的旅程。从克尔特桑尼西村的标志桩可以看出，BTC 和 SCP 管道翻山而过，直奔村子而去。我们走到近旁，看到了 484 千米的标志桩，到建筑物的直线距离不到 25 米。这两条管道从房子和学校之间的地下穿过。

这个村子只有四条街，约百来户人家。每个房子都在用围栏围起来的院子里，院子可以用来养养牲畜或是种些水果。房子之间的小路没有铺石砖。今天天气晴朗，这些小路干燥又布满灰尘，下雨时它们一定会变得非常泥泞。外面没有多少人在走动。

一名趿拉着拖鞋、年纪五十多岁的男子在我们路过他家房前的小路时加入了我们。他说这些管道对克尔特桑尼西村非常不利："它们怎么会没坏处呢？它们可是从我们的村子里面穿过去的。"在管道正式施工前，村民们就已经呈上了请愿书，要求对村民进行重新安置，但当时 BP 拒绝了，还说村民们的安全是可以保证的。但是，这个男人对此持怀疑态度，认为管道离村民的房子非常近，不可能没有危险。尽管他与我们分享了这些想法，但他并没有提到其他的事情，村民们也不愿谈及此事。我们不清楚他们为何三缄其口，到底是对外人持有戒备心，还是不敢面对与外人交谈的后果。

在村子里走了一圈后，玛纳娜带我们来到了庞加尼（Pangani）的家。一位三十多岁、健谈外向的女士将我们领进了她家的前院。二楼的阳台上晒着色彩艳丽的被子。穿着浅色运动服的高个男人是她的丈夫，他正在饲喂一群双腿健硕的灰色斑点母鸡。她自我介绍说她叫皮克里娅（Pikria），然后将我们让到了树荫下的长凳上。我们开始了谈话，玛纳娜为我们翻译。

"我们有一小块地，"皮克里娅说道，"但我们不知道那块地还能不能用，因为管道离它太近了。"她解释说，承包商在挖管沟时，损坏了为农田供水的灌溉系统。"所以现在所有土地都非常干旱。没有水，土地就没有收成。以前 BP 常常派警察来找我们协商，从不亲自出面。"

皮克里娅的母亲瓦尔多（Vardo）也加入了我们的谈话。瓦尔多在说话时会不时地加入手部动作以表强调。"一开始，我们会写信并提出请愿，申请重新安置。他们充耳不闻，因此很多村民提出了抗议。我们去了第比利斯，在政府办公室外进行示威。我们还堵住了通往鲁斯塔维的高速公路。但是政府也不听我们的请求，还派出特种部队来打压我们。他们连孩子都打，真是穷凶极恶。我们还试图阻止他们在管沟中铺设管道，然后又被特种部队攻击了。当时闹得沸沸扬扬，就连国际电视都报道了我们的事。希腊和其他国家的亲戚都打电话来询问我们的情况。"

太阳高照，我们脚下的阴影越来越少。庞加尼一家坚持让我们进屋喝点东西。电视上正在播放被译制成格鲁吉亚语的老电视剧《大胆而美丽》（*The Bold and the Beautiful*）。一面墙上挂着一排耶稣、圣乔治与龙以及圣尼诺的图像和剪报。

瓦尔多解释说，BP 向村子里的 115 户人家支付的补偿金有多有少，以致我们之间出现了隔阂，使"村子里的人际关系急剧恶化"。她认为这就是村民们不愿与我们攀谈的原因之一。"有些村民很害怕其他人，所以他们不愿意开口。但我认为萨卡什维利才是我们应该害怕的人。"

瓦尔多不确定这个村子的历史有多久，但村民们当初都是难民。多数人家来自斯瓦涅季（Svaneti）山区，当时那里发生了山体滑坡，他们流离失所，于是逃至此地。不过，庞加尼一家是从阿布哈兹迁来的。"16年前，我丈夫在战争中不幸去世了，之后我们就来到了这里。我们起初住在第比利斯的一所拥挤的学校里。"他们和住在戈里附近的古谢因一样，都是因返回家园无望才来到克尔特桑尼西的，之后一直住在这里。也许15年后，古谢因仍会住在他那狭小的房子里。

桌子上摆着一盆从花园里摘来的黄苹果，旁边还有一盘切成片的无花果卷。皮克里娅的母亲在煮咖啡，皮克里娅则站在沙发的一侧，滔滔不绝地说着。"我认为这些管道给我们的村子造成了巨大的威胁。这里变得非常危险，村子的三面被管道和几个军事基地包围着。我们时常能听到枪声，这就是一个暴力走廊。"她提到了格鲁吉亚和美国士兵经常在村子里进行军事训练，还在房子之间的小路上跑来跑去。"有时，我一走出家里大门，就能看见穿着迷彩服拿着枪的男人蹲在我家的围栏后面。有好几次我都忍不住叫出了声。我不明白，他们为什么在我们村里做这些？我想也许是因为管道离我们的村子太近了。许多村民都曾经历过阿布哈兹的战争，所以我们很容易陷入恐慌。"

这应该就是美国特种部队教授格鲁吉亚士兵"地面战斗技能"和"城市作战技能"的方式。附近的村庄是仿造伊拉克和阿富汗社区建设的，而庞加尼一家则在不知不觉中成为军事训练演习中的旁观者。

皮克里娅认为，目前俄罗斯与格鲁吉亚的关系剑拔弩张，因此这个村子的处境尤其危险。她解释说，在2008年8月的那场战争中，他们听到了从远处传来的炸弹爆炸声，当时都非常害怕。"扰乱军事基地最简单的方法就是炸毁管道，但那样村子也会被夷为平地。"她说，在管道建设期间，村民们迫使BP就安全问题展开协商，但他们认为并没有得到满意答复。村民们甚至将这件事闹到了当地法院："我是律师，我一直留意着相关的庭审信息。但是庭审一直被推迟。

最后，这件事就不了了之了。"我们想到了东边几千米远处阿哈利萨姆戈里村附近的弹坑。

皮克里娅说话的时候，她的丈夫调大了电视音量，新闻正简要报道一场反对派集会，之后萨卡什维利便出现在了屏幕上。看到他，皮克里娅咒骂了起来。"他就是魔鬼。我们与俄罗斯打仗，他就是罪魁祸首。他总是强调格鲁吉亚军队有多强大，总是在挑衅。他什么都不懂，只会设计漂亮但无用的喷泉。"

皮克里娅很聪明，她知道谁是始作俑者。我们刚到这里不久时，她就提到过埃德·约翰逊（Ed Johnson）这个人。约翰逊在 2005 年之前担任 BP 格鲁吉亚公司总裁，他负责代表 BP 对谢瓦尔德纳泽进行游说，以及在玫瑰革命后维护与萨卡什维利的关系。他在 BTC 管道建设期间仍是公司总裁，当时防暴警察还袭击了克尔特桑尼西村民。①

我们很少听见管道沿线的人谈及具体的人名，他们通常只会说"那家公司""BP"或是"BTC 公司"。然而，皮克里娅见到玛纳娜后不久时就曾问起："我们要怎么起诉埃德·约翰逊？我们能在英国或美国起诉他吗？"她认为，是这个人把她拉入了深渊，他应该为此承担法律责任。她知道他不可能在格鲁吉亚被绳之以法，但她希望英国或美国的司法制度能更公平一点。然而令人遗憾的是，将约翰逊送上法庭并非易事。说服英国或美国的法官对某家公司在海外的行为进行审理是很困难的，让他们做出有罪判决更是难上加难。因此，得克萨斯州人埃德·约翰逊暂时不必担心被法庭传唤，他可以专注于在挪威海域扩大 BP 的海上平台建设规模。

这间客厅非常宽敞，沙发上盖着沙发巾，让我们想起了梅赫曼

---

① 'BP's $3.6 Bln Pipeline Runs Into Georgian Strikes, Revolution', 2 January 2004, at bloomberg.com.

在哈卡利村的家。阿塞拜疆人对这条管道的反应与格鲁吉亚人的反应截然不同。阿塞拜疆卡拉博克村的曼苏拉·伊比什瓦对从她家房子底下穿过的 BTC 管道和 SCP 管道似乎无能为力，她寄期望于通过向阿利耶夫总统去信来解决问题。梅赫曼和他的邻居遭到了当地行政管理人员的恐吓，而这些行政管理人员实际上代表着 BP 的利益。相比之下，在格鲁吉亚的克尔特桑尼西和鲁斯塔维，居民们封锁了管道施工现场，还成功引起了国内外媒体的关注。皮克里娅非常清楚，萨卡什维利总统不会为了她而与埃德·约翰逊的公司闹出任何不愉快。在我们看来，在玛纳娜、凯蒂及其同事的努力下，这些格鲁吉亚公民坚决捍卫了自身权益，这些公民的处境远比进退维谷的梅伊斯要好得多。

最后，瓦尔多向我们告辞，说要去放牛了。我们向她告别，看到六头家养的牛在大门口等着由瓦尔多带去吃草。

第十二章
这真是叫人扼腕惋惜

📍 **格鲁吉亚，博尔若米**

争论

强大的军队缓慢向前行进，

就像空中飘逸的云彩；

漆黑一片、笼罩万物、令人畏惧，

向着东边前进。

……

大高加索山脉，

阴郁又黯淡，

数不清的士兵

跋涉其中。

——米哈伊尔·勒蒙托夫（Mikhail Lermontov），1841 年[①]

格鲁吉亚有一个神话传说，当上帝为不同民族分配家园时，格

---

① M. Lermontov, transl. A. Liberman, 'The Debate', Major Poetical Works, University of Minnesota Press, 1983, pp. 255-9.

鲁吉亚人因庆祝节日而喝得酩酊大醉、沉睡不醒，错过了自主选择的机会。待他们醒来时，发现除了上帝为自己保留的那部分区域——也就是地球上的天堂——之外，所有地方都被分配出去了。"我们能去哪呢？"格鲁吉亚人恳切地问。"我们没能及时选择家园，是因为我们在为你碰杯，歌颂你的光辉伟大！"听到了此般奉承之言，上帝答道："要是这样的话，我可以分给你们一部分天堂。"

这个传说里所说的天堂其实指的是高加索山脉。那里山高陡峻，郁郁葱葱，橡树、枫树和山毛榉长得高大又茂盛。森林为野生动物提供了隐蔽和栖息地，狼群、野猪和快要灭绝的高加索豹在里面栖息繁衍。在玛纳娜和凯蒂的陪同下，拉马齐开车拉着我们沿着山谷曲折前行。峡谷里的姆茨海塔里河穿过群山，向第比利斯和阿塞拜疆奔涌而去，在汇入里海前更名为库拉河。春日里，冰河融化，湍急的河水冲向岩石，发出轰鸣声。蓝色的木制绳桥在汹涌的洪流之上跨过，随着凉爽的微风左右摇摆。每一条通道分别通往一个被黄色和红色围栏包围的小村庄。

泉水中富含硫黄和矿物质，可以有效应对消化系统疾病、月经不调、神经紧张、尿失禁等。俄罗斯外高加索总督米哈伊尔·罗曼诺夫大公（Grand Duke Mikhail Romanov）高度认可该地区的自然景观，禁止过度狩猎，还鼓励贵族在这里建造豪华乡村别墅。博尔若米被打造成了一处度假胜地，人称"高加索的明珠"，以其沙皇夏宫和疗养院而闻名，后期经常接待苏联共产党高层人员。这样的帝国扩张看起来生动别致，但其他形式的帝国扩张却并不如此。

俄罗斯诗人米哈伊尔·莱蒙托夫在《争论》（The Debate）一诗中运用想象力，写到了高加索山脉埃尔布鲁斯山（Elbrus）与卡兹别吉山（Kazbegi）之间的对话，从中体现了无止境的沙皇边境战争。卡兹别吉山认为东方世界在 1000 年内不会发生任何改变，缓慢流淌的尼罗河、德黑兰的烟民和昏昏欲睡的格鲁吉亚人都将一如既往。

海拔更高的埃尔布鲁斯山可以看到北方更远处，那边有大批俄军，"军队在行进，战鼓隆隆，吱嘎作响的大炮随着队伍缓慢前行，引信已经点燃了"。[1]与将高加索战争浪漫化了的普希金不同，莱蒙托夫严厉谴责了俄罗斯反叛乱运动，将沙皇军队的军事行为概括为帝国占领和奴役。

信奉东正教的俄罗斯帝国向南扩张，导致数十万切尔克斯人（Circassian）遭到驱逐。沙皇在克里米亚战争中败于奥斯曼帝国，使俄罗斯产生了其伊斯兰教徒可能支持奥斯曼帝国的想法。1860年至1864年，山里的居民被"重新安置"到奥斯曼帝国的领土之上，他们在这场跨越黑海的逃亡中伤亡惨重，但最终仍在约旦、叙利亚和土耳其的托罗斯山脉（Taurus mountains）建立了切尔克斯聚集区。[2]80年后，征服高加索地区的一幕又在斯大林的统治下再次上演。

这次征服为高加索地区的变革奠定了基础。米哈伊尔·罗曼诺夫大公向其他贵族大肆宣扬博尔若米的疗愈功效，高加索地区变成了一处休闲娱乐圣地，这与变成资源开采出口地的巴库和巴统形成了鲜明对比。

博尔若米地区的中心地带有一座小城，名字也是博尔若米。我们在一个寒冷的工作日上午8点到达这座小城，当时城里的游客已经非常多了。从长途汽车上涌出的乘客们并没有去主题游乐场和园林游玩，而是直奔一个玻璃亭子并排起了长队，等着把手里的容器灌满新鲜的矿泉水。这种矿泉水的味道很奇特，又酸又咸，还带一点硫黄味。所有格鲁吉亚人都喜欢博尔若米–哈拉加乌利国家公园（Borjomi-Kharagauli National Park）和公园里的山泉水。

---

[1] M. Lermontov, transl. A. Liberman, 'The Debate', Major Poetical Works, University of Minnesota Press, 1983, pp. 255–9.

[2] Cornell, *Guns of August*, p. 21.

用这里的泉水灌装而成的瓶装矿泉水在苏联时代就已名声在外，如今在俄罗斯也备受欢迎。随着鲁斯塔维等格鲁吉亚工业中心的衰退，博尔若米的水资源出口贸易已经达到了格鲁吉亚全部出口贸易的 10%。[①] 因此，当 BTC 管道将紧靠国家公园的边缘，穿过泉水所在的集水区这一消息公之于众时，当地居民、商人和环保人士都愤怒不已。

2003 年，我们就曾来到过这座小城，还会见了格鲁吉亚玻璃和矿泉水公司（Georgian Glass and Mineral Water Co.）的总裁雅克·弗莱里（Jacques Fleury）。该公司在格鲁吉亚社会主义经济体制瓦解之时获得了灌装并销售自然水的许可。他提到了 BTC 管道计划所带来的问题。"假设说你平时会购买依云矿泉水，那么当你得知一条大型输油管道要穿过依云的水资源保护区时，你会怎么想，又会怎么做？你肯定不会再买这个牌子的水了。即便管道不发生泄漏，博尔若米的出口也会受到极大影响。"[②]

弗莱里及其同事联合格鲁吉亚和英国的世界自然基金会共同向位于伦敦的欧洲复兴开发银行提出了申诉。事实上，BTC 管道对博尔若米的潜在威胁是国际非政府组织联盟对该管道提出异议的重要支撑。

玛纳娜曾数次前往华盛顿特区，向世界银行的分支机构、为 BTC 管道项目提供贷款的机构之一——国际金融公司诉说此事。由博尔若米地区而起的抗议事件蔓延到了许多欧洲国家和美国，民众在 BP、阿美科（AMEC）等管道建设公司以及英国国际发展部等国家政府部门的门前举行示威活动。国际发展部会向世界银行派

[①] 'Extreme Oil: BTC Pipeline Georgia-Technology and Environment', at pbs.org.
[②] M. Katik and G. Kandelaki, *Environmental Activists Not Reassured by Baku-Tbilisi-Ceyhan Pipeline Hearings*, 16 September 2003, at eurasianet.org.

出一位执行理事，代表英国执行相关事务。当时接受委派的是希拉里·本恩部长（Hilary Benn），他受到了来自多方的积极游说。地球之友组织动员了数百人制作了一条布制管道，始自欧洲复兴开发银行（EBRD），途经主教门和苏格兰皇家银行（RBS），终到 BP 总部芬斯伯里大楼。这条管道代表着公共资金流向对博尔若米造成威胁的私人企业的过程。

当时，我们在格鲁吉亚，玛纳娜和凯蒂安排我们在绿色替代组织的办公室会见了米丽安·格维里什维利教授（Mirian Gviritshvili）和其他三位科学家。

米丽安是第比利斯植物园（Tbilisi Botanic Gardens）的首席科学家，头发浓密而花白。他解释说，博尔若米地区的生态意义重大，BP 计划铺设管道的特斯卡特斯卡罗隘口（Tskhratskaro Pass）更是意义非凡，那里是地球上生物多样性最丰富的 25 个地区之一。"这不是我的主观看法，大多数格鲁吉亚知名水文学者都认为这是生态犯罪。"

BP 在 BTC 管道初步计划中提出了三条在格鲁吉亚境内的可能路由：东部走廊、中部走廊和西部走廊。直到 2002 年，BP 才选定中部走廊作为最终路由，博尔若米因此而面临威胁。

科学家们建议变更拟议的路线。经过研究，他们制定了经由更南部的卡拉卡贾（Karakaja）铺设管道的计划。2002 年 10 月，他们计划与 BP 就此事召开一次会议，还邀请了 BP 格鲁吉亚公司负责人埃德·约翰逊。他们原本希望 BP 能在当月晚些时候公开发布环境影响评估报告补充文件时变更路由，而且似乎对此有些把握。但是，这次会议被临时取消了，补充文件也完全没有提及变更路由的事情。

2022 年 11 月，格鲁吉亚环境部部长尼诺·奇霍巴泽（Nino Chkhobadze）拒绝在管道计划路由文件上签字，气氛变得越来越紧张。随着最后期限的不断逼近，她受到了 BP 和美国官员的密集游说，但 11 月 30 日星期日，她仍在电视直播中宣布，她不会向可能威胁到博尔若米的管道路由妥协。当天晚些时候，警卫将她从家里带到了总统办公室。在与谢瓦尔德纳泽总统进行紧张讨论后，她于凌晨 3 点红肿着眼睛出现在公众面前，宣布她赞同这条路由。后来，她解释道："我的压力完全来自 BP。它们不仅针对我一个人，还向总统施压。"①

BP 当时表示将在格鲁吉亚环境部部长的"许可条件"之下完成管道建设。然而，米丽安教授告诉我们，在我们与他见面之后的五个月里，BP 没有采取任何行动。"BP 说过要做一些研究，还说过要调研能避开博尔若米的替代路由的可行性。但我不相信他们的话，他们只是做做样子。这真是叫人扼腕惋惜。"

📍 BTC KP 643-830 千米-格鲁吉亚，达格瓦里

拉马齐开车将我们送出博尔若米中心地区，然后沿着一条松林间的陡峭小路向前行驶。我们的白车穿过了茂密的森林，向着时刻面临山体滑坡威胁的达格瓦里村前进。2003 年春天，我们曾在这里参加了一场激烈的讨论会。如今，我们又将回到这里。

当时，我们来这里听取了村民们对 BTC 管道的意见与建议。一位中年男子将我们领进了他家的大门，带着我们穿过主屋、花园和果园，来到一座私人避暑别墅。几个人正坐在里面，其中一位妇女正用一根细擀面杖擀面团，还把包好肉馅的卡里饺放到大锅里，她的女儿坐在旁边静静地看着。过了一会儿，她的女儿用长柄勺捞出锅里的卡里饺，然后端到了桌上。主屋的音响里播放着鲍勃·马

---

① R. Khatchadourian, 'The Price of Progress: Oil Execs Muscle US-Backed Pipeline through Environmental Treasure', 22 April 2003, at villagevoice.com.

利（Bob Marley）、莱昂纳德·科恩（Leonard Cohen）和皇后乐队（Queen）的歌曲。

领我们进来的男主人给我们倒上了自制的烈性伏特加，并称之为"查查酒"（cha cha）。最开始的几杯是从一个再利用的博尔若米牌矿泉水瓶中倒出来的，后来的都是从一个格拉斯哥制造的旧伏特加桶里倒出来的。这伏特加酒太呛人了，我们边喝边倒吸着凉气，引来了一阵哄笑。我们甚至辣出了眼泪。

男主人笑容满面，向我们讲述了他对这条管道的看法。屋里的六男五女也不时附和。每个人都面带笑容，他们说我们应该待久一点，这样他们就能带我们去森林里转转。

在交谈中，他们明确表示，他们认为修建管道会增加山体滑坡的风险并极大威胁到村民的房屋。他们宣称不允许任何人在附近修建管道。一旦有人想强行修建管道，达格瓦里村民就会出面，到现场阻止施工。四天后，世界银行的一名工作人员来到这里调查村民们的诉求。如果非要在这里铺设管道，村民们表示他们希望整村搬迁。男主人开玩笑说："可以把我们安置到华盛顿，那儿的雪天少些。"

之后的近 12 个月里，多边力量似乎在和谐地运作：国际非政府组织联盟、格鲁吉亚环境部部长、米丽安等激愤的第比利斯专业人士、灌装博尔若米自然水的商人、管道沿线的村民，以及对谢瓦尔德纳泽总统感到不满的广大群众。他们的一致反对几乎阻止了世界银行、欧洲复兴开发银行甚至是出口信贷机构为 BTC 管道提供公共资金。

失去公共财政支持，就意味着失去来自德国、法国、意大利、英国、美国和日本等国的政治支持。BP 不大可能从私人银行获得贷款，而即便私人银行放款，它们也会向 BP 收取高额利息。BP 以及英国、美国和欧盟的政府担心来自民间社会的力量会对 BTC 管道以及这条石油之路的未来构成威胁。

BP 时任总裁约翰·布朗在自传中提到了非政府组织所做的努力："一场战争拉开了序幕。世界银行行长吉姆·沃尔芬森（Jim Wolfensohn）以及执行董事们承受了极大外界压力，不能为 BTC 管道提供资金。"布朗还记录了他与沃尔芬森的对话：

> 一天晚上，我在伦敦的住处接到了他的电话。他的情绪非常激动："我们根本没办法做成这件事。"他担心董事会成员因受到各种非政府组织的激烈游说而改变想法。我回答说："我们必须做成这件事。我们得证明我们所做的一切都是正确的。我们不能被这些满口胡言的人吓倒。"我还能说什么呢？……我和吉姆·沃尔芬森是多年的老友了，但经过几次激烈对话后，我们险些反目成仇。[①]

当时，我们这些在非政府组织联盟中工作的人并不知道布朗和沃尔芬森之间的亲密关系，也不知道 BP 为了对抗我们付出了多少努力。布朗后来写道："痛苦的经历让我认识到，我们不能忽视任何一个（非政府组织）。我们必须认真对待他们的每一个诉求，参与他们的讨论，并尝试解决双方的分歧。"[②]

在转角屋的尼克·希尔德亚德和太平洋环境组织（Pacific Environment）的道格·诺伦获取的一份源自 BP 的文件中，布朗所说的"参与"讨论有了全新的解释。这份文件包含了一张由一位未具名的 BP 员工向计划为 BTC 管道提供资金的公职人员和机构代表介绍项目时所用的幻灯片。这张幻灯片说明了 BP 真正的"参与"计

---

① Browne, *Beyond Business*, pp. 170–1.
② 同上。

划。这页幻灯片被分成了四个部分，代表四个象限。不同的民间社会组织处于不同象限中，代表着 BP 对其诉求的重视程度。BP 将对其最友好的大型非政府组织图标放在了右上角的象限内，与之相对的是左下角的象限，代表着对 BP 敌意最大的组织。页边的注释指出"无须积极参与（这些组织的）相关事务"，只需"适时参与"即可。这份文件显示，BP 正在向银行和出口信贷机构简要介绍一项策略，即通过拉拢大型非政府组织并边缘化其他非政府组织来处理异议。

伦敦和华盛顿采用的这一策略与巴库有着惊人的相似之处。阿塞拜疆政府一边建立"支持 BTC 联盟"，一边打击梅伊斯这样的反对派活动者。

2009 年春天，达格瓦里村附近的输油管道经过为期三年的建设，已经正式投入使用三年了。正如人们早先担心的那样，管道建设期间，山体滑坡事故更加高发，房屋的墙壁上出现了很多裂缝。农民罗曼·戈戈拉兹（Roman Gogoladze）当时表示："石油公司和政府等权威主体正在摧毁我们的家园和土地。他们在玩金钱游戏，完全无视我们这些普通人。"① 村民们并没有得到妥善安置。曾有传言称，BP 与世界银行进行谈判后，愿意提供 100 万美元的补偿金，但这笔传说中的补偿金从未真正兑现。在我们开车返回山间小路的途中，玛纳娜说到，村民们一改往常的热情好客，他们对外来的陌生人开出的空头支票感到异常不满。

我们来到阿茨库里（Atskuri），与中学教师祖苏娜（Zuzunna）谈了一个下午。2002 年，针对 BTC 管道的政治斗争结束之后，当地人开始对抗管道的建设工程。她说起了 BP 使用重型卡车将材料和设备运进山村的事情。在到达阿茨库里之前，这些卡车必须经过一座

---

① K. Cooke, 'Power Games in the Caucasus', BBC News, 7 May 2006.

古老的山顶要塞。车辆开过时产生的震动导致了高频次的山体滑坡，从山上掉落的岩石经常砸到居民区。在祖苏娜的带领下，村民们封锁了进村的路。他们再次向欧洲复兴开发银行和世界银行提出申诉。村民们要求 BP 更改路由并修缮他们受损的房屋。从一定意义上讲，他们取得了成功：BP 确实竖起了标语，上面写着"此路不通，卡车请走另一条路"。然而，许多卡车司机全然无视这些标语，还是照走不误。

在 BP 于博尔若米地区开挖管沟并铺设管道的过程中，村民们因 BP 及其投资者不将村民利益放在首位的行为而感到愤怒，因此一再地封锁道路和施工现场。当地警方采取了与克尔特桑尼西和鲁斯塔维警方相同的手段，严厉镇压了抗议的群众。达格瓦里村村民说："我们抗议他们铺设管道时，警察会赶来打散我们。"[1] 有报道指出，BTC 员工曾恐吓抗议者，威胁称要施用暴力，或是减少对土地所有者的补偿。[2]BP 格鲁吉亚公司总裁埃德·约翰逊曾在 2004 年抱怨称："每天都有人想向政府或我们索要更多。"[3] 从 2003 年到 2005 年，仅格鲁吉亚就发生了 300 多次直接抗议活动。[4]

我们交谈时，电视里正播放着俄罗斯的新闻。格鲁吉亚时间下午 6 点（英国时间下午 3 点）前后，电视里开始播放有关伦敦金融城 G20 抗议活动的报道。祖苏娜问："人们在伦敦抗议什么呢？"当时，气候行动阵营（Camp for Climate Action）的成员已经在距离欧洲复兴开发银行和苏格兰皇家银行数米远的主教门搭起了帐篷。苏

---

① K. Cooke, 'Power Games in the Caucasus', BBC News, 7 May 2006.

② K. Macdonald, *The Reality of Rights: Barriers to Accessing Remedies when Business Operates Beyond Borders*, Corporate Responsibility Coalition and London School of Economics, 2009.

③ 'BP's $3.6 Bln Pipeline Runs Into Georgian Strikes, Revolution', bloomberg.com.

④ Macdonald, *Reality of Rights*, p. 33.

格兰皇家银行的一家支行因向 BTC 管道和其他化石燃料项目提供贷款而引起了民愤，窗户都被抗议者砸碎了，而抗议者也遭到了挥舞着电棍的防暴警察的驱赶。我们谈到了阿茨库里与此事之间的联系，以及人们对银行的愤怒之情。

📍 格鲁吉亚，博尔若米

我们在博尔若米的一家地下室酒吧里与玛纳娜和凯蒂享用酒吧自制的红酒和卡查普里（kachapuri）奶酪饼。这家小酒吧有着漂亮的灯光和恰到好处的背景音乐。我们知道这段音乐，它选自苏联的热播喜剧《米米诺》（Mimino），剧里讲了一位格鲁吉亚直升机飞行员离开他所在的山村，来到城市里，想在大型国际飞机上谋求一份工作的故事。凯蒂开始给我们讲述"绿色替代组织和醉酒的 BTC 工人的故事"。

2004 年，当地的一位绿色替代组织志愿者正在附近的一家酒吧里喝酒。她无意中听到了一群建造 BTC 管道的外国工人谈论他们的工作。她给那些工人买了一轮酒，然后从他们口中得知他们将在该地区停留更长时间，因为他们收到了上级的命令，要将埋好的管道重新挖出来并进行修复。至于其他的，他们就不愿再说了。即便后来她又灌了他们一些伏特加，他们也没有再吐出一个字。在格鲁吉亚的玛纳娜和在英国的活动人士曾有多次邮件往来，但没有人知道其中的原因。

玛纳娜、凯蒂及其同事尼诺决定深入挖掘此事。他们驱车进入博尔若米山区，寻找挖掘管道的工人。她们沿着输油管道的路由前行，途中遇到了一些原本埋在地下但当时却裸露在外的管道，周围还有刚翻出来的泥土。他们开到一个施工现场时，车子碰巧"坏了"。司机拉马齐掀开引擎盖，装作检查车辆故障的样子，而玛纳娜等人则装作迷路的游客，拍摄树木葱郁的山坡和建筑工地的照片。"那些工人都觉得很奇怪，居然有三个女孩在山里迷路了。奇怪归奇怪，他们并没有怀疑我们，因为拉马齐的演技非常高超。我们在那里拍了很多照片。但是，在返程途中，我们的车真的坏了！"

《星期日泰晤士报》洞察小组的调查记者迈克尔·吉拉德记录下了完整的故事。他联系到了 BP 管道腐蚀高级工程师德里克·莫蒂莫（Derek Mortimore）。在 BTC 管道出现故障时，BP 雇用了几位世界级专家来解决问题，莫蒂莫就是其中之一。他说："我们是真正的环保主义者，我们会尽力预防管道破裂事件。"他提到，造成管道破裂的最常见原因是外部腐蚀，大部分是管道的密封层出现了问题。①

根据吉拉德的调查，2002 年初夏，BP 伦敦总部给 BP 在巴库石油大公馆的技术经理保罗·斯特拉特（Paul Stretch）发出了一份两页长的备忘录。备忘录对比了四家公司的防腐层。当时，至关重要的是 BTC 管道就"安装焊缝"处的涂层签订的一份价值数百万美元的合同。每一段钢管的末端都包裹着塑料材料，用作外部防腐。两节钢制管道被焊接在一起后，工人会在最脆弱的安装焊缝部分的外部涂上涂层，达到防止管道腐蚀的目的。"安装焊缝部分的涂层必须在整个设计寿命期间紧紧黏附在钢制管道和塑料外层上，从而对管道进行充分的保护。BTC 埋地管道的设计寿命是 40 年。"②

令保罗·斯特拉特和 BP 驻阿塞拜疆高级项目工程师罗德·亨斯曼（Rod Hensman）感到震惊的是，这个备忘录似乎大力推崇一种名为 SPC 2888 的液体环氧树脂涂料。这种涂料得名于制造它的加拿大企业特种聚合物涂料公司（Speciality Polymer Coatings，SPC）。这

---

① M. Gillard, *The Contract of the Century: A Special Investigation*, 29 November 2004, at spinwatch.org.uk.

② 同上。

种涂层对于像 BTC 管道这样的用塑料材料包裹起来的管道的有效性仍未经证实。这两位经理联系了正在为 BP 里海海上石油业务提供咨询的莫蒂莫，想听听他的意见。

莫蒂莫很快指出，提议的 SPC 2888 涂层并不具有可行性："液体环氧树脂涂料用于以塑料包覆的管道表面时，柔韧性和黏附性非常有限，无法对接头处进行防腐保护。我认为，BP 一旦使用这种涂层，就等同于埋设了成千上万个环境定时炸弹。"他说，比对试验结果表明，SPC 2888 在关键事项上"表现不佳"，且液体环氧涂料的黏合力很差，涂层经常会大片脱落。莫蒂莫称这种材料的黏附性在低温环境中会"大幅降低"，并预测称该材料在冬季会出现开裂——这显然是博尔若米附近山区面临的一大问题。

然而，BP 在伦敦的项目团队在形成比对试验结论时，将涉及 SPC 2888 失效或表现不佳的内容与结果尽数从排名表中删除，并人为地将 SPC 2888 推举到了所有参选涂料的首位。英国议会贸易和工业特别委员会（Select Committee on Trade and Industry）事后才了解到，BP 忽视了很多问题，执意选择这种涂料作为阿塞拜疆和格鲁吉亚 6 万个现场接头的唯一密封材料。[①] 莫蒂莫对这一决策感到震惊，他写信给约翰·布朗，警告称 BP 的决策会导致极其严重的问题，但得到的回复是"无须就此事召开会议"。[②] 没有人清楚 BP 缘何对 SPC 公司如此青睐。

2003 年 8 月，BP 完成了首个现场接头的涂层涂覆工作。2003 年 11 月中旬，莫蒂莫的预测开始照进现实。相关人员在对管道进行例行巡逻时发现，在地面上完成焊接但尚未埋设到地下的管段在接

---

① M. Gillard, 'Second Memorandum by Michael Gillard', in *Implementation of ECGD's Business Principles-Ninth Report of Session 2004–5, Vol. 2*, UK Parliament Select Committee on Trade and Industry, 8 March 2005.

② Gillard, 'Contract of the Century'.

头处已经发生了开裂，涂层下方已经出现了铁锈。SPC 2888涂层正在剥落。[1] 由于BTC管道争议不断，BP试图封锁消息，对世界银行、欧洲复兴开发银行和出口信贷机构更是严格保密。尽管BP在与博尔若米的斗争中取得了胜利，管道的建设也进展顺利，但与贷款集团的融资协议仍未完成。

2004年2月，BP派出管道工人前往施工现场开挖管沟并重新涂覆涂层。除此之外，BP还在巴库举行的一次仪式上签署了涉及26亿美元贷款的正式合同。当时，所有贷款方都派代表出席了仪式，签署流程整整持续了两天，文件上共有17 000个签名。经过长达两年时间的拉扯，BTC管道的融资终于敲定，而来自许多方面的反对意见也导致BTC项目推迟了约一年时间才正式落地。

仪式结束后仅12天，《星期日泰晤士报》就刊登了吉拉德的揭露文章，其中引用了吹哨人莫蒂莫的证词。为应对此事，BP动员了一批支持者。时任英国贸易大臣迈克·奥布莱恩（Mike O'Brien）坚称这条管道仍然是安全的，而英国出口信贷担保部门也辩称接头处的缺陷并非材料问题，而是因施工工人未对涂料进行适当预热而导致的"应用问题"。对BP决策持批评态度的专家反驳说，预热也不能解决环氧树脂材料无法牢牢黏附在塑料上的问题。他们的原话是，"这种化学物质完全不具备可行性"。时间越拖越长，BP使用了一种新方法来解决当时的问题。公司向评估管道接头的检查员下达了明确的指示：即便管道上的涂料"大片大片地脱落"，也应当被认定为"质量合格"。[2]

---

[1] Worley Parsons Energy Services, *Appendix 2: Desktop Study Final Report Field Joint Coating Review*, UK Parliament Select Committee on Trade and Industry, March 2005.

[2] D. Mortimore, *Appendix 4: Response from Derek Mortimore to ECGD Submission*, UK Parliament Select Committee on Trade and Industry, March 2005.

酒吧里的玛纳娜和凯蒂完全不相信 BP 所说的相关问题已经得到了妥善解决，"管道已经埋到地下了，已经看不见了，他们自然可以装作万事大吉。但是我们知道管道上的涂层正在剥落，石油泄漏事件随时都可能发生"。

📍 BTC KP 625-812 千米-格鲁吉亚，特西基斯瓦里

次日一大早，我们沿着一条坑洼不平的道路驶进被白雪覆盖的卡拉卡贾山。这条路盘山而上，穿过树木茂密的姆特卡维河（Mtkvari River）谷地，进入地势陡峭、松树遍地的山区。我们越往前开，地上的积雪就越厚。

驶过一个高山牧场，我们来到了一片高原。这里有几家现代化的旅馆，旁边是牛耕过的田地。春天的气息愈发浓厚了：冰封着的溪水融化了，从小树林间潺潺流淌出来，黄色紫色的小花也从白雪下面探出头来。拉马齐转了一个急弯，之后我们眼前出现了神奇的景象：地上有两个崭新的混凝土贮仓，旁边还有一台鲜黄色的 JCB 挖掘机。

十分钟后，我们弄清了状况。这里有一个相当大的建筑工地，里面停着许多重型卡车和挖掘机，还有一些身着橘黄色连体服、戴着深色眼镜和有 BTC 图标的白头盔的壮汉。但是这条天然气管道已经投运三年了，现在施工又是为了什么呢？我们就此询问了玛纳娜。

她解释说，BP 正在建造六座大型隔堤，以在发生管道泄漏时阻止石油扩散。BP 这样做，并不是为了直接应对管道涂层失效的问题，而是为了安抚那些就博尔若米地区遭受管道威胁提出抗议的反对者的情绪。BP 的具体解决方案是以光滑的灰色混凝土打基础，外面涂上黑色的沥青密封层，再以生锈的钢筋和厚壁钢管加固。每个隔堤都建在溪流之上，隔堤上的水闸处于开启状态。一旦山上的输油管

道发生破裂，数千桶原油泄漏到溪流中，隔堤上的水闸就会被关闭，这样石油就能被挡在山上。这些隔堤与周围的环境极不相称。我们怀着矛盾的心情看着它们，毕竟它们是抗争的产物，而我们也是抗争的一分子。

我们驱车驶过施工现场，在附近的居民点停了下来。路边立着一座饱经风雨的斯大林半身像。一群村民在近旁抱怨卡车堵住了他们的路，还破坏了房子的墙壁和地基。

拉马齐继续驱车沿山而上，开过泥泞的山路，到达了一个宽阔的牧场。这里的积雪刚刚融化，草色渐青，四周用被太阳晒得发白的松木篱笆围了起来。这里四面环山，山腰上是郁郁葱葱的松树林，山顶则是光秃秃的一片。牧场和远处的森林之间是特西基斯瓦里村（Tsikhisdvari），村民是近 3000 年前首批在黑海沿岸定居的庞蒂克希腊人的后裔，他们是在沙皇统治的动荡时期迁来此地的。几十年后，许多人被流放到外地，但还是一些人留下来了，也有一些人从外地回来了。他们建造了五颜六色的房子，用波纹铁板做了锥形屋顶。一些房子被漆成了亮蓝色，非常像基克拉迪群岛（Cyclades）的房屋。

我们沿着泥泞的乡村小路向前走，看到了一个房门敞开的大房子，里面挤满了人。屋外也被围得水泄不通。玛纳娜发觉这户人家是在办丧事，家里有一位年轻的亲戚在希腊过世了。她解释说，在苏联解体后的几年里，许多特西基斯瓦里村村民返回了希腊，这里的"返回"指的是类似于盎格鲁-撒克逊伦敦人回到德国那样的移民行为。待到人群逐渐散去，我们开始与一位红发女子交谈。她邀请我们去她家喝杯咖啡。我们穿过主路旁边的篱笆门，走进了她家的院子，看到了几堆码放整齐的新鲜木柴、一把斧头和一只在阴凉处躲太阳的毛茸茸的黑色小狗。进屋之后，她的儿媳也加入了我们。

房子打扫得一尘不染，木地板被漆成了棕色。屋里有铺着布盖的沙发床、一个木柴炉子和一个餐具柜，柜上摆放着六盆长势喜人的仙人掌。面色红润的红发女人忙进忙出，利落地将咖啡和吃食端上桌，既有腌甜核桃和成堆的巧克力海绵蛋糕，也有深红色的葡萄汁和利口葡萄酒。凯蒂、玛纳娜和拉马齐也来到了桌边，坐在了我们身旁。后来，我们在聊天中得知，她是博尔若米人，追随来此工作并在此成家的儿子到了这里。

她对 BP 怨声载道，所以当我们得知她儿子是 BTC 管道负责骑马巡线的员工时，我们着实非常惊讶。她赶忙取来了她儿子的雇用合同。那份合同就是一张带有官方印章和相关人员签字的白色 A4纸，它被放在一个透明文件夹里。在这个没有几本书的屋子里，这份合同显得尤为珍贵。我们从交谈中得知，他必须使用自己的马匹并承担马匹的费用。他的工资本就微薄，还要拨出一大部分供马匹所用。她说，马的食量是牛的两倍，还不能产奶。马生病时，她儿子还要花钱去请兽医。他的一个同事就是因为马死了而丢了饭碗。这时，我们才更明白阿哈利萨姆戈里村弹坑附近那名骑着瘦马、态度默然的骑手。

微风习习，阳光洒进这间木屋。透过屋顶望出去，能看到位于村中心的标志性建筑物，那是一座建在岩石上的造型紧凑的石制教堂。过去十年里，格鲁吉亚建造了很多后苏联时期教堂，但这座教堂非常与众不同，它的石头早已有了风霜侵蚀的痕迹，西门正上方还有希腊语铭文，应该是 19 世纪时迁居于此的村民们建造的。它经历了苏联统治时期，如今仍然矗立于世，实属罕见。再往远处是深绿色的森林和被白雪覆盖的山尖。

我们话别了这个妇人，向着下一个目的地进发。我们听说附近有一个军事检查站，作用是阻止村民们如前几代人一般去到更高处的牧场和硫黄泉那里。我们想亲自验证一下这种说法是否属实。BTC 公司将这条通往高山的路称为"穿越管道的走廊"，并以此为

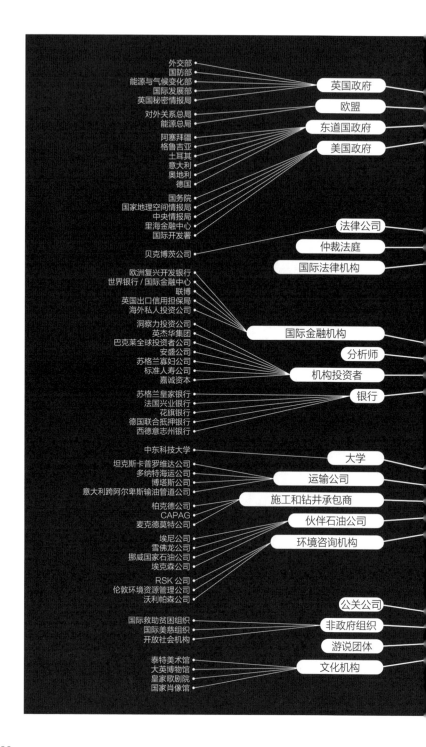

外交部
国防部
能源与气候变化部
国际发展部
英国秘密情报局

英国政府

对外关系总局
能源总局

欧盟

阿塞拜疆
格鲁吉亚
土耳其
意大利
奥地利
德国

东道国政府

美国政府

国务院
国家地理空间情报局
中央情报局
里海金融中心
国际开发署

法律公司

仲裁法庭

贝克博茨公司

国际法律机构

欧洲复兴开发银行
世界银行 / 国际金融中心
联博
英国出口信用担保局
海外私人投资公司

洞察力投资公司
英杰华集团
巴克莱全球投资者公司
安盛公司
苏格兰寡妇公司
标准人寿公司
嘉诚资本

国际金融机构

分析师

机构投资者

苏格兰皇家银行
法国兴业银行
花旗银行
德国联合抵押银行
西德意志州银行

银行

中东科技大学

大学

坦克斯卡普罗维达公司
多纳特海运公司
博塔斯公司
意大利跨阿尔卑斯输油管道公司

运输公司

柏克德公司
CAPAG
麦克德莫特公司

施工和钻井承包商

伙伴石油公司

埃尼公司
雪佛龙公司
挪威国家石油公司
埃克森公司

环境咨询机构

RSK 公司
伦敦环境资源管理公司
沃利帕森公司

公关公司

国际救助贫困组织
国际美慈组织
开放社会机构

非政府组织

游说团体

泰特美术馆
大英博物馆
皇家歌剧院
国家肖像馆

文化机构

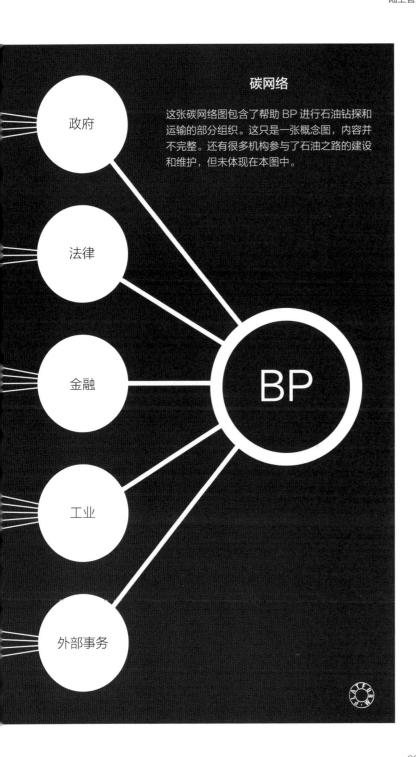

碳网络

这张碳网络图包含了帮助 BP 进行石油钻探和运输的部分组织。这只是一张概念图，内容并不完整。还有很多机构参与了石油之路的建设和维护，但未体现在本图中。

政府

法律

金融

BP

工业

外部事务

由派出内政部军队对来往村民的身份证件和到访事由进行检查。沿着颠簸的土路一路行驶，我们很快就看到了另一个隔堤的混凝土墙。又开了一会儿，我们看到了熟悉的管道标志桩。我们的注意力一直放在辨别远处亮绿色牧场下的 BTC 管道，并没有注意到右手边有一间用沙袋围住的木屋。突然，几个愤怒的士兵包围了我们，还用枪指着我们，大声喊叫着命令我们后退。拉马齐迅速挑头，快速驶离现场。显然，这里的管道走廊已经被军方控制了，但这里的士兵管得很严，与阿哈利萨姆戈里村附近的士兵截然不同。负责保护 BP 基础设施的政府部队不仅控制了 BTC 管道本身，还控制了管道上方的草地、森林和群山。这都要拜那名监督了有关国家安全义务的东道国政府协议编制过程的贝克博茨公司律师乔治·古尔斯比所赐。

第十三章

我不允许你们这样做，我会砸烂你们的摄像机！

📍 BTC KP 690-877 千米-土耳其，土耳克哥组

穿过格鲁吉亚-土耳其边境到达土耳克哥组（Türkgözü）口岸的过程并不轻松，但高山里的天气着实令人愉悦，阳光明媚，偶有一丝微风吹过。告别了玛纳娜、凯蒂和拉马齐，我们乘公共汽车南行。迎面驶来一队挂着伊朗车牌的铰接式卡车，它们正朝俄罗斯方向行驶。格鲁吉亚边防人员在由欧盟资助的办公室里检查了我们的护照，将我们的信息输入电脑里，还给我们照了相。通过核查后，电子门就会自动开启。他们还引入了"欧洲堡垒"（Fortress Europe）来协助核验人员身份，确保将所谓的"不受欢迎的人"拦截在土耳其之外。格鲁吉亚官员对三名衣着鲜艳的俄罗斯妇女百般刁难，只有两个人获准通行，剩下的一个被遣返了。阿塞拜疆的边防人员热衷于扣留不受欢迎的书，而这里的边防人员则执着于拒绝他人入境。

旅客们聚集在土耳其边检大院中央的草地上，边检大院就在警察局和海关棚屋的中间。一名男性旅客正在祈祷。一名男子与我们分享了他的午餐。一对英籍捷克夫妇开着绿色的尼瓦牌小轿车从第

比利斯出发，将在这里度假一周。他们没有带地图，但是知道附近城市的名字。这位先生在英国文化协会工作，负责为格鲁吉亚军人培训英语教师。

20年前，这里的景象与现在颇为不同。土耳克哥组是苏联和北约之间唯一的直接边界，两边的士兵直面对方、剑拔弩张。作为过境点，土耳克哥组直到1994年才对外开放，但在如今更宽泛的地缘政治背景下，这条边境线早已不再重要。美国正在将力量投射到更遥远的东方和北方。除非俄罗斯能够破坏格鲁吉亚的北约盟友关系，否则这条边境对于西方国家而言并不具备战略意义，只有限制移民的功能而已。

在我们等待的这两个小时里，有5万桶原油从附近的灌木丛下流过。边境线并不能阻止石油在管道里的流动，因为东道国政府协议规定了石油"自由流动"的优先地位。尽管如此，这条边境线对于BTC管道来说仍是一个重要的标志。在此之前的BTC管段属于阿塞拜疆和格鲁吉亚，由以BP引导的BTC公司建设并运营。然而，对于此地到地中海之间的1076千米管段，BTC公司只享有监督控制权，而所有权属于土耳其国家石油公司博塔斯公司（BOTAŞ）。根据2005年5月26日签署的统包协议，BTC公司向博塔斯公司支付了14亿美元，用以建设后半段输油管道。自管道完工以来，博塔斯公司一直负责监督这条管道的运营。博塔斯公司还负责SCP输气管道的建设工程，该管道绝大部分管段与BTC管道并行敷设，管输的天然气在到达终点站土耳其东部城市埃尔祖鲁姆后进入土耳其的国家天然气管网。

越过边境，道路的海拔持续上升。即便已经到了4月，地面仍被一层厚厚的白雪覆盖着，显得没有那么凹凸不平。每年这个时候，地下管道在地面上留下的印记就看不见了。橙色的标志桩也大多难以辨识。

原油在泵的作用下沿着岩里卡姆（Yanlizçam）山脉爬升。盘山路蜿蜒又曲折，我们乘坐的公共汽车也减慢了速度。车开到了伊尔加达吉·戈齐迪关隘（Ilgardağı Geçidi Pass），这里的海拔达 2540 米，是欧洲最高的关隘之一。路边是一堵 3 米高的密实雪墙。

我们在刺眼的白雪中看到了土耳其的第一个泵站，即波索夫（Posof）泵站。这个泵站与格鲁吉亚的詹达拉泵站非常类似。泵站四周有一个 3 米高的铁丝网围栏，围栏顶部有带刺的铁丝网，内部布置非常紧凑，包括三个大型油罐、五个一排的钢制烟囱和密密麻麻的管道。泵站共有 50 名工人，负责管理向西输油的泵。工人分为两班，每班在泵站工作两周，然后乘坐公司班车回到阿尔达汉休假，泵站的工作由另一班工人接替。泵站外也有深深的积雪，附近有一座新修建的三层军事基地，里面还配有直升机停机坪，由土耳其军事化警察部队詹达尔马（Jandarma）负责守卫。

BTC 和 SCP 管道正在穿越的这条边境线曾是罗马帝国的东部边界，具有重大的历史意义。2000 多年来，下高加索的边境山脉地区始终是帝国之间的竞争焦点，空气稀薄的高原上常常硝烟弥漫。

这个地区的城镇和村庄曾多次易主。如今这里是土耳其的领土，但过去它们曾是俄罗斯的一部分，更早之前还曾属于格鲁吉亚的管辖范围内。英国也曾短暂地掌握该地区的控制权。山地的海拔向西逐渐降低，直至 100 千米外到达黑海，那里便是格鲁吉亚的巴统市。公元前 8 世纪，希腊商人建立了一个贸易殖民港，并命名为贝瑟斯（今巴统），在希腊语中意为"深"。600 年后，巴统由附近的一个罗马要塞控制。此后，罗马帝国的继承者拜占庭日渐衰微，巴统被格鲁吉亚占领。16 世纪，奥斯曼帝国崛起，土耳其又夺走了原属于格鲁吉亚的巴统和高原。之后，沙皇在高加索地区持续扩张领土，再加上 1878 年阿卜杜勒·哈米德二世在俄土战争中战败，使这些边境地区成为俄罗斯帝国的领土。

巴统是沙皇帝国的重要港口，与第比利斯和巴库同为外高加索地区和新卡尔斯省（Kars Province）的工业化区域。巴统及附近的边境地区并入俄罗斯帝国仅 6 年后，始自巴库的铁路线就修到了这里，巴统自那时起便成为里海通往世界市场的石油出口地。巴统还修建了一个港口，供船运煤油使用。

不久后，路德维格·诺贝尔在巴统建造了一家炼油厂，而罗斯柴尔德家族收购了巴统石油炼制和贸易公司。其间共有 16 000 名工人迁居至此，多数是来自高山边境地区的格鲁吉亚人、土耳其人、希腊人和亚美尼亚人。罗斯柴尔德家族的炼油厂和煤油罐装厂雇用了将近一千名工人。

1901 年 11 月，斯大林从第比利斯来到此地组建俄罗斯社会民主工党。当时，他获得了在罗斯柴尔德家族工厂工作的机会，还兴奋地说："我在为罗斯柴尔德家族效力！"这里的工作条件极差，以致在工人间引发了骚动。炼油厂发生了纵火事件，罗斯柴尔德家族的经理遭到暗杀但侥幸逃生，1902 年 3 月 9 日还发生了工人大罢工事件。罗斯柴尔德家族向军队求助，军队赶到了现场并向罢工者开枪，导致 13 名工人死亡。斯大林被捕后被流放到西伯利亚，他宣称："我们将推翻沙皇统治，推翻罗斯柴尔德家族，推翻诺贝尔兄弟。"[1] 15 年后，他的这一誓言就会变成现实。

这家工厂陷入困境后，壳牌公司用英国油轮运走了该工厂生产的大部分石油。1911 年，罗斯柴尔德家族将他们在俄罗斯的全部资产出售给壳牌公司，巴统的经济命脉被英国人抓在了手里。然而，"一战"爆发后，巴统港的所有石油出口都停滞了，巴统生产的大部分石油都供给了在高原上作战的俄罗斯军队。我们的公共汽车正在

---

① Montefiore, *Young Stalin*, pp. 91–8.

经过的地方就是"一战"时期战争最激烈的地区之一。村民和城市居民被带到这里大肆屠杀，残暴之行整整持续了 4 年，直到俄军前线因革命而崩溃时才停止。1918 年 3 月，《布列斯特–利托夫斯克条约》（*Treaty of Brest-Litovsk*）正式签订，其中规定边境地区交由奥斯曼帝国统治。1919 年 11 月，巴统地区又被英国占领。之后的 18 个月里，巴统港和这片腹地一直处于军事总督的统治之下，与巴库无异。

1920 年 6 月，英国人撤出了该地区。9 个月后，巴统已经是格鲁吉亚民主政府仅存的阵地了。之后，它落入红军之手，被并入苏联。在石油之路建设完成后的头 43 年里，巴统曾六次易主。最终，高原地区还是与海岸线上的巴统市区分离开了，我们现在经过的土地和村庄后来成为新土耳其共和国的领土。

📍 BTC KP 759-946 千米-土耳其，阿尔达汉

我们终于看到了阿尔达汉。那里就像是寒漠上的定居点一样，毫无遮挡地暴露在外。我们从远方被白雪覆盖的高山上下来，直奔阿尔达汉而去。也许正是由于缺乏天然的防御手段，这座由奥斯曼苏丹、"冷酷者"塞利姆（Selim the Grim）建造的城池才会被一次又一次地攻陷。沙皇对此地进行了重建，改造成了一处兵营，此后这里便久居河边的岩石之上。

这里是现代土耳其不为人知的隐蔽区域。阿尔达汉在土耳其境内的存在感很低，国外对其就更一无所知了。这里几乎没有发展旅游业，基础设施也很薄弱。这里鲜有非本地的土耳其公民，只有一些被军队强行派遣至此的外地人。

一股冷风吹过了海拔 1800 米的广阔平原。我们经过了一片垃圾成堆的荒地。建筑物周围到处都是塑料袋，白的、蓝的、粉的、黑的，颜色不一，非常扎眼。寒鸦和偶尔出现的流浪狗在垃圾堆中寻

找食物。

阿尔达汉有很多驻军。宗教建筑和政府大楼的入口均有士兵把守；街边停着坦克，周围的田野里有执行训练的步兵。便衣警察会跟踪外来人员。我们前往一家小旅馆，与之前在土耳其见过的、来自安卡拉的老朋友迈哈迈德·阿里·乌斯鲁会面。他将再度陪伴我们沿着BTC管道前行。我们打趣说他新剪的短发衬得他气色更好了。经过了长途跋涉，我们需要去找些吃的，补充体力。

暮色降临。我们从饭店往回走时，街上已经空无一人，只有几只狗在乱窜。一辆巡逻车停在了我们三人旁边，车里的警察认为我们形迹可疑，下车翻看了我们随身携带的包，还大声质问道："这个瓶子里装的是什么？"我们回答："水。"他并不相信我们，我们只得大口大口地将瓶子里的水灌进了肚子。

过去，阿尔达汉的重要性在于它靠近苏联边境的地理位置。如今，土耳其领土所受的外部威胁很少，而阿尔达汉持续进行军事化管理的原因只有一个，那就是应对内敌库尔德人。自1923年土耳其共和国成立以来，独立民族库尔德人一直被视为土耳其国家主权所面临的重大威胁。在阿塔图尔克（Atatürk）的领导下，土耳其出台了官方法令，禁止库尔德人兴办学校、运营组织或印发出版物，进而强迫该少数民族融入土耳其的主流文化。库尔德语被明令禁止，村庄的名字重新用土耳其语进行命名，父母也不能给孩子起库尔德语名字。2002年，阿尔达汉的人口登记局局长因给几个用库尔德语起名的小孩发放身份证而面临刑事指控。字母"x"、"w"和"q"被禁用了，因为土耳其字母表中不存在以上字母。库尔德人的音乐、服饰、节日以及红、黄、绿三种代表性颜色曾在不同时期被官方禁止。

20世纪90年代，土耳其地区暴乱频起。在镇压暴乱的过程中，土耳其军队摧毁了4000个村庄，3000万人流离失所。自那时起，针对库尔德工人党（PKK）的炸弹袭击和针对土耳其东南部居民区的袭击持续不断。库尔德地区的治安主要由备受当地人憎恶的土耳其军事化警察部队詹达尔马负责。尽管保守派的正义与发展党（AKP）新政府采取了一些改革措施并放宽了某些语言限制，土耳其1500万库尔德人仍然饱受虐待及镇压，他们的文化也一直在被同化、被抹杀。

最初，BTC管道本应从格鲁吉亚边境线向南铺设，在土耳其东南部的库尔德人聚集区向西转弯。然而，该地区的库尔德抵抗运动非常激烈，再加上多年来PKK多次轰炸基尔库克（Kirkuk）-杰伊汉管道，迫使石油公司重新考虑管道的路由走向。如今，BTC管道绕过了该地区，从北部的幼发拉底河流域以及贯穿中安纳托利亚的东西向高速公路旁铺设而过。尽管如此，整条管道并不可能完全避开库尔德人在土耳其的聚集地。阿尔达汉、卡尔斯和埃尔祖鲁姆等地聚集着大量库尔德人，某些地区的库尔德人比例甚至能达到40%。不过，尽管这些地区的库尔德人常常受到国家的歧视和镇压，但他们鲜少发起暴乱。

2001年秋天，BP计划在土耳其东部铺设BTC管道的消息引起了伦敦民间社会团体的关注。库尔德人权保护组织（KHRP）担心BTC管道将催生出一条"军事化走廊"，土耳其军队和詹达尔马将更频繁地侵扰库尔德村庄。库尔德人权保护组织负责人克里姆·伊尔德兹认为，BTC管道可能会使国家暴力愈演愈烈，并让库尔德社区更加贫困。BP迅速做出了回应，BTC地区事务总监巴里·哈尔顿（Barry Halton）竭尽全力与KHRP维持伙伴关系，还极力劝说伊尔德兹支持BTC管道的铺设。然而，伊尔德兹与转角屋的尼克·希尔德亚德交好，且对哈尔顿出于工作需要进行的游说持谨慎态度。

三年后，BTC管道开始在阿尔达汉进行铺设，伊尔德兹担心

的事情还是发生了。2004 年 5 月，左翼亲库尔德政党民主人民党
（DEHAP）阿尔达汉部领导费尔哈特·卡亚会见了因铺设 BTC 管道
而受到影响的村民。后来，他被警方抓捕并拘留，还遭到了殴打与
折磨。费尔哈特是土耳其人，但作为民主人民党的领袖，他与库尔
德社区建立了联系，也因此遭到了迫害。

　　土耳其政府曾多次骚扰并监禁由人民选举出来的库尔德政治家，
并且每隔几年就会出台限制库尔德党派政治活动的禁令。DEHAP 的
前身有人民民主党（HADEP）和民主党（DEP）。之所以有这么多前
身，是因为官方会拘捕这些亲库尔德政党的领导层，关停政党的办
公室，并遣散党派成员。每次发生这种情况，活动家们都会重新集
结起来，以不同的名字再次成立类似的政党。我们与迈哈迈德·阿
里一同到达城里时，DEHAP 也被政府取缔了，但新的政党民主社会
党（DTP）又成立了。

　　我们与费尔哈特约好在民主社会党的新闻发布会上碰面。我们
进入一家土耳其版的十元店，爬上三层脏乱的楼梯，进入两间窗户
被熏黑了的办公室。屋里有很多张塑料椅子，墙上贴着不少海报。
土耳其当局正试图瓦解民主社会党，不久前民主社会党的 80 名主要
成员才因莫须有的恐怖主义指控而锒铛入狱。地方的民主社会党办
公室都在谴责政府的逮捕行为，还纷纷表达了他们对民主社会党的
忠诚。在这次新闻发布会上，15 名党派成员围坐在棕色桌子前，面
对一台摄像机大声朗读了一份声援声明。他们明知这样做的后果，
却还是义无反顾。大楼的入口被 20 名武装警察围住了。我们上楼时，
有 3 名身穿制服的士兵一直在追着我们录像。迈哈迈德·阿里解释
说，这些人是詹达尔马情报恐怖控制部门的成员。

　　对于那些积极参与库尔德运动的人来说，被捕入狱并不是最大
的风险所在。近期，有人向民主社会党的总部办公室投掷了燃烧弹，
导致办公室的窗户被黑色的烟痕挡住了大半，透进屋里的光线都少

了许多。燃烧弹袭击发生之前，相关人士在街头举行了一场亲库尔德集会，会上土耳其的民族主义者向演讲者投掷了石块。

新闻发布会结束后，费尔哈特带我们去他最喜欢的咖啡馆喝咖啡。这家咖啡馆位于国会大街（Kongre Caddesi）上，与其他由库尔德人经营的企业一样因其营业场所受到土耳其政府员工抵制而一直濒临破产。军队及其附属机构在这座城市的影响力极大，因此政府方面的抵制会对店铺的经营产生很大影响。费尔哈特身材瘦削，总是笑嘻嘻的，还非常好动，不是在抽烟、打电话，就是在谈论政治，一刻都闲不下来。他本应经营家里开的五金店，但如今他却忙于帮助村民以及照顾他三岁的侄女。

20世纪90年代，费尔哈特曾在埃斯基谢希尔大学（Eskişehir University）社会学系就读，但后来因家里无法继续支撑他的学业而被迫辍学。之后，他应召入伍，被派往土耳其西部与希腊接壤的埃迪尔内（Edirne）。当时，被派往埃迪尔内的军人都是左派分子和伊斯兰主义者。在埃迪尔内时，他在朋友那里看到了自己的档案，里面的记载竟然是从小学开始的。档案多次提到"反社会"一词，这令费尔哈特感到荒谬。"反社会！"他轻蔑地说道，"不如直接说我是搞政治的。"

费尔哈特一直被监视。他在阿尔达汉附近和外面的村子里走动时，经常会被没有标志的詹达尔马车尾随。他指了指咖啡馆外停着的一辆车。尽管车上没有任何标识，但车上异常长的天线暴露了车里人的身份。几个月前，警察突然闯进他家里进行搜查，带走了很多东西，但当时他的母亲机智地坐在了他的笔记本电脑上，这才保住了他的电脑。他开玩笑说，就连他身边的朋友都已经习惯了被人跟踪拍摄，但这显然给他的人际交往造成了很大压力。

我们坐在富美家牌桌子前享用咖啡。费尔哈特认为今天警方会因新闻发布会而监听所有人的电话，因此他打算等到明天再打电话安排会议："我也不知道明天他们还会不会监听电话。"尽管费尔哈特说起警察的骚扰时非常云淡风轻，但他当前正面临着两大监禁刑罚，其中一项是因为他尊称被单独监禁在监狱岛上的库尔德抵抗运动领导者阿卜杜拉·奥贾兰（Abdullah Öcalan）为"奥贾兰先生"。

我们专门谈论了他在 2004 年 5 月时被捕并施以酷刑的经历。他认为，那次事件与他针对 BTC 管道提出了若干问题有直接关系。他解释说，在土耳其，对如此重要的"国家级项目"提出反对意见的人经常被归为国家的公敌。他的话让我们想起了阿塞拜疆的梅伊斯。

📍 BTC KP 774-961 千米-土耳其，哈斯柯伊霍克万

我们与迈哈迈德·阿里一同乘坐一辆载客量 16 人的迷你公共汽车一路南行，驶过了高原，开始慢慢爬坡。我们的右手边是在草地里蜿蜒而行的库拉河。这条河在格鲁吉亚被称为姆特卡维河，到了阿塞拜疆又更名为库拉河。白雪覆盖着大地，路旁不远处有几组低矮的房屋。20 世纪初，亚美尼亚人尚未被赶尽杀绝之时，这些村子里的居民多为亚美尼亚人。如今，住在这里的大多是库尔德人。每到冬天，这条路会时常被大雪封住，村民们会被困在这里，难以进城。路边高高的雪堆在我们眼里是隆冬的标志，但在车上的当地人眼里却预示着春天的到来。

费尔哈特将大量时间投入了应对阿尔达汉附近居民对 BTC 管道的怨言之中。我们正前往哈斯柯伊霍克万村（Hasköy-Hoçvan）。村子规模很大，其所在的县城与该村同名。到达目的地后，我们在村子的中心位置看到了一片污地，被来往的牛搅得乱七八糟。这一地区的农业以养牛为主，放牛人夏天将牛群赶到高山牧场上吃草，冬天再赶回村里。我们走过这条泥路，来到村里的茶室等人来接。屋

里的烟味呛人，有 20 个男人在坐着打牌。没有人说话，屋里只能听到纸牌拍在桌子上的声音。

突然，外面的大喇叭发出刺耳的声响，打破了屋内的平静。我们偷偷看了看周围，担心是詹达尔马在喊话。四年前，我们曾在这间茶室开会，当时詹达尔马破门而入，要求我们给出解释。所幸，这次喊话的不是詹达尔马。声音是从清真寺的大喇叭里发出来的，是这个村子的公共广播系统。迈哈迈德·阿里翻译道："97 号牛被狼吃了。"我们猜测，应该是一匹饥肠辘辘的狼在冬天的末尾抓了一头小牛来饱腹。如此看来，天气对这里的村民影响不小。

我们不想引起警察的注意，于是乘坐迷你公共汽车离开了。在村里的一条街上转弯时，我们路过了一栋被铁丝网团团围住的混凝土大楼。它是詹达尔马的兵营，有几层高，外墙是新刷的，楼外有几个岗亭，还有戴着头盔、佩着自动步枪的士兵守卫站岗。街对面的学校与这栋大楼一比简直相形见绌。

📍 BTC KP 777-964 千米-土耳其，卡拉巴斯

迷你公共汽车驶离哈斯柯伊霍克万村的主路，沿着一条蜿蜒的溪流开往卡拉巴斯村（Çalabaş）。山腰处有一些草皮屋顶房，从山顶向下看时几乎很难辨别出来。屋顶上还有牛在吃草。村里的六十户人家靠养牛和养鹅为生。

干牛粪堆一个挨着一个，每堆都有约六米长、两米高。冬天，村民会用这些牛粪来取暖和做饭。这个高原上树木极少，因此木材非常稀缺。天然气通不到这里，电也时有时无。村里的主路不宽，一直通向公用的水龙头处。妇女和女孩们会用水桶接满水，再用头顶着水桶将水运回家中。

水龙头旁边是家商店，店主是阿里·库尔多格鲁（Ali Kurdoğlu，

245

库尔多格鲁的意思是"狼之子")。商店内部像是洞穴一样又小又暗，里面整齐堆放着盒装的乌尔克牌（Ülker）饼干、洁诺牌（Signal）牙膏和友好牌（Uhu）胶水，不过卖得最好的商品还要属总督牌（Viceroy）香烟以及阿纳多卢牌（Anadolu）香烟。墙上挂着电影导演伊尔马兹·格尼（Yılmaz Güney）以及著名库尔德歌手兼诗人艾哈迈德·卡亚（Ahmet Kaya）的肖像图。低矮的房梁上粘着一些手写的格言和短诗，但在昏暗之中很难看清具体内容。墙边摆放着一些长椅，供村民们歇脚侃大山。"卡拉巴斯没有通网，村民只能来我这里聊天，所以别看我的商店不大，它可是这里的文化中心。"

阿里有些驼背，身形扭曲，走路时一瘸一拐的。他是当地库尔德人权保护运动的领导者，也是 BTC 管道的坚决反对者。作为费尔哈特的好朋友，他也可能因激进主义而面临着三年监禁。

阿里说，卡拉巴斯村民多为库尔德人，因此受 BTC 管道的负面影响尤为显著。阿里曾听闻，BTC 管道和 SCP 管道向土耳其民族主义者支付的土地赔偿金更加丰厚，还在这些人所在的村子里开展了更大型的社区投资项目，包括建设清真寺和停尸房等。阿里说，同样是表达异议，卡拉巴斯的库尔德人比附近库尔图皮纳（Kurtulpınar）的土耳其人所面临的危险要大得多。尽管如此，卡拉巴斯村民还是极力抗议 BTC 管道的建设，挡住了施工的推土机并阻止工人施工。

阿里一边招呼偶有的客人，一边对我们说，BTC 管道和 SCP 管道从卡拉巴斯村两边通过，就铺设在村里种植小麦和大麦的田地下面。"我们真是生活在一条能源走廊里，走廊两边就是流动着的石油。这里具有战略意义。"自己所在的村子被强加上了"战略地区"的无形标签，这并不是一件好事。结合近期在阿塞拜疆哈卡利村见到的行政管理人员和在格鲁吉亚特西基斯瓦里村见到的内政部军队，我们非常理解他的这一说法。

阿里的处境十分艰难，詹达尔马经常因他发表反对言论而骚扰他。他常能接到威胁电话，还经常在国际代表团前来访问之后被警方拘留。警方监听了他的电话，要确保"他们了解他的动向"。2005年，阿里接受了英国公职人员邓肯·劳森的采访，就在劳森去阿塞拜疆访问的那个时候。采访之前几天，阿里曾接到省长办公室打来的电话，要求他不要发表反对言论。他猜测，明天我们离开后，他会遇到更多麻烦。但他耸耸肩说："他们吓不倒我。他们只能吓吓别人，让人不敢站出来发声。"阿里的柜台上放着一台磅秤，旁边是一台小黑白电视机，电视机上放着三本出版物，包括一本由伊斯坦布尔的朋友出版的库尔德文学杂志、一本民主社会党党章、一本土耳其共和国宪法。阿里说，他在面对警察的骚扰时，经常使用那本土耳其共和国宪法为自己辩护。梅伊斯也曾在面对哈卡利村的秘密警察时搬出阿塞拜疆宪法，这一点他们二人倒是非常相似。

阿里认为，如果政府与库尔德工人党之间的战争升级，那么卡拉巴斯村民的处境就会更加危险。许多人家的房子靠近BTC管道，而军方会利用卡拉巴斯村的地理位置和双方的冲突对村民施加更大的压力和控制。

我们交谈时，门突然开了，一名穿着制服的人出现在门口。我们突然紧张了起来。"是警察还是詹达尔马？"之后，我们发现，他穿着黄色镶边的蓝夹克，脸上还带着笑容。他是长红牌（Pall Mall）香烟的代表，来这里进行库存盘点。他往手持数字记录器里输入了几个数字，婉拒了阿里的茶水，然后转身离开了。

迈哈迈德·阿里说，他没想到在这样一个小村子里会有阿里·库尔多格鲁这般具有高深政治洞见的人。经过了解，我们得知，阿里·库尔多格鲁曾在伊斯坦布尔生活了13年，当时他一边在印刷厂工作，一边写诗并积极参与库尔德政治活动，然后在2004年回到了卡拉巴斯村，又开了这家商店。回来之后，他仍没有放弃写作，还用库尔多格鲁这个笔名在商店墙上、当地报纸上和网络上发表诗歌和文章。尽管与卡拉巴斯村有着深厚的羁绊，他仍在纠结要不要离开这里，去大城市生活。

许多村民因贫困和当局的骚扰离开了这里。约有 550 户人家从卡拉巴斯村搬迁到了伊斯坦布尔，几乎是留在村里的人家的 10 倍之多。还有一些人家搬到了伊兹密尔（İzmir）和安卡拉，甚至有些人家迁居到了更遥远的柏林和伦敦。多数搬到伊斯坦布尔的人家都只能居住在庞大的库尔德人郊区，有些人会挤在垃圾填埋场附近非法占有区域的棚屋里。阿里说，卡拉巴斯村固然又穷又破，但大多数搬出去的人也只是去了一个更遥远但同样又穷又破的地方生存。

📍 北伦敦，哈林盖

哈林盖（Haringey）的绿巷（Green Lanes）热闹非凡。库尔德人和土耳其人在街角处开了商店，成箱的橙子和西红柿高高地堆在商店门外的人行道上。旁边是布局紧凑的咖啡馆和餐厅，为食客供应新鲜的烤碎肉薄饼、土耳其比萨和小扁豆汤。大路的旁边有一条小路，一直通往铁路的路堤。在最后一栋房子和灰色的栅栏围栏之间挤着一座低矮的两层建筑，库尔德社区中心就在里面。建筑的外墙上挂着已入狱的库尔德工人党首领阿卜杜拉·奥贾兰的肖像。走到建筑内部，一个敞亮的大厅映入眼帘。一个小咖啡亭在售卖滚烫的甜茶，每杯 20 便士。墙上挂着库尔德旗帜和已经牺牲了的反抗战士的相片，其中有很多是伦敦人士。墙上还有一张大海报，上面写着"解放奥贾兰——和平库尔德"。

平时，大厅里通常只有几个男人凑在一起聊天，有时也有孩子们在放学之后来到这里学习库尔德语。但是今天这里却一反常态，人头攒动。时值 3 月，库尔德人开始庆祝库尔德新年瑙鲁兹（Newroz）。

在土耳其，瑙鲁兹聚会经常被官方禁止或叫停。而在伦敦，库尔德人可以随心所欲地庆祝新年，所以现在大厅里挤满了欢天喜地的人。他们唱着关于失去爱人和渴望自由的歌曲，谈论着那些仍在远方坐牢而无法到达现场的人。几组青年人在人们面前跳着传统舞蹈，其余人也陆续加入进来。

由平台组织策划的BTC管道照片诗歌展正在白色展览板上展出。卡拉巴斯村的阿里、哈斯柯伊霍克万村的村长以及巴库梅伊斯的照片都在展出之列。大人们根据照片里的景色猜测着拍摄地。三个九岁的男孩用圆珠笔画掉了照片背景里的土耳其国旗。其他孩子都在屋子里疯跑，玩着捉迷藏游戏，但都小心翼翼地避开了舞者。老人们坐在塑料椅子上，和着音乐鼓掌。

墙上还挂着一些年轻的库尔德男女的照片。他们从哈林盖回到了家乡，回到了大山里，再也没有回来。

📍 BTC KP 780-967 千米-土耳其，哈西阿里

> 贫农会在临近家里床铺的火堆旁为小牛留出一点地方，用新鲜的青草和鲜花为小牛做床铺。空气中混杂着春天的花香、青草的清香味、牛粪的臭味和小牛奶香奶香的气味。用手掌轻抚小牛柔软又凉快的耳朵，它就会舒服得轻微颤抖身体。[1]
>
> ——雅萨尔·凯马尔（Yaşar Kemal），
> 《瘦子麦麦德》（İnce Memed），1955 年

---

[1] Y. Kemal, *Memed, My Hawk*, Panther Press, 1998（1955 in Turkish）.

库拉河在零星分布的库尔德人村子间蜿蜒而行，途中形成了若干牛轭湖。寒鸦在田野里搜寻种子和幼虫，牛群在平原上游荡。我们再次横穿 BTC 管道，看到了广阔地面上的标志桩。风卷起了路上的薄雪。

一股奇怪的雾气从地面腾起。我们透过公共汽车的窗户凝视着那股雾气，发现那是从远离山脚的路旁刚翻过的黑土地里冒出来的蒸汽。我们的眼前呈现出三重画面，由近到远分别是黑色的土地、灰色的蒸汽和白色的山脉。

从卡拉巴斯村出发半小时车程后，我们的迷你公共汽车驶离了大道，开进了一个村子，停在了一条泥泞的土路上，两边都是草皮屋顶房。远处有些身穿蓝黑色制服的男孩们正从学校往家走。两名戴着亮色头巾的妇女在低沉又灰蒙蒙的天空的映衬下格外引人注目。

我们来哈西阿里村（Hacı Ali）会见一些与费尔哈特关系密切的人。费尔哈特本人并未与我们同行，因为带着他一同离开阿尔达汉会引起詹达尔马的关注，因此只有迈哈迈德·阿里随我们一起来了。我们遇到了两个农民，他们把我们带到了距离居住区约 200 米的牧场，而牧场的下面就铺设着其中一条管道。与阿塞拜疆和格鲁吉亚截然不同的是，这里的管道路由非常明显，因为管道上方刚刚覆盖了约 2 米高的岩石和泥土。要翻过这么高的土堆，就必须四肢并用爬到顶部，再小心翼翼地滑下去。如此折腾一番，我们的胳膊和衣服上沾满了泥土。

我们在土堆的另一边稍做驻足，盯着它看了一会儿。周围看起来就像是仍在施工的建筑工地。在阿塞拜疆和格鲁吉亚，管道被埋进管沟后，施工人员就会仔细地回填表层土，这样管道的路由就几乎看不出来了。为什么这里如此不同呢？原来，我们脚下埋着的不是 BTC 管道，而是 SCP 管道。这些土堆体现出了两条管道在经济和法律方面的差异。这两条管道从在巴库往后的 692 千米一直是并行的，在同一条管沟里敷设。到达土耳其边境后，两条管道的路由就分开了。根据土耳其国家石油公司博塔斯公司与BTC公司签订的统包协议，博塔斯公司负责BTC管道的建设及运营。至于SCP管道，博塔斯公司不仅负责建设及运营，还享有管道土耳其段的所有权。双方本应用相同的方式对铺设BTC管道和SCP管道的地区进行处理，但现实中两者执行了不同的标准。在到达埃尔祖鲁姆之前，这两条管道之间的距离一直不算太远，但在翻山和穿村时通常会选择一左一右而行。如今，我们发现，这两条管道非常容易区分，因为SCP输气管道上方的痕迹更加清楚。管道已经"埋在地下"了，但地表的修复工作却是糊弄了事。因此，SCP管道沿线的居民都对这条管道怨声载道。

给我们领路的农民队伍已经壮大到了六人。其中一个人弯下腰捡起了一块大骨头，看起来像是牛的下巴骨。他说，因为地表修复不善，哈西阿里村死了两头牛。它们当时陷在泥里无法脱身，腿还被石头弄断了。在如此贫困的小山村里，死两头牛可不是小事。

一位农民邀请我们去家里喝茶。他家也是草皮屋顶房，墙是用白色卵石砌成的。走进屋，我们闻到了潮湿土壤散发出来的浓烈气味。当我们问起他家养了多少头牛时，他示意我们跟他走，推开了一扇木门，走向与主屋直通着的牛棚。我们紧随其后，牛粪的浓烈气味扑鼻而来。借着屋顶缝隙中漏出的光，我们看见了拴在木栏杆上的牛。牛棚里共有五头牧牛，一头两岁大的健壮公牛，还有三头不过几周大的小牛蜷缩在地上。它们的皮毛呈现出淡淡的草莓红色。牛的主人自豪地微笑着。

我们回到了主屋。有几只鸡躲在我们的长凳下。茶已经沏好了，水是用粪便烧的。这位农民与妻子和四个年幼的孩子同住，他说铺设管道让他们失去了一块土地，进而影响了家里人的生计。他们的一块牧场被毁了，他的牛也不能到土堆的另一边去吃草了。村里死了的两头牛里就有一头是他家的牛。

农民得到的补偿简直成了笑柄。到土耳其后，我们曾经听闻，支付给因 SCP 管道而失去土地的村民的补偿金甚至比因 BTC 管道而蒙受损失的村民的补偿金还低。我们面前的这位农民说，管道公司支付的补偿金非常少，甚至不值得费力申请。SCP 管道未创造任何就业机会，而 BTC 管道的社区投资项目简直就是画蛇添足。

一个非政府组织代表 BTC 公司开展了给牛进行人工授精的项目，结果怀孕的母牛数量反而不及自然受精。项目工作人员称该计划能提高母牛的产奶量，但事实上，哈西阿里村村民的收入因此大幅缩减。附近的哈斯柯伊霍克万村和卡拉巴斯村的情况也差不多。

我们又坐上了迷你公共汽车，路上与迈哈迈德·阿里讨论了向村民讲解这两条管道之间的差异的困难程度。国际非政府组织向石油公司、银行和出口信贷机构提出异议，称 SCP 管道土耳其段的建设标准低于阿塞拜疆段和格鲁吉亚段。但相关方却表示，SCP 管道土耳其段不在他们的职责范围内。

很显然，如果没有阿塞拜疆和格鲁吉亚境内的 692 千米管道，自土耳其边境到埃尔祖鲁姆的 SCP 管道段就没有气源；如果没有从哈西阿里村下穿过的管道以及与埃尔祖鲁姆管网相连通的管道，从里海中开采出来的天然气就无法到达目标市场。虽然不同管道段的运营方也不同，SCP 管道仍是一个一体化的项目，各个管道段同步建设，互相依赖。然而，参与该项目的公司和融资方却认定管道土耳其段是另一条管道，并以此推卸责任。

一些西方政府机构并不同意将整条管道分而视之的观点。美国国际开发署（USAID）在对 BTC 管道进行研究后得出结论，认为整条管道"离开土耳其段就不再具备经济可行性了。其他管段和土耳其段是相互依赖的，（因此）USAID 认为不同管段同属一个项目，应当作为整体进行环境评估"。①讽刺的是，尽管 BP 不承认其对 SCP 管道土耳其段的责任，它却因建设了巴库–第比利斯–埃尔祖鲁姆天然气管道而倍感自豪。BP 在演示文稿中绘制的管道路线图并没有将土耳其段剔除出去。

伦敦，金丝雀码头，港口交易广场

英国出口信用担保局（ECGD）位于金丝雀码头包围着玻璃幕墙的 16 层高楼内，负责为英国出口商提供国家补贴信贷和贷款服务，其中包括为海外建设项目提供资金。ECGD 的作用是保证国内卖方的经济利益不会因海外买方未能履行付款义务而受损，这部分资金将由纳税人承担。英国政府为了实现外交政策目标，为部分"战略行业"提供这种经济支持，其中包括武器制造行业和化石燃料开采行业等。

ECGD 商业原则部门负责人大卫·奥尔伍德（David Allwood）负责"筛选并分析项目影响"。他的办公室在港口交易广场交易大厦的顶部四层中。金融和公关公司占据了这栋大厦的低层，巴克莱银行也租用了其中的七层。奥尔伍德评估了 BTC 管道建设和运营可能造成的影响，并在评估后决定公开批准 ECGD 向 BTC 管道提供 8000 万英镑以上的资金支持。真实的金额未予公开，但有传言称可能高达 1.6 亿英镑。②这样来看，担保金就占到了管道总成本的

---

① *Multilateral Development Bank Assistance Proposals Likely to Have Adverse Impacts on the Environment, Natural Resources, Public Health and Indigenous Peoples: September 2002-October 2004*, USAID, 2004.

② 《信息自由法》下达的文件显示，ECGD 还可以提供 1.5 亿至 2.5 亿美元的海外投资保险以及 1.5 亿美元的公共信贷额度。N. Hildyard, K. Yildiz, M. Minio-Paluello, N. Rau and M. Kochladze, 'Regional Conflict and BTC Pipeline: Concerns over ECGD's Due Diligence', Corner House, 26 August 2008, at baku.org.uk.

2%~4%。这个数字看起来并不大，但是与德国、法国、美国、意大利和日本的出口信贷机构给予的支持结合起来看，占比就不小了。至关重要的一点是，出口信贷机构为石油公司提供了一定程度的政治担保和保险，从而降低了它们的风险敞口。欧洲复兴开发银行和世界银行的资金也发挥了同样的作用。

原则上来说，资金仅应提供给符合既定标准的项目，而奥尔伍德则负责审查具体项目是否满足这些标准。他的小组还有其他两位员工，但鉴于 ECGD 同时为很多项目提供融资，负责为 BTC 管道开放 8000 万至 1.6 亿英镑信贷额度的工作人员只有奥尔伍德一人，并且他还要兼顾其他项目。

此外，奥尔伍德关于 BTC 管道影响的报告被定为"机密"文件。转角屋的尼克·希尔德亚德长期以法律手段向 ECGD 施压，逼迫 ECGD 披露了这份报告。ECGD 的律师进行了大力回击，不但诉诸了法律途径，还对希尔德亚德进行了人身攻击。[1] 尽管身负重压，希尔德亚德还是成功逼迫 ECGD 公布了在格鲁吉亚、阿塞拜疆和土耳其适用的环境法律法规，而此前石油公司都基于乔治·古尔斯比制定的东道国政府协议而游离在这些法律法规之外。这揭示出了一个重要现实：BP 以及向 BTC 管道提供公共资金的机构一直宣称并没有绕过管道路由当地的法律，但事实并非如此。

希尔德亚德与 ECGD 进行了长达数年的会议和信件沟通。结果似乎表明，奥尔伍德的工作就是证明 ECGD 对 BTC 管道的支持是有正当缘由的，而不是出于人权和环境考量而对该项目予以资金支持的。

---

① 此处的说法来自作者与尼克·希尔德亚德私下的沟通交流。

📍 BTC KP 759-946 千米-土耳其，阿尔达汉

阿尔达汉的村民们与哈西阿里村民的怨言如出一辙：BTC 管道项目对田地受到影响的村民的补偿措施（即为家畜进行人工授精）存在根本缺陷。这是由 BP 安卡拉公司负责的 BTC 社区投资项目（CIP）的一部分，与我们之前在巴库石油大公馆听伊琳娜和艾登提起的格鲁吉亚及阿塞拜疆 CIP 项目类似。听罢村民们的抱怨，我们欲会见监管 BTC 管道的非政府组织（以下简称"监管组织"）。

"监管组织"的办公处设在阿尔达汉中心地区的一栋普通大楼里。我们穿过被炸的亲库尔德民主社会党办公室附近的小公园，爬上了这栋大楼的三楼，走进他们的办公室。员工的桌子上满是 BTC 杂志和办公设备。墙上挂着人们站在田地里和施工井前的小幅照片，照片下附有手写说明。

我们没有见到该组织的负责人，但项目工作人员都非常热情。健康协调员阿尼尔·乔班（Anıl Çoban）说，"监管组织"在 BTC 土耳其段沿线区域的 37 个社区开展工作，侧重点在于水利、畜牧业和养蜂业等农业服务。该组织已经发放了千余个蜂箱。站在阿尼尔旁边的默不作声的"养蜂人"负责培训人们使用蜂箱养蜂。"监管组织"通常会为村民提供设备和材料，期望村民自己以现金或实物形式出资。该组织为哈斯柯伊霍克万村提供了全新的供水管道，并动员村民自行修建供水管网。我们在哈斯柯伊霍克万村那个有人打牌的大楼的外面看到过一个牌子，上面写着 BTC 管道项目将管道水输送至村庄里的方式方法。该项目启动时，阿尼尔还没有加入，但如今项目已经完成了，他感到无比自豪。

我们问他们是否清楚心怀不满的村民们的怨怼之语。显然，他们对此毫不知情。他们以为村民们都很开心满足，对新成立的牛奶合作社更是赞不绝口。确实有部分村子的村民抱怨没有收到蜂箱，

但"监管组织"没有足够的资金，不可能满足所有人的需求。阿尼尔补充说："得到好处的人们自当开心。不过有些时候，BTC 和政府给人们画了饼，但并没有付诸实际行动，人们就不开心了。可是有的承诺就是无法落地的。"

显然，"监管组织"等非政府组织都在努力以有限的预算来尽量满足村民们对 BTC 管道的期望。尽管如此，这些组织开展的部分活动并不尽如人意。比如，据我们观察，哈斯柯伊霍克万村的新供水系统并不能正常工作，而阿尼尔并没有向我们提及此事。供水系统的水泵需要用电，但村民们无力支付电费，导致水管闲置。

📍 BTC KP 729-916 千米-土耳其，德雷科伊

两年前，这位默不作声的"养蜂人"曾向我们展示"监管组织"在很多村子中扮演的角色。2007 年 6 月，米卡与费尔哈特和翻译乌尔库一道采访了一些农民并拍摄了相关影像，被采访者包括居住在阿尔达汉以北阿拉维伊斯兰社区德雷科伊（Dereköy）的库木（Cümü）和比纳利（Binali）。当时，村民们正在接受采访，而"监管组织"的一辆白色吉普车则来来回回经过了四次，车上的人还一直盯着外面看。

> 库木：他们总觉得我们很蠢，因为我们是农民。他们给了我们一袋粉笔，用来告诉我们他们在帮助我们。
>
> （"监管组织"的吉普车停了下来。穿着全套白色防蜂服的项目工作人员跳下车并跑过来。）
>
> 养蜂人：你们在这里干什么？把摄像机收起来！
>
> 乌尔库：你这么凶干什么？
>
> 养蜂人：我不允许你们这样做，我会砸碎你们的摄

像机!

乌尔库:你在怕什么?

养蜂人:我什么都不怕。他们不能再拍了!

库木:他们正在拍我,当然他们也可以拍你,他们的做法没有任何问题。你就是在依自己的想法分发蜜蜂。要多不公平有多不公平。

养蜂人:行了,别再说这个了。我是私下来的。

库木:但你是坐公车来的,这就证明你不是私下来的。

养蜂人:我们不是官方机构,只是民间组织。(对我们)你叫什么名字?

乌尔库:无可奉告。

养蜂人:(用威胁的语气)什么叫"无可奉告"?

比纳利:你把我们当人看还是当石头看?你开车来来回回地过,根本不把我们放在眼里,现在又来这里大喊大叫?

库木:管道经过我的田地,但我没有得到任何蜜蜂。他们只会帮助那些在安卡拉有关系的人。你为什么不帮帮那些最穷的人?你们真的在帮助穷人吗?

养蜂人:我们不像你说的那样。他们不能拍这些。

比纳利:你走吧。你走了,他们就拍不了你了。

养蜂人:他们有拍摄许可吗?他们想拍这个,必须先得到省长的许可。

比纳利:你是管事的吗?这事儿凭什么要你说的算?

养蜂人:给我村长的电话号码。

比纳利:他家就在那边,你直接去吧。我失去了田地,我还在和石头们讨论这些问题。我没见到过一只蜜蜂。所以这里不干你的事。

养蜂人：他们没有拍你，他们在拍我。我的自由难道要归你管？

米卡：我可以解释一下……

养蜂人：（对米卡）不！不！（对村民）轮不到你们说话。

库木：我们凭什么不能说话？我们是这里的居民。我们正努力解决问题。

"监管组织"的工作人员来去匆匆，很快便驱车沿着狭窄的土路疾驰而去。五分钟后，一辆詹达尔马的车开过来了。很明显，是"养蜂人"把他们叫过来的。米卡赶在警察下车前把摄像机里的录像带换了下来，藏在了袜子里，然后又往摄像机里插了一盘空白录像带。那些警察叫嚷着让我们跟他们走。费尔哈特设法溜走了，但乌尔库和米卡被押进了绿色装甲车的后车厢，遣往詹达尔马地区总部。

到达总部后，米卡遭到了一名指挥官的呵斥，当时还有一名勤务兵跪在他脚下擦拭他的靴子。其他官员要求查看录像带，但摄像机里的录像带里只有30秒的视频，拍摄的是德雷科伊主干道的画面。身在伦敦的库尔德人权保护组织成员穆斯塔法·冈多格杜打来电话，向米卡和乌尔库确认是否安全，但并没有透露他的库尔德人身份以及在英国流亡的现实情况。之后，态度不大友好的英国驻安卡拉大使馆能源和环境部二秘丹·威尔逊（Dan Wilson）也打来了电话。威尔逊坚持认为，未经许可到访受管道影响的村庄就是不被允许的，这与米卡是否到过BTC管道附近区域无关。然而，土耳其法律并没有关于此事的官方禁令。土耳其方面阻止他人对BP的管道进行审查，这一点与阿塞拜疆和格鲁吉亚官方的做法类似。

米卡和乌尔库被拘了几个小时。他们与一些希望学习社会学的伊斯坦布尔应征入伍者交换了社交系统账号，以此打发了一些时间。

在经过背景调查、简短的审讯并签署了一份"协议"之后，他们被警告要远离德雷科伊，然后被放出来了。

📍 BTC KP 759-946 千米-土耳其，阿尔达汉

我们与费尔哈特和迈哈迈德·阿里在阿尔达汉城里走了走。寒风将墙上的广告横幅吹裂了，街头遍是各个党派选举旗帜的碎片，其中包括极端民族主义党派民族行动党（MHP）、宗教民族主义党派正义与发展党（AKP）、世俗民族主义党派共和人民党（CHP）以及亲库尔德党派民主社会党。一名年轻士兵笔直地站在清真寺旁的哨所里。在贫穷的东部区域，库尔德人正将一头倔脾气的牛装上小货车，戴着头巾的妇女们正在喂鹅。

城市中、田野里和村子里的垃圾堆上随处可见觅食的黑色鸦科鸟类，品种有寒鸦、白嘴鸦、喜鹊和戴帽乌鸦。偶尔也能看见几只毛脚鵟和麻雀。城镇里的建筑主要分为三种：一种是 20 世纪 60 年代建造的低矮的混凝土楼；另一种是与附近村庄中类似的平顶房，房顶用草铺就，门前的台阶有五英尺高；还有一种是单层的住房，用雕刻精美的花岗岩建造而成。我们眼前的房屋通体呈红灰色，窗台和门框都很坚固，门楣上刻着数字"1910"，后面的文字是亚美尼亚语。这些房子曾经属于亚美尼亚人，而如今有些被占用了，有些被损毁了。费尔哈特解释说，曾经有一段时间，阿尔达汉的大多数居民都是亚美尼亚人，但如今一个亚美尼亚人都没有了，只有孤魂野鬼在此游荡。我们在商店招牌后面和房屋正面寻找能表明屋主身份的文字，发现大多数房子都建造于 1910 年和 1911 年。

一百年前，这座城市共有一万名居民，其中八成是生活在帝国边境地区的亚美尼亚人。1878 年，沙皇击败苏丹，继而吞并了阿尔达汉及其周边地区，并建立了卡尔斯省。1918 年，列夫·托洛茨基

（Leon Trotsky）在《布列斯特–利托夫斯克条约》上签字，将这片领土归还给奥斯曼帝国，仅维持了 40 年的俄罗斯统治崩溃瓦解。

然而，1915 年 4 月，"一战"战火纷飞之时，奥斯曼帝国政府就已经下达了驱逐亚美尼亚人的命令。住在这里的亚美尼亚人可能侥幸比在更西方的同族人活得更久，但 1923 年，阿尔达汉的控制权重新回到土耳其手中，阿塔图尔克建立了土耳其共和国，当时这个城市里的亚美尼亚人都已经被驱逐出去了。他们与百万余人一同被强行押送至叙利亚沙漠，其中有数万人在凡湖（Lake Van）被杀害，不计其数的人被迫流亡。

暮色降临。乌鸦离开了白天找食的田野和垃圾堆，在城市上空成群盘旋，又落到阿塔图尔克公园（Atatürk Park）的树上歇息。这个公园就在"监管组织"办公处和民主社会党办公处之间，四周是空置的亚美尼亚人房屋。突然，大群大群的乌鸦黑压压地飞过来，落满了这片小树林的每一棵小树、每一个枝杈。它们叽叽喳喳，扰得人不得安宁，一只只紧贴在一起。路边的钠光灯照亮了这群乌鸦，也照在了一座阿塔图尔克金雕像上面。这便是乌鸦之地，孤魂野鬼之地。

第十四章

没人想把这条管道写进简历里，因为那只会让人难堪

📍 中安纳托利亚地区，幼发拉底河流域

伊斯坦布尔拘留所

我热爱我的祖国：

我曾在祖国的法国梧桐树下荡秋千，

也曾在祖国的监狱里度过日日夜夜。

祖国的歌谣和烟草令我精神振奋。

我的祖国：

如此辽阔，

无边无际，

无穷无尽。

埃德尔内、伊兹密尔、乌卢基什拉、马拉什、特拉布宗、

埃尔祖鲁姆。

关于埃尔祖鲁姆高原，我只知道它的歌谣。

说来惭愧，

　　我从未翻过托罗斯山脉，

　　去拜访山南边的采棉人。

　　　　　——纳齐姆·希克梅特（Nazim Hikmet），1939 年 [1]

　　我们与迈哈迈德·阿里一道在阿尔达汉以南靠近亚美尼亚边境处搭上了火车。火车向正西方缓缓驶过埃尔祖鲁姆高原，一路追随着 BTC 输油管道，也沿着人类大规模迁徙的路线而行。路过之处有很多似乎无人居住的房屋和村落，就好像是从东方开来的火车带走了沿途的人们，又在安卡拉和伊斯坦布尔的贫民窟把他们赶下了车。很长一段铁路线与古时连接德黑兰、伊斯坦布尔和索菲亚的贸易路线是重合的。这条贸易路线原是丝绸之路的一部分，当时有很多骡子、马和骆驼队沿这条路线运输货物。如今，这里不但有一条铁路线，还有一条车水马龙的 E80 高速公路。从安卡拉到东部城市埃尔祖鲁姆和卡尔斯的铁路线于 1939 年正式开通运行，是土耳其共和国大胆探索现代化道路的象征。以煤炭为燃料的火车头带着火车厢驶到一片没有石油车辆的土地上。

　　东方快车号（Doğu Ekspresi）列车在路过埃尔祖鲁姆和埃尔津詹时，会在无数没有站台的乡村车站停靠。有时，这列火车会在开阔的田野里停下来，让耐心等待着的乘客上车。有时，火车会停上五分钟，但并没有人上下车。我们还遇到过一个在列车外面向乘客叫卖梨子的小男孩，当时迈哈迈德·阿里从我们旁边的窗户伸出手，买了几个。我们的车已经晚点四个小时了，而我们并不知道这个小男孩是看到火车来了才过来卖梨的，还是一直等在这里。

　　火车在埃尔祖鲁姆高原行驶时，我们轮流阅读并讨论了纳齐

---

[1] 'İstanbul House of Detention', 1939, from N. Hikmet, transl. R. Blasing and M. Konuk, Poems of Nazim Hikmet, Persea Books, 1994.

姆·希克梅特的作品。希克梅特的诗歌在土耳其乃至全世界都具有开创性。它们记录了安纳托利亚浪漫又美丽的村庄和城镇，又带有明确的反对政治压迫的意味。希克梅特一直是土耳其共产党党员，曾被监禁十余年之久，还被剥夺了公民身份。于苏联流放期间，他去了南部的巴库和第比利斯，只为离他的祖国更近一些。他相信利用工业化来实现社会主义能够把劳苦的穷人从贫困中拯救出来。他的美学思想和社会愿景都受到了未来主义的深刻影响。

> 我坐在他的病榻上，
>
> 他让我为他读首诗。
>
> 诗里有太阳和大海，
>
> 有核反应堆和卫星，
>
> 有人类的崇高伟大。[①]

希克梅特始终坚信，技术拥有解放人类的力量。50 年后，许多右翼和左翼人士仍然相信现代化的技术可以解决社会、环境和经济问题。行业内部、政府及媒体针对 BTC 管道撰写的多数文章都认为该项目从本质上来讲是有利于人类发展的，且它带来的问题是很容易解决的。

然而，希克梅特认为权力关系必须改变。他将不平等视为造成人类痛苦的根本原因，而政治变革是解决该问题的基本方案。技术不过是社会斗争需要引入并使用的工具而已。真正能解决问题的不是机器，而是人：

> 热爱云彩，热爱机器，热爱书籍，

---

① 'The Optimist', 1958, from Hikmet, *Poems of Nazim Hikmet*.

更热爱人类。①

读着读着，火车开进了狭窄的峡谷里，两旁是陡峭的山崖。BTC 管道在土耳其境内的 B 段管道，即高加索和地中海地区之间三个区段管道的第二区段。我们远远地望到了几个管道标志桩。我们来到了最后一节车厢，打开了车厢的后门，走到了车厢外的围栏处。风迎面吹过来，火车旁边的河流尽收眼底。铁轨将周围已存在千百年的岩石切割开来。横跨河面的绳桥让我们想起了博尔若米。

这条翻腾不息的小河是幼发拉底河（土耳其语称 Firat）的起始部分。它奔流向前，之后将汇集沿托罗斯山脉而下的雨水，继而滋养叙利亚和伊拉克的新月沃地。这里离黑海不远，但 BTC 管道泄漏的原油都会排放到幼发拉底河里，并随着河水流向费卢杰（Fallujah）、巴士拉和波斯湾。

很难想象河流和输油管道在这里并列而行。河水是看得见、摸得着的，是人们的每日所需，而输油管道则是埋在地下的，里面流淌着大多数人从未看见过、闻到过、接触过的液体。它们就在我们正在经过的地方，二者都穿越了多个国家，也都是战争的导火索。

然而，这条河与输油管道并不能和平共处。输油管道缓慢吞噬着幼发拉底河，原本汹涌的河流正在逐渐干涸。叙利亚的一些人家搬离了已然干旱的河谷，而伊拉克的一些河流沿岸的农田因失水而颗粒无收，渔业也遭到了重创。

幼发拉底河上兴建了水电站大坝，还修建了灌溉工程，这些设施是导致幼发拉底河逐渐干涸的原因之一，但并不是核心问题所在。真正导致如此境况的是气候和降水量的变化。一旦这条通往工业社

---

① 'Last Letter to my Son', 1955, from Hikmet, *Poems of Nazim Hikmet*.

会的输油管道失火，其中的黑色液体便会熊熊燃烧，产生大量二氧化碳，而空气中的二氧化碳会导致气候变暖，继而加速幼发拉底河水的蒸发。

📍 BTC KP 1070–1257 千米–土耳其，哈吉巴伊拉姆

火车驶过哈吉巴伊拉姆村（Hacıbayram）的南边。哈吉巴伊拉姆位于埃尔祖鲁姆和埃尔津詹之间。我们看到了同事格雷格·穆提特于 2003 年春天在哈吉巴伊拉姆拍摄的一张照片。照片上，一名男子在一座废弃建筑的平屋顶上攀爬，他身后的高地上隐约能看见一排随着傍晚的微风摇摆的杨树。这个男子名叫法兹利·基利奇（Fazlı Kılıç）。这个村子里有许多蜂箱，但鲜有人在。

基利奇就出生在哈吉巴伊拉姆村。他和其他村民一样，以放牧、打理草场、种植供蜜蜂采食的鲜花为生。之后，土耳其军队以搜寻库尔德游击队员为名来到了村子里。接下来发生了什么就无从考证了，但村民们都离开了村子，村里的建筑全被破坏了。

那些长期生活在哈吉巴伊拉姆村的人们就此分散了。一些人逃到了安卡拉和伊斯坦布尔的贫民窟，其他人则逃到了附近的村镇。基利奇定居在距离哈吉巴伊拉姆村 10 千米的特尔坎（Tercan）。他时常要回到那个荒无人烟的村子照看他的蜂箱。有时，他也会在村子的废墟中过夜。

我们查看了随身携带的地图，上面显示哈吉巴伊拉姆村位于当时正处于计划阶段的一个工业项目上。这张地图取自伦敦环境资源管理公司（ERM）制作的《巴库–杰伊汉管道社会影响评估报告》，其电子版存储在一张硬盘里。

ERM 公司于 2000 年 5 月签下了这项调查评估的合同。在之后的 18 个月里，该公司的一个工作小组沿着拟定的管道路由进行调查，

询问了沿线居民的意见，并向他们解释了该管道的预期效益。

该评估报告于 2002 年 6 月发布。英美两国的国际银行和政府部门认为这篇报告内容翔实，并由此断定报告的编纂者花费了大量时间和精力对管道沿线的村庄和田地进行了调研。在我们手中的地图上，哈吉巴伊拉姆村的旁边标注了一个小小的字母"T"，代表相关人士与该村村民的沟通是通过电话进行的。但事实上，在研究开展期间，这个村子已经是一片废墟了，电话也是不可能打通的。

在拍摄基利奇照片那天的下午，他仍在房顶上忙前忙后，侍弄蜂箱，而 ERM 和 BP 则将字母"T"标注在了地图上，并存储在硬盘和 CD 里。那里的田地、收割中的干草、居民的迁移和当地的废墟都集中在一起，浓缩成了一个小小的信息单位。蜜蜂微弱的嗡嗡声和那天傍晚的微风被翻译成了一种全新的语言，让那些在电脑屏幕上读到它们的人为之动容，说出一句"我同意"。

📍 伦敦，卡文迪什广场

ERM 公司签下了在土耳其开展环境和社会影响评估（ESIA）以及在阿塞拜疆、格鲁吉亚和土耳其三国开展社会影响评估（SIA）的合同。这些评估既是法律的规定，又是 BTC 管道项目的推动机制。2000 年至 2004 年，ERM 作为 BTC 管道的咨询方，积极参与了管道的各项事务。该公司为 BP 撰写了宣传文案并制成了传单，于 2001 年在阿塞拜疆境内发放。卡拉博克村的曼苏拉·伊比什瓦手里的传单就是这个版本。但是，这些传单并没有明确指出 BTC 管道到鲁斯塔维"赫鲁晓夫建筑群"的距离如此之近，因此梅拉比·瓦舍里什维利和埃莱奥诺拉·德格梅拉什维利没能从这些传单里得知这个信息。

在拍摄基利奇照片的几个月后，直接行动团体"伦敦涨潮"（London Rising Tide）环保组织到访 ERM 位于卡文迪什广场（Cavendish Square）的办公处，具体位置就在圣诞期间人头攒动的牛津街北边的那条街上。该组织的成员已经密切关注 BTC 管道一年有余。他们选择在周一早上突然造访 ERM 办公处开展"影响评估"，向所有员工分发了问卷并进行采访。三位成员在公司首席执行官罗宾·比德威尔（Robin Bidwell）的办公室待了 5 个小时，还在窗户外挂上了横幅，上面写着"ERM 公司导致气候变化"和"BP 的巴库-杰伊汉管道不应享用公共资金"。

他们向 ERM 公司的员工分发了传单，上面写着："你们的雇主正在努力为 BP 的巴库-杰伊汉管道争取公共投资。我们今天到你们这里，就是要揭露这种行为对气候变化的影响。"

在伦敦，有好几家环境咨询机构和公关机构为 BTC 管道项目提供服务，ERM 公司就是其中之一。以 BP 为核心的碳网络涵盖了这些机构，同时也涵盖了建造并运营里海海上油田的工程公司团体以及为输油管道提供融资的银行和出口信贷机构。碳网络内部机构的关系可谓盘根错节，在英国掀起了多次抗议活动。2003 年 2 月，抗议者占领了位于主教门的欧洲复兴开发银行的顶层办公室。3 月，为 BTC 管道提供咨询服务的 RSK 公司被迫暂时停业。同月，位于伦敦金融城的国际石油交易所遭到袭击，交易大厅被损坏，大楼的部分区域被临时封闭，直到大都会警察局派出的警察到达大楼才解封。4月，BP 年度股东大会因有人投放臭气弹而中断，总裁约翰·布朗发言时，台下嘘声不断。[1]

ERM 等公司认为这些抗议活动无关紧要。然而，就像博尔若米一样，这些抗议活动在公共银行决定是否向 BTC 管道项目提供贷款

---

[1] 'Earth First!', *Action Update* 88（June 2003）.

的最关键的几个月里让 BP 承受了巨大压力。涨潮组织、梅伊斯所在的公民倡议中心、"大赦国际"、玛纳娜所在的绿色替代组织等个人和组织发出的声音极大改变了公众对 BTC 管道的看法,《金融时报》甚至将该项目称为"世界上最具争议的输油管道"。

📍 BTC KP 1160-1347 千米-土耳其,埃尔津詹

> (有一座)名叫埃尔津詹的城市,那里出产一种异常精美的斜纹棉布,还有很多奇特的织物,在这里就不一一列举了。到处都有温暖舒适的温泉水,非常适合沐浴。当地居民多数是土生土长的亚美尼亚人,但统治者却是鞑靼人。
>
> ——马可·波罗,1271 年[1]

火车驶入了埃尔津詹。这里曾是安纳托利亚最美丽的城市之一,也是通往东方的贸易路线的中转站。马可·波罗在前往里海等地旅行的途中经过此地并记录了所见所闻。他在书中提到的商队客栈的洗浴房在 1939 年的一场地震中倒塌了,这座城市也遭到了巨大的破坏。同年,铁路就修到了这里。在此之前,BTC 管道一直与铁路线并行铺设,此后二者分道扬镳。我们和迈哈迈德·阿里步行去往汽车站。自 20 世纪五六十年代以来,土耳其共和国与美国交好,之后这里便修建了四通八达的高速公路,阿塔图尔克时代的铁路就此成为过去式。

长途汽车载着我们穿过埃尔津詹的郊区,驶入 E80 公路,汇入了西行的车流。我们目不转睛地看着路旁的风景。这条主干道的旁

---

[1] M. Polo, trans. William Marsden, 1818, *The Travels of Marco Polo*, Wordsworth Classics of World Literature, 1997, pp. 15-16.

边搭建了若干设有围栏的劳改营，路上有很多铰接式卡车将从港口运来的数千吨建筑设备运往内陆。田野上堆放着长 40 英里的管道，等待焊接铺设，与在鲁斯塔维看到的颇为相像。推土机在森林中破开通道，还在山坡上挖出了管沟。河流为了铺设管道而改道，岩石也被炸药炸开。

ERM 办公处被占领之后两年，即 2002 年，BTC 管道在这条路旁落成了。地图上的线条变成了与这条道路并行的管沟，它穿过埃尔祖鲁姆，途经哈吉巴伊拉姆，又在埃尔津詹蜿蜒而过。图纸就这样变成了现实。

然而，在铺设输油管道的过程中，负责监督项目的工程师发现了问题。受 BTC 公司的委托，工程公司柏克德（Bechtel）绘制了管道的设计图纸。但负责铺设管道的土耳其国有公司博塔斯公司在施工时却只是敷衍了事。截断阀（就是我们在阿塞拜疆哈卡利村外看到的那种阀门）对管道的安全运行至关重要，这种阀门能在管道发生泄漏时截断管道中流动的石油。要为截断阀选取合适的位置，就必须着重考虑输油管道的高程。按照博塔斯公司的施工计划，许多截断阀被安装在了极不恰当的位置，有些甚至装在了靠近山顶的地方。[1] 管沟没有回填，里面全是土碴、岩石等"外来物质"，导致管道出现腐蚀和移位。在地震断层带铺设管道时，施工单位没有严格遵循恰当程序，而附近恰好是地震频发的区域，埃尔津詹也在 1983 年地震中受到重创。施工人员常对安全规范熟视无睹，但当现场工程师向博塔斯公司管理层提出质疑时，管理层对工程师进行了骚扰和恐吓，要求他们对此保持沉默。几名对外发声的工程师直接被解

---

[1] D. Adams, 'Memorandum Submitted by Dennis Adams', in 'Implementation of ECGD's Business Principles', House of Commons Trade and Industry Committee, 2005.

雇了。①

2004 年春天，几家关注 BTC 管道的国际非政府组织组团来到此地进行调查。平台组织的格雷格·穆提特就是小组成员之一。在沿着 E80 公路进行调查时，格雷格发现 BTC 管道在土耳其境内的施工问题非常严重，不亚于格鲁吉亚的管道密封材料问题。为了调查此事，他在一份为外籍人士创办的英国杂志上刊登了一则广告，希望关注该问题的 BTC 项目承包商与他取得联系。这则广告引发了极大关注，许多人发来了邮件。其中一封电子邮件写道："没人想把这条管道写进简历里，因为那只会让人难堪。"② 另一封电子邮件写道："很多人的资历并不满足要求，但还是靠亲友关系拿到了'铁饭碗'。所谓的'专家'很可能刚从大学毕业，有些甚至没见过输油管道。"③ 也有人说："去年年初，BP 曾提醒博塔斯公司提高工作质量，但博塔斯公司的表现没有任何起色。BP 承受着财政和政治压力，必须保证 BTC 管道按时完工，这是 BP 不能对博塔斯公司过分施压的部分原因所在。"④ 还有人说："我认为未来（这条）管道很难得到恰当的维护，也难以正常运行。"⑤

格雷格花了不少时间给这些联系他的石油工人打长途电话，向他们核实提供信息的真实性。为了不暴露他们的身份且不影响他们的职业发展，格雷格没有列出提供信息者的姓名，而是给每个人取了代号。一位代号为"红男爵"的工程师提供了非常详细的信息，

---

① P. Thornton, 'Exposed: BP, Its Pipeline, and an Environmental Timebomb', *Independent*, 26 June 2004.

② 同上。

③ Red Baron, 'Anonymised Statement of Subcontractor Manager from 23 June 2004', in 'Submission to the House of Commons Trade & Industry Select Committee', Baku Ceyhan Campaign, 14 July 2004.

④ 同上。

⑤ Adams, 'Memorandum'.

他揭露的 BTC 项目管理不当登上了英国《独立报》（*Independent*）的头版，称其是"一颗环境定时炸弹"。[1] 在平台组织和转角屋的持续施压下，BTC 管道问题被送上了英国议会听证会，专门负责该项事务的特别委员会还就为 BTC 管道提供融资一事批评了出口信用担保局，这让大卫·奥尔伍德如坐针毡。[2] 然而，博塔斯公司和 BP 都没有被追责，它们仍在违规建设管道。

BTC 管道的施工存在着种种问题，自然与博塔斯公司的不作为直接相关，但根本原因还是在于合同中有关施工的具体条款存在纰漏，又或是像"红男爵"说的那样：BP"承受着财政和政治压力，必须保证 BTC 管道按时完工"。[3] 博塔斯与 BTC 公司签订的土耳其段输油管道统包协议规定，博塔斯公司应在 2005 年 5 月 26 日前完成土耳其段总长 1076 千米的输油管道，总包价为 14 亿美元。从管道长度上来计算，博塔斯公司负责的管段占整个 BTC 管道的三分之二，是 BTC 项目的大型承包商。根据该协议，鉴于博塔斯公司是土耳其国有企业，超出预算的建设成本都将由土耳其国家预算承担。分析师评估认为该项目的实际建设成本可能高达 20 亿美元，因此协议签署时，石油行业期刊将该项目称为 BP 的"财务政变"。从现实角度来看，如此高的成本并不具有经济可行性。BP 说服博塔斯公司削减了 6 亿美元的建造成本，最终以 14 亿美元的价格通过了公司财务总监拜伦·格罗特、诸多股东以及贷款机构的审查。

油气行业的基础设施在建设过程中往往会出现成本飙升的问题：BP 在阿拉斯加建造的一条管道最终成本达到了初始估算成本的 10 倍之多；壳牌为俄罗斯的萨哈林 2 号（Sakhalin Ⅱ）海上天然气项目

---

[1] Thornton, 'Exposed'.

[2] 'Implementation of ECGD's Business Principles', House of Commons Trade and Industry Committee.

[3] Red Baron, 'Anonymised Statement'.

制定的预算是 80 亿美元，但该项目在投产前产生的实际成本超过了
260 亿美元。① 但是，BP 在与博塔斯公司签订的统包协议中规定了
BTC 管道项目的总包价，从而规避了成本风险。协议里规定的完工
日期非常不切实际，还要求每延迟交付一天，博塔斯公司就要支付
50 万美元的罚款。②

在严格的时间限制下，博塔斯公司急于求成，导致负责管道铺
设的分包商应付了事，工人们的安全也得不到保证。一位举报人称，
"为了按时完工，健康、安全、环保等事宜都被置于脑后了"。③ 讽刺
的是，走捷径和施工不当是导致 BTC 项目推迟一年完工且成本超支
14 亿美元的主要原因。

工程尚未完成之时，博塔斯公司和 BTC 公司就为超支部分由谁
支付而争执不休。土耳其能源部部长不愿支付这笔费用，这倒是情
理之中。关于这份统包协议的争议也持续了多年。美国驻安卡拉大
使馆在一份外泄的电报中提及，"尽管油价（和利润）飙涨，BP 还
是拒绝重新就合同条款进行谈判"。④2011 年 4 月，博塔斯公司向国
际仲裁机构申请对 BTC 公司进行仲裁，理由是 BTC 公司对为泵站
（包括我们在雪中看到的波索夫泵站）提供动力的天然气收取的价格
过高。⑤

---

① M. Mansley, *Building Tomorrow's Crisis: Th e BTC Pipeline and BP*, Platform, 2003;
W. Dam and S. Ho, 'Unusual Design Considerations Drive Selection of Sakhalin LNG
Plant Facilities', *Oil and Gas*, 10 January 2001; S. Blagov, 'Russia's Sakhalin Ⅱ Project
Remains Under Pressure', *Eurasia Daily Monitor* 3: 232,（15 December 2006）.

② 'Appendix Ⅱ to Turkey HGA: Turnkey Agreement between BOTAŞ and BP etc.',
BP, 19 October 2000.

③ Red Baron, 'Anonymised Statement'.

④ US Embassy in Turkey, 'Cable 08Ankara1983: Turkey Takes BP to Court', 14
November 2008, released via cablegatesearch.net.

⑤ 'Seeking Arbitration, BOTAS Warns BTC Pipeline Could Lose $2 Bln', 12 April
2011, at dunya.com.

E80 公路蜿蜒穿过科塞达格拉里山脉（Kose Daghlari）。夜色渐浓，车子摇摇晃晃、温暖舒适，迈哈迈德·阿里睡着了。窗外郁郁葱葱的山峰就是幼发拉底河流域的北端。车子沿路行驶了 250 千米，到达了乔班利河（Çobanlı Çay）的源头。红褐色的河水朝着黑海奔流而去，就好像是原油最后回望了一眼巴统港和格鲁吉亚的土地，然后头也不回地向欧洲前进。

📍 BTC KP 1220-1407 千米-土耳其，雷法希耶

目击者称，当地时间 8 月 5 日 23:00 左右，位于埃尔津詹省雷法希耶镇的 30 号阀门发生了爆炸。爆炸引发了火灾，火焰腾起了 50 米高。

——《自由报》（*Hürriyet*），8 月 6 日[1]

在巴库和杰伊汉控制室工作的 BTC 员工观测到了管道压力下降，然后关闭了 29 号和 31 号阀门，还关停了非必要的泵。29 号阀门至 31 号阀门间管段存有的约 1.2 万桶原油在这场火灾中燃尽。

——《今日时代报》（*Today's Zaman*），8 月 8 日[2]

土耳其官员竭力否认库尔德工人党对此次事件负有责任，并称这场火灾是由技术故障引起的。[3]

巴库时间今天凌晨 2 点左右，BTC 管道控制系统检测

---

[1] *Hurriyet*（6 August 2008）and *Today's Zaman*（8 August 2008），quoted in G. Jenkins, 'Explosion Raises Questions About the Security of the BTC Pipeline', *Eurasia Daily Monitor* 5: 152（8 August 2008）.

[2] 同上。

[3] G. Winrow, 'Protection of Energy Infrastructure', in *Combating International Terrorism: Turkey's Added Value*, RUSI, October 2009.

到位于土耳其的 30 号截断阀出现异常，然后截停了管道
里的石油……没过多久，目击者就向当地警方报告了这场
火灾。消防员赶到现场救火。BTC 管道土耳其段的运营商
BIL 负责应对此次紧急事件……我们无法估计管道何时才能
恢复运行。①

——BTC 公司向管道债权人兼代理商法国兴业银行

（Société Générale）的去信，2008 年 8 月 6 日

我们来到了乔班利河谷。柔和的月色映衬着被白雪覆盖的沃尔
夫山（Wolf Mountain），月亮在松林后面缓缓升起。这里是雷法希
耶，过去曾是商队在伊斯坦布尔至波斯之间奔劳路上的歇脚处。我
们在一家挂着"壳牌–石油旅游"牌子的汽车旅馆停下了，边上就是
几个油泵。显然，这就是我们要找的地方。

我们来雷法希耶就是为了调查 30 号阀门出现了什么故障，才致
使管道在 2008 年 8 月 5 日发生了爆炸并引发了火灾。目击者拍摄的
照片记录了当时的情景：小小的方形站场上空腾起了巨大的烟雾，
与我们在阿塞拜疆哈卡利村外见到的情景非常类似。BTC 管道停运
了好几个星期，BP 不得不借由巴库–苏普萨管道运送里海石油。仅
三天后，格鲁吉亚遭遇了轰炸，这条管道差点被击中。我们曾向石
油大公馆的艾登·加西莫夫以及桑加查尔的奥尔赞·阿巴西提出这
个问题，但未能在二人处得到实质性的信息。我们想知道当时的情
况究竟有多危急。

我们看了 BP 发送给银行和出口信贷机构的信件。这些信件是我
们以信息自由为名再三要求才得到的，其中的内容显示泄漏的石油

---

① 'Letter from BTC Co. to Société Générale with subject "Force Majeure Event on BTC
Pipeline",' 6 August 2008, p. 31（released under FOIA by ECGD on 26 March 2010）.

量超过 3 万桶，几乎是报纸公开报出数量的三倍。爆炸发生四天后，即 8 月 8 日，BP 通过法国兴业银行向金融机构贷款小组发送了一份备忘录，解释说事发地点位于地下蓄水层上方，因此附近的河流存在被污染的风险。

这些信件和备忘录意欲向贷款方保证，尽管发生了管道爆炸事件，格鲁吉亚还爆发了战争，BP 仍控制着局势。然而，只消仔细检查，就会发现信件中的矛盾之处。BP 对外发布的第一份报告称，大火已于 8 月 11 日被扑灭。[1] 然而，之后发布的评估结果却与此说法并不一致："BTC 公司选择的策略是任由大部分石油燃烧，而不是在刚起火时尝试扑灭火灾。"[2] 但我们就此事向 BP 员工求证时，他们却说火势刚起时就有几队消防人员在奋力扑救。他们先用水灭火，随后改成了更适合应对石油起火的泡沫。然而，当时的火势实在猛烈，从埃尔津詹、锡瓦斯（Sivas）乃至安卡拉赶来的红色消防车都未能扑灭火焰。BP 只得退而求其次，让石油燃尽。浓烟笼罩了整个山谷，直到六天后才散去。

为了查明真相，我们仔细查阅了有关文件。为什么消防队曾尝试用水扑灭石油引发的火灾？BTC 公司是不是压根没有与消防部门沟通？在火灾中燃烧的原油，有四分之一原油产生的烟尘渗透到了附近的土壤中，仅雷法希耶就有近 6000 桶原油渗透到了地下。有1500 立方米土壤被污染了，需要挖出来进行特殊处理。[3]

这场事故还产生了怎样的影响？BTC 管道压力下降时，桑加查尔控制室的伊布拉吉姆·特雷古洛夫等人是怎样想的？在石油大公

---

[1]　Email from BP to Société Générale with subject, 'RE: BTC: Fightings in Georgia', 12 August 2008, p. 28（released under FOIA by ECGD on 26 March 2010）.

[2]　*BTC Project Environmental and Social Annual Report（Operations Phase）2008*, BTC Co., 2009.

[3]　同上。

馆顶层办公的领导层以及詹达拉和波索夫泵站的工作人员收到消息
后又是怎样应对的?

我们手里有一张从博塔斯阿尔达汉公司获取的照片,照的是火
灾后的修复工作。一个方脸白人男子在指挥现场。他是 BIL 公司技
术总监艾琳·福特(Erin Ford),负责让 BTC 管道尽快恢复运行。

博塔斯国际有限公司(BOTAŞ International Ltd,BIL)是博塔斯
公司的子公司,负责监督 BTC 管道土耳其段的运营。BTC 管道完工
后,博塔斯公司立即将其运营权交给了 BIL 公司。福特表面上受雇
于 BIL,实际上却是 BP 的代表。根据 BTC 公司和 BP 签订的运营协
议,福特被 BTC 公司任命为技术总监。福特于 1981 年进入美国石
油公司大西洋里奇菲尔德公司(ARCO)工作。12 年后,ARCO 公
司被 BP 收购,之后福特被调往墨西哥湾深水区,然后又调往第比利
斯,如今在土耳其工作。

福特很可能于 8 月 6 日与若干 BIL 高级员工一同乘直升机抵达
了位于雷法希耶的事故现场。BIL 公司共有 1200 名员工,半数受福
特的管理。福特能够最终决定是否要扑灭大火以及如何建造临时旁
路。后来,福特曾打电话召来了 BP 在巴库的管道维修团队,理由是
BIL 公司员工无法胜任这项工作。火焰熄灭后,管道附近残余的热
量仍使人难以近身,管道工人直到 48 小时后才得以进入现场。又过
了 24 小时,工人们才艰难地关闭了未烧毁的隔离阀,阻止了原油的
泄漏。据我们所知,当时针对事故的决策过程极其混乱,但福特却
在 BP 内部杂志《地平线》上对此次事故的处理方式给予了高度评价:
"土耳其、阿塞拜疆、格鲁吉亚三地高效协同作业……我为公司员工
感到骄傲,每个人都尽职尽责,没有人推诿。"[1]

---

[1]　M. Naughton, 'Teams Unite to Manage Tough Times', *Horizon* 7, December 2008, p.
　　35.

说到底，比起大火是如何扑灭的，我们更想知道这次爆炸事件的起因。媒体报道称库尔德工人党宣称对此负责，但土耳其政府却说这场事故是由技术故障引起的。

这个问题的答案至关重要，因为它关乎维修费用和损失的承担方。BTC 管道爆炸后，BP 无法像从前一样将总日产量近百万桶的六个里海海上平台产出的原油运送至地中海的客户油轮上，只得通过巴库–苏普萨管道运输这些原油。然而，巴库–苏普萨管道的运输量远不及 BTC 管道，且它只能将原油运送至黑海东部，离地中海尚有几日航程。鉴于此，BP 无法履行对航运客户的承诺，于是对外宣布遭遇不可抗力事件，称发生了"恐怖主义活动"。根据东道国政府协议，土耳其负有保障管道安全的法律责任。一旦仲裁小组认定此次爆炸事件是由安保措施不到位造成的，BP 就可以向土耳其提出索赔。①

这场事故造成的损失是巨大的。我们从 BP 在事故发生后两天发出的内部消息中得知，BTC 公司每天损失的运输收入高达 500 万美元。②此外，管道内原油的所有者——BP 分公司的损失更加惨重。2008 年 8 月初，油价在每桶 120 美元上下徘徊，几乎达到了历史高点，但 BP 却错失良机了。

我们试图找出此次爆炸事件的根本原因。第一个可能原因是技术故障。我们从举报人口中得知，土耳其段管道的建设并不符合标准。管道投运的这两年里，基础设施事故屡见不鲜。就在爆炸发生之前 6 周，BTC 公司的维修团队刚完成在爆炸处以西不远处进行的为期 18 个月的焊接作业。③2008 年 9 月，距离火灾发生还不到一个月，

---

① I. Altunsoy,'PKK Claims Responsibility for BTC Pipeline Explosion', 8 August 2008, at todayszaman.com.

② Email from BP to Société Générale.

③ 'Risky Repair was Successfully Completed（KP 611）', June 2008, at botasint.com.

爆炸处附近的锡瓦斯泵站出现了阀门事故，致使管道暂时停运。[①]

相比之下，第二个可能原因更合理一些，即管道是被炸毁的。考虑到库尔德工人党宣称对此事负责，这个原因就更令人信服了。库尔德工人党的第二领导人巴霍兹·埃尔达尔（Bahoz Erdal）称："我们攻击了 BTC 管道。我们认为此次攻击会阻止土耳其对库尔德人的进一步侵略行为。"[②]这并不是库尔德工人党针对的第一条油气管道。2008 年 3 月，他们声称对伊朗天然气管道爆炸事件负责；2009 年 11 月，他们又轰炸了基尔库克–杰伊汉输油管道。攻击油气管道是叛军对土耳其军队采用的游击战战术之一。自从美国开始向土耳其军队提供由国家地理空间情报局在得克萨斯州胡德堡收集的"实时卫星情报"时起，库尔德工人党的行动变得更加困难，他们也由此改打游击战。炸毁 BTC 管道可能也是为了向美国军方示威。

第二个可能原因更符合 BP 的利益，因为这意味着土耳其方未能按照东道国政府协议的要求妥善保护管道才致其损毁。在第比利斯，马修·泰勒曾告诉我们："请记住，安全是政府的责任。"他当时还说，土耳其会逃避责任："土耳其方面会以正在调查事故原因为借口百般拖延，直到这场事故被人们遗忘。"

此次管道爆炸事件还有一个可能原因，那就是"深层国家"（deep state）的涉足。对于局外人而言，"深层国家"听起来似乎过于阴谋论，但它对于许多土耳其人来说却是切实存在的。这是一个由极端民族主义组织"灰狼"（Grey Wolves）、政府高层、军方和黑手党头目组成的阴暗团体，在过去 30 年里经常干预土耳其政治。该团体曾暗杀左派分子、库尔德人和伊斯兰教激进主义者，参与过军事

---

① 'Additional challenges for the BTC Pipeline', 18 September 2008, at bicusa.org.
② E. Uslu, 'Is the PKK Sabotaging Strategic Energy Infrastructure in a Search for a Superpower Partner?', Terrorism Focus（Jamestown Foundation）5: 42（12 December 2008）.

政变，还曾发起"假旗行动"并嫁祸给库尔德工人党。对于这个团体来说，炸毁 BTC 管道不费吹灰之力。[1]

我们在壳牌–石油旅游旅馆开好了房间，然后边吃晚饭边讨论第二天的计划。为了更深入地了解爆炸事件，我们想走访一下在爆炸现场附近居住的人。2008 年 8 月，迈哈迈德·阿里在伦敦的平台组织实习。当时，他通过电话采访了约特巴西村（Yurtbaşı）村长，并得知这个镇子离火灾现场很近。但我们并不知道二者之间的确切距离。我们猜测这次走访的难度可能不小，就像当时在格鲁吉亚寻找俄罗斯弹坑时屡屡碰壁一样。

有了之前詹达尔马的教训，我们在第二天早上出发前拿出了背包里所有可能招惹麻烦的东西，以防被监视或拦截。我们步行来到了雷法希耶的中心区域，找到了一辆破旧的蓝色尼瓦（Niva）出租车。司机愿意载我们去约特巴西。

我们沿着 E80 公路向前行驶时，司机问我们为什么来这里，毕竟雷法希耶也不是一个旅游城市。我们并不知道司机的政治立场，为慎重起见，迈哈迈德·阿里只说我们在写一本关于土耳其乡下的书。司机对此毫无兴趣，于是把话题转到了去年当地发生的大事，也就是那场火灾："大火整整烧了十天。村民们都被撤离了。消防车从四面八方赶到现场……这就是蓄意破坏。"

突然间，我们就到了事故现场。它就在主干道旁边，那里有一排集装箱，一排移动厕所，一条有保安人员驻守的通道，6 个穿着橙色 BTC 连体工作服、戴着白色安全帽的人，还有一堆大管子。真是出乎意料的顺利——仅仅十分钟的车程，我们就抵达了事故现场。但我们此行的目的是走访附近的居民，所以我们并没有就此止步，

---

[1]　Y. Navaro-Yashin, *Faces of the State: Secularism and Public Life in Turkey*, Princeton University Press, 2002.

而是让司机带我们继续前往约特巴西。他向北驶离主路，开上了一条沥青路，朝着平原尽头的平房群驶去。那些平房有着银灰色的铁制波纹屋顶，后面是耸峙的砂岩悬崖。山谷底部绿意盎然，与山上冷灰褐色的石质土壤和灌木植物形成了鲜明对比。

我们到达了约特巴西的中心区域，行驶在平房间的泥路上。我们提出想见一见村长，之后被护送着通过一条小溪，路过了一些正在抽芽的柳树，来到了一座洁白无瑕的清真寺。村长暂时不在，工作人员指引我们在清真寺下的会议室稍做等待，村里的长者会来与我们会面。会议室的墙面是淡绿色的，墙上挂着麦加和苏丹阿赫迈特清真寺（Sultanahmet Mosque）的照片。地板是用白色瓷砖铺就的，塑料桌椅板凳也都是白色的。屋里打扫得一尘不染。

穆拉特（Murat）走了进来。他四十多岁，胡子刮得干干净净，穿着灰色条纹衬衫和深色西装，黑色皮鞋擦得发亮。他的穿着打扮非常像个城里人，与这个偏远的安纳托利亚小山村格格不入。他说，有400名到450名村民住在这里，多数以耕种和放牧为生。他对我们非常感兴趣。当我们说起詹姆斯是鸟类专家时，穆拉特问起了某些鸟类濒临灭绝的原因。他怀疑是管道起火产生的灰烬造成的。

其他人也陆续赶到了，里面最显眼的当属艾哈迈德（Ahmet）。我们之前在街上见过他，当时他正在用刨子刨木头。他有着阿訇[1]般的安详宁静，其他人也对他毕恭毕敬。事实上，他就是代理伊玛目[2]。

他用尖锐的声调向我们抱怨近期一名英国议员来土耳其拍摄孤儿院电影的事。我们对此感到不解，但他坚持认为这损害了土耳其的形象。他也想知道鸟类数量为什么在减少，到底是因为气候变化，

---

① 伊斯兰教神职人员。——译者注
② 伊斯兰教领拜人。——译者注

还是因为管道火灾对蜜蜂等动物造成了负面影响。他还担心，地面都被火灾产生的灰烬覆盖住后，牛会受到影响，牛奶和牛肉的质量都会变差。管道公司放任这场大火烧了 6 天之久——如果这场火灾发生在英国，他们也会这么做吗？

我们的谈话被清真寺扩音器传来的礼拜开始的声音打断了。但令我们惊讶的是，没有一个人起身离开，就连代理伊玛目都没有动身。透过窗户，我们看到了远处沃尔夫山白色山顶上点缀着的松树的黑影。他还向我们提出了其他问题：为什么他们在伊拉克使用贫铀武器？西方国家排放的二氧化碳总量极大，它们又要如何应对由此产生的气候变化？听到这里，迈哈迈德·阿里的情绪有些激动了。他理解艾哈迈德的担忧之情，但他认为这些人都被过度民族主义洗脑了，土耳其还是效忠"西方国家"并与其诚挚合作的。

谈话间，房间里的气氛发生了变化。之前提到的灰烬一词开始变成了"烟气"。穆拉特等人称火灾并非起于人为破坏，而是技术故障：阀门破裂漏电引发了大火。退一步讲，这种事在全国各地都曾发生过。参与管道建设的不仅有土耳其当地员工，还有很多外国工程师，因此此次爆炸事件并非博塔斯公司的错误。事故发生后，地主们的田地被维修设备占用了，地主们因此获得了丰厚的补偿。总之，这场火灾的后果并不严重，很多医生、军人和警察也提供了大量帮助。

故事的走向完全变了。人们不再谈论问题和担忧，而是说起了这条作为"国家项目"的"土耳其管道"带来的好处。

房间内的气氛又发生了转变。村民们拍下了我们的照片，还抄下了我们的护照和身份证号码。他们写了一份声明，让我们在上面签字。迈哈迈德·阿里大声朗读了声明的内容，称村民们在与我们交谈的过程中"没有说过任何有争议的话"。他们显然是想给自己留条退路。但是，他们怕的到底是谁？詹达尔马？还是管道公司的领导？

我们问了问是否可以到村子周围的山上走走，但遭到了回绝。他们坚持要送我们回到主干道，这无异于押送我们离开村子。离开大楼时，我们看到了从近期选举中遗留下来的一堆堆带有伊斯兰主义执政党正义与发展党标志的旗帜。迈哈迈德·阿里说："这些村民都是保守派的民族主义者。我不大喜欢他们。"

我们乘坐穆拉特的车驶离村子里的公路，又沿着 E80 公路来到了路边的一家饭店。我们原本以为穆拉特会在我们吃完午饭后返回雷法希耶，但我们还在优哉游哉地吃烤串和米饭时，他就向我们点头告别，然后起身离开了。

我们决定进一步探索爆炸事件。我们准备去山谷南侧的阿拉卡特利村（Alacaatlı），那里离 30 号截断阀更近。我们沿着一条蜿蜒的新柏油路爬坡，一路驶向远处的几栋房子。那些房子的前面是绿色的牧场，后面则是绵延至沃尔夫山山顶积雪处的松树林。我们越过乔班利河，经过了 BTC 管道标志桩，然后步行穿过了一片缀满鲜花的草地。我们在马路上遇见了一个男人。他笑着对我们说："欢迎。"也许这里的人对我们的戒备心没有那么重。

我们与两名村委会干部聊了聊，但很快就发现根本问不出什么。"管道起火是怎么回事？"我们问道。"无可奉告。""我们能不能从你们的村子穿过去，到后面的山上走走？""不行，山上有野熊和野狼。它们可能会攻击你们。""那我们能在村子里走走吗？""不行。而且我们现在很忙，没时间带你们到处溜达。"我们听出来了，他们这是在下逐客令。这倒是可以理解，毕竟换位想想，如果有一群土耳其调查员来到我们的英国村庄问这问那，我们也只会敷衍了事的。不过，这些不友好的村民与坦诚的阿塞拜疆、格鲁吉亚和库尔德村民还是形成了鲜明对比。

我们准备去东边的一家加油站碰碰运气，于是沿着 E80 公路步行前往。我们又一次经过了破裂阀门附近的管道维修现场，看到几个穿着橙色连体服的工人正在起重机下的阴凉里吃盒饭。入口处的一名保安一直盯着我们，因此我们没能找机会和那些工人聊聊。

加油站的工作人员倒是颇为健谈："第一晚，我听到了爆炸声，就像轮胎爆胎了一样，之后火就烧起来了。我们这儿离那里足有一千米远，但当时就连这里都燥热难耐，好像能把一切烤化了一样。烟尘一直飘到了这里，我们都止不住地咳嗽。大火烧了一个星期，他们把路都封了。"

送我们来雷法希耶的出租车司机又送我们离开了这里。在回程途中，他又聊起了这次事故："他们疏散了阿拉卡特利村村民，七天都没让村民回村。他们来到了雷法希耶。消防员担心森林会着火。埃尔祖鲁姆、埃尔津詹、锡瓦斯、安卡拉的消防车纷纷赶来。我不知道这次事件是不是人为造成的。如果真有人想炸毁这条管道，为什么不在远离公路的山区下手呢？毕竟那样不容易被抓。"

我们回到了旅馆，试图拼凑出真相。暂且不论细节，这次火灾能称得上是一起重大的国际事件：大火烧了一个星期，烟雾从山谷底部升起，灰烬落在庄稼上，村民们都被疏散了。消防车和直升机纷纷赶来，能源和自然资源部部长到现场指挥工作，大批军人蜂拥而至。9个月过去了，工程师们仍在现场进行灾后处理工作。

村民们对这次事件三缄其口，这说明了许多人将这条管道视为不容置疑的国家设施。在国家辩论中，BTC管道是一个具有战略意义的政府项目，让人们引以为傲。相应地，社会运动、受影响的居民区和媒体在公开表示对管道的担忧时，不得不与强大的民族主义力量做斗争。

BTC管道隶属于外国公司一事在纷扰中被掩盖了。这样看来，BP与博塔斯公司签订统包协议并将管道土耳其段的建设和运营交给博塔斯公司是非常明智的决定。我们在向英国议会报告博塔斯公司的劣质工程时并未意识到这个伎俩。我们想知道 BP 到底是蓄意为之还是顺水推舟。BP 是否在 2000 年或 2001 年的战略计划中早早想到了这样做的好处？还是说，BP 之前并没有预料到会有这样的意外之喜？

我们在那个 8 月的晚上离开雷法希耶时，并没有调查出那次爆炸事件的真相。但是我们现在意识到了，土耳其的民族主义者为 BP 提供了抵御批评和调查的第一条防线，这一点与阿塞拜疆是一致的。另外，我们也对管道爆炸和起火的后果有了更深入的了解。一旦靠近居民区的管道发生爆炸，后果将不堪设想。万幸 30 号截断阀周围荒无人烟。我们想到了卡拉博克村的那两条油气管道，它们离曼苏拉·伊比什瓦家的厨房那么近，离战场也只有 40 千米。我们还想起了欧洲复兴开发银行的杰夫·杰特曾向我们保证 BTC 管道的建设符合英国标准，因此非常安全。

◉ 土耳其，安卡拉

我们沿着 E80 公路向西边的锡瓦斯进发。锡瓦斯曾是塞尔柱帝国的首都，也是商人们在中亚至欧洲商路上的停靠点。

我们下了汽车，重新登上了前往安卡拉的火车。火车将我们带到了土耳其首都，距 BTC 管道 500 千米远的地方。1892 年，铁路从伊斯坦布尔铺到了当时还是安纳托利亚荒野小镇的安卡拉。当时，安卡拉出产的安哥拉羊毛远近闻名。这条铁路由德国工程师建造，是奥斯曼帝国实现工业化的手段之一，仿造法国工程师在高加索地区修建的巴库–巴统铁路而建。

天气炎热。我们的火车晃晃悠悠地开了一整天，终于抵达了安卡拉。20 世纪 30 年代阿塔图尔克任土耳其总理时，安卡拉站进行了翻修，不再是原来那个 19 世纪的车站，而是一座由德国人建造的包豪斯风格现代车站。回到家乡的迈哈迈德·阿里心情愉悦，催促着我们去基兹雷地区（Kızılay）与三五好友会面。这里较之地广人稀的土耳其东部相去甚远，地铁里挤满了人，着实令人惊讶。到处都有贩卖新鲜橙汁、椒盐脆饼形状的点心和各种报纸的小商贩。

1884年巴库–巴统铁路竣工后，从里海开采出的石油通过格鲁吉亚的黑海港口经由轮船运输到西欧甚至更远的地方。油轮从巴统出发，顺着狭窄的博斯普鲁斯海峡而下，穿过伊斯坦布尔市中心，然后驶入地中海。20世纪90年代，新石油之路开始规划之时，本可以复制这种模式。ACG油田的原油可以通过管道运输至黑海地区的苏普萨和新罗西斯克，然后在这两个港口装上油轮，经由海路运往世界各地。然而，石油公司都想尽快从ACG油田开采大量原油，这意味着经过博斯普鲁斯海峡的油轮数量将急剧增加。安卡拉的土耳其政府并不想看到这种情景，毕竟这会增加伊斯坦布尔市中心发生石油灾难的风险。

由于经博斯普鲁斯海峡运输的石油量有限制且美国政府决定不通过俄罗斯向西输送原油，敲定穿越土耳其境内的输油管道协议被美国视为重要的优先事项。1998年10月，克林顿总统下令在安卡拉设立"里海金融中心"，那时齐拉格海上油田出产的石油已经沿着巴库–苏普萨管道输送近一年了。这种运输方式的政治和金融收益不及BTC管道，因此克林顿政府希望尽快开通BTC管道。次年1月，金融中心位于安卡拉的美国大使馆落成了。该中心由彼得·巴林杰（Peter Ballinger）领导，并从三个美国贸易和出口信贷机构借调了工作人员。该中心的职能是为区域能源项目提供融资。[1] 根据美国国际

---

① The Overseas Private Investment Corporation（OPIC），the Export-Import Bank（EXIM Bank），and the US Trade and Development Agency（USTDA）. J. Joseph, *Pipeline Diplomacy: The Clinton Administration's Fight for Baku-Ceyhan*, Princeton, p. 20.

战略研究中心（Center for Strategic and International Studies）的说法，该金融中心"是美国向土耳其投射经济力量的滩头堡"，是美国左右管道决策的又一个有力武器。①

就在几个月前，理查德·莫宁斯塔接受克林顿的指派，担任里海盆地能源外交特别顾问，在安卡拉、第比利斯和巴库的美国大使馆间跑业务。莫宁斯塔曾担任驻苏联新独立国家大使，后来继承了前任桑迪·伯杰的衣钵，让美国重新燃起了对自里海西行的管道的热情。莫宁斯塔重新组织了里海能源协调小组，坚持要求来自国务院、能源部、商务部、美国国际开发署和中央情报局的代表每三周就短期战略规划举行一次会议，以推动石油公司以及阿塞拜疆、格鲁吉亚和土耳其政府建造美国需要的管道。

不久后，人们发现 BTC 管道的成本过高，远不及将油品泵送至伊朗或经由俄罗斯运输油品等替代方案经济实惠。美国明确反对这些替代方案，而美国政府仍要想方设法提高 BTC 管道对私营石油公司的吸引力。鉴于此，巴林杰的里海金融中心坚决主张美国出口信贷机构为 BTC 管道提供纳税人上缴的税金。为此，巴林杰和莫宁斯塔必须说服立法者解决美国与亚美尼亚战争遗留下来的问题，即绕开美国对阿塞拜疆的制裁。② 巴林杰实现了他的目标：美国政府为 BTC 管道提供了数亿美元建设资金。

莫宁斯塔的外交活动旨在推动阿塞拜疆、格鲁吉亚和土耳其政府为 BTC 管道的建设提供税收优惠并尽量压低运输石油的过境费。他说："要提高巴库-杰伊汉管道的商业吸引力，土耳其显然肩负着

---

① B. Humphrey, 'Washington Splashes Out on Caspian Dreams', 15 June 1999, at themoscowtimes.com.

② 'The US Role in the Caucasus and Central Asia: Hearing Before the Committee on International Relations', US House of Representatives, 30 April 1998.

主要责任。"① 美国政府官员表示，"希望土耳其设定管道建设的成本上限，从而避免石油公司成本失控。"② 迫于这种政治压力，BP 才能成功说服博塔斯公司削减 6 亿美元建造成本，最终签订了 BTC 管道三分之二管段的统包协议。此外，美国的外交动作确保了 BTC 管道的成本超支不是由私营石油公司承担，而是转嫁到了土耳其纳税人的头上。莫宁斯塔坚称：

> 美国自认为是里海管道的推动方。为美国和其他公司争取更多商业机会是我们在里海地区的战略目标之一。过去五年半，我一直为私营部门工作。我清楚地知道，没有商业价值的管道不可能被建造出来。③

巴林杰在安卡拉任里海金融中心领导长达六年时间，直至 2006 年 1 月 "BTC 管道正式投运"、中心解散才卸任。④ 任职期间，他和莫宁斯塔搭建了使 BTC 管道 "具有商业意义" 的政治和经济框架。他们在确保石油公司获利以及维持美国在能源领域的主导地位方面发挥了关键作用。

1999 年至 2001 年，莫宁斯塔任美国驻欧盟大使。接下来的八年里，他淡出了公众的视线。但是，自奥巴马总统上任后，他又被任命为美国政府欧亚能源问题特使。此后，他回到了高加索和中亚能源领域，为西方公司争取到了在土库曼斯坦开采天然气的机会，还

---

① H. Kazaz, 'Caspian Pipeline Conference Explores Options Besides Baku-Ceyhan', 12 October 1998, huriyetdailynews.com.

② Joseph, *Pipeline Diplomacy*, p. 21.

③ R. Morningstar, 'Address to CERA Conference', Washington, DC, 7 December 1998.

④ 'Peter Ballinger at Overseas Private Investment Corporation', at in.linkedin.com.

推动了为欧洲电网供能的纳布科管道的修建。他与欧盟委员会能源总司主管让–阿诺德·维努斯一道建立了"南部能源走廊"。莫宁斯塔与巴库的萨比特·巴吉罗夫（SOCAR 前董事长）以及伦敦的拜伦·格罗特（BP 首席财务官）一样可以被称为"BTC 管道背后的创建者"。

在基兹雷的一家咖啡馆里，我们与迈哈迈德·阿里的几个朋友见了面。阿里戴着小圆眼镜，咧嘴笑着，是这些人的开心果，人缘很不错。他们是安卡拉名校中东科技大学（Middle Eastern Technical University）的同学。这所大学位于这座由钢筋水泥组成的城市的边缘，校园里绿树成荫，学生们在草坪上讨论齐泽克（Žižek）、哈贝马斯（Habermas）和阿甘本（Agamben），所有课程都是全英文教学。

迈哈迈德·阿里的几个朋友是 BTC 管道项目的工程师，还有几个参与了配套的社区投资项目。他们的薪水比较可观，且在国际项目上工作也能丰富他们的简历。我们聊到了他们找这些工作的事，他们说当时石油公司在这里招聘了很多毕业生，甚至还会直接与整个院系签约。中东科技大学的黑海和中亚中心与伦敦的 ERM 签订了合同，为 BTC 管道土耳其管段提供"社会经济基线研究"。对哈吉巴伊拉姆村的缺陷管道也进行了这种研究评估。BTC 公司通过招聘毕业生及与院系签合同等手段，将中东科技大学等学术机构吸纳到了碳网络里。

如今，仍有少数中东科技大学的毕业生在阿马达大楼（Armada Tower）里的 BP 土耳其总部工作。这座摩天大楼位于安卡拉市中心，外侧由蓝色玻璃和花岗岩构成，一层到四层是电影院和近期刚获得"欧洲最佳购物中心"奖项的购物中心。BP 土耳其总部是我们的下一个目的地。我们乘坐电梯，到达大楼上层。

我们在大厅里等候会见，期盼这次会议的收获能超过巴库和第

比利斯的会议。大厅里面有几个大屏幕，上面显示托姆瓦尔堡号
（Thorm Valborg）油轮和托姆玛丽娜号（Thorm Marina）油轮正停靠
在杰伊汉港装油，油品来自 BTC 管道。为了打发时间，我们翻了翻
BP 的《地平线》杂志。杂志里的文字充满了企业乐观主义，与苏联
文学尖锐的实证主义形成了奇怪的共鸣，这种实证主义在希克梅特
的一部分诗里也体现得非常明显。杂志里对 BTC 管道的描述非常理
想化，"进步"总是好的，问题都是可以解决的，技术一定能带来进
步。杂志中的文字和照片都很昂扬向上，没有任何不和谐的言语。

我们见到了舒克兰·恰拉扬（Şükran Çağlayan）。她是 BP 土耳
其分公司的企业社会责任经理。她很令人着迷，甚至可以说是风情
万种。她带领我们走上螺旋楼梯，来到位于夹层的一间会议室。这
家公司仅占用了两层楼，是我们去过的规模最小的分公司，毕竟这
家公司在土耳其仅有监督职能。BTC 管道的运营商 BIL 约有 1200 名
员工，而 BP 在土耳其仅有 100 名员工。

舒克兰说她已经在 BP 工作 10 年了。她于 1999 年入职，那时
"东道国政府协议还没签署。我们当初都在为了此事奔走。管道从无
到有、从设计到施工再到投产，我都有所参与。我还参与了环境和
社会影响评估以及社区投资项目"。她说她现在的工作是监测评估
BTC 管道的社会经济影响。

舒克兰出生在阿尔达汉省的波索夫村，就在我们在雪中看到的
那家泵站附近。她的家族过去住在格鲁吉亚边境，是梅斯赫特土耳
其人（Meshketi Turks）。1944 年，他们被斯大林的苏联国家安全委
员会遣送至中亚。1991 年，他们不顾甘萨克胡迪亚总统的反对，千
辛万苦地回到了刚从苏联独立出来的格鲁吉亚。舒克兰没有经历这
些颠沛流离，她是在土耳其东部的边境地区长大的。她得意地告诉
我们，从土耳其边境到锡瓦斯之间地区的管道沿线居民都亲昵地称
她为"本地女孩"。

我们问舒克兰如何管理管道沿线居民的期望，她不加犹豫地回答说这非常困难，甚至可以说几乎不可能实现。"这些人什么都没有，因此他们会有这些期望。这些偏远的村子一向人迹罕至，但突然有一天，一群人涌了进来，承诺会给村子带来改变和发展。村民们认为外来的人都是博塔斯公司的员工。没人在乎来的到底是不是BP 的人。"

我们认为，人们普遍将 BTC 管道视为国家项目，而不是由私营公司建设运营的项目。舒克兰也是这样认为的。群众的这种观点显然降低了她的工作难度。"不管我们走到哪，当地人都会以礼相待。即便告诉他们我们是私营部门，当地人仍将我们视为政府代表。这条管道被视为国家的荣誉。沿线居民们也认为这是属于'他们'的管道。谢天谢地，他们一直这么想。"

我们之前在石油大公馆会见过艾登·加西莫夫，还在第比利斯会见过马修·泰勒，但这次会面与那两次非常不同。舒克兰真心实意地想改善 BTC 管道沿线居民的生活，还想利用这条管道促进乡村发展。她说："我们把 BP 打造成了一家致力于农村发展的公司。"

舒克兰认为，企业的社会责任应该侧重于帮助外界发展，而不是维护公共关系。从字面上来看，这完全是两件事情，但现实中，二者的界限往往模糊不清。负责企业社会责任的员工经常接受公共关系和媒体管理方面的培训，从而更有效地宣传品牌及公司价值观。[①] 舒克兰十分坦率："最重要的事情就是不要让公关人员参与沟通和对外事务。他们才是毁坏企业形象的罪魁祸首。"我们很想知道她所谓的公关人员指的是不是巴库的马修·泰勒和塔玛姆·巴亚特利。

---

① 'How To Communicate Your Corporate Values to Consumers', *Ethical Corporation*, at ethicalcorp.com.

我们在巴库石油大公馆时曾听伊琳娜和艾登说起，BP 在阿塞拜疆和格鲁吉亚的社区投资项目是由国际关怀组织（CARE International）和国际美慈组织（Mercy Corps）等大型国际非政府组织运营的。而在土耳其，BP 会优先考虑与当地公司和组织合作，这与阿塞拜疆和格鲁吉亚的情况有所不同。深谙发展之道的舒克兰为此感到骄傲。"刚开始时，我们冒着很大风险做这件事。我们在能力建设上投入了太多资金。但这是必不可少的。当初，我们选择毫无经验的埃尔祖鲁姆大学作为社区投资伙伴。如今，埃尔祖鲁姆大学已经饱经历练，深受欧盟和捐助者的信任。"我们意识到，舒克兰一定是引入"监管组织"的成员之一，也许还促成了英国咨询公司 ERM 和中东科技大学之间的合作。

然而，这项政策没能让所有人满意。"国际美慈组织还想起诉我们。"她说，总部设在华盛顿的国际美慈组织想承接土耳其的社区投资项目。这家非政府组织声称 BP 只与当地组织合作，这是对他们组织的歧视。舒克兰继续道："我的原话是，'不好意思，我们对当地合作伙伴有政策，我也无能为力。'然后他们就要把我们告上法庭。"

舒克兰说，选择合适的当地机构作为合作伙伴是非常重要的。"大型国际组织的员工经常我行我素地认为'我知道怎样做对每个人最好'。我们不想引入这种优越感。本地人才最了解本地人的需求。"舒克兰还强烈谴责了她所谓的 BP 里的"石油人"。她指责那些人做出的错误决定，譬如让博塔斯公司建造从格鲁吉亚边境到埃尔祖鲁姆间的 SCP 输气管道，还逃避该管道建设方式不当的责任。她还提到了管道附近的岩石和土堆，"这很可耻，对吧？真是讨厌"。事实上，我们在哈西阿里村就看到过那种景象。

舒克兰对她的工作有着非常深刻的理解。"我认为确保管道的安全性并不是做慈善，而是风险管理工具。我想向那些石油人证明，我的工作与他们的利益相符。"她认为她们的工作减少了管道沿线居民的反对意见以及诉讼案件的数目，她的团队能够预警可能发生的社会和政治问题。

世界银行总部的一位同事给舒克兰打来电话，打断了我们的聊天。舒克兰说会在半小时后拨回去，然后跟我们说要尽快结束对话。我们原本计划与她聊一个半小时，而现在已经三个小时了，我们没有理由再要求什么。最后，她对我们说："我来自左翼反对派，所以我理解人们对跨国公司的不满。我非常喜欢作家雅萨尔·凯马尔。我们在他的老家也有一个沼气项目。"她把我们带到电梯前，然后匆匆抽了一根万宝路香烟，便匆忙赶去参加下一个会议。

大楼外车水马龙。我们一边沿着人行道漫步，一边思考着刚才的谈话。舒克兰一心扑在为土耳其农村带来"发展"这件事上。尽管有人抱怨这些项目（比如哈斯柯伊霍克万村的人工授精项目），但舒克兰的表现还是非常亮眼的。这其实揭示了她的工作目标：为了优化这条 21 世纪石油之路，舒克兰的团队要使 BTC 管道合法化，还要监视反对声音并进行镇压。

第十五章

管沟侧壁可能发生坍塌，把孩子们压在下面

📍 BTC KP 1547–1734 千米–土耳其，亚拉希

我们包车从安卡拉出发，朝东南方向行驶。不紧不慢地开了 500 千米后，我们又一次回到了 BTC 管道附近，具体位置距离我们在锡瓦斯与管道分离的那个地方不远。为了打发时间，我们与迈哈迈德·阿里聊起了他在土耳其的成长经历。1985 年，他出生于伊斯坦布尔附近的工业城市伊兹米特（İzmit）。当时，土耳其结束为期三年的军事统治并进行了总统大选，但军队仍是实际控制者。

迈哈迈德·阿里说，阿塔图尔克在奥斯曼帝国的废墟之上建立了土耳其共和国，引领这个国家远离了中东。他推崇欧洲的现代化理念，还大力镇压伊斯兰教。由军队主导的世俗主义政府是最高权威。土耳其将工业视为"进步"之路，这一点与苏联相同。土耳其与苏联的联系还不止于此。事实上，苏联为新成立的土耳其共和国提供了与 800 万美元等值的金卢布。另外，1933 年，土耳其宣布了遵循苏联模式制定的第一个五年计划。[1] 在这个计划的指导下，安纳

---

① E. Zurcher, *Turkey: A Modern History*, I. B. Taurus, 2010, p. 197.

托利亚中部的开塞利（Kayseri）建起了一个大型纺织厂，以产自南方的棉花为原材料加工纺织品。开塞利非常现代化，有工厂、工人的住房、社交俱乐部、电影院和医院。这个代表着民族主义工业化[①]的城市是与苏联的苏姆盖特和占贾同一时期建造的。当时，土耳其的经济正在转型，石油消费量急剧增加，巴库附近油井的产量不断增加。

我们开车穿过了开塞利。这里原是罗马城市恺撒里亚（Caesarea），位于一条东西向公路和自始自地中海海港的南北向公路的交叉点处。马可·波罗等威尼斯商人都曾路过此地。迈哈迈德·阿里说，开塞利如今被称为极端民族主义党派民族行动党的根据地。

"二战"后，土耳其开始拥护美国，还变成了西方国家在高加索边境对抗苏联的堡垒。土耳其在北约扮演的国际角色巩固了军队在土耳其国内的地位。20世纪70年代至80年代冷战期间，土耳其政党政治由布伦特·埃杰维特（Bülent Ecevit）和苏莱曼·德米雷尔两个人主导——前者曾五次当选土耳其总理，后者则七次当选总理。但是在这段时间里，军方仍在幕后掌握大权。

迈哈迈德·阿里今年26岁。之前，他接受教育，考上了中东科技大学，并没有参军。他见证了土耳其伊斯兰政治的缓慢发展。另外，苏联解体后，土耳其在北约的重要性骤然降低，但土耳其成功转向了全新的地缘政治角色，成为通往西方的未来石油之路的守护者。

20世纪90年代，土耳其发生了很多变化。在此期间，土耳其政府积极支持美国建造BTC管道的计划，并签署了由乔治·古尔斯比起草的《东道国政府协议》，还接受了由理查德·莫宁斯塔以及彼

[①] S. Bozdogan, *Modernism and Nation Building: Turkish Architectural Culture in the Early Republic*, University of Washington Press, 2001, p. 124.

得·巴林杰敲定的博塔斯统包协议财务条款。1999 年 11 月，土耳其于伊斯坦布尔签署了《东道国政府协议》，当时土耳其总统德米雷尔和总理埃杰维特坐在爱德华·谢瓦尔德纳泽和盖达尔·阿利耶夫旁边，而比尔·克林顿总统则在一旁观看。

我们停在皮纳巴希（Pınarbası）过夜。这里距离 BTC 管道 C 管段（位于地中海区域）的 36 号截断阀约 10 千米。第二天，我们驱车南下。东边的群山挡住了初升的太阳，露出熹微的晨光。微风袭来，山峰周围的薄雾尽数散去。老鹰在空中翱翔。从土耳其南部海岸吹来的风潮湿又温暖，沿托罗斯山脉缓缓而上。托罗斯山脉从喜马拉雅山脉延伸出来，是横穿亚洲大陆连绵不绝的山脉的最后一环。陡峭的山坡和深邃的山谷里满是松树、香柏和橡树，偶有红棕色的峭壁、石灰石悬崖和倾泻而下的瀑布打破连绵不断的树林。村民们在山间的平地上翻弄红土。下雨时，肥沃的红土会变成又厚又稠的稀泥。

2004 年 7 月的一个潮湿的夜晚，11 岁的库比莱·埃雷克奇（Kubilay Erekçi）和努鲁拉·凯斯金（Nurullah Keskin）没有回家。北托罗斯山区的亚拉希村（Yaylacı）有 150 户村民，很多都出门去找他们了。一个 8 岁的男孩说，当天早些时候，他曾看到他们在满是水的管沟旁玩耍。管沟旁没有任何围栏防护，非常危险。[1]

当晚 9 点，博塔斯公司代理现场经理雷·库珀（Ray Cooper）接到了有儿童失踪的电话。他给博塔斯公司及同为土耳其公司的建筑

---

[1] 上述事件以及以下所有有关此事的细节均来自 ECGD 依《信息自由法》的规定发布的以下文件：J. Wingate, 'BTC Notice to Société Générale and Lenders', BTC Co., 12 July 2004; 'BTC Safety Communication', BTC Co.; 'Investigation Report: BTC Pipeline Project–Botas EPC Contractor（Punj Lloyd/Limak JV–Lot C）–3rd Party Fatality Incident–Turkey', BTC Co. Investigation Team; 'Lessons Learned–Non BU Reportable Fatal Incident', BTC Co.

分包商利马克公司（Limak）的很多员工打了电话通报此事。他还在阿齐兹利（Azizli）附近的偏远工人营地设立了"危机中心"。一台挖掘机和若干抽水设备被紧急送往亚拉希村。人们很快就将搜索范围缩小到了一个正在进行抽水作业的管沟。库珀刚发现这两个孩子可能溺死在了施工现场，就请求詹达尔马出面保护他手下的人。

午夜前，搜救人员从水里拉出了两具小孩尸体，尸体上的衣服还在。公司员工早已离开现场。一发现两个小孩可能死了，管沟里的水就被立即排空了。一张驾驶室窗户被砸碎了的挖掘机的照片说明了事实的真相。

这两个小孩是怎么死的？一周前，这里下了几场大雨，导致施工现场的一条水沟发生了外溢。现场的施工规划非常草率，一个月前开挖但当时尚未回填的管沟里都是积水。亚拉希村的小孩自施工开始之后一直在施工现场附近玩耍，而这个两米深的新水塘显然对孩子们的吸引力更大。雨水的侵蚀使管沟侧壁发生了坍塌，让管沟变得更宽了。BTC 公司的一名负责健康与安全的员工在 7 月 7 日拍摄了一张照片，照片中有两名穿着泳裤的男孩站在被淹的管沟旁的管道上。拍摄者并没有记录下这两个小孩的名字。7 月 9 日，努鲁拉和库比莱在管道旁发现了一块大木板。他们把木板拖到了管沟里，然后踩了上去，想借助木板的浮力漂在水面上。然而，木板并不能承受二人的重量，他们直接掉进了水里。管沟很深，侧壁很陡，男孩们并未逃脱。

我们开了一整天车回到了亚拉希村。夜晚的空气很潮湿，掺杂着百里香和马郁兰的香味。村子的中心区域有一行高大的白杨树，在倾盆大雨中为我们提供了少许庇护。我们的靴子陷在路上的红色稀泥里，简直寸步难行，于是我们到一个谷仓里稍做休整。空气中混杂着农场机械的油味和附近饲养的动物的气味。我们之前与几个村民约好了要见面，现在他们与我们和迈哈迈德·阿里一同在谷仓里躲雨。他们说，BP 和利马克公司将孩子们的尸体送回家并清理干净现场后，立即否认对男孩们的死亡负有责任。时至今日，他们仍对此愤愤不平。两个悲痛欲绝的家庭被迫展开了漫长的法庭拉锯战，他们追求的只是认同与正义。直到 2007 年，这两家公司才承认对此事负有部分责任，双方也在法庭外达成了和解。

然而，我们借信息自由之由从 BP 和利马克公司获取的内部调查报告显示，这两家公司非常清楚自己的责任。据报告里的备忘录记录，事故发生前一个月，施工现场已经"吸引了很多村子里的小孩"前来，他们"非要在管沟附近玩耍"。利马克公司负责环境的员工曾多次提出"她担心管沟侧壁可能发生坍塌，把孩子们压在下面"。孩子们在管沟边玩耍的照片旁边配有手写说明："我吓唬他们说警察会带他们去警察局"，以及"与承包商开会时经常会提到孩子们在全是水的管沟里游泳的事情……其实要是采取了措施的话，这件事是可以（避免的）"。[①]

内部调查报告试图将责任推到村民身上，并称孩子家长对孩子的行踪一无所知，且"孩子们并没有留意旁边的警示牌"。但是报告也显示，项目的安全程序没有得到执行，施工现场也没有按照要求设立标志杆和警戒带。报告还提到，去年秋天就有一名儿童在埃尔祖鲁姆北面被一节管子压死，不知这两家公司是否从中吸取了教训。

---

① 'BTC Pipeline Project'.

第十六章

别睡了——救救你们的大海

📍 土耳其，因吉利克

清晨，我们从托罗斯山脉驱车前往库库罗瓦。库库罗瓦平原由杰伊汉河和塞伊汉河冲击形成，是鼎鼎大名的"新月沃地"的一部分。新月沃地沿幼发拉底河延伸，横穿叙利亚和美索不达米亚，是农业的起源地之一。如今，库库罗瓦平原是土耳其的粮仓，盛产橙子、小麦、番茄和玉米。库库罗瓦的农产品出口到了中东、西欧和俄罗斯等地，英国哈林盖和多尔斯顿（Dalston）地区的土耳其和库尔德商店门口堆放的西瓜就产自这里。货车将西瓜运出原产地，然后运往伦敦北部。凝视着路旁的田野，我们想到了雅萨尔·凯马尔的文字：

> 这里的土地非常肥沃，一年可以收割三次。作物长势喜人，植株比其他产地的植株大上两三倍甚至五倍。除此之外，花朵、绿草和树木的颜色也与其他地方不同。这片土地上的绿色像翠玉一般别透，黄色如琥珀一般纯净，红色似火苗一般耀眼，蓝色若大海一般深邃。①

---

① Y. Kemal, *They Burn the Thistles*.

　　库库罗瓦的农业基础良好，农业工业化潜力巨大，因此长期以来一直是众方争夺的焦点地区。与托罗斯山脉里的小型农场和阿尔达汉的牧场相比，这片土地的面积更大，土壤也更肥沃，因此可以带来更可观的投资收益。自19世纪初起，亚美尼亚地主和埃及劳工在这里修建灌溉系统，还种上了棉花。[1]19世纪70年代，苏丹阿卜杜勒·哈米德二世掌控着库库罗瓦的大部分地区，并将其归入广阔的梅尔克梅克（Mercimek Estate）。1909年，阿卜杜勒·哈米德二世难以偿还奥斯曼帝国兴业银行等法国投资银行的债务，[2]于是以梅尔克梅克75年的租赁权抵债。得到租约的新地主们尝试着在这片土地上进行农业机械化改造，只是中途遭到了当地农民以及游牧土库曼人的强烈反对。1919年，阿塔图尔克宣布土耳其独立，之后法国军队占领了安纳托利亚东南部。法国毫不掩饰对这片肥沃土地的觊觎之心，还动用国家力量来保护这个属于私人银行的财产。法国的行为与英国占领高加索地区进而控制巴库–巴统铁路以及里海沿线油田无异。

　　1922年法国撤军后，土耳其重获库库罗瓦的控制权。阿塔图尔克继续推动农业工业化进程，这也是他实现"现代化"的重要手段之一。库库罗瓦出产的棉花被运往开塞利等地的工厂进行加工，希克梅特也在诗句中赞颂了库库罗瓦的棉花产业。"二战"后，得益于从美国进口的设备以及从托罗斯山脉地区迁移过来的劳工，当地的机械化进程大大加快了。生产开始向国外市场倾斜。富有的地主依旧容不下居住在平原上的农民，还夺走了农民的土地。20世纪20年代以来，土地争夺战经久不息，凯马尔于1955年出版的《瘦子麦麦

---

[1]　Zurcher, *Turkey: A Modern History*, p. 227.

[2]　M. Sukru Hanioglu, *A Brief History of the Late Ottoman Empire*, Princeton University Press, 2008, p. 91.

德》一书正是以这几十年的战争为背景的。几个地主搭上了棉花价格普涨的顺风车，完成了资本积累，为今库库罗瓦集团的成立奠定了财务基础。库库罗瓦集团是土耳其规模最大的企业集团之一，其业务涵盖建筑、银行、石油钻探等各个领域。[①]

凯马尔的书作让土耳其公众对这片肥沃土地有了美好的愿景。在安卡拉时，舒克兰曾对我们说，她在2002年第一次到访格罗瓦西村（Gölovası），之后去了新BP输油站的拟建地，心想："我们不能在这里建输油站。这儿太美了。我喜欢库库罗瓦。"

迈哈迈德·阿里载着我们沿E90公路穿过库库罗瓦。路上，一架大型灰色军用飞机从上方极速俯冲下来，飞过了我们右边的繁忙道路，然后"砰"的一声落在跑道上，之后上下颠簸了数次。透过空军基地高大的铁丝网围栏，隐约可见里面的控制塔和停在水泥机坪上的几架外形相同的"大肚子"飞机。

围栏外，一片片绿油油的生菜已然长成。牛群在垃圾中找草吃。带着婴儿的年轻妇女走在马路中间，伸手向过路人要钱。两群山羊走过了一家壳牌加油站，牧羊人在引导它们绕过生菜地。我们即将进入因吉利克村（İncirlik，意思是无花果园）。

在基地门口巡逻的土耳其士兵和在低矮的绿色瞭望塔上站岗的土耳其士兵一直盯着我们，直到我们绕过了空军基地才罢休。茂密的松树挡住了大部分视野，但鲜红的土耳其国旗仍清晰可见。透过松树的缝隙，我们看到了几栋颜色暗淡的公寓，旁边是若干黄色的独栋大楼。大楼的房顶是红色的，外面有蓝色的长凳。一位金发女郎正在阳台上晒太阳。

我们开车经过了因吉利克的清真寺，看到了它高高的白色尖塔。

---

① Zurcher, *Turkey: A Modern History*, pp. 228, 307.

之后，空军基地的样貌更加清晰了。村里的主干道是阿塔图尔克大街（Atatürk Caddesi），两旁的商店都有着明显的客户群：自由家具店、大约翰理发店、亚历克斯和乔好莱坞商店、布莱德文身店等。

　　因吉利克的大型"基地"由美国空军第 39 基地联队管理。该基地共有 5000 名美国员工，负责驾驶飞机、给飞机加油、向飞机上装填物资，从而为在伊拉克和阿富汗的西方军队提供补给。根据官方口径，因吉利克并不是美国空军基地，而是北约空军基地。除了美国员工外，该基地还有数百名英国和土耳其员工。

　　"二战"结束时，在四年冲突期间保持中立的土耳其共和国逐渐感受到了来自苏联的压力，斯大林也表示有意控制卡尔斯省。根据 1918 年《布列斯特－利托夫斯克条约》，这个以阿尔达汉为中心的边地已被归还给奥斯曼帝国。土耳其欣然接受美国的援助，加入了马歇尔计划，库库罗瓦等地区借此机会引进了全新的拖拉机。[①]1950 年，土耳其派军参加朝鲜战争。1952 年，土耳其加入北约。不久之后，美国陆军工兵部队开始在因吉利克修建跑道。当时，这个空军基地被定位为在苏联的黑海、高加索和里海领空执行间谍任务的美国 U2 侦察机的补给站。因吉利克基地扩大了美国空军的作战半径，提高了美国在欧洲和亚洲的控制力度。沙皇俄国、奥斯曼帝国、英国等帝国都是在控制并管制公路、铁路和航运路线的基础上建成的。如今，U2 飞机已经被卫星取代了。控制不再局限于天空，还进一步拓展到了太空。事实上，位于得克萨斯州胡德堡的国家地理空间情报局就在监控卫星。

---

① N. Stone, *Turkey: A Short History*, Tames & Hudson, 2011, p. 160.

📍 BTC KP 1768-1955 千米-土耳其，格罗瓦西

"我们到了！我们终于到了！"众人欢呼雀跃。迈哈迈德·阿里载着我们向一片低矮的山丘驶去。山的那头便是地中海了。山坡上有七个巨大的白色油罐，那里是 BTC 管道的终点，即杰伊汉油库。在绿意盎然的野外，这些油罐显得格格不入，就好像是大孩子遗留在海边的倒扣着的玩具桶一样。这几个油罐与我们在 1768 千米以外的桑加查尔首站见到的油罐非常相似。原油自里海边的桑加查尔油罐流出，流经高加索山脉和安纳托利亚高原，最终于 10 天后进入位于温暖的地中海旁的油罐内。

通往油库的小路并不醒目。地上有块褪色的标志牌，写着前方是"伊汉海运油库"。"杰"字被植物遮住了，"BTC"标志中的字母 T 也看不见了。附近有个用塑料搭建的公交站台，上面写着一条显眼的标语："伊斯肯（Isken）送你的礼物"——伊斯肯是燃煤电站，从山上能看到它的烟囱。

刚驶上进站路，我们就立即发现了不同之处：之前的道路坑坑洼洼、崎岖不平，而现在的柏油碎石路非常平坦。我们开到山顶时，发现白色油罐后方有一排肮脏的灰色油罐。这些灰色油罐存储着经由较老的基尔库克–杰伊汉管道运输而来的伊拉克石油。

道路在我们面前一分为二。直行路的前方有坚固的围栏，围栏里面就是油库。一辆詹达尔马装甲吉普从我们旁边驶过，在站场周边巡逻。我们没有直走，而是向右急转弯，重新驶上了一条崎岖不平的道路，前往格罗瓦西村北部。格罗瓦西村的村民与这个国际油库为邻。

道路两旁种植着无花果树和仙人掌，后面红色、绿色和白色的房子若隐若现。不时能听到公鸡打鸣。穿着蓝色校服的十余岁的孩子们正在步行下山。我们停下来问路时，遇见了一个身材壮硕的男

子，衬衫的两颗扣子间挂着一支钢笔。他是当地渔业合作社的社长，名叫塔辛·格雷根（Tahsin Göregen）。"管道正在输油。我们仍在打鱼。但这样的日子不多了。港口离这儿不远，我带你们去。"

驶离格罗瓦西村的路上，塔辛告诉我们，格罗瓦西村的 965 名村民多数以捕鱼为生。村里的土地非常肥沃，但属于农民的土地却屈指可数。最好的土地都被 BTC 公司强行收购了，如今上面已建成了油库。

"最大的问题是，BTC 公司禁止我们捕鱼。捕鱼区越来越小，禁渔区越来越大。"塔辛说，格罗瓦西附近的海域被划分为红色区域和绿色区域。红色区域在码头附近，渔船不得驶入。绿色区域较大，包围着红色区域。"我们的船可以驶入绿色区域，但不能在那里捕鱼。也就是说，我们失去了大部分捕鱼区。"

"BTC 的海岸警卫队会监督我们。但是，就算我们不在禁渔区里，他们也会给我们使绊子。海岸警卫队经常检查我们的渔船，揪住细枝末节不放，要我们缴纳罚款。我们被罚得倾家荡产，还有不少人锒铛入狱。"

我们穿过格罗瓦西的茂密树林，来到了一个阳光明媚的小型港口，里面停满了渔船。港口的入口朝北，服务于沿海岸线延伸几百米的 BTC 油库。两个长码头直插地中海。油轮停在离海岸更远的地方，等待装油。杰伊汉的油轮将带着采自桑加查尔海底的石油运往其他地方。

在微微晨光中，渔船缓缓驶回港口。渔民已经收回了头天晚上撒下的网。多数渔船是白色的，船身上装饰着花哨的绿色、红色抑或蓝色的条纹。一些渔船的甲板和小船舱被漆成了棕色或蓝色。每艘船上都飘扬着土耳其国旗。渔民的家人们等在码头边，待船靠岸后递上早餐，爬上甲板帮忙收鱼。海鸥在渔船的上空盘旋，等待被渔民抛弃的小鱼。

我们受邀登上一艘蓝色的小船。登船时，我们从码头跳了下来，差点掉进了水里，逗乐了船上的人。塔辛的朋友艾哈迈德与妻儿一起坐在船上，熟练地解开渔网，将网里粉色和彩虹色的虾一一摘出，把大虾放到桶里，小虾则扔回海里。这看起来不难，于是我们也上手试试。

大多数虾都会被网紧紧箍住。一旦身上的绳子被解开，它们就会用如剃刀般锋利的锯齿状爪子猛击。经过十分钟的奋战，米卡云淡风轻地将一只虾摘了出来，但这个小家伙突然猛击他的拇指，让他大惊失色并松开了手。不幸的是，这只虾没能掉在海里，而是掉到了木甲板上。

艾哈迈德笑了，伸出了他的手。那双手非常粗糙，遍布细小的伤痕。"这就是捕虾人的手，"他笑着说，"我们的虾是地中海最好的虾。伊斯肯德伦湾（İskenderun Bay）的浅滩条件非常好，堪称海里的库库罗瓦。"

"我们靠海吃海。但自从这里建起了 BTC 码头，我们就没有一日安宁。现在，我只要一出海就提心吊胆，生怕海岸警卫队会给我开罚单。"新的限制措施让他举步维艰。过去，他只需要 30 分钟就能到达渔场。现如今，他要开船 90 分钟才能到达绿色区域以外的公海。他的船太小了，无法开太远。"修管道时，他们明明说禁渔区到海岸之间的距离是 400 米。现在，管道建成了，禁渔区变成一海里了。400 米和 1850 米怎么能是一回事儿呢？他们从没说过禁渔区会这么大。"艾哈迈德发现以捕鱼为生已经不切实际了，他的朋友们也说会要去其他地方谋生。"去年就已经有些人走了。我从小就在这里打鱼，到现在已经 42 岁了。除了打鱼，我什么都不会。"艾哈迈德同样会因违反新规定而面临罚款和处罚。近几日，他被判处罚金 850里拉，还因他不能理解的违规行为被判处 3 个月监禁。他掏了一笔钱，在缓刑期间获释了。"我们知道红色区域的规矩。但是即便在允许捕鱼的区域，海岸警卫队也会鸡蛋里挑骨头，盯着我们的捕鱼资质不放。渔船上不能有别人，就连家人和客人都不行。就算生病了也不能让他人代替出海。"

继续在这里捕鱼本身就是一种抵抗行为。国家将格罗瓦西村民捕鱼归为不法行为，但他们拒绝放弃捕鱼，也不肯远走他乡。"BTC公司和海岸警卫队在我们的土地上横行霸道，对我们熟视无睹。就算坐上 3 个月牢，我们也会在出狱那天直接回到船上。"

谈话间，一艘油轮驶向了油库。我们看清了船身上的字，杜吉奥托克号（Dugi Otok）。这艘油轮长约 250 米，宽约 40 米，所到之处每每泛起涟漪，令周围的渔船随之上下摆动。在三艘拖船的引导下，这艘巨轮慢慢靠岸。它将在这里装载 8 万吨阿塞拜疆石油。两辆货车沿着细长的码头行驶了近五分钟时间，才从船头开到了船尾。

渔民们将捕获的虾装在桶里，再运上岸。早有商人等在那里。商人们会将买到的虾卖给亚达那（Adana）和伊斯肯德伦的餐馆。渔民们则将渔网清洗干净并整齐地叠放起来，以备下次捕鱼使用。

离开港口后，我们回到了格罗瓦西村，再次找到了塔辛。他正在村子中心的一棵树下与别人玩双陆棋。附近的棚屋里有一位眉毛浓密的老人在烹制土耳其茶。

塔辛愤然地谈起了未来该地区完成工业化改造的后果。"石油公司和政府计划将这个海湾打造成地中海的鹿特丹。但鹿特丹不能与格罗瓦西这样的渔村共存。"在安卡拉时，舒克兰曾告诉我们，该地区已被指定为"特殊能源区"，未来将建造一些炼油厂和发电厂。塔辛认为，渔民之所以不堪其扰，是因为当局想逼他们离开。"我们希望那些支持 BTC 管道的人、政客以及为管道提供资金的苏格兰银行的员工与我们面对面地谈谈，了解一下它对我们的生活有什么影响。他们掏了几亿美元，却从没来过这里。"

塔辛朝棚子里的老人大喊，让他帮忙再上一些茶水，还打趣说外国人喝茶太慢。他嘲笑 BP 的一名员工用了一小时才喝完一杯茶。

"BTC 公司花了很多钱让大学师生去搞调研，还来问我们问题，但没有得出任何结论。"他的话让我们想起了迈哈迈德·阿里在中东科技大学的朋友以及舒克兰的努力。他说，BTC 公司从未告诉他们，一旦海湾发生石油泄漏，他们该怎么办。"反正 20 年之后格罗瓦西就会变成无人村。几乎没有允许捕鱼的海域了。大海是我们村民的命根子。"

格罗瓦西港口沿岸海滩上的唯一建筑是一家名叫巴里克饭店（Balık Restoran）的鱼餐厅，它位于 BTC 管道的末端。这家饭店已经开了很多年，招待着来自亚达那、杰伊汉和伊斯肯德伦的游客。室外的餐桌就是随处可见的白色塑料桌，服务员并不热情，通往饭店的道路也坑坑洼洼。尽管如此，巴里克饭店仍凭借着当地鲜美的鱼类以及被棕榈树包围着、能俯瞰地中海的用餐环境吸引着八方来客。然而如今，用餐者眼中的景色出现了很大变化，长长的石油码头向北方延伸出去，油轮从正东方向靠岸装油，南面则是德国建造的伊斯肯燃煤电站。格罗瓦西的鱼虾产量也大不如前。我们点了一种虾，似乎与之前我们从虾网上摘下来的虾是一个品种。穿着蓝色牛仔裤和白色衬衫的年轻服务员卡马尔（Kemal）谈起了这片海滩接下来的发展计划。BP 在这里建造油库时，周围兴起了一系列配套的工业设施。BTC 码头和现有发电站之间不算长的海岸上计划新建五个燃煤电站、一个化工厂以及一个为拟建的萨姆松（Samsun）-杰伊汉输油管道而建的输油站。

卡马尔边铺桌布边说："这些工业设施不仅损害了我们的健康，还破坏了麦田，海里的鱼也受到了影响。然后他们来这里建了公交站台，还指望着我们能感恩戴德。"

卡马尔从后厨端来了辣椒蒜蓉虾、番茄沙拉和烤饼。油库建设期间，很多工人都来这里吃饭，外国人也会跟着一起来。但如今的情况早已不可同日而语，店里十分冷清，客人屈指可数。

"原来我们有顶级的鱼虾，现在几乎没有了。"我们问卡马尔，他认为 15 年后这个村子会变成什么样子。他的回答非常简单："毫无生气。整片区域都毫无生气。种地的人、捕鱼的人，全都毫无生气。"他的回答正是里海渔村苏姆盖特的命运。

📍 土耳其，伯纳兹

库库罗瓦的大海、沙滩和田地逐渐被工业剥夺，覆盖在混凝土之下。尽管对未来不抱希望，一些村民还是决定要奋起反抗。

人们从 BTC 管道和伊斯肯燃煤电站事件中学到一个经验，那就是斗争需尽早。等到新项目被批准、得到融资、在遥远的首都完成设计并存到硬盘里之后，再想改变现状就难上加难了。BTC 油库东北方向几千米处的居民自 2009 年起就在奋力抵抗，他们张贴抗议海报，还会扰乱 BTC 公司的正常运营。他们不想在库库罗瓦最好的橘子树林旁长 4 千米的海岸线上建造总发电能力达 4700 兆瓦的 5 个新燃煤电站。整个地区共计划建造 15 个类似的发电站。

我们从格罗瓦西出发，驱车前往伯纳兹（Burnaz）的一处海滩，准备参加那里的示威游行。约一千名儿童和成人聚集在一起，反对外界彻底改造他们的家园。他们制作了五颜六色的横幅："我们的海岸拒绝工业化""保护库库罗瓦""别睡了……救救你们的大海"。孩子们在海里嬉戏，离海岸不远处停着九艘等待装油的油轮。游行队伍里有人打鼓，还有人吹唢呐。当地居民兼教师工会成员埃吉提姆·森（Eğitim Sen）站出来说："这是资本主义和消费文化的产物。我们是利益受损的人民。只要我们不停止反抗，他们就不能建造电站。他们肯定会说他们会为我们提供工作岗位，还会给我们钱，所以我们不应该反抗他们。但是看看伊斯肯燃煤电站就能知道，建设期间的 300 个工作岗位里，只有 10 个给了当地人。"

迈哈迈德·阿里面带微笑，站在温暖的海水里面。他翻译着游行者的演说："这是关乎生死的斗争。我们想要在这片海湾安宁地生活下去，就要为之奋斗。"

📍 1983 千米-土耳其，尤穆尔塔勒克

> 海岸边有个名叫莱亚苏斯（Laiassus）的城市，交通相
> 当繁忙。来自威尼斯、热那亚等地的商人经常出现在这里
> 的港口，交易各种香料、药品、丝绸、羊毛制品等商品。
> 要去累范特（Levant）内陆的旅行者通常会从莱亚苏斯港口
> 进入。
>
> ——马可·波罗，1271 年 [1]

格罗瓦西以南 15 千米处有一些海上堡垒的废墟，代表着从前威尼斯人在尤穆尔塔勒克的存在。如今，尤穆尔塔勒克以渔业和旅游业为主要经济支柱，但 700 年前，它曾是莱亚佐（Laiazzo，也称 Ayas）的主要港口。当时，通往西方的海上贸易路线与通往东方的陆上贸易路线在这个小镇交会，为今北京与威尼斯之间的货物贸易打通了渠道。马可·波罗在这里下船，去往内陆的开塞利、锡瓦斯和埃尔津詹，然后向里海进发。

13 世纪到 14 世纪，库库罗瓦及其后方的托罗斯山脉是亚美尼亚奇里乞亚王国（Cilicia）的领土。这个王国与西方基督教国家是亲密

---

[1] Polo, *Travels of Marco Polo*, pp. 15–16.

的盟友，还允许威尼斯人在莱亚佐建立贸易基地。印度及中国的丝绸和香料先经过波斯湾和中亚大草原，然后到达地中海东北角的这个设防港口。

尽管"丝绸之路"的走向与石油之路遥相呼应，但二者运输的东西完全不同。BTC油库接收从弱势国家开采出来的石油，然后大批量运送到强大的国家。相比之下，中世纪的船舶只装载了少量但高价的手工品。商人在强大的蒙古帝国购入这些手工品，然后运到弱小的西欧国家售卖。这种高利润的奢侈品贸易对莱亚佐产生了重要的战略意义，将莱亚佐变成了威尼斯与其对手——海上共和国热那亚（Genoa）相互争夺的焦点地区。

1291年，马穆鲁克（Mamluk）埃及人攻下了阿卡城（Acre），随后逐一征服了十字军的所有港口。教皇禁止与这个不断扩张的伊斯兰帝国进行贸易。莱亚佐的重要性日益凸显，成为出海的威尼斯舰队和商人的最后一站。1294年，一支热那亚军队被派往地中海东部，意图中断威尼斯在该地的统治。参与这次战争的战舰共有50艘。

热那亚指挥官科洛·斯皮诺拉（Nicolò Spinola）赶在威尼斯主力舰队之前抵达并占领了莱亚佐港。他推测出了当天的风向，并基于此将舰船连接在一起，形成了一个巨大的浮动堡垒。不久之后，海军上将马可·贝斯基奥（Marco Basegio）指挥28艘威尼斯舰船向热那亚舰队逼近。行进途中，一股上升的风袭来，扰乱了威尼斯舰队的行进方向，致使威尼斯舰队完全暴露在热那亚舰队的枪口之下。威尼斯方只有三艘舰船幸免于难，其他载有大量货物的船只都被捕获了。热那亚出师旗开得胜，给这场战争开了个好头。

莱亚佐的防御工事已成一片废墟。如今，尤穆尔塔勒克的渔民与土耳其海岸警卫队经常在海上发生冲突。这两方原本保持着合作关系，但在BTC建筑区内新建了一个规模更大的海岸警卫站后，双方便时常陷入冲突。海岸警卫队的检查变得更频繁，罚款的数额也骤然增加。

我们和迈哈迈德·阿里一道去了离港口船只仅几米远处的一家渔民咖啡馆。当地渔业合作社中最健谈的两位成员思南（Sinan）和莫斯（Mose）说，海岸警卫队如今有 4 艘崭新的佐迪亚克牌（Zodiac）充气艇，航行速度很快，可以轻松超越缓慢的渔船。二人认为，BTC 公司为海岸警卫队提供了这几艘充气艇，还会定期供应汽油和食物，另外还给他们钱。思南的长相很喜庆，眉毛浓密，蓄着小胡子，但说这些话时他的神情严肃又悲伤，让人非常心疼。

我们来到堡垒边的咖啡馆，打算旁观一场唇枪舌剑。屋子里热闹非凡，塑料椅子上坐着 42 名渔民、5 名身穿白色制服的海岸警卫员、一名在输油站工作的博塔斯公司员工和我们三个，还有三个坐在自行车上的男孩和一只嘎嘎叫的宠物鹈鹕。穿着干净工作服的警卫队队长致开幕词时，迈哈迈德·阿里低声说："他长得多像约翰·特拉沃尔塔（John Travolta，美国演员）啊！"

警卫：你们不能抓海豹和海龟。那样做不好。你们只能捕鱼。

莫斯：我们从不抓海豹和海龟。我们连抓它们的工具都没有。我倒是想问问你，为什么你们对我们的轻微罪行处以如此高的罚款？罚金比交通违规高太多了。

渔民 1：我和其他三人出海捕鱼。他们说他们有捕鱼的证件。海岸警卫队拦下了我们，然后检查了我们的证件。他们确实有证件，但并不是捕捞那种鱼的证件。他们承认是他们的问题，但我还是被罚款了。

鹈鹕（跳到一辆熄火的摩托车上）：嘎嘎、嘎嘎、嘎嘎。

渔民 2：你们总是随便找个理由就拦截我们，然后给我们开罚单。你们办事就不能灵活一点吗？

警卫（不耐烦地用擦得锃亮的黑鞋点地）：我们要是那样做，就犯错误了。你们也不想这样吧。我们有办事指南，我会严格按照指南办事。

莫斯：BTC 项目开始之前，你们不是这样的。BTC 项目开始之后，你们才变成这样。

警卫：一切都在变化。

思南：我们得挣钱养家。

警卫：这个石油项目对我们国家至关重要。

鸬鹚（跳下摩托车，在椅子间踱步，然后歇在了警卫旁的桌子下。警卫仍在用脚点地）：嘎嘎、嘎嘎、嘎嘎、嘎嘎。

莫斯：我们对 BTC 公司和博塔斯公司非常不满。

警卫：我们还有很多事要忙。我们没时间处理你的问题。

渔民 3：那不可能。你们每天都来骚扰我们，给我们开数额巨大的罚单，还要一一写进我们的犯罪记录。这样一来，找其他工作就更难了。

警卫：警卫队没做过这种事。

渔民 3：明明就是这么做的。你们都是串通好的。

警卫：哎哟！（鸬鹚咬了他闪闪发亮的黑鞋。）

思南（面带微笑）：臭鸬鹚，过来。

博塔斯公司员工：你们真是挺讨厌的。为什么就不能按照规定捕鱼？你们就是想钻空子。

莫斯：我们做的都是小本生意。你们的罚款太多了，我们难以招架。

警卫：我们国家加入欧盟之后，欧盟的海岸警卫队也会来这儿。他们的执法力度只会更严。

渔民 4：还欧盟呢！你们已经管得够宽的了。

会议结束后，我们又喝了一会儿茶。思南离开前对我们说："我这一辈子都是渔民。我们靠海吃海。我们在渔船上捕鱼、吃饭、做买卖。但是现在，我们捕不到任何东西。油轮造成了很大负面影响。

海床遭到了破坏。大海背弃了我们。这都是我们自作自受。"

我们提出去杰伊汉油库参观一下，但被拒绝了。毫不起眼的杰伊汉远离土耳其首都，没有巴库那样的"能源游客中心"。我们只能勉强使用在桑加查尔时奥尔赞·阿巴西送给我们的 BTC 纪念相册中的照片作为代替。相册里有一张杰伊汉油库的中心区域——控制室的照片。照片上，4 个人正盯着电脑屏幕，墙上有一排显示不同地区时间的时钟，下面分别标注着巴库、第比利斯、杰伊汉和伦敦的字样。石油大公馆里的时钟也是这样的。

2006 年 5 月，工程师们在这间控制室和桑加查尔首站控制室里对 BTC 管道进行了最终评估，并确定管道能够正常运行。卡拉博克、特西基斯瓦里、卡拉巴斯、亚拉希等沿线各地的钢制输油管道完工之后，马上就开始运输里海原油了。当时，BTC 公司负责人迈克尔·汤奇（Michael Townshend）在杰伊汉。完成任务后，他和几位同事跳进了温暖的海水中，享受他梦寐以求的"净化时刻"。后来他说："看到油轮时，我就知道我的任务完成了。直到那一刻，我才能问心无愧地说，一切都完成了。"①

我们看了看相册中的另一张照片。两名穿着橙色连体服的男子靠在栏杆上望着大海。海里有三艘拖船，有杰伊汉石油码头，还有 BP "英国山楂树号"（British Hawthorn）油轮的船尾。照片拍摄于 2006 年 6 月 4 日星期日。其中一名男子是 BP 艾斯普罗公司（Expro）的领导托尼·海沃德。当时，他目睹了第一艘装载着阿塞拜疆原油的油轮离开港口，前往意大利。

40 天后，BP 总裁约翰·布朗也来到了这里。他在自传里写道：

---

① S. Levine, *The Oil and the Glory: The Pursuit of Empire and Fortune on the Caspian Sea*, Random House, 2007, p. 380.

2006 年 7 月 13 日：我参加了杰伊汉海运油库和 BTC 管道的投产仪式。这是我职业生涯中的高光时刻之一。那天，地中海岸边非常炎热，阳光明媚，天气晴朗，甚至能看到远方的叙利亚。三个 BTC 管道途经国的领袖也在现场：土耳其总统艾哈迈德·内德特·塞泽尔（Ahmet Necdet Sezer）、阿塞拜疆总统伊利哈姆·阿利耶夫以及格鲁吉亚总统米哈伊尔·萨卡什维利。

我登台作了讲话。我不仅谈到了史诗般的工程成就，还评论了这项工程的战略意义："巴库–第比利斯–杰伊汉管道的投产是悠久的石油工业史上的重要一步。它首次将产自里海的石油大量输送至国际市场。"[1]

新石油之路正式投产。

📍 伦敦，主教门

库比莱和努鲁拉溺死事件发生的 5 天后，BTC 公司财务经理约翰·温盖特（John Wingate）写信给为 BTC 管道争取融资的贷款集团的协调机构——法国兴业银行，信中提道："非常抱歉，有两名儿童在 BTC 项目土耳其段溺亡了。"[2] 兴业银行的某位员工将这封信件复印了 14 份，并分别发给了欧洲、日本和美国的贷款者。其中一份复印件被送往位于伦敦市主教门 135 号顶层苏格兰皇家银行的巴巴·阿布（Baba Abu）。

当时，苏格兰皇家银行拥有英国最大的油气融资项目部。阿

---

[1] Browne, *Beyond Business*, pp. 174–5.
[2] Wingate, 'BTC Notice'.

布是银行的副董事，史蒂夫·米尔斯（Steve Mills）是项目部的领导。这封信送达的那天，项目部正忙于处理世界各地的项目。米尔斯应该在评估埃克森公司（Exxon）尼日利亚海上油田的合理回报，而他的副手科林·布斯菲尔德（Colin Bousfield）在提交一份投资 Angela 国家石油公司的标书。咨询专家迈克尔·克罗斯兰（Michael Crosland）可能在制定贷款协议，帮助卡塔尔天然气二期项目落地。这个项目部的业务遍及全球，项目部还在休斯敦和阿伯丁设有分部，苏格兰皇家银行也据此将自己标榜为"油气银行"。为 BTC 管道提供资金只是其业务的一小部分。

2003 年 6 月，苏格兰皇家银行开始采纳"赤道原则"。[①] 这是一套不具备强制性的自愿性行业基准，是由银行贷款造成负面环境影响和社会影响导致的公众运动发起后制定的，规范的对象是私人银行的基础设施项目融资。当时，共有 72 家机构执行该原则。建立这套原则的部分初衷是为了防止外界要求建立一套更健全的标准和法律责任体系。这套原则主要侧重于监测和评估项目产生的影响，而不是从根本上改变基础设施的建设方式。

BTC 管道是赤道原则建立后首个向私人银行寻求融资的大型项目。BP 项目自然想争取到最优惠的融资政策。BTC 项目如果符合赤道原则，就能获得更多机构的融资。然而，转角屋的尼克·希尔德亚德、平台组织的格雷格·穆提特以及意大利组织世界银行改革运动组织（CRBM）的安东尼奥·特里卡里科也意识到了 BTC 管道能够检验赤道原则是否具有效力。格雷格仔细审查了 BTC 管道的相关文件，从中找出了 157 处违反赤道原则的内容。[②]

---

① 见 equator-principles.com.
② G. Muttitt, *Evaluation of Compliance of the Baku-Tbilisi-Ceyhan（BTC）Pipeline with the Equator Principles*, Platform, 2003.

尽管这些违规之处被大肆宣扬，苏格兰皇家银行的高管仍于2004年2月与其他私人银行的管理人员一道在巴库正式签署了BTC项目的融资协议。这场在古鲁斯坦宫举办的签约仪式由总统阿利耶夫见证，标志着旷日持久的博尔若米之战正式结束，但是BTC管道的密封材料丑闻仍未平息。欧洲复兴开发银行、世界银行以及15家大型私人银行共同为BP提供了26亿美元贷款，用于覆盖建设支出。在BP的成功游说下，这些私人银行忽略了外界对BTC管道的异议，并相信BTC项目符合赤道原则。

我们在亚拉希村避雨时，研究了一下贷款协议签署后5个月时从巴黎寄出的一张A4纸，上面写着11岁的库比莱和努鲁拉在苏格兰皇家银行融资的管道项目上溺亡。我们很想知道阿布得知这个消息时是怎样想的，他又是怎样将其传达给项目部的其他员工的。我们也很好奇，位于主教门的苏格兰皇家银行与这些泥泞田地之间有什么联系。

对于苏格兰皇家银行而言，BTC项目只是其提供资金的诸多工业项目之一。此外，事故是不可避免的，BTC公司似乎也对这次事故进行了彻查。内部调查报告将全部责任推给了分包商利马克公司，理由是该公司没有进行管沟回填作业。

然而，报告并未指明，利马克公司潦草的施工与博塔斯公司缩减建筑成本的要求脱不了干系。事实上，缩减成本本就是BP与彼得·巴林杰和理查德·莫宁斯塔共同制定的统包协议的直接结果。该统包协议的内容是为了确保BTC管道项目的财务结构有利于吸引苏格兰皇家银行等机构的贷款而制定的。正是私人银行对更大利润的追求助长了这种财务结构的形成。

我们认为，这张纸将两个男孩的死亡与巴库的BTC公司、巴黎的兴业银行、主教门的苏格兰皇家银行、圣詹姆斯广场的BP总部以及安卡拉的巴林杰和莫宁斯塔联系了起来。然而，库比莱和努鲁拉被困在管沟里并慢慢沉入水底的事实仍只是落在纸面上的枯燥文字，并未激起更多波澜。

自 2008 年秋天"信贷紧缩"以来，苏格兰皇家银行本身也经历了动荡变迁。深陷次贷危机后，苏格兰皇家银行获得了 450 亿英镑的公共救助金，这才侥幸没有破产。然而，该银行的公共责任并没有增加。它仍在为石油公司提供资金，助力石油公司挺进北极，沿着冲突不断的刚果–乌干达边境钻探油井，并在加拿大开采沥青砂。时至今日，该银行仍在收取 BTC 公司偿还的贷款本金和利息。

尽管伦敦、巴黎、巴库和华盛顿都已经忘记了两个男孩溺亡这一"事件"，但在北托罗斯山区，BTC 管道的影响依然存在。亚拉希村仍能见到这条管道留下的痕迹。几十年来，来来回回的拖拉机和汽车没有损坏村里的路，但隆隆作响的建筑卡车仍在附近的房屋墙壁上留下了无法恢复的大裂缝，还损伤了房子的地基。我们曾在格鲁吉亚的达格瓦里村和阿茨库里村的房屋墙体上看到过类似的裂缝，也曾听过这些公司为推卸责任而编造的同样的故事。亚拉希村的居民说，他们感觉自己被操纵了："他们总是利用我们的弱点，说'这都是为了我们的国家，为了人民的福祉'。他们知道我们热爱我们的国家。"

📍 BTC KP 1654–1841 千米–土耳其，阿基菲耶

阿基菲耶（Akifiye）的四周环绕着茂密的松树林。进出村子的路只有一条。村边有一条碎石沥青面的小桥，下面流淌着一条狭窄的小溪。马路的一边设有 BTC 管道的标志桩，另一边是加齐·泰穆尔（Gazi Temur）的咖啡馆，也是村民们私下会面的地方。加齐将我们三个人引到一张木制野餐桌旁。加齐的朋友法赫里（Fahri）告诉我们，这个村子里居住着切尔克斯人（Çerkez）。切尔克斯人曾统

治着高加索的西北部地区，即今卡巴迪诺–巴尔卡利亚（Kabardino-Balkaria）、北奥塞梯、阿布哈兹和格鲁吉亚的部分地区。面对沙皇俄国的入侵，切尔克斯人苦苦坚守了一百年，但1864年，切尔克斯人还是被攻破了，50多万切尔克斯人被驱逐出境。他们到奥斯曼帝国定居下来，具体范围覆盖了如今的约旦、叙利亚、保加利亚和土耳其。法赫里强调说，切尔克斯人的主要语言是土耳其语，但他们并不是土耳其语系者。显然，阿基菲耶的居民依旧为他们的文化和民族身份感到自豪。

两个年岁更长的男人结束了田里的劳作，过来与我们聊天。加齐端上了热茶。他说，BTC项目的工作人员有时会在他的咖啡馆外开会，还会向居民分发一些闪亮的小册子。册子提供了有关永久占地和临时占地的信息，但并没有提到这个村子会变成施工现场："卡车进村的时候，我们都傻眼了。我们不知道怎么维权，也不知道该要求些什么。"新铺的沥青路不堪重负，被重型车辆压坏了。法赫里试图怂恿朋友们齐心协力封锁道路，并效仿附近其他村子的做法，坚持让BP在村子周围修一条新路。"我们要求他们在施工过程中绕开墓地和小溪。他们同意绕开墓地，但是却没有同意绕开小溪。"法赫里指了指桥下的水流，告诉我们说工人在施工时强行拉直了河道，改道后的河水每年春秋两季都会决堤，淹没附近农田里的庄稼。

这个村子非常容易发生地震。所有村民都担心，一旦发生地震，输油管道发生泄漏的风险就会大大增加。加齐对此忧心忡忡，因为他的咖啡馆离BTC管道很近。"没有人告诉我们管道泄漏会产生什么后果。我们一直被蒙在鼓里，一无所知更让人担心……我们还担心气候变化会对我们产生影响。过去两年的降雨量减少了很多。我们不知道这是不是因为气候变了。干旱会使玉米产量大幅减少。我们这里只有两条河，而且没有蓄水系统。气候变化和BTC管道都对我们产生了威胁。"

溪水在我们的脚下缓缓流过。我们开始谈论阿基菲耶的美景。半数村民走出了村子，到南部潮湿的沿海城市找工作。但是每到夏天，很多在外谋生的村民会回到村里，吹吹凉爽的山风，看看高山森林的美景。

📍 BTC KP 1683-1870 千米-土耳其，叶西洛娃

> 封建制度正在自行瓦解，一批新贵从中涌现出来。为了尽可能多地掌握肥沃土地，他们不择手段地掠取穷人的土地。尽管穷人们拼死守护自己的土地，但富人们利用土匪强盗向穷人施压，逐渐夺取了穷人的土地。[1]
>
> ——雅萨尔·凯马尔《他们烧了蓟草》
> (*They Burn the Thistles*) 1955 年

长期以来，托罗斯山脉的悬崖和山谷为饱受压迫的人们提供了容身之处，让他们逃离并抵御一波又一波的征服者和压迫者。20 世纪 20 年代，奥斯曼帝国的社会结构逐渐瓦解，土耳其共和国建立，亡命之徒逃到托罗斯山脉，得到了村民们的支持、接济和庇护。雅萨尔·凯马尔的史诗故事描写了严酷的社会变革以及农民和觊觎农民土地的贪婪地主之间的激烈斗争，也鲜明地体现出了这些土匪强盗在农民和地主针对土地和水资源展开的斗争中所扮演的角色。

最著名的土匪是瘦子麦麦德。他夺回了地主手中的土地并重新分配给了农民，把新旧地主赶出了豪宅，还躲过了数十名警察的追捕。"山里的村民都听说过麦麦德的大名，也都爱戴他。谁都不会把

---

[1] Y. Kemal, transl. M. Platon, *They Burn the Thistles*, William Morrow & Co., 1977.

他的藏身之处说出去。"[1]

瘦子麦麦德只是文学作品中虚构的人物。然而，在托拉斯山脉和山脉到大海之间的库库罗瓦（Çukurova）平原上，始终有人念着麦麦德，就好像他真的和瘸子阿里（Lame Ali）、大块头奥斯曼（Big Osman）、黄脸乌米特（Yellow Ümmet）、胡鲁妈妈（Mother Huru）等村民一起生活在这片土地上一样。每当土地冲突发生之时，人们就会想起瘦子麦麦德。

我们到达了深山谷里的村庄叶西洛娃（Yeşilova）。男人们坐在路边的桌子旁，一边喝茶，一边打纸牌。我们还没开口，他们就说起了 BTC 管道。"他们破坏了我们的田地，并没有将其复原。管道附近的地面上留下了许多石头，非常妨碍我们犁地……赔偿金也少得可怜……他们还不让我们在自己的土地上盖房子。"留着白色大胡子的彪形大汉哈桑（Hasan）骂了起来："我要给他们点儿颜色看看。什么管道不管道的。我就要把田地恢复原样。"哈桑的地不多，他原本打算在那里建造一个避暑小屋。"夏天，山谷里十分燥热。去海边太贵了，所以很多人会搬到山上避暑。"然而现实情况是，他和其他村民的土地距离 BTC 管道过近，BTC 公司不会允许他们盖房。"军队经常来这里巡逻。他们只要发现我们盖房，就会勒令我们停下来。那些士兵非常粗鲁，根本不在乎我们这些土地所有者。他们甚至不允许我们在这里搭帐篷。"

BTC 公司租用了数千名农民的土地，在上面建造起了一条 40 米宽的"施工走廊"，用于铺设 BTC 管道。理论上，管道下放至管沟后，土地应该恢复至施工前的状态，然后归还给农民使用。另外，相关方还应将为期两年的施工造成的农作物损失补偿给农民。然而，

---

[1]　Y. Kemal, transl. M. Platon, *They Burn the Thistles*, William Morrow & Co., 1977.

在归还土地时，BTC 公司与农民签署了《归还书》，其中规定 BTC 公司在 BTC 管道的 43 年使用寿命中保留对"走廊"的各种权利。此后 40 年里，从阿塞拜疆桑加查尔到地中海杰伊汉的管道沿线居民都被禁止在这条宽 40 米的土地带内建造任何建筑。哈桑对此颇有怨言："他们与我商定的土地租赁期到管道完工后就结束了。既然管道已经铺好了，他们为什么不把土地还给我？我又能做些什么？他们不能这样随心所欲地更改规则！"此刻，坐在这家咖啡馆里的迈哈迈德·阿里和我们发现了另一个"禁区"——之前我们发现的禁区还有巴库岸边的 ACG 海上油田以及桑加查尔的控制室。

在凯马尔的小说《他们烧了蓟草》中，瘦子麦麦德好不容易将村子从地主阿布迪（Abdi Agha）的压迫中解放出来，却发现村子又被新来的地主秃子哈姆扎（Bald Hamza Agha）占领了。"阿布迪走了，哈姆扎来了。"[1]哈姆扎也如阿布迪一般宣称他将开发这里的土地并建设这里的村子，但事实证明他比前任阿布迪更残忍、更刻薄。

现实中的石油公司就像这些文学作品中的地主一样，派军队巡逻土地并欺压农民。我们对凯马尔的话稍做改动："如今哈姆扎走了，但地主 BP 来了。"就像书里的地主一样，石油公司及其承包商一次又一次地承诺会改善管道沿线居民的生活，也反复强调许多居民并不知道怎样做才最好。我们采访过的人绝大多数都说村民"自私""纠结无关紧要的事情""目光短浅""要求过高"，还经常抱怨"他们贪得无厌"，只有安卡拉的舒克兰是个例外。[2]他们还说，这些村民还不知道怎么感激"进步"，以及"进步"需要付出的代价。

又有人加入了我们的对话，我们都放下了手里的纸牌。"博

---

[1] Y. Kemal, transl. M. Platon, *They Burn the Thistles*, William Morrow & Co., 1977.

[2] 从公开材料中还能找到 BP 格鲁吉亚公司总裁埃德·约翰逊的评价："每天都有人向政府和我们提出更多要求。" *BP's $3.6 Bln Pipeline Runs Into Georgian Strikes, Revolution*, 2 January 2004, at bloomberg.com.

塔斯公司说会捐赠一个图书馆。但是他们拿来的'书'只有杂志。""BTC 公司找我们签《归还书》时，我们非常气愤，甚至想在咖啡馆里痛打他们。不过，他们跑得太快了，我们还没签下名字，他们就没影儿了。不过也好，反正我们也不想签字！"哈桑开玩笑说他完全可以回击："他们可不知道我是何等人物。我可是马尔丁（Mardin）的哈桑！我还教过阿波（Apo）。"他口中的"阿波"就是库尔德工人党首领阿卜杜拉·奥贾兰的库尔德语绰号。

第三部分

船运

第十七章
军方能在商船进入之前"清空"这片区域

📍 **土耳其，尤穆尔塔勒克**

到尤穆尔塔勒克之后，我们发现我们的旅程难以继续了。我们想要乘油轮从杰伊汉码头去往意大利的里雅斯特附近的穆贾，但似乎难以成行。虽然有些航运公司允许游客乘坐集装箱船，我们也曾多次乘坐集装箱船横渡大西洋，但油轮与集装箱船有着本质区别。作为普通公民，我们并不能轻易乘坐装载着石油这种危险货物的船只，就像我们不能搭乘军舰一样。报名成为油轮船员也不可行：多数船员是在菲律宾招募的，船员培训也相当艰苦，合同期最短也得几个月时间。事实上，就连与装载着阿塞拜疆原油的油轮的船员见一面都很困难，因为码头被油库的围墙包围着。我们又发现了一个"禁区"，就像桑加查尔的控制室一样。

从地中海东部的这个小地方到亚得里亚海北部之间没有客运渡轮，也没有能载客的集装箱船。我们坐在巴库海滨的布尔瓦公园，凝望着里海采油平台的方向，心里想着只能通过其他方式来追随油轮为期四天的海上航程。

我们在尤穆尔塔勒克港附近的一家咖啡馆里稍作休整。之前渔民和海岸警卫队就是在这家咖啡馆发生的冲突。透过窗户，我们可以看到海滩和尤穆尔塔勒克湾，以及威尼斯防御工事的废墟。今晨早些时候，我们站在格罗瓦西的渔船旁，看到了装载着大量石油的杜吉奥托克号油轮等待驶离杰伊汉输油站码头。我们拿出电脑，上网追踪这艘油轮的动向。Marinetraffic 的网站记录了大量船只的航线，其中包括客轮、游艇、集装箱船和油轮。我们很快就搜索到了杜吉奥托克号油轮的详细信息。它是在克罗地亚的斯普利特市（Split）建造的，2008 年开始投入使用。该网站给出了这艘油轮最新公布的确切经纬度位置。在谷歌地图上，这艘油轮是一个红色箭头，它正在蔚蓝色的地中海里，离土耳其海岸不远，紧靠着代表油库码头的那条小小的白线。

我们将利用这个网站提供的信息以及海上天气预报，一路追随杜吉奥托克号油轮的航运路线，乘火车去往伊斯坦布尔、布加勒斯特和维也纳，最终到达穆贾。

⚲ 第一天，08:43-0 海里-1955 千米-土耳其，伊斯肯德伦湾

加油员和工程师正在油轮的舱体里启动大型柴油发动机。这台发动机功率很大，能驱动这艘重 10.8 万吨的钢制油轮。发动机启动时会发出巨大的噪声，因此所有船员都戴着抗噪耳机。液态的柴油会先在发动机里雾化，然后通过喷油嘴喷入六个气缸，与气缸里高温、高压的空气混合。雾化柴油与空气发生碰撞时，会立即燃烧起来，形成高压气体，从而推动活塞在气缸中上下运动，并带动螺旋桨轴旋转。螺旋桨随着螺旋桨轴旋转，搅动船体后方的海水，从而推动超级油轮前进。

拖船将杜吉奥托克号油轮拖至既定航道后，便脱离了油轮。油轮的红色船首冲破了地中海平静的水面，在清澈的蓝色海水里划出了一道白色的线。我们在岸边，看着油轮驶向地平线，油轮上的烟囱冒出一缕薄烟。在油轮驾驶室里的船长和船员的眼里，土耳其海岸渐行渐远，逐渐缩成一条紫色的山体，托罗斯山脉就像远方的一朵云一样漂浮在海里。

这些油轮是阿塞拜疆石油的护送使者，是工业时代的骆驼队。它们接过走到管道尽头的石油，再运送到其他地方。原油先在1768千米的管道里进行管输，然后由石油公司选择是在杰伊汉海运油库直接出售，还是继续运往国外的炼油厂。飘扬着利比里亚、马恩岛（Isle of Man）和巴拿马国旗的油轮在海里航行，将里海原油运往意大利、智利、英格兰、中国等地的油库。

这种全球性的石油贸易并不是件简单的事。每天都有近1亿桶原油从开采地运往消费者处。ACG油田的开发和BTC管道的建设意味着需要更多船只来运送每天多出来的100万桶原油。杜吉奥托克号油轮就是为此而建的。这艘油轮还会跑其他运油路线，但将杰伊汉的原油运送到穆贾是其主要服务内容。

大规模运输化石燃料困难重重，需要持续协调后勤和财务资源。日内瓦和伦敦的分析师会对海运石油的赢利能力进行反复评估，希望尽可能提高运输回报。一些运单是长期合同，但更多是顺应全球油价波动而签订的短期合同。当地需求出现变化时，跑地中海短途运输航线的油轮就会改跑穿越大西洋和巴拿马运河的长途航线。

海上的航线不像输油管道那样固定，仍有一个首选的航线网络，指引油轮穿越海洋、海峡和运河，前往目的港。始自杰伊汉输油站的海上石油之路主要有两条：一条向南沿叙利亚、黎巴嫩和巴勒斯坦–以色列海岸一直到苏伊士运河，另一条先向西穿过希腊群岛，之后或是向亚得里亚海与意大利南部行进，或是向地中海西部和直布罗陀海峡行进。

● 第一天，11:09–48 海里–2044 千米–地中海东北部

杜吉奥托克号油轮消失在地平线上，已经看不见了。另一艘油轮英国山楂树号依旧停泊在油库的码头。两艘油轮都装载着 BP 的阿塞拜疆原油，但英国山楂树号油轮直接由 BP 管理，这在原油运输领域并不多见。BP 航运公司（BP Shipping）运营着 40 艘油轮，多数以树木和鸟类命名，诸如英国月桂号（British Laurel）、英国橡树号（British Oak）、英国鹰号（British Eagle）等。但是大多数石油公司没有自己的油轮，它们会与克罗地亚船东坦克斯卡普罗维达公司（Tankerska Plovidba，拥有杜吉奥托克号油轮）等航运公司签订合同。

英国山楂树号油轮将经由苏伊士运河前往泰国。这艘油轮装配了防御索马里海盗的设施设备。BP 所有经过亚丁湾的船只都按照指示在甲板周围安装了尖利的双层铁丝网，还会配备高压泡沫水管。在过去的一年里，经常有索马里海盗从 3000 千米的索马里海岸线出发，带着抓钩和绳梯，驾驶快艇出海抢劫。2008 年 11 月，海盗劫持了装载着 200 万桶沙特石油的"天狼星号"（Sirius Star）油轮，并索要 300 万美元赎金。自那时起，油轮成为索马里海盗的重点攻击目标。

海盗只要收到赎金，通常就不会损伤船只，也不会伤害船员。尽管如此，航运协会仍自认为是"受攻击的系统"。亚丁湾被公众称为"重要的能源供应路线"和"重要的战略动脉"。[1] 2010 年年底，

---

[1] *Combating Somali Piracy: The EU's Naval Operation Atalanta*, House of Lords Select Committee on European Union, April 2010.

英国航运公会（British Chamber of Shipping）主席扬·科佩尔尼基（Jan Kopernicki）与政治和军事领袖进行会谈，讨论欧洲能源供应的危险。他说："我并不想危言耸听，但是我的职责就是为我们的国家提供油气运输服务，我希望我的家乡伯明翰能永远灯火通明。"科佩尔尼基兼任壳牌航运子公司的副总裁。他以这种身份提出了"英国的防御战略存在漏洞"的观点。他坚持认为英国首相戴维·卡梅伦应该增加皇家海军的军费预算，并提前购买原计划于 2020 年后购入的新一代战舰。[1]

英国、美国、欧盟和北约部队（包括英国波特兰号护卫舰）都在索马里海域部署了巡逻力量。波特兰号装备了"山猫"直升机、鱼雷和重型火炮，可以轻松压制海盗的小型快艇和"母船"。波特兰号属于由美军领导的第 151 联合特遣部队。该部队阵容强大，除波特兰号外，还有海军陆战队专用机、超级眼镜蛇攻击直升机和 MQ-9 无人机（绰号：收割者）等军事装备。第 151 联合特遣部队只是在索马里海域巡逻的众多海军力量之一。英国山楂树号油轮经过亚丁湾时，可能会向亚特兰大反海盗军事行动（Operation Atalanta）登记。该行动下的欧洲舰队包括德国、法国、西班牙和意大利的战舰。联合国授权该行动使用"一切必要手段"镇压海盗。[2]

亚特兰大行动的总指挥部设在位于英国伦敦东北部的诺斯伍德（Northwood），具体位置在 M25 高速公路下方，是一处隐藏在橡树林下的大型地下军事综合体。指挥部深达地下数层，设置了多层钢制防爆门。皇家海军军官在这里协调战舰与附近油轮的交通。指挥部建议船只结队在夜间行驶，因为"军方能在商船进入之前'清空'

---

[1] T. Jeory and M. Giannangeli, 'Piracy Will Lead to Power Cuts', 7 November 2010, at express.co.uk.

[2] D. Nincic, 'Maritime Piracy: Implications for Maritime Energy Security', *Journal of Energy Security*, 19 February 2009.

这片区域"。①

虽然亚特兰大行动是在印度洋展开的，但最终控制权由指挥部掌握。"破坏者"豪斯少将（'Buster' Howes）任总指挥，但他会定期征求在行动现场的最高指挥官菲利普·科因德罗海军少将（Philippe Coindreau）的意见。科因德罗曾在20世纪80年代多次参加法国在非洲的战争。②指挥部会综合考虑从马德里的欧盟卫星中心发来的印度洋卫星图像与美国地理情报局工作人员从得克萨斯州胡德堡和华盛顿特区贝塞斯达发回的地理空间情报。在内华达沙漠里的克里奇空军基地（Creech Air Force Base）远程操控美国无人机在索马里附近水域进行搜索，然后将实时图像发回指挥部。③

诺斯伍德指挥部通过商船队联络员与航运公司进行沟通，其中包括科林·舒尔布雷德船长（Colin Shoolbraid）和迈克尔·霍金斯船长（Michael Hawkins）。虽然他们在指挥部工作，也是亚特兰大行动的成员，但二人并不是皇家海军军官，而是BP航运公司借调到海军工作的员工。④

一旦无人机和卫星在遥远的印度洋监测到有海盗船靠近英国山楂树号油轮，BP的舒尔布雷德船长或霍金斯船长就可能给位于泰晤士河畔森伯里（Sunbury）的指挥部打电话通报情况。森伯里在诺斯伍德以南几千米处，M25高速路附近，是BP规模最大的办公处。BP航运公司就在这里监控并管理船队。

---

① 'The Maritime Security Centre: Horn of Africa', at www.eunavfor.eu.
② 'New EU Force Commander of EUNAVFOR Somalia-Operation Atalanta', 16 August 2010, at eu-un.europa.eu; 'EU Naval Operation Against Piracy', EU Council Secretariat, November 2010, at consilium.europa.eu.
③ N. Turse, 'America's Secret Empire of Drone Bases', 17 October 2011, at hufngtonpost.com.
④ 'Chamber of Shipping: Merchant Navy Seafearers Awarded Piracy Medal by Royal Navy', 4 November 2010, at politics.co.uk.

在覆盖得克萨斯州、马德里、内华达州、华盛顿、布鲁塞尔、伦敦和塞舌尔等地的全球军事网络的支持下，英国山楂树号油轮将穿越索马里附近水域。必要时，波特兰号护卫舰、收割者无人机和超级眼镜蛇攻击直升机都会出动，确保这一段石油之路已经"清空"。

📍 第二天，14:17-428 海里-2748 千米-希腊，罗得岛

我们在 marinetraffic.com 网站上找到了杜吉奥托克号油轮的信息。当时，它刚穿过罗德岛和卡尔帕托斯岛（Karpathos）之间的水域，到达希腊领海。屏幕上的地图显示出了遍布繁忙海峡的度假游艇、快船和集装箱船。杜吉奥托克号油轮正在追随 1892 年穆雷克斯号（Murex）油轮的航行轨迹。当时，穆雷克斯号将巴库油井开采出来的石油运了出去，改变了全球石油工业的历史。这艘远近闻名的油轮打通了经由苏伊士运河运输石油的渠道，从而打破了约翰·洛克菲勒对远东地区煤油贸易的垄断。这艘油轮促成了荷兰皇家壳牌公司的成立，但同时也讲述了 19 世纪商人无视健康和安全法规的故事。

19 世纪 80 年代末，罗斯柴尔德家族的巴统油品炼制和贸易公司（Batumi Oil Refining and Trading Company）正努力维持里海石油业务的利润。问题并非出自原油开采环节，因为巴库附近的油田储量非常丰富。真正的问题在于成品油的售卖地。欧洲煤油市场被产自里海地区和美国的煤油占据了。除了罗斯柴尔德家族，诺贝尔家族和洛克菲勒的标准石油公司也向欧洲供应煤油。当时，欧洲的煤油需求已经饱和，因此罗斯柴尔德家族需要拓展其他市场。为此，他们不得不通过降低售价的方式打破标准石油公司的垄断。

远东地区的煤油需求量很大，但想要开发远东市场，就必须解

决将煤油大批量运输至远东的问题。巴统炼油厂生产的成品油被装进大型油罐，再经由地中海和好望角运输至其他地区。但是，这种运输方式成本过高，根本达不到降低售价以削弱标准石油公司垄断地位的目的。要解决成本问题，就必须建造一种以卢德维格·诺贝尔的琐罗亚斯德号油轮（在里海地区运输油品）为蓝本的远洋油轮，还要开发出一条通往东方的新航运路线。

1869 年，苏伊士运河通航，缩短了原本的航行时间。这原本可以大幅降低运输成本，但苏伊士运河公司（Suez Canal Company）出于安全考虑，明确禁止煤油过境。为了解决这个问题，罗斯柴尔德家族与伦敦市阿尔德盖特区（Aldgate）商人马库斯·塞缪尔（Marcus Samuel）建立了合作关系。塞缪尔打算利用他在英国贸易公司中广泛的人脉资源。这些贸易公司的触手很长，在中国、日本等地的欧洲业务中有较大的影响力。另外，为了进一步压低成本，塞缪尔还需要利用他的政治关系来废除运河管理相关法规。

塞缪尔去了巴统，随后乘火车前往巴库。回到伦敦后，他提出了一项大胆的计划，要游说苏伊士运河公司的大股东英国政府改变该公司对苏伊士运河设定的限制。他的游说奏效了。索尔兹伯里第三侯爵率领的保守党政府支持这项提案，因为它能让英国公司取代美国公司，成为英属印度和其他英国属地的石油提供方。游说成功后，塞缪尔着手在远东地区建造八个油库，并委托英格兰东北部的造船厂建造十艘油轮。这些油轮凭借新颖的设计，获得了伦敦劳埃德公司（Lloyds）的承保，从而满足了在较为宽松的新规定下通过苏伊士运河的基本条件。

1892 年 5 月 28 日，穆雷克斯号油轮在塞缪尔妻子的见证下下水。两个月后，这艘油轮在船长约翰·康顿（John Coundon）的指挥下抵达巴统。在几周的时间里，它便穿越黑海，驶过博斯普鲁斯海峡，穿越希腊群岛，驶向苏伊士运河和东方国家。[1]

📍 第三天，03:38-615 海里-3094 千米-克里特海以北

这是一个看不见月亮的夜晚。我们的火车从伊斯坦布尔出发，一路向西行驶。途中，我们想起了在南边克里特海（Crete）上航行的杜吉奥托克号油轮。天气应该不错，想必海鸥一定围在油轮的附近，借助油轮产生的气流飞行。油轮上应该非常安静，只有一名工作人员在值夜班。雷达跟踪装置的屏幕发出的淡绿色微光照进了驾驶室。显示面板上能看到在附近航行的其他船只，但油轮窗外只有一片漆黑，什么都看不见。用望远镜都看不到任何光亮。杜吉奥托克号油轮潜藏在黑暗里。

对于经常在海上运输原油的油轮而言，这种情形并不罕见。世界上三分之二的在途原油都在远洋航行油轮的舱体里。[2]这些笨拙的船只不常露面，只有停靠在码头或系泊在近海时才会出现在世人眼里。它们会装满原油，待油价上涨之时再运输到外地。

但是，如果运输途中遇到了某些问题，诸如油轮被劫持或搁浅，那么这条石油之路就不再隐形了。托利·坎荣号（Torrey Canyon）、阿莫科·卡迪斯号（Amoco Cadiz）、埃克森·瓦尔迪兹号（Exxon Valdez）油轮都臭名昭著。它们都发生了事故，导致舱体里的石油泄漏出来，造成了极大的环境危害。这些油轮事故被媒体争相曝光，也印在了人们的记忆里。

2002年11月19日上午8点，"威望号"（Prestige）油轮在西

---

① S. Howarth, *Sea Shell: Story of Shell's British Tanker Fleets 1892-1992*, Thomas Reed Publications, 1992.

② P. French and S. Chambers, *Oil on Water: Tankers, Pirates and the Rise of China*, Zed Books, 2010.

班牙附近海域沉没。42 万桶重质燃料油泄漏到了大西洋里，其中绝大部分被冲上了加利西亚海岸。在希腊籍船长被捕、海上清理工作开始后，国际社会便开始调查该船的安全性以及此次事故的责任方。这艘油轮由希腊人掌舵，一个希腊家庭借由一家在利比亚的空壳公司掌握该船的所有权。它在巴哈马正式注册，并由一家同样在巴哈马注册的俄罗斯企业集团瑞士子公司租赁。伦敦船东互保协会（Steam-Ship Owners' Mutual Insurance Association）为这艘油轮提供保险，美国船级社（American Bureau of Shipping）也认定其符合所有规定并批准其入级。过去四年里，西班牙政府试图向美国船级社索赔 7 亿美元的损失，但一无所获。

杜吉奥托克号油轮可能在希腊海岸线的任何地方搁浅。油轮上携带着 79 万桶阿塞拜疆轻质油。一旦泄漏，附近海域的渔业和海洋生物都会受到极大影响，爱琴海和伊奥尼亚岛（Ionian Island）对欧洲度假者的吸引力也会大打折扣。旅游业是希腊最主要的经济支柱，每一艘经过希腊的油轮都会对希腊的经济产生不小的威胁。然而，希腊并没有从通过希腊领土的油轮处获得收入和过境费。一旦油轮发生事故，谁来承担财务损失，谁来为受损的名声负责，谁来为法律后果买单？希腊政府要起诉谁？这艘悬挂着克里迪亚国旗的油轮由马耳他的多纳特海运公司（Donat Maritime）所有，由扎达尔的坦克斯卡普罗维达公司运营，由伦敦劳埃德公司承保，由伦敦的必维国际检验集团（Bureau Veritas）批准入级。这次的运油航行是由位于金丝雀码头的 BP 综合供应与贸易公司（BP Integrated Supply and Trading）包租的。杜吉奥托克号油轮隐匿在黑夜里，但它一直被希腊海岸警卫队监视着，它的航行路线也一直被伦敦的保险公司和船级社追踪并记录着。

油轮继续航行，货物完好无损，沿海地区和海洋都没有被污染。尽管没有造成实质性的负面影响，杜吉奥托克号油轮搭载的油品仍对环境和人类具有致命性威胁。这艘船是一枚尚未爆炸的气候炸弹。它所承载的油品在燃烧后会产生超过 25 万吨二氧化碳。[①] 平均每年有 500 枚类似的炸弹从杰伊汉出发，将 1.25 亿吨原本潜藏在里海下方岩石里的二氧化碳释放到空气里。输油管道是在石油能稳定运输 40 年的假设之上建设的。

📍 第三天，12:55–745 海里–3335 千米–希腊，迈索尼

杜吉奥托克号油轮绕过伯罗奔尼撒半岛的西南角，到达迈索尼镇（Methoni）近海区域及其废墟堡垒附近。这里曾是威尼斯贸易站，为从威尼斯到莱亚佐，再到地中海东部港口和殖民地的贸易路线提供支持。我们在 marinetraffic.com 网站上找到了这艘可能导致严重气候问题的油轮。

20 世纪 70 年代，人们就开始认识到石油可能导致严重的气候问题。但是，直到 1992 年联合国地球峰会召开之时，政府和工业界才开始重视这一问题。1997 年 5 月 19 日，BP 已经在阿塞拜疆站稳脚跟，齐拉格油田即将投产，BP 总裁约翰·布朗在位于加利福尼亚州的斯坦福大学发表了重要讲话：

> 大气中的二氧化碳浓度正在上升，地球表面的温度也在升高。等到我们证明了温室气体与气候变化之间的必然联系之后再考虑气候变化政策层面的措施就已经太晚了……只要认识到温室气体与气候变化之间存在联系的可

---

① 这只是保守估计，理论基础是一桶原油在被炼制成各种成品油后，在燃烧时会排放 317 千克二氧化碳。J. Bliss, 'Carbon Dioxide Emissions Per Barrel of Crude', 20 March 2008, at numero57.net.

能性极高且社会会认真对待这个问题，就应该尽快考虑制定相应政策。[①]

接下来，他表示不赞同"必须禁用石油和天然气"的观点，但宣布 BP 将控制自身的二氧化碳排放量，资助气候变化科学研究，开发替代燃料，并积极参与公共政策辩论。

布朗以戏剧性的方式与石油行业的同行们划清了界限，一些同行还质问他是否"失去了理智"。[②] BP 退出了由美国石油学会（American Petroleum Institute）成立的全球气候联盟（Global Climate Coalition，该机构旨在抵制与温室气体排放有关的环境政策）。之后，BP 内部掀起了一股变革浪潮，包括以企业社会责任的最高标准为准绳建设 BTC 管道。三年后，BP 发布了全新的企业标志，以太阳花为模板，并取名为"太阳神"（Helios）。BP 还将其宣传语改成了"超越石油"。此外，BP 还增加了在太阳能光伏、风力发电和生物燃料领域的投资。2005 年，BP 成立了 BP 替代能源公司（BP Alternative Energy），且该子公司的总裁维维安·考克斯（Vivienne Cox）在总公司董事会获得了一席之地。很多 BP 员工都身体力行地支持这种转型，而这也似乎成为"布朗时代"的定义。记者和一些非政府组织也认为 BP 走上了一条新路，这种转型能够减少外界对 BP 业务可能产生的破坏性影响的反对声音。

2007 年 4 月，布朗又一次来到斯坦福大学进行演讲。仅仅四天后，即 2007 年 5 月 1 日，他就辞去了 BP 总裁的职务。从表面上看，他是因为个人丑闻而引咎辞职的，但之后两年发生的事情表明，布朗的离职在一定程度上是公司内部权力斗争的结果。

---

① J. Browne, 'Speech: Addressing Global Climate Change', 19 May 1997, at bp.com.

② Browne, *Beyond Business*.

BP 新任总裁托尼·海沃德削弱了 BP 替代能源公司的地位，减少了太阳能投资，还逼走了维维安·考克斯。[1] BP 还首次对加拿大沥青砂项目进行了重大投资，而布朗在位时不曾考虑过这种碳密集型非常规石油资源。不久后，BP 开始支持美国那些极力否认气候正在变化的公司。[2] BP 和一部分石油公司认为，海沃德对气候变化并不感兴趣。现在想想，2006 年夏天，BTC 管道正式投产，BP 也不再提起气候变化问题。

自 1997 年以来的 12 年里，布朗和海沃德两任总裁的战略重心几乎完全集中在化石燃料上，背离化石燃料似乎只是虚构的事情。即便在"超越石油"运动的高潮期，也只有不到 1% 的营业额来自可再生能源。BP 的油气开采量每年都在增加。如此大的开采量使该公司成为气候变化的助推者。尽管 BP 早在十年前就公开发布了新的发展路径，但油轮仍在沿着百年前马库斯·塞缪尔和罗斯柴尔德家族的路线无情地向前推进。

♀ 第三天，17:55-815 海里-3464 千米-南伊奥尼亚海

杜吉奥托克号油轮的引擎室空间非常大，就像一个几层楼高的大厅一样，是轮机手的工作场所，里面有重型机械、迅速旋转的轴体和大量润滑油。走在金属舷梯上，就像踏进了一个靠燃烧碳氢化合物而产生电力、淡化海水并驱动船只前进的发电站。大多数大型船只既能以柴油为燃料，也能以重质燃料油为燃料。后者的含硫量高，燃烧产生的污染物比柴油多得多，但价格比柴油更低。欧盟禁

---

[1] 'Vivienne Cox, Formerly of BP Alternative Energy, Joins Climate Change Capital', 24 November 2009, at greenenergyreporter.com.

[2] S. Goldenberg, 'Tea Party Climate Change Deniers Funded by BP and Other Major Polluters', 24 October 2010, at guardian.co.uk.

止销售方在欧洲港口向船只销售重质燃料油，但允许在欧洲水域行驶的船舶燃烧重质燃料油。在这样的规定下，许多航运公司会在经过非欧盟港口时加满重质燃料油。杜吉奥托克号油轮使用的 6S60 MC-C 型发动机由德国奥格斯堡（Augsburg）的曼集团（MAN）设计，设计阶段考虑的就是以重质燃料油为主要燃料。

杜吉奥托克号油轮的自重很重，而且从杰伊汉港驶出前会装满石油，因此需要燃烧大量燃料才能漂洋过海。超大型原油油轮每天要燃烧 62 吨重油，为发动机提供动力。每吨重油的单价为 800 美元，每天的燃料成本近 50 000 美元。[①] 然而，如此大量的燃料油并不是杜吉奥托克号油轮对环境产生的首要威胁，它船舱里装载的货物才是首要威胁。

布朗在斯坦福大学演讲时曾承诺 BP 将"控制二氧化碳排放量"。事实上，BP 确实是这样做的，它减少了钻井平台、炼油厂、油罐车和办公室的能耗——当然此举也为 BP 降低了生产成本。然而，BP 雇用的承包商和租赁的船舶并没有履行这样的承诺。BP 的可持续发展报告显示，公司在油气开采过程中释放的二氧化碳与公司销售的产品释放的二氧化碳相比简直相形见绌，其中后者释放的二氧化碳占总释放量的 94%。BP 的经营目的是获得资本回报，而这就要求公司不断提高油气销售量。

这里需要介绍一下 BP 的二氧化碳排放量。2006 年，英国的二氧化碳年排放量占全球总排放量的 2.5%。同年，BP 的总排放量占全球总排放量的 5.6%，是 6200 万英国公民二氧化碳排放量的两倍以上。以上原始统计数据表明，如果 BP 真的要"超越石油"，那么它就必须进行彻底的转型，立即淘汰二氧化碳排放量较大的资产，包

---

① French and Chambers, *Oil on Water*.

括油轮队、BTC 管道和 ACG 油田。尽管布朗和维维安·考克斯等人拼尽全力改变 BP 的发展方向，但该公司从根本上仍植根于油气开采业务，因此很难改变方向，就像航行在大海里的杜吉奥托克号油轮一样。

📍 第三天，21:51–870 海里–3566 千米–伊奥尼亚海，克法洛尼亚岛

杜吉奥托克号油轮调整了方向，开始向北航行，穿越伊奥尼亚海。这就是公元前 8 世纪希腊人乘坐桨帆船穿越的那片"西大洋"。当时，他们到海的另一边开展贸易活动并寻找殖民地。

一部分希腊人去往今利比亚，还有一部分去了今意大利和法国。他们建立了锡拉库扎（Syracuse）等城市，实力日益强大，在一个世纪的时间里建立了很多殖民地和贸易站，其中包括亚得里亚（Adria，亚得里亚海因此得名）。[1] 其余希腊人去往东方和北方，穿过黑海，建立了贝瑟斯等城市。这种漂洋过海的冒险行为是由贸易驱动的，商人可以通过买卖粮食、鱼类和奴隶获利。之所以希腊人需要购买这些商品，不仅是因为希腊的人口逐年增长，还因为希腊本土的土壤越来越贫瘠。

得益于这些贸易体系，欧洲文化有了新的发展：城市开始从遥远的外围地区获取食物和财富；"文明世界"和"野蛮人"领域的概念出现了。荷马的史诗《奥德赛》记录了那些遥远地区及其生物的奇特之处。这个故事可能成为后人的航海指南，最不济也为希腊水手提供了娱乐和消遣。

---

[1] B. Cunlife, *Europe Between the Oceans: 9000 BC to AD 1000*, Yale University Press, 2008, Chapter 9.

东北风已达6级。杜吉奥托克号油轮在克法洛尼亚岛（Kefalonia）附近海域随着缀满泡沫的海浪上下起伏。油轮的东边是尼里敦山（Mount Neriton），也就是伊萨卡岛（Ithaca）的最高处。海风拍打在杜吉奥托克号油轮的船身上。也是这样的风，让奥德修斯（Odysseus）在从特洛伊返回家乡的途中偏离了航向，将本应耗时一个月的旅程生生延长到了20年。

伊萨卡国王归来的传奇故事在2700年后的今天依旧鲜活生动。但对于那些希腊航海者来说，这已经是一个非常古老的神话故事了。故事里描绘的不是公元前8世纪的地中海，而是再早500年的迈锡尼青铜时代。为体现出故事的年代感，荷马的史诗用一种读起来和听起来都很古老的语言撰写而成，与乔叟的英语性质类似。

伊萨卡岛的奥德修斯宫殿、皮洛斯（Pylos）的涅斯托尔（Nestor）宫殿以及以黄金面具闻名于世的位于迈锡尼的阿伽门农（Agamemnon）宫殿都已不见了。迈锡尼时代横跨地中海和黑海的贸易路线网随着时代的骤然落幕而消失无踪。迈锡尼时代消逝的原因仍不确定，但砍伐森林和错误的农业方法确实导致了土壤大量流失和肥沃土地持续减少。与此同时，全球气候发生了变化，爱琴海地区出现了严重的干旱。

考古学家巴里·坎利夫（Barry Cunliffe）指出，地中海东部国家的内核并不稳定："统治它们的精英阶层靠……确保维持外交关系和开展贸易活动中所需的稀有商品或外国商品的持续流动来获得权力。在商品的流动过程中，任何一个环节出现问题，都会导致权力大厦的崩塌。"[1] 这一地区的景观和历史让我们更加深刻地理解了气候变化的影响和社会的生态红线。

---

[1] B. Cunlife, *Europe Between the Oceans: 9000 BC to AD 1000*, Yale University Press, 2008, Chapter 9，p. 238.

2007 年 8 月下旬，杜吉奥托克号油轮正沿着这段海岸航行。微风裹挟着伯罗奔尼撒半岛北部无法控制的森林大火产生的浓烟，从东面吹过来。希腊的干旱问题日益严重，自 20 世纪 90 年代以来，发生山火的频率越来越高。

杜吉奥托克号油轮在海上的航行路线是将阿塞拜疆石油运往西欧的运输路线的一部分。BTC 管道的设计寿命是 40 年，这意味着运载原油的油轮在未来 40 年里会一直往返于这条航线。石油对大气的负面影响迟早会使石油贸易受到限制。但是，到底发生什么事故，才会让杜吉奥托克号等油轮停止运行，才会让这条贸易路线退出历史舞台？到底发生什么事故，才会让 BTC 管道提前退役，成为所谓的"搁浅资产"？

📍 第四天，04:59-970 海里-3751 千米-北伊奥尼亚海

杜吉奥托克号油轮离开科孚岛（Corfu）并驶入意大利水域后，就进入了意大利海岸警卫队及其博维恩佐号（Bovienzo）等巡逻船的监控区。这些巡逻船在地中海中部活动，主要任务是寻找试图偷渡到欧洲的北非人。偷渡者的海上旅程是出了名的危险。2009 年 3 月的最后一周，估计有 1200 名偷渡者尝试横渡地中海，但幸存者只有 23 人。有两艘去往意大利的轮船在利比亚附近先后沉没，导致数百名偷渡者失踪，其中一艘船上甚至挤着 342 名偷渡者。[1]

刚刚，我们拿着英国护照，毫不费力地乘坐火车穿过了土耳其与欧盟的边界。相比之下，这些偷渡者就没这么幸运了。欧盟法律禁止这些人坐飞机或常规的渡轮入境，因此他们不得不挤进破败不

[1] 'Italy-Bound Migrant Boat Sinks off Libya, 21 Dead', 30 March 2009, at reuters.com.

堪的船只，一切听凭天气做主。正如我们在格鲁吉亚的克拉斯尼大桥和土耳其的土耳克哥组口岸时看到的那样，欧盟的大部分边境管控工作都外包给了邻国。在高加索地区，由布鲁塞尔出资设置的巡逻队、围栏和摄像头拦住了西行移民的道路。地中海中部的管控工作外包给了利比亚（当时的统治者是卡扎菲上校）。[①] 截至 2009 年，意大利共向利比亚海军提供了 6 艘比利亚尼级（Bigliani）超高速巡逻艇，船上均配备了 30 毫米口径的火炮，专门拦截试图逃往欧洲的非洲人。[②] 利比亚海军并不会救起因沉船而挣扎在生死线上的逃亡者，只会对载有偷渡者的船只进行实弹袭击，与此有关的报道也是屡见不鲜。[③] 除了拦截偷渡者，利比亚海军也会在亚丁湾为运输化石燃料的油轮保驾护航。

地中海上的兵力部署极大减少了抵达意大利的移民人数。尽管如此，还是有成千上万的难民因无法生存下去而逃离自己的国家，甘愿冒着极大风险前往欧洲。2009 年 3 月，海岸警卫队从海上救起了为数不多的几位偷渡者，22 岁的穆萨（Moussa）就是其中之一。他的故事非常具有典型性：他从尼日尔老家逃到了位于利比亚和突尼斯边境附近的沿海城市祖瓦拉（Zuwarah），和其他人一起来到港口，准备乘船穿越 300 千米的海域，前往马耳他、西西里岛或意大利兰佩杜萨岛（Lampedusa）。

出发的时间到了。穆萨趁着月色乘坐卡车向西进入开阔的利比亚沙漠。已经有数百人等在那里了。太阳还没出来时，他们就被领

[①] 今由利比亚国家过渡委员会统治。

[②] S. Brom and A. Kurz, eds, *Strategic Survey for Israel 2010*, Institute for National Security Studies, 2010; 'Libya: End Live Fire Against Suspected Boat Migrants', 16 December 2010, at hrw.org.

[③] B. Frelick, *Pushed Back, Pushed Around: Italy's Forced Return of Boat Migrants and Asylum Seekers, Libya's Mistreatment of Migrants and Asylum Seekers*, Human Rights Watch, 2009.

到了海滩，并被告知要涉水登上刚停靠在岸边的改装渔船。它的小型发动机一直在运转，以便在利比亚警察出现时能立即开走。偷渡者大概会在没有任何遮挡的破船里待上 30 小时。

这些偷渡者来自尼日利亚、尼日尔、苏丹和索马里。他们的家乡贫困至极，资源战争接连不断，因此他们不得不背井离乡，谋求出路。过去几十年里，尼日尔的农民迫于干旱和土壤退化，一直在迁移住地。干旱期越来越长，两个干旱期之间的时间却越来越短，因此耕种变得极其困难。等不及雨水的作物常常整株干死。① 干旱地区的面积越来越大，有时受灾者很难找到下一个合适的去处。穆萨认为，与其在其祖国等死，不如冒一次险，踏上去往北方的路，追寻更安稳的生活。

穆萨及其同伴乘坐的那艘船遇到了可怕的"齐布里风"（qibli），沉没在了大海里。齐布里风是从沙漠吹来的干燥大风，里面夹杂着大量沙尘。他侥幸被意大利海岸警卫队救起来了，但这也意味着他要被关押在兰佩杜萨岛的一个营地里，等候被遣送回利比亚。

这波大规模移民浪潮掀起的主要原因是全球气候模式的改变。我们曾听说高加索和土耳其的降水量在减少。中非和西非的沙漠化现象越来越严重，气候变化对居民产生了极大负面影响。所有证据都表明，随着大气中二氧化碳的含量不断增加，干旱和移民的恶性循环将在未来几十年里愈演愈烈。2009 年 5 月，由联合国前秘书长科菲·安南（Kofi Annan）领导的全球人道主义论坛（Global Humanitarian Forum）进行了一项研究，结果表明到 2030 年，6 亿人将因气候变化而流离失所。未来 40 年，阿塞拜疆石油就将在这样的

---

① K. Warner, C. Ehrhart and A. de Sherbinin, *In Search of Shelter: Mapping the Effects of Climate Change on Human Migration and Displacement*, United Nations University, May 2009; T. Afifi, *Niger: Case Study Report-Environmental Change and Forced Migration Scenarios*, EACH-FOR, 2009.

背景下运输到世界各地。

📍 第四天，07:29-1005 海里-3816 千米-阿尔巴尼亚和意大利，奥特朗托海峡

破晓时分，油轮驶入了奥特朗托海峡（Straits of Otranto）。这条长 72 千米的水上高速公路连接了阿尔巴尼亚和意大利东南部，也连通了伊奥尼亚海和亚得里亚海。这里曾是罗马帝国最繁忙的航运通道，古老的帆船和划桨船在布林迪西乌姆港（Brundisium，今布林迪西）与德雷克里姆港（Dyrrachium，今都拉斯）之间来回穿梭。当时，参议院和士兵会从罗马出发，沿着亚壁古道（Appian Way）前行，穿越奥特朗托海峡，再顺着厄纳齐雅大道（Via Egnatia）前往拜占庭。商人和奴隶则沿着相反的方向，带着亚洲的丝绸、香料和棉花去往欧洲。这是通往塞巴斯特（Sebaste，今安卡拉）和塞奥多西奥波利斯（Theodosiopolis，今埃尔祖鲁姆），而后越过罗马帝国并向东延伸的贸易路线的延续。

如今，这条古老的航路要道被划入欧盟"南部能源走廊"，因而成为欧洲天然气管网的组成部分。拟由挪威国家石油公司和德国意昂公司（E. ON）建造的一条跨亚得里亚海天然气管道将接收来自土耳其天然气管网的沙赫德尼兹天然气，在阿尔巴尼亚进行管道运输，再通过海底管道运送至布林迪西（Brindisi）。另一条拟建的天然气管道——土耳其-意大利-希腊互联管道——就计划建在跨亚得里亚海天然气管道的南边，从希腊境内通过。这两条天然气管道都是纳布科大型输气管道的竞争者，三者就公共资金和天然气资源展开了激烈争夺。这三条管道备受美国欧亚能源问题特使理查德·莫宁斯塔和欧洲委员会能源主管让-阿诺德·维努斯的关注。

我们在 marinetraffic.com 网站上观察代表着杜吉奥托克号油轮的

红色箭头。它正在奥特朗托海峡航行，旁边有几艘载着游客的客轮，还有零星的几艘游艇。能见度很好，遇到危险时应该可以轻松地调整航向。

📍 第五天，03:29-1285 海里-4335 千米-克罗地亚，杜吉奥托克岛

亚得里亚海曾经是威尼斯的内陆湖。数百年来，"宁静之城"威尼斯一直在亚得里亚海海域占据着军事和经济优势。所有通过奥特朗托海峡的船只都要优先为威尼斯里阿尔托（Rialto）等地的海边仓库供货。

威尼斯并没有打算控制亚得里亚海的整个海岸线，但所有重要港口都在其直接或间接的管辖之下。威尼斯依靠众多天然港口，利用高超的外交和军事手段，稳步夺取了今克罗地亚达尔马提亚（Dalmatia）的大部分区域。威尼斯的行政人员和官员很少深入内陆。东部的山脉划清了威尼斯与其他国家的界限，也为威尼斯提供了一种重要商品——木材。威尼斯共和国的地基（城市建立在放置在泻湖里的木桩上）和防御工事（指军械库里的战舰）都由外国的木材制成。因此，威尼斯砍伐了大量达尔马提亚山脉的树木。

在克罗地亚海岸，有一座狭长的岛屿与陆地平行而立。这座岛屿是杜吉奥托克岛，也称"长岛"。杜吉奥托克号油轮就是以此命名的。这艘油轮的所有者和运营方是坦克斯卡普罗维达公司。这家公司位于与杜吉奥托克岛隔海相望的扎达尔，业务是将油轮承包给 BP 综合供应与贸易公司等石油贸易商。

几千年来，扎达尔一直以航海为生。公元前 384 年，它派出 300 艘舰船前去抵抗希腊殖民者。扎达尔历史悠久的海上力量与中世纪威尼斯日益增长的力量经常爆发冲突。威尼斯视扎达尔为前行路上

的绊脚石，于是以扎达尔庇护海盗为由，在 12 世纪时反复对其发动袭击。

威尼斯无法凭一己之力制服这个斯拉夫对手，于是开始寻求外界的帮助。威尼斯与第四次十字军东征的代表达成协议，为十字军提供运输船并将士兵经由海路运送至埃及以及巴勒斯坦。后来，法国骑士无法支付海运费，威尼斯总督恩里科·丹多洛（Enrico Dandolo）便临时起意，称如果法国能够帮助威尼斯拔除基督教这根眼中钉，就可以减免法国的债务。[①] 于是，十字军东征改变了方向。1202 年 11 月 10 日，十字军在一场激烈争斗后攻陷了扎达尔。为了防止扎达尔死灰复燃，威尼斯人亲手摧毁了它。[②]

丹多洛看出了威尼斯具有成为地中海东部贸易霸主的潜力。然而，拜占庭帝国的实力雄厚，且长期控制着海路，致使威尼斯人难以进入累范特和黑海地区，进而限制了奴隶、糖、丝绸和香料的进口。威尼斯总督将第四次十字军东征的目标引向了拜占庭帝国的首都君士坦丁堡。

拜占庭长期以来保持着对西方国家的重要技术优势，即"希腊火"。这种液体是由从巴库附近的巴拉哈尼（Balakhani）油井中开采出来的原油制成的。在战争中，这种液体会从管子中发射出来并被点燃，进而引燃对方的船只。但这一次，拜占庭人的最后一道防线被击溃了：威尼斯人发明了一种用化学物质处理皮革的方法，将这种皮革覆盖在舰船之上，就能抵御火攻。[③] 基督教世界最大、最富有的城市就这样被占领了。之后几天，十字军在君士坦丁堡大肆掠夺，抢走了大量财富。[④]

---

① A. Wiel, *Venice*, Kessinger Publishing, 1894.
② T. Madden, *Enrico Dandolo and the Rise of Venice*, JHU Press, 2003, p. 150.
③ Stone, *Turkey: A Short History*, Thames & Hudson, 2011, p. 22.
④ J. Morris, *The Venetian Empire: A Sea Voyage*, Penguin, 1990.

拜占庭被十字军领主和威尼斯瓜分了。丹多洛并不在乎夺取土地的面积，而是关注土地的用途。他想占领一些具有战略意义的、适合建立海军基地和港口的岛屿，以便为其商船队提供休息和获取补给的停靠点。[①] 罗得岛（Rhodes）、迈索尼镇和克法洛尼亚岛上都立起了圣马可（St Mark）飞狮——威尼斯的象征物。在之后的五个世纪里，威尼斯的军队一直为君士坦丁堡商人家族投资开设的贸易企业保驾护航。威尼斯共和国政府继续对敌对国家、受制民族以及威尼斯公民进行监视，以确保国家的稳定并保护其利益网络。

奥斯曼土耳其人击退了威尼斯的战船，被威尼斯占领的堡垒和殖民地接连落入新政权之手。奥斯曼土耳其人率领军队从君士坦丁堡出发，一路西行，横跨巴尔干半岛，到达比扎达尔更深入内陆的威尼斯共和国的边境。[②] 威尼斯军事力量的削弱与其贸易路线的衰微密切相关。

现华盛顿特区的共和党人想要借鉴威尼斯的成功经验，认为威尼斯的统治方式是一种在不必长期承担占地成本的基础上维护美国经济实力的手段。[③] 事实上，威尼斯的统治模式可以帮助我们理解美国与欧盟统治阿塞拜疆、格鲁吉亚等国家的方式。美国和欧盟等当代大国并不觊觎其他国家的领土和税收，而是想掌握它们的资源（如石油）和市场（如石油市场）。但控制他国的资源和市场并非易事，这需要构建一条有利于西方国家的贸易路线，还要动用军事力量加以维护。以我们正追随着的这条"能源走廊"为例，这条贸易路线距离美军在格鲁吉亚克尔特桑尼西和土耳其因吉利克的基地以及北约在威尼斯附近的阿维亚诺（Aviano）空军基地都很近。

---

① L. Bergreen, *Marco Polo: From Venice to Xanadu*, Knopf, 2007, p. 37.

② P. R. Magocsi, *Historical Atlas of Central Europe*, Thames & Hudson, 2002, p. 58.

③ D. Ignatius, 'From Venice, a Lesson on Empire', 20 September 2006, at washingtonpost.com.

📍 第五天，08:08-1350 海里-4455 千米-北亚得里亚海

港口城市里耶卡位于扎达尔以北 150 千米处。它曾以其意大利名称阜姆而闻名，是始自里海的第一条石油支路的一个节点。在 19 世纪 80 年代初，奥匈帝国的煤油市场蓬勃发展，市面上的石油产品主要依靠进口，由洛克菲勒的标准石油公司供货。但罗斯柴尔德银行奥地利分行投资创建了一家将改变中欧能源格局的企业。

在才华横溢的克罗地亚年轻化学家米卢廷·巴拉克（Milutin Barac）的技术指导下，欧洲规模最大的炼油厂在阜姆的西海岸落成了。这家炼油厂拥有最先进的炼油技术。1884 年年初，该炼油厂每天能通过南部铁路（Sud Bahn，大部分股权由罗斯柴尔德家族拥有）向北方的卢布尔雅那（Laibach）、维也纳、布拉格和布达佩斯运送 20 节车厢煤油和其他石油产品。最初，阜姆炼油厂加工的原油产自宾夕法尼亚州，但很快就换成了来自巴库的原油。罗斯柴尔德银行巴黎分行收购了高加索地区的巴统石油炼制和贸易公司，出资建设了巴库-巴统铁路，并与马库斯·塞缪尔一起建造了一支油轮船队，用以运输煤油。

不久后，产自里海的原油就开始经由铁路运过高加索山区，并搭乘油轮从巴统运往博斯普鲁斯海峡，再运至北亚得里亚海。之后，原油进入阜姆炼油厂进行炼制加工，制成煤油，再利用铁路货车运输至奥地利萨尔茨堡（Salzburg）等地。罗斯柴尔德家族的奥地利或法国分支在整个运输过程的每一个部分都持有一定股份。这是我们所追寻的这条石油之路的第一代化身，它只运行了几十年时间。

1911 年，罗斯柴尔德家族因忌惮巴统和巴库发生的工人武装斗争以及 1905 年革命造成的破坏性后果，将其在高加索地区的资产出售给了荷兰皇家壳牌公司。三年后，"一战"爆发，巴统完全停止了石油出口。1918 年，同盟国战败，亚得里亚海沿岸的阜姆和的里雅

斯特都陷入了政治动荡。奥匈帝国解体后，阜姆不再向原本的石油市场供货，它被意大利和斯拉夫之间的斗争击垮了。

1919 年 9 月 12 日，意大利诗人加布里埃莱·邓南遮（Gabriele D'Annunzio）驾驶着一辆红色跑车，率领 297 名身穿黑色衬衫的"阿尔迪蒂"（Arditi）敢死队队员，耀武扬威地入侵并占领了阜姆。他本想将这片土地交给意大利，但意大利拒绝承认这一行动。邓南遮索性宣布在阜姆建立卡尔纳罗摄政国（Regency of Carnaro），并自称为摄政国的"首领"。阜姆是世界首个自我界定的法西斯国家，也成为政治实验的对象。之后，石油之路沿线发生了翻天覆地的变化：6 个月后，布尔什维克占领了巴库；又过了一年，奥尔忠尼启则骑着一匹白马成功挺进第比利斯。

邓南遮政变 4 天后，未来主义诗人菲利波·马里内蒂（Filippo Marinetti）匆忙找到邓南遮，对正在发生的事情感到兴奋不已。在摄政国存在的 15 个月里，其政府被很多人视为未来政治结构的典范，也先后激起了墨索里尼（Mussolini）和希特勒（Hitler）的野心。在这里，法西斯主义得到了实践和发展，修辞学、阳台讲话、社会主义经济学和法西斯礼节得以形成。阜姆被称作纯粹的"意大利"城市。许多克罗地亚人被驱逐出境，其中包括米卢廷·巴拉克。他担任炼油厂负责人长达 36 年时间，一直负责运营阜姆炼油厂。[1] 该炼油厂原本雇用了 500 名工人，但是如今已经关停了。[2]

1920 年 12 月，邓南遮摄政政府向意大利军队投降。过了不到三年时间，法西斯主义者便卷土重来了。1922 年"进军罗马"后，贝尼托·墨索里尼（Benito Mussolini）的重要任务之一就是减少意大利对英国和美国石油公司的依赖，并建立国有石油产业。

---

[1] V. Dekić, *Crude Oil Processing in Rijeka: 1882–2004*, INA Industrija nafe, 2004.

[2] M. A. Ledeen, *D'Annunzio: The First Duce*, Transaction Publishers, 2009, p. 109.

在上台之后不到一个月里，新政权千方百计地从罗斯柴尔德家族处收购了阜姆炼油厂，并于1923年获得了该炼油厂的全部股份。这座由匈牙利建造、由奥地利提供资金、由克罗地亚进行管理的炼油厂成为"意大利石油项目的核心"以及成立新国家石油公司阿吉普的基础。[1]1935年，该炼油厂已成为"该国武装部队最重要的支柱"之一，为入侵并占领埃塞俄比亚的军队提供了燃料。[2]当时，为了迎合意大利的军事化和殖民理想，炼油厂进行了升级改造，优先生产汽油。与此同时，阿吉普公司在的里雅斯特附近的穆贾建造了一座新炼油厂。

然而，尽管墨索里尼用尽解数想要摆脱外国石油公司的钳制，但未能如愿。20世纪20年代，英波石油公司向意大利供应石油产品，还试图购买阿吉普公司的股份，但是并未成功。20世纪30年代，意大利已经是英波石油公司的第四大汽油市场了。[3]

"二战"后，经过重组的阿吉普公司从意大利走了出去，扩张到了尼日利亚和利比亚，后来又将触手延伸到了横跨高加索地区的新石油之路。现已并入意大利大型石油公司埃尼公司（ENI）的阿吉普公司是BTC公司的股东之一。另一边，阜姆不再为意大利所有。"二战"结束时，铁托（Tito）率领游击队从德国军队手中夺回了这座城市，炼油厂也随之成为南斯拉夫工业的重要组成部分，最终成为克罗地亚港口里耶卡。这个法西斯主义的城市孵化器在20世纪时经历了6个国家的统治，与同一时期的巴库和巴统一样饱经动荡。

---

① V. Dekić, 'The Oil Refinery in Rijeka: A Story of Survival' in *The Rothschild Archive: Review of the Year 2004–2005*, Rothschild Archive, 2005.

② Dekić, *Crude Oil Processing*.

③ J. H. Bamberg, *The History of the British Petroleum Company, Vol. 2: The Anglo-Iranian Years 1928–1954*, CUP, 1994, p. 124.

📍 第五天，14:00-1432 海里-4607 千米-意大利，穆贾

杜吉奥托克号油轮向北航行。亚得里亚海湾越来越窄。不久后，这艘油轮就会停靠在的里雅斯特湾的穆贾。最后进港时，油轮发动机的节奏发生了变化。船舱里的 79 万桶黑色原油离山坡上俯瞰海湾的油库越来越近。小引航船靠岸了。引航员在驾驶室里指挥油轮员工进港，再停靠在指定的位置上。

两艘拖船并肩而行，不时轻轻拖动油轮，引领油轮进入穆贾港。杜吉奥托克号在 SIOT 油库的一号浮码头靠岸，放下很粗的系泊链，并将其紧紧缠绕在钢柱上。

装载着阿塞拜疆原油的油轮到达穆贾之后，位于伦敦港区加纳利码头（Canary Wharf）的 BP 综合供应与贸易公司便开始行动起来。BP 会从这一时点开始追踪油轮里的原油在管道、船舶和油罐里的运输情况。BP 综合供应与贸易公司监督着我们正在追寻的原油轨迹，BP 阿塞拜疆公司将原油经 BTC 管道输送至 BP 德国石油公司，然后装上杜吉奥托克号油轮，现在又进入跨阿尔卑斯管道里。

卸货时，与 BP 综合供应与贸易公司签约的检查机构卡明货物保险检验公司（Camin Cargo Assurance Inspection）会运用 BP 全球货物保险系统对油轮里的原油进行检查。如果在杰伊汉装载的原油量与在穆贾卸下的原油量之间的差异超过 0.2%，这个基于计算机技术的系统就会自动发出警报。2009 年春天，石油价格升至每桶 50 美元。按这个价格计算，杜吉奥托克号油轮 0.2% 的油品差异就可能价值 79 000 美元。

当油轮里的原油利用油泵运输至山上的油罐里时，BP 综合供应与贸易公司就走完了阿塞拜疆石油的销售流程。杜吉奥托克号油轮上的船员会在岸上休息几小时，然后继续驾驶油轮向南航行，到达杰伊汉或其他港口重新装油。它的未来航线会由石油贸易商对油价的推测决定。一切都在变化着。

第四部分

陆运

第十八章

它们的手臂很长……像章鱼一样

📍 TAL KP 1–4608 千米–意大利，穆贾湾

　　"管道的运行原理是怎样的？油轮里的原油经由管道输送至山上油库的油罐里，油罐里的油品再经由管道输送至德国的英戈尔施塔特（Ingolstadt）。"我们乘坐火车来到的里雅斯特，然后辗转到达位于的里雅斯特南部的穆贾。在穆贾的港口，我们与研究的里雅斯特湾的海洋生物学家马齐亚·皮隆见面了。的里雅斯特湾位于亚得里亚海北部的浅水区，之前与伊斯肯德伦湾一样拥有丰富的鱼类资源。马齐亚带着我们去码头找当地的鱿鱼捕手法比奥（Fabio）。法比奥的双手和衣服上沾满了鱿鱼的墨汁，他一边摘掉渔网里的鱿鱼，一边谈论跨阿尔卑斯输油管道。他祖祖辈辈都在这里捕鱼，时至今日已有四个多世纪之久。20世纪60年代，他的父亲把渔船从卡波迪斯特里亚港（Capodistria，今斯洛文尼亚科佩尔）开到了这里。提起卡波迪斯特里亚这一旧称时，法比奥提到，他的家人是在"二战"后的20年里逃离南斯拉夫的成千上万意大利难民之一。

　　吹袭亚得里亚海沿岸的季节性东北冷风在于码头停靠着的游艇间呼啸而过。在穆贾湾的蔚蓝海水里，往返于的里雅斯特的渡船穿梭如织。法比奥很了解马齐亚，因此很快就进入了正题。"1974年

还是 1975 年的时候，穆贾发生了一起严重的石油泄漏事件。有人把所有泄漏出来的石油都清扫到了港口里，然后用泵抽了出来。不过，海底的淤泥还是被石油污染了。路过的油轮把海底的淤泥搅了起来，甩到了渔网上。清理渔网上的淤泥可不容易。"他说，穆贾湾里有很多为船只航行而设置的捕鱼"禁区"，因此捕鱼的难度非常大。"有时候会有十来艘船等着卸油，而海湾的空间却非常局促。"我们问他海岸警卫队是否会找他的麻烦。"多说无益。海岸警卫队的工作就是问渔民要钱，而不是解决我们的问题。"他说，自 20 世纪 70 年代以来，海水温度逐渐上升，鱼的种类发生了变化，渔业受到了很大影响，而且磷污染非常严重，导致藻类在海水里大量繁殖。"1987 年是最糟糕的一年。我们甚至不能捕捞鱿鱼。"我们分别时，他总结道，"我在这边的埃索公司（Esso）炼油厂工作过。我清楚地记得，1987年 11 月 22 日，炼油厂关停了。之后，我就不在那儿干了。"

我们与马齐亚在海洋饭店（Ristorante Marina）的门廊共进午餐。其他桌的情侣们正在交谈，女服务员的高跟鞋发出咔嗒咔嗒的声音，厨房里的盘子发出清脆的碰撞声，远处传来工厂的轰隆声。透过模糊又厚重的聚乙烯窗户，能看到波光粼粼的穆贾湾以及两艘油轮。我们认出了它们，一艘是卸油之后吃水变浅的杜吉奥托克号油轮，另一艘是扎里法阿利耶夫号油轮（Zarifa Aliyeva，以伊利哈姆·阿利耶夫的母亲命名）。从油轮船舱里泵出的石油通过管道输送至意大利石油公司 SIOT 位于多丽娜山谷（Valle Dolina）里的油罐中，再经由跨阿尔卑斯管道输送至德国。

这家餐厅是欧洲中产阶级的消遣场所，为他们提供了一方安静、休闲之地，与格罗瓦西村几乎空无一人的巴里克饭店形成了鲜明对比。穆贾以其威尼斯历史为荣，旧城墙的拱门上方雕刻着圣马可飞狮。穆贾曾是威尼斯共和国的堡垒，抵挡着穆贾湾对面的特里斯特的奥地利人。SIOT 公司就在多丽娜山谷里，用三种语言写就的"禁止进入"警示牌提醒外人不要靠近。鲜少游客能够注意到这家隐于山谷之中的规模巨大的能源和财富中心。

现在才 5 月，下午的炎热便已经令人难以忍受了。我们做了一个决定，作别了马齐亚，沿着交通繁忙的主干道步行，穿过两岸杂草丛生的奥斯波河（River Ospo），去往穆贾东部。我们想去参观一下法比奥曾工作过的阿基利娜炼油厂（Aquilina refinery）的旧址。如今，那里荒无人烟，只留有一大片砾石、混凝土碎块和几丛灌木。20 世纪 30 年代，这里坐落着由墨索里尼下令建造的阿吉普化工厂。"二战"后，该化工厂被埃克森公司收购并运营，直到 20 世纪 80 年代末关厂。如今，这片土地已经荒芜了 20 余年。法比奥说这里的土壤已经污染了，因此想要重新利用这个区域，就必须将被污染的土壤清除干净。这让我们想到了占贾的工厂旧址。

跨阿尔卑斯管道（TAL）和 SIOT 油库都是冷战时期建成的。它们既是特定的地缘政治力量的产物，也催生出了某些地缘政治力量。1960 年至 1964 年，苏联建造了友谊输油管道（Druzhba，起点是俄罗斯，终点是捷克斯洛伐克和匈牙利）的南部支线。不久后，兄弟输气管道（Bratsvo）也建成了。当时，在赫鲁晓夫的领导下，苏联的经济得到了极大发展，还向东德等国家供应低价的石油和天然气。然而，就在 20 年前，这些国家还入侵了苏联，侵略脚步甚至远至高加索山脉。昔日的敌人摇身一变，成了朋友和兄弟。

跨阿尔卑斯管道与以上两条苏联管道形成了鲜明对比。它的建设资金来自美国和英国，途经意大利、奥地利和西德。"二战"期间，这几个轴心国的工业基础设施都曾遭到同盟国的轰炸。奥地利和西德仍处于胜利方同盟国的军事管控区内，而跨阿尔卑斯管道也经过了英国和美国控制区。

20 世纪 60 年代初，沙特阿拉伯、伊朗、科威特和伊拉克共同要求在其境内开采石油的外国公司增加采油量，从而提高这四个国家的收入。肯尼迪政府也希望在中东国家开采石油的企业增加采油量，因为国家收入提高后，当地政权就能更有力地压制民众的不同声音，从而阻止苏联势力的蔓延。这个逻辑在伊朗的外化最为明显：伊朗国王竭力要求 BP 提高产量。当时，BP 掌控着中东石油的指挥权，还拥有伊朗石油公司 40% 的股份。

1960 年至 1969 年，原油开采量急剧增加，流入西欧市场的石油量也水涨船高。沙特阿拉伯的原油开采量从 100 万桶跃升至 350 万桶，而伊朗的开采量从 100 万桶飙升至 400 万桶。同一时期，巴库的开采量增长了 22%，达到了苏联时期的峰值 45 万桶，但中东和北非地区的产量增长了近 400%，达到 1350 万桶。为应对大幅增加的原油开采量，西方石油公司需要刺激石油消费。这些石油巨头使用了罗斯柴尔德家族在 19 世纪 80 年代末靠增加远东地区煤油消费以应对欧洲市场饱和的做法，着力重塑市场需求，调整运输路线，用以销售石油产品。西德的石油需求具有极大的增长潜力，但这些石油公司需要建设输油基础设施，才能将石油运送至潜在客户处。在这样的大背景下，跨阿尔卑斯管道应运而生。1963 年，美国工程公司柏克德受雇来评估并规划这条横跨阿尔卑斯山的输油管道。

将跨阿尔卑斯管道的起点选在的里雅斯特是西方国家和苏联进行权力博弈后的深思熟虑之举，因为这座城市是冷战政治的象征。1946 年，温斯顿·丘吉尔在著名讲话中指出："从波罗的海斯德丁（Stettin）到亚得里亚海的里雅斯特的这道'铁幕'已经降落在欧洲大陆上。这道铁幕背后的所有……人民……都生活在苏联的影响范围之下。"[1] 根据"二战"后签订的和约，的里雅斯特自由区应由联合国管理。如曾经的柏林一样，自由区被分为两个区域，A 区由英美

---

① M. A. Kishlansky, *Sources of World History*, Harper Collins, 1995, pp. 298−302.

军队共同管理，B 区则由南斯拉夫管理。7 年后，联合国仍无法就该地区的总督人选达成统一意见，这块自由区便瓦解了。B 区归属南斯拉夫，其中包括卡波迪斯特里亚港和科佩尔（Koper）；A 区则被意大利接管，其中包括的里雅斯特以及穆贾镇。[①]

政治局势的剑拔弩张也明确体现在了跨阿尔卑斯管道的路由上：该管道系统的核心，即 SIOT 大型油库，距离斯洛文尼亚边界线只有 450 米，而 1967 年时斯洛文尼亚还处于铁幕的笼罩之下。将如此重要的基础设施铺设于潜在敌对势力的附近从表面上看是不合常理的，而这恰恰证明了的里雅斯特实质上属于西方国家的势力范围。这条管道的政治角色与 BTC 管道和巴库–苏普萨管道在格鲁吉亚扮演的角色类似，都是西方国家投射力量的桥头堡。

事实上，跨阿尔卑斯管道在很多方面都与晚铺设 40 年的 BTC 管道高度一致。这两条管道都穿越了三个国家。这两条管道都受到美国国务院和英国外交部的重大影响。这两条管道都由企业集团所有，而投产运营则由 BP 负责。柏克德公司参与了这两条管道的部分设计工作。1967 年 6 月，465 千米的跨阿尔卑斯管道正式投产。它被誉为史诗级的工程成就，其高度超越了先前的所有管道。

40年后，跨阿尔卑斯管道仍由八家企业共同拥有，[②]只是企业集团的具体成员已与原始成员不同。奥地利的 OMV 石油公司是大股东，持有 25% 股份，BP 则持有 14.5% 的股份。[③]管道的运营方是跨阿尔卑斯管道公司（Transalpine Pipeline Company）。该公司在管

① P. R. Magocsi, *Historical Atlas of Central Europe*, Thames & Hudson, 2002, pp. 159–61.

② OMV 公司（持有 25% 股份），荷兰皇家壳牌公司（24%），埃克森美孚公司（16%），Ruhr Oel 公司（11%），埃尼公司（10%），BP（9%），康菲石油公司（3%），道达尔公司（2%）。

③ BP 共持有 14.5% 股份，其中 9% 由 BP 直接持有，剩余 5.5% 则通过由 BP 与俄罗斯石油公司分别持股 50% 的 Ruhr Oel 公司间接持有（见 tal-oil.com）。

道途经的三个国家分别设有分公司，SIOT 就是该公司在意大利的分公司。

柏林墙倒塌 20 年后，跨阿尔卑斯管道所处的时代背景发生了彻底的转变，但仍具有重要的地缘政治意义。SIOT 总经理阿德里亚诺·德尔普雷特（Adriano Del Prete）指出："跨阿尔卑斯管道是石油供应中的重要一环，满足了奥地利 75% 的石油需求，巴伐利亚则是 100%，巴登-符腾堡州 50%，捷克共和国 27%。"[1] 管道内输送的原油的来源每天都在变化，取决于抵达的里雅斯特湾的油轮的始发地。2010 年，在通过该管道运输的油品中，30% 是从北非的油田运输至穆贾的，超过 50% 则是利用油轮从苏联国家运输而来的。绝大多数石油产自杰伊汉。

从巴库近海的 ACG 油田开采出来的石油占跨阿尔卑斯管道总输油量的比例一直在变化，但这条贸易路线的政治意义却始终如一。ACG 油田曾属苏联管辖。20 世纪 60 年代，ACG 油田的原油通过苏联的友谊输油管道运抵中欧。如今，ACG 油田位于阿塞拜疆境内，其开采的原油通过管道和油轮外输，且运输过程如克林顿及其下属桑迪·伯杰和理查德·莫宁斯塔所愿，完全绕过了俄罗斯领土。跨阿尔卑斯管道仍是通往中欧重要地区的颈静脉，它所运输的液体仍体现着西方国家和俄罗斯之间紧张的政治局势。

⚲ TAL KP 1–4609 千米-意大利，多丽娜山谷

马齐亚热心地帮助我们联系了 SIOT 公司的公关人员。他们同意我们采访油库管理员，前提是我们要向油库提交一份书面请求并

---

[1] H. Guliyeva, *'The Incredible Journey'*, BP Magazine 2（2006），p. 26.

附上签名。马齐亚开着她的菲亚特汽车，游刃有余地穿梭在车流中，载着我们穿过工业区，下了立交桥，开上了通往 SIOT 公司的道路。"无工作证禁止入内"标牌后面的草坪被修剪得整整齐齐。草坪后有一道高高的护栏网，顶端还有带刺的铁丝网。护栏网的后面还设有一米宽的铁丝网。透过重重阻拦，我们仍能看到漆有红色线条的大型白色油罐。每个罐体上都写有一个巨大的数字。

入口值班室里的警卫打开了面前的推拉窗。马齐亚递上了那个干净的白色信封。警卫接过信封，随手扔到了一个托盘里。他的表情好像在说"来了也没用"。见状，马齐亚的眼里闪过一丝愤怒。没有人回应我们。我们拨打的电话一直无人接听。我们无法敲定会面的时间。

在的里雅斯特，几乎没有人愿意谈论这条管道。马齐亚替我们四处走访，但人们都冷眼相待。她的同伴西莫内（Simone）认识一个近期刚辞去油库工作的人，但他也拒不开口，除非我们给他"很多钱"，因为他害怕因说出事实而遭到起诉。之后，西莫内想到可以联系住在斯洛文尼亚的布鲁诺·沃尔皮·利亚克船长（Bruno Volpi Lisjak）。布鲁诺一生都在与海洋打交道，先是担任货船船员，20 世纪 50 年代开始在伦敦港工作，20 世纪 70 年代和 80 年代在的里雅斯特码头担任重要职务。如今，布鲁诺已经退休了，但仍在撰写关于斯洛文尼亚渔业历史的书。

我们沿着去往意大利边境的道路来到了一个崭新的世界。之前，我们还在拥挤的海滨城市里；现在，我们的眼前是广阔开放的喀斯特高原。喀斯特指代的是一种由石灰岩和地下河形成的地貌。意大利和斯洛文尼亚两个欧盟国家之间的边境线并没有清晰的标识。我们在高速公路上飞驰，向克里兹村（Kriz）进发。村子的外围有一座新建的平房，周围有一片未经开垦的菜地。布鲁诺和妻子从平房里走出来迎接我们。布鲁诺已经 70 岁了，但仍精神矍铄。我们和西莫内坐了下来，与布鲁诺夫妻一起喝咖啡。

当我们提起跨阿尔卑斯管道时，布鲁诺直言不讳地谈起了的里雅斯特的历史。1945 年的雅尔塔会议决定了这座城市的命运。尽管斯大林迫切希望的里雅斯特能归入新南斯拉夫，但丘吉尔坚持要将的里雅斯特划入西方的势力范围。丘吉尔认为，的里雅斯特对于为维也纳提供物资至关重要，进而对于确保奥地利与西方的结盟举足轻重。为了为维也纳供暖，的里雅斯特港变成了装卸煤炭的中转站，为穿越喀斯特高原和阿尔卑斯山并通往奥地利首都的铁路线提供煤炭。港口码头上堆满了威尔士无烟煤。天干物燥，无烟煤的黑灰被风吹到了城市的各个角落。坐在广场咖啡馆桌子旁的特里斯特尼人对英国人怨声载道。

后来，的里雅斯特码头失去了原始客户奥匈帝国，也没有留住让这些码头短暂复兴的意大利，因此沉寂了下来。的里雅斯特不再是重要贸易路线上的一个节点，而是像柏林一样被困在西方国家和苏联之间的断层线上。也许这座城市会追随威尼斯的发展脚步，只是不如威尼斯般诱惑与美丽。码头的转型对于布鲁诺而言是个非常艰巨的挑战。20 世纪 60 年代末，布鲁诺成为主营船舶建造和维护业务的造船厂的经理。

布鲁诺高兴地讲起了他是如何解决这个难题的。20 世纪 60 年代，苏联在赫鲁晓夫的领导下蓬勃发展。然而，尽管黑海商船队的船舶总吨位翻了两番，俄罗斯的造船厂和干船坞却不足以为迅速扩充的商船队提供服务。如果不进行定期维护，这些船只就无法满足伦敦劳埃德公司的认证要求。[①] 劳埃德公司是提供国际公认认证的航运保险公司。获得劳埃德公司认证的商船能够进入其他国家的港口。当

---

① 也就是穆雷克斯号和杜吉奥托克号油轮所需的那种保险。

时，欧洲大部分地区都对苏联实行禁运，但的里雅斯特却向苏联敞开怀抱，为苏联船只提供维修服务。不久后，烟囱上画有锤子和镰刀标志的轮船便争相涌入的里雅斯特湾。

布鲁诺告诉我们："我去过巴库。两次。去石油和天然气部。"他说，20世纪70年代，苏联在里海深处发现了石油，之后从法国订购了两艘钻井船。然而，在西方的禁运政策下，苏联无法获得这两艘船的备件。苏联将它们开到了的里雅斯特，作为意大利船只进行修理，然后经由顿河–伏尔加河运河前往里海。这两艘钻井船在巴库附近发现了"26名政委"大型海上油田，即ACG油田。

布鲁诺对20世纪60年代中期SIOT油库的建设做出了准确又带有批判性的分析。很多的里雅斯特人都反对此事："他们了解该地区的生态环境。他们知道油库建成后将发生什么。"布鲁诺说，这个油库是由罗马和外国政府推动的政治项目。"几家石油公司组成了卡特尔，还夸大了油库对城市的积极影响。他们声称油库将提供许多就业机会，油轮船员也会进城购物。但他们就是在骗人。根据我作为海员和造船厂经理的经验，我能肯定，油轮在码头停留卸货的时间只有约24小时，船员不会进城，就连妓女都赚不到一分钱。"

布鲁诺的脸上露出悲伤的神情："我本不想说这件事，但你们又想知道。"他的心情渐渐平复下来，说这里在1000多年前就已经住着很多斯拉夫人了。离海岸不远的斯拉夫村庄发展出了独特的传统，以在亚得里亚海东部崎岖的岩石海岸上捕鱼。"在这个地区居住的全都是斯洛文尼亚人。这是斯洛文尼亚唯一一处靠海的地方……所以他们发展出了独特的文化。"

布鲁诺说，自1919年的里雅斯特周围的伊斯特里亚半岛（Istria）部分地区改属意大利以来，意大利一直在驱逐斯洛文尼亚人。在的里雅斯特建造油库和输油管道也是驱逐斯洛文尼亚人的手段之一，毕竟从交通和经济角度来看，油轮在更北面的亚得里亚海蒙法尔科内港（Monfalcone）装卸油更为妥当。蒙法尔科内不受季节性东北冷风的影响，因此与穆贾比起来，更适合作为石油港口。选择穆贾作为石油港口意味着输油管道必须经过喀斯特地貌铺设，铺设过程中必须挖开数千米的坚固岩石。然而，选择这条路由让意大利得以打着国家项目的幌子征用斯洛文尼亚农民的土地。布鲁诺说，杜伊诺（Duino）镇长拒不同意这项计划，因此被召到了罗马并受到了威胁，最后不得不签署相关文件。许多村庄失去了与亚得里亚海的连接，独特的斯洛文尼亚渔业文化随之消失。

SIOT 油库征用了多丽娜和巴格诺利（Bagnoli）的村庄。该油库建造在多丽娜山谷底部，那里地势平坦，土壤含水量高。相比之下，未被征用的小块土地都在喀斯特地貌区，土壤贫瘠且呈酸性。村民须得千辛万苦地清理掉地里的岩石，才能耕种这些土地。我们想起了杰伊汉油库霸占格罗瓦西村最好的土地的事情。

布鲁诺说，里耶卡的海水很深，是适合油轮停靠的上佳港口。伊斯特里亚半岛东北部的海水较浅，因此必须疏浚的里雅斯特湾和穆贾港的航道，油轮才能正常通行。"建造油码头时，他们用从荷兰运来的挖掘机足足挖了两年时间。圣罗科港（Porto San Rocco）和罗科角（Punta Ronco）的渔民曾与建设方发生激烈冲突，因为他们的渔场被破坏了。"之前，穆贾港的渔业产量一直非常可观。牡蛎产量大且质量上乘，穆贾对面塞尔沃拉村（Servola）的斯洛文尼亚渔民会捕捞牡蛎并卖到维也纳。20 世纪 30 年代建造阿奎琳纳（Aquelina）炼油厂时，海底受到了污染。后来，这里又因建设航道而被疏浚。

这条于 40 年前修建的管道与 BTC 管道有许多相似之处。跨阿尔卑斯管道也是由美国和英国的政府部门计划建设的，路由都避开了俄罗斯。管道经过的国家都利用该项目推行民族和政治议程。石油公司为了获得利润，都无所不用其极。

我们在布鲁诺家里待了一个上午。作别之时，他在菜园里向我们挥手："我非常想看看你们这本书的政治内容。你们得小心石油公司……他们的'手臂'很长，像章鱼一样。我可不想被牵扯进来。我只想侍弄西红柿和卷心菜。"

骄阳似火。在驱车返回意大利多丽娜的路上，我们停在了教堂塔楼附近。塔楼后方是一个小广场，中心处有一个灰色的战争纪念碑，用大理石制成，顶部有一颗新漆过的红色星星。黄色丝带上系着山毛榉木小圆盘，每个圆盘上都雕刻着烈士的名字和生卒日期：

卢比米尔·桑辛 1919.7.9—1944.3.18

这里共有三排圆木盘，纪念的烈士都来自斯洛文尼亚。纪念碑的底部放着几束用红丝带扎起来的月桂树花环，每个花环上都写着金色的单词，其中"共产主义者"（Communisti）一词非常醒目。旁边的一棵大树上钉着一张海报，上面印着一张 20 世纪 40 年代的照片，照片上是一群摩托车骑手，标题是"4 月 25 日同志们到达了"（25th APRIL ARRIVANO I PARTIGIANI）。有人小心翼翼地用红色毡尖笔写上了斯洛文尼亚语的"同志"（PARTIZANI）一词。

眼前的这些具有象征意义的景观与布鲁诺的言语高度契合。尽管这里是意大利，这个斯洛文尼亚村子依旧坚定地忠于其南斯拉夫共产主义之根。战争纪念碑俯瞰着的这片土地过去曾居住着斯洛文尼亚人，如今都被 SIOT 公司的白色油罐占据了。远处有两艘油轮在码头上卸货。在蔚蓝色的里雅斯特湾深处，还有一艘油轮在等待靠岸。

我们步行下山，经过整齐的豌豆和洋葱菜地，穿过凉爽的树林，来到地势较低的区域。那里种着成排的葡萄，还有些年份不长的橄榄树，树的尽头是 SIOT 公司外围的绿色网状围栏和层层叠叠的铁丝网。葡萄园和橄榄树园似乎在争夺被侵占的土地。未来，这些植物可能被移植回原来的地方，也可能会逐一死去，让这里变得像岸边的旧炼油厂一样荒芜。橡树林里传来了夜莺的歌声；一只红尾鸲在围墙那边叽叽喳喳地叫着。32 号油罐的油泵发出了嗡嗡声——那是油轮里的原油泵入油罐里的声音。

📍 4612 千米-意大利，的里雅斯特

4. 我们认定，世界的光彩因一种新的美好之物而更加闪耀，那就是速度之美。一辆赛车的引擎盖上装饰着粗大的管道，仿佛吐着火焰的蛇。赛车如子弹般呼啸而过，它比萨莫色雷斯的胜利女神更美。

11. 我们歌颂那些努力工作、快乐生活、开怀畅饮的人们；我们歌颂那些闪烁着耀眼电弧的热火朝天的兵工厂和造船厂、那些吞烟吐雾络绎不绝的火车站、那些排出的烟雾直冲云霄的工厂、那些冲向地平线的一往无前的蒸汽船、那些带动火车在铁轨上疾驰的大型火车头，以及那些螺旋桨在风中呼呼作响的飞机。

——菲利波·马里内蒂，《未来主义宣言》

（*Manifesto of Futurism*），1909 年 [1]

1910 年 1 月 10 日，诗人菲利波·马里内蒂及其同僚在的里雅斯特举办了首场未来主义晚会。这场晚会在庞大的罗塞蒂剧院（Politeama Rossetti）举办，旨在纪念不久前因表达民族统一主义观点而引起轰动的阿辛尼亚·迪·贝内佐将军（Assinari Di Bernezzo）。

---

[1] F. Marinetti, *Manifesto of Futurism*, 1909-reproduced in U. Apollonio, ed., *Futurist Manifestos*, Thames & Hudson, 1973, pp. 21-2.

在的里雅斯特这个奥地利城市举办这样的活动显然是在故意挑衅。

当时，台下观者云集。马里内蒂在晚会上发表了未来主义宣言，并称的里雅斯特是"我们美丽的弹药库"。的里雅斯特是奥匈帝国的地中海港口，也是领土收复主义运动的温床。领土收复主义运动是意大利的民族主义运动，旨在收复的里雅斯特、伊斯特里亚半岛、阜姆、扎达尔和特伦蒂诺（Trentino）。[1] 现代性与机器体系两种解放工具被用于民族主义事业，之后又被布尔什维克用于公共主义事业，被阿塔图尔克用来建设新共和国。

首场未来主义晚会以未来主义者所期望的方式结束了：现场爆发了大规模冲突。一个月后，米兰也举办了类似的晚会。会上，马里内蒂高呼："战争万岁！这是清洁世界的唯一手段！"台下的观众听闻此言怒不可遏，陷入混乱。马里内蒂还没走下舞台就被逮捕了。第二天，奥地利和德国领事向意大利当局递交了抗议书。[2]

我们坐在狭窄街道的咖啡馆里，旁边就是罗塞蒂剧院。我们边喝咖啡边谈论《未来主义宣言》。之前见到的布鲁诺·利亚克船长生活在民族统一主义的环境中，而眼下，我们似乎正处于马里内蒂及其同僚希望打造的以石油为命脉的世界里。巧合的是，《未来主义宣言》于1909年2月20日发表，而英波石油公司（今BP）于六周后成立。马里内蒂口中疾驰的汽车和光鲜的飞机是此后石油公司广告海报上的重要内容。20世纪30年代为推销燃料而创作的许多图像都融入了未来主义元素。

在"一战"之前，的里雅斯特是现代主义思想的摇篮，弗洛伊德、乔伊斯和里尔克等人都曾在这里生活过。同时，它也是当时欧洲工业化程度最高的大都市之一，堪比巴库。1922年11月7日，为

[1] J. Morris, *Trieste and the Meaning of Nowhere*, Faber & Faber, 2001, pp. 55-6.
[2] 参见 C. Tisdall and A. Bozzolla, *Futurism*, Thames & Hudson, 1977, p. 92.

庆祝布尔什维克革命五周年，巴库奏响了阿夫拉莫夫的《工厂汽笛交响曲》，这是受到未来主义者启发而发生的令人印象深刻的活动。

◎ TAL KP 30-4637 千米-意大利，西斯蒂亚纳

我们向北驶出的里雅斯特，前往沿海的一个村庄。村子的指示牌上分别用意大利语和斯洛文尼亚语标出了村名：西斯蒂亚纳（意大利语 Sistiana，斯洛文尼亚语 Sesljan）。马齐亚边开车边告诉我们，我们要去拜访她的好友埃琳娜·格雷贝齐扎的父亲。埃琳娜就职于世界银行改革运动组织。该组织的总部位于罗马，自 2001 年起作为非政府组织联盟的一员，积极致力于解决有关 BTC 管道的问题。得知她是的里雅斯特人，我们便请埃琳娜讲讲跨阿尔卑斯管道的事。过了好一会儿，她才想起她的父亲保罗（Paolo）曾参与该管道的建设工作。

我们在埃琳娜父母的客厅里坐了几分钟后，保罗骄傲地拿出了他 44 年前的工作记录本。本子上印有公司的名字、他的员工号和入职日期：

CAPAG CH，7265，1966 年 5 月 5 日，1966 年 7 月 14 日

1966 年夏天，保罗在管道建设现场当了两个月的司机，负责早晚接送工人。他受雇于瑞士 CAPAG 公司。当时，跨阿尔卑斯管道公司集团雇用美国大型工程公司柏克德进行管道设计工作，而柏克德则将管道铺设工作分包给了 CAPAG 公司。保罗并不知道这条管道的终点在哪里，但他清楚地记得那年发生的事情。

保罗是意大利人，在伊斯特里亚半岛长大。1954 年，他 14 岁，的里雅斯特自由区被联合国废除并一分为二。他的家人从南斯拉夫

搬到了由意大利接管的 A 区。他们与成千上万逃难者被安置在帕德里卡诺（Padricano）的难民营。该难民营是在的里雅斯特喀斯特高原里建立的四个斯洛文尼亚人定居点之一。

在难民营生活了 12 年后，26 岁的保罗被招募到跨阿尔卑斯管道建筑工地工作。"一家报纸专门刊登了招聘信息，招募从伊斯特里亚半岛来的人到管道上工作。他们优先聘用的里雅斯特人。"他负责把居住在难民营里的工人运送到喀斯特高原 20 千米管道沿途的各个工地。

我们问保罗他为什么只在项目现场工作了两个月。他卷起右裤腿，露出了膝盖上方醒目的伤疤。他从工地卡车上摔了下来，受了重伤，惨遭解雇，但未因此得到任何赔偿。施工的痕迹仍然留在保罗的腿上，就像土耳其哈西阿里村因修建管道而留下的痕迹一样。

我们离开保罗的家，驱车穿过西斯蒂亚纳村，朝更内陆的马夫哈尼耶村（Mavhinje）驶去。保罗要带我们看看他曾经工作的地方，也就是管道的施工现场。我们开车上山，在一片橡树和枫树林中的 A30 号管道标志桩旁停了下来。跨阿尔卑斯管道的管廊清晰可见，在树丛中划开了一道几米宽的间隙。管道向南穿过茂密的草地，向北则延伸到与斯洛文尼亚接壤的埃尔马达山（Mount Ermada）的高处。夜莺在温暖的夜晚里歌唱。

这片土地属于杜伊诺镇。里尔克曾在这里工作。这里也是布鲁诺所说的杜伊诺镇长拒绝意大利征用的那片属于斯洛文尼亚农民的土地。当时，镇长是不是想要保护这片牧草地？

⊙ TAL KP 35-4642 千米-意大利，格拉迪斯卡-迪松佐

沿着斯洛文尼亚和意大利边境线以及亚得里亚海铺设的管段长达 20 千米。这段管道就像肢体里的骨头，将的里雅斯特与意大利连

接在了一起。

我们作别马齐亚，然后搭乘火车去往威尼斯的梅斯特雷（Mestre）。这条铁路线是在墨索里尼时期修建的，修建的初衷是取代从维也纳经由卢布尔雅那到达的里雅斯特的南部铁路。火车沿着清澈的海湾蜿蜒而行，海面上有很多方格形的贻贝养殖网。蔚蓝的大海里停着三艘油轮，就像喀斯特高原区的输油管道一样寂静无声，在远离城市的地方各司其职。炎热的午后，全世界都在沉睡。的里雅斯特人沉浸在睡梦里，而输油管道仍在源源不断地输送石油。这些项目在修建之时具有非常强大的政治影响力，但为何如今都被人遗忘了呢？

1915年5月，意大利王国加入第一次世界大战。当年春天，一些未来主义者开展了最后一次集体行动，报名参加了意大利速度最快的军事组，即伦巴第志愿自行车和汽车部队（Lombard Volunteer Cyclists' and Automobilists' Battalion）。

不久后，马里内蒂、画家翁贝托·波丘尼（Umberto Boccioni）和建筑师安东尼奥·桑特埃利亚（Antonio Sant' Elia）就被派往前线，驻扎在阿尔卑斯山的高地。波丘尼在日记中记录了他目睹战争后的激昂情绪：

> 尽管上头已经下令撤退了，阿塔尼奥上尉（Captain Ataneo）仍要冲锋。布齐（Buzzi）对我和马里内蒂说："你们往前冲。"我们迎着枪林弹雨照做了。志愿军冷静地趴在地上打枪。神枪手马萨伊中士（Sergeant Massai）站着开枪，第一颗榴霰弹爆炸了。我们跑到了指定地点，赶紧趴下了。炸弹就在离我们20米远的地方爆炸了。我叫了出来："终于到了！"[1]

---

[1]　Tisdall and Bozzolla, *Futurism*, p. 180.

一年后，波丘尼和桑特埃利亚均不幸身亡。波丘尼在训练时从马上摔了下来，桑特埃利亚则在第八次伊松佐河战役中阵亡。伊松佐河（River Isonzo）沿岸共发生了 12 场残酷的战役，战争的性质与索姆河战役无异。1916 年 10 月 10 日第八次战役的号角打响之时，已有近 50 万士兵阵亡。

桑特埃利亚去世时年仅 28 岁。在世时，他只设计过一个项目，那是在科莫（Como）附近的一栋别墅。然而，他的设计图纸和《未来主义建筑宣言》（*Manifesto of Futurist Architecture*）一文对 20 世纪城市的发展产生了深远的影响，在安卡拉共和国、苏联的鲁斯塔维以及如今晚期资本主义的巴库留下了不可磨灭的印记。桑特埃利亚的影响也体现在了位于意大利雷迪普利亚（Redipuglia）的战争墓地中。该墓地是一处庞大的法西斯建筑，里面有 10 万具遗骸。我们从附近的火车站下了火车，步行登上纪念碑前的台阶，来到了三座铜制十字架跟前，俯瞰着整个喀斯特高原。500 米外就是通往奥地利的跨阿尔卑斯管道。这条管道建造于 20 世纪 60 年代，当时住在伊斯特里亚半岛难民营里的工人必须穿越伊松佐河战场近 10 千米的战壕，躲过榴霰弹、地雷和飞弹，才能到达施工现场。

📍 TAL KP 60-4667 千米–意大利，乌迪内

我们乘坐的火车驶到了乌迪内（Udine）附近。跨阿尔卑斯管道正好在我们这条铁路线的下方通过。乌迪内不仅是要塞城镇，还是铁路枢纽和始自西伯利亚的著名天然气管道布拉茨沃管道（Bratszvo）的重要节点。作为威尼斯共和国大陆领土的一部分，乌迪内曾有四个世纪是威尼斯控制经阿尔卑斯山到巴伐利亚和波希米亚的贸易路线的关键所在。威尼斯的商品先运输至乌迪内，再翻山越岭，最后到达德国的中心地带。

17 世纪，威尼斯在奥斯曼帝国和哈布斯堡帝国的两面夹击下，领土逐渐减少。乌迪内是抵御二者威胁的堡垒，重要性日益凸显，其坚固的城堡抵挡住了外界的侵袭。然而，威尼斯失去了很多殖民地和港口，奥地利又日渐崛起，导致威尼斯的经济逐渐衰退。1600—1715 年，威尼斯的布料出口量减少了 90%。[1]

1797 年，拿破仑率领军队横扫意大利北部，威尼斯共和国落入拿破仑之手。之后，奥地利吞并了威尼斯，维也纳借此得以繁荣昌盛。奥地利的贸易触角从维也纳向外延伸，还为发展贸易修建了铁路系统。

19 世纪中叶，奥地利修建了横跨帝国的铁路线，直通卢布尔雅那、的里雅斯特、阜姆和威尼斯。1858 年，铁路网均归私人所有，最大的股东是罗斯柴尔德巴黎银行，资金则来自伦敦和维也纳。[2] 正如 14 年后罗斯柴尔德银行资助建设的巴库-巴统铁路一样，奥地利的铁路网不仅方便了军队、人员的转移和货物的运输，还方便了俄罗斯高加索地区的燃料油和阜姆煤油在奥匈帝国内的运输。

乌迪内的陷落加速了威尼斯的工业化进程。1845 年约翰·拉斯金（John Ruskin）抵达威尼斯时，新铁路仍未修建完毕。

> 下午，万里无云，阳光明媚。我们的船只轻快地航行在布伦塔运河（Brenta）上。转过拐角，我们来到了曾经的威尼斯。眼前的铁路很像格林威治铁路，只是没有那么多弯弯绕绕，又多了些死墙。这条铁路横跨大海而建，穿越大半个城市，让这座城有了在造船厂尽头的利物浦的影子。[3]

---

① C. McEvedy, *The Penguin Atlas of Modern History*, Penguin, 1972, p. 58.

② N. Ferguson, *The World's Banker*, Widenfeld & Nicholson, 1998, pp. 597–99.

③ S. Quill, *Ruskin's Venice: The Stones Revisited*, Ashgate, 2000, p. 31.

拉斯金等作家向欧洲人描述出了威尼斯的景致。在他们笔下，威尼斯就像一块因艺术和建筑而得以保存下来的瑰宝，也可以说是推行工业化前的世界。这座尚未实现现代化的城市被视为完全文明的代表，只是没有汽车、摩天大楼、购物中心和地铁罢了。它的一切都遭到了未来主义者的痛恨。"二战"后，各方就不进攻威尼斯达成一致。之后，威尼斯成为供平民阶层和超级富豪休闲娱乐的大剧场。富豪阶层中不乏通过石油行业积累财富的人物，如意大利石油公司埃尼集团的创始人恩里科·马泰（Enrico Mattei）和 BP 总裁约翰·布朗。

位于市中心的里阿尔托是威尼斯银行业的核心区域。中世纪时，威尼斯银行业会为在地中海东部等地区经商的商人提供资金。从里阿尔托出发，在小巷里步行 10 分钟，就来到了"百万先生宅邸"（Corte seconda del Milion）。13 世纪，马可·波罗及其家人曾在这里居住并进行贸易。附近还有"煤炭码头"（Riva del Carbon），是布朗的住处。

1965 年，12 岁的布朗首次跟随父母来到这个城市。当时，跨阿尔卑斯管道正处于建设阶段，喀斯特高原上正在开挖管沟。30 年后，该管道在高加索地区顺利运行，他也在里阿尔托购入了房产。2006 年 7 月 13 日，BTC 管道投产仪式在杰伊汉油库举行。之后不久，布朗如往年夏天一样来到威尼斯稍作修整。他认为威尼斯是"一个让我感到最快乐的地方，让我反思和思考的地方。'宁静之城'威尼斯神奇地将内心的宁静与思维的活跃结合在了一起。只要静下心来，石头都会和你说话。"[1]

布朗在 BP 努力工作了 37 年，由此积攒了大量财富。2007 年 5

---

[1] Browne, *Beyond Business*, p. 226.

月，他从 BP 辞职，彼时他的工资和持有的股票总价值约 3570 万美元。[①] 他还投资了一些前哥伦布时期的艺术品、早期的印刷品以及里阿尔托的公寓。

他在 BP 的部分所得来自他推动 BP 进入苏联阿塞拜疆的英明之举。也就是说，布朗的部分个人财富来自巴库石油。在这一点上，他与塞伊纳·塔吉耶夫、卢德维格·诺贝尔、阿尔方斯·罗斯柴尔德、马库斯·塞缪尔等欧洲富豪是高度一致的。产自里海的原油变成了这些富豪的私人艺术藏品以及图书馆、豪宅和葡萄园。

---

① 该数字来自主流媒体对布朗最终薪酬方案的猜测。也有相关方估计布朗的工资和股票价值高达 1.43 亿美元。P. Olson, 'BP: Estimates Of CEO Pay Are Pure Speculation', 13 April 2007, at forbes.com.

第十九章

里海！

📍 TAL KP 121-4728 千米-意大利，帕卢扎

我们正在寻找位于乌迪内西北部、意大利与奥地利边境的帕卢扎（Paluzza）部分管道。布特河（River But）在卡尔尼亚安阿尔卑斯山（Carnia Alps）间的狭窄山谷流过。山谷两边的山体非常陡峭。尽管跨阿尔卑斯管道与 BTC 管道一样没有公开路由，但我们认为跨阿尔卑斯管道应该不难找到。南边吹来了一阵暖风。村屋花园里的红色郁金香随着微风摇摆。山上尽是松树和橡树。几个人在耕地。土壤呈现出淡淡的巧克力色。

帕卢扎一度受威尼斯的统治，但在威尼斯并入奥地利后，帕卢扎被哈布斯堡帝国吞并了。布特山谷里有一条罗马古道，名叫朱莉娅大道（Via Julia）。这条古道由恺撒大帝下令修建，目的是连通亚得里亚海边的罗马城市阿奎莱亚（Aquileia）与北部山区铁资源和金资源丰富的凯尔特王国诺里姆（Norium）。1991 年，新石器时代人奥茨（Oetzi）的尸骨在这里挖掘出土。5300 年前，他在穿越阿尔卑斯隘口的途中冻死了，就倒在了西边不远处。

我们走过庞泰巴河（Pontaiba），进入泽诺迪斯村（Zenodis）。一路上，我们不曾看见一只家畜。阿尔卑斯山高处会有吗？我们觉

得不会，因为这里的畜牧业已经基本不存在了，牛栏都被改造成了度假屋。林业倒是还在发展，但多数村子的主要经济来源还是旅游业。夏天，游客来这里散步；冬天，他们来这里滑雪。自然景观经过了人为改造，更适合观赏游玩。山谷里铺设了一条以朱莉娅大道命名的自行车道，名叫朱莉娅奥古斯塔道（Via Julia Augusta），用来纪念已有 200 年历史的工程壮举。由欧盟出资印发的小册子上说，这条自行车道能够"联结欧洲不同民族"。我们走上了 404 号法里纳里小路（404 Sentiere de Farinari）。这是一条建造精美的山间小路，专供步行者、山地自行车手和慢跑者使用。小路的建造资金来自省会乌迪内和地区首府的里雅斯特。

这种旅游经济离不开廉价的石油：汽车和公交车需要燃料，修路需要石化产品，缆车需要动力，酒店和家庭旅馆需要娱乐游客。跨阿尔卑斯管道铺设完毕后，山谷里就架起了电塔。人们始终离不开石油，因此就连如诗如画的法里纳里小路都与亚丁湾的特遣部队和巴库附近的石油平台难舍难分。

我们沿着河边往回走，路过了一座破败不堪的老水磨房。水磨房的顶部已经塌陷了，椽子也折了，墙体全都倒塌了。地图上有十二座类似的闲置水磨房，过去曾为面粉厂所用。

SIOT 公司提醒您注意！地下有输油管道

我们到了。黄色的金属标志牌上刻着粗体黑字。标志牌后面，一排红色的标志桩向远处延伸。我们涉水过河，沿着输油管道的路由向前走。输油管道的埋深大概有一米。一路上没有什么障碍物，因为铺设管道前已经清除了大块的石头和大型植被。输油管道在柳树树苗和松树林间划出了一道缝隙。

管道运营方必须雇用人员清理管道沿线地区，防止被清除的植被再生。这条管道已经铺设了 44 年以上了，每年都会有人对管道沿线进行清理。每个标志桩的顶部都有一个锥形钢帽，上面标有白色的数字：

756　　757　　758　　759

数字标在桩顶部，方便空中乘坐飞机的人识别。

我们在高加索地区追寻这条石油管道的踪迹时，遇到了重重阻碍。现在，我们却畅通无阻，简直是意外之喜。这条输油管道上的小路正好宽三米，蜿蜒着穿过森林，经过草地，再穿越一条大道，之后又深入林间。我们的脚下有很多报春花和野生草莓。

我们能想象得到半个世纪前在遥远办公室的地图上绘制管道路由的情景。柏克德公司提出的方案得到了跨阿尔卑斯管道股东的认可，还得到了 BP 总裁莫里斯·布里奇曼（Maurice Bridgeman）的批准。那么，这条管道的创建者来自哪里？前文已经提到了 BTC 管道在明面上的创建者和隐藏在背后的创建者：布朗、盖达尔·阿利耶夫、谢瓦尔德纳泽、巴吉罗夫、格罗特和莫宁斯塔。那么，跨阿尔卑斯管道的创建者又是谁呢？BTC 管道得益于阿利耶夫和谢瓦尔德纳泽而建，而跨阿尔卑斯管道则依赖于途经国家的主要领导者的支持，如阿尔多·莫罗（Aldo Moro，1963—1968 年出任意大利总统）。布朗与 BTC 管道的关系与莫里斯·布里奇曼与跨阿尔卑斯管道的关系高度一致。找到跨阿尔卑斯管道的创建者比 BTC 管道更难，部分原因是跨阿尔卑斯管道已经被人们遗忘了。我们找不到梅伊斯、马娜纳、费尔哈特这样的人来带领我们一探跨阿尔卑斯管道的究竟。时至今日，跨阿尔卑斯管道仍具有重要的政治意义。这条长距离的管道运送着大量石油，但如今却鲜为人知。

我们低着头，沿着这条管道向前走，仿佛追随着一条神圣之路

一般。我们听不到地下管道的声音。除了泵站的嗡嗡声,整条管道
异常安静。这是一条埋在地下的路,路上只运输一种商品。这条私
营道路由几家公司共有,但这些公司的数百万股东甚至不知道这条
管道的存在。也许有一天,这个工程壮举会像朱莉娅大道一样受到
人们的赞扬,只是如今,几乎没有人知道这条管道。

我们沿着 TAL 管道来到了一片空地,更确切地说是一座房子和
外屋之间并不平整的草地。管道笔直地穿过了这片空地。我们停下
了脚步。这里到底是半公共的空间,还是私人的领地?

我们又回到了树林里。这条管道带给我们一种奇怪的凄凉感。
现在是周五下午,我们却在探寻一些被人们遗忘了的东西,真是非
常奇怪。我们看到了一只野兔,它沿着管道"走廊"跑远,钻进了
河边的灌木丛里。我们的阴郁心情被这只兔子一扫而光。它好像在
嘲笑我们。它会一直繁衍生息,它的子子孙孙会比我们和这条管道
活得长久。

752　751　750　749　748

📍 TAL KP 130-4737 千米-意大利,克罗切卡尔尼克山隘口 / 奥地利,普勒肯隘口

布特河谷逐渐变窄,河水汇入了圣彼得罗运河（Canale di San
Pietro）。我们沿着河谷走到了山脚下的蒂马乌村（Timau）。整个村
子都在石灰岩峭壁的阴影之中。蒂马乌山比村里的房屋高一千米,
在房屋之后隐约可见。灰色的山体岩石蔚为壮观,又令人恐惧。这
座山给人一种压迫感,也许是因为此前在这里发生的漫长而激烈的
战斗让人心有余悸。与高加索地区类似的一点是,阿尔卑斯山的这
个不起眼的地区居住着不同种族的人民,包括意大利人、奥地利人、

斯洛文尼亚人、弗留利人（Friulian）和说拉丁语（Ladin）的人。20世纪初，这里曾是杀戮之地。

村子里还有生锈的野战炮、破烂的担架、铁丝网和空弹壳。在奥斯曼帝国与俄罗斯在高加索地区打得难解难分的时候，这里爆发了伊松佐河战役。意大利军队和奥匈帝国军队的弹药和燃料从阜姆和乌迪内经公路和铁路运输到战场。双方都在陡峭的岩石山壁上苦苦挣扎。这里的地势过于陡峭，军队的前进和撤退都举步维艰。意军将这里称为垂直战线。[①]

我们沿着从朱莉娅大道延伸出去的道路走出了蒂马乌村。我们发现，令人吃惊的不仅是这里的地势差，还有战争的疯狂程度。400米高的岩壁上布满了无数人造洞穴。当时，意军在石灰岩上挖出了很多隧道，试图以此抵御在山体北面挖隧道的奥地利军队。两方的狙击手藏在隧道里，朝移动的目标射击。两军还会引爆炸药，在敌方阵地引发雪崩。我们想到了波丘尼对山区作战的记叙。枪林弹雨，战火纷飞。山谷里炮声不断。

我们原以为这条管道会随着公路翻山而过，但我们错了。在蒂马乌村的中心区域可以看到，跨阿尔卑斯管道从大河的卵石河床下穿过，河流的前后均有一条没有柳树苗的地带，将管道的路由清晰地展示了出来。管道从朱莉娅大道下方穿过，然后直上山腰，又一次穿入榛木、橡树和冷杉之中。

我们走下主路，越过防撞栏，循着管道上方清理过的区域向山上走去。第一段路还算好走，但爬到一半时，山体几乎变成了直上直下的。我们下定决心继续前进，于是我们脱掉了外套，手脚并用，手提包和相机一直撞来撞去。我们爬得上气不接下气，心里犯了嘀

---

① M. Thompson, *The White War*, Faber & Faber, 2009.

咕:"如果我们踩在小鹅卵石上滑倒,摔断了腿怎么办?""如果我们在这出事故了,要怎么撤下去?我们又该如何解释我们来这里的原因?"筋疲力尽之时,我们看到了前方的一处小突起。我们也许可以到那里休息一下。

我们终于爬到了突起处,不过这里其实是一片平坦的砾石地,上面还停着两辆 JCB 挖掘机。从下方完全看不见这个施工现场。前方的山体陡直升起,底部开了一个大洞,洞口用螺栓固定着一道漆成绿色的金属门。我们突然意识到,这就是在远离山顶的地方穿山而过的跨阿尔卑斯管道。石油公司在这块山石上钻孔并用炸药破开山体,然后建造一条类似于公路隧道或铁路隧道的通路,让输油管道从中通过。

我们拍了几张顺山而上的跨阿尔卑斯管道以及隧道入口的照片,之后才发现几个标志牌,上面写着:"此处有监控""SIOT 私有财产"以及"未经授权不得入内"。于是,我们沿着下坡路离开工地,然后穿越树林,走上主干道,尽量不引人注目。半小时后,我们到了蒂马乌村外围,看到一个穿着蓝色工作服的男人走下朱莉娅大道,他的胸前还佩有跨阿尔卑斯管道的徽章。他正在观察山上的情况。我们不知道他有没有看见我们——好在我们已经离开了。

我们搭上出租车,盘山而上,抵达了高耸的山脊。我们翻过了位于意大利和奥地利边境的一个隘口:意大利人称之为克罗切卡尔尼克山隘口(Pass di Monte Croce Carnico),而奥地利人称之为普勒肯隘口(Plockenpass)。寒冷的雾气笼罩着隘口,也包围着一排废弃的房子和一座弃置的风力涡轮机。与阿塞拜疆的克拉斯尼大桥和土耳其的土耳克哥组不同,这里没有检查护照或控制人员和物资在欧盟内部跨国流动的警卫。此时此刻,原油正在远低于我们的管道里流过。

📍 TAL KP 135-4742 千米-奥地利，莫顿

第二天早晨，我们走进一片茂密的松树林，顺着木头铺的小道和汇入盖尔河（River Gail，前方将汇入多瑙河，最后流入黑海）的溪水前行，找到了在罗格斯瓦尔德（Rogaswald）的跨阿尔卑斯管道。管道从意大利侧的隘口入山，穿过近七千米岩石，在甘斯皮茨山（Gamspitz）和科德霍山（Koderhohe）下穿行，然后进入奥地利的克恩顿州（德语 Kärnten，英语 Carinthia）。自此，跨阿尔卑斯管道进入中欧的德语国家。

盖尔河岸边有一座名叫武尔拉克（Wurmlach）的小村庄。一座六米高的浅绿色油罐矗立在村子旁边的田野上。这里是跨阿尔卑斯阿德里亚–维也纳管道（Adria-Wien pipeline，AWP，是 TAL 的支线）的第一个泵站。AWP 支线一直延伸到维也纳以南的施韦夏特（Schwechat）炼油厂，应丘吉尔要求于半个世纪前修建，旨在为奥地利首都输送燃料。与跨阿尔卑斯管道一样，这条支线管道也由几家公司共有，其中奥地利石油公司 OMW 持有 76% 的股份，壳牌奥地利公司、阿吉普公司和 BP 奥地利公司也持有部分股份。

在这个浅绿色油罐的边上还有一个容积相仿的油罐，罐体表面漆成了彩虹色。这是一个生物质能发电厂，使用周边农场的废弃物作为燃料。我们曾在武尔拉克通往附近城镇的道路上看见过一个标志牌，上面写着"莫顿–气候联盟区"（Mauten-Klimabündnis Gemeinde）。莫顿市政厅外张贴着关于战争博物馆（1915—1918 年）的广告，广告上方是一则官方公告："能源自给自足：科察赫–莫顿（Energie Autark: Kötschach-Mauten）。"

科察赫–莫顿联合区正努力通过当地的可再生能源系统满足自身的能源需求。除了生物质能发电厂，我们还曾在普勒肯隘口看到风力涡轮机，此外还有一些水电站和太阳能发电系统。

我们站在泵站周围顶端带刺的绿色围栏网旁,闻到了一丝石油的味道。这是经由跨阿尔卑斯管道运输而来的阿塞拜疆原油的味道。可再生能源与不可再生能源如此紧密地交织在一起。周边的社区都在大力利用可再生资源,从而减少二氧化碳排放量。他们担心气候变化会对当地的雪和冬季旅游业产生负面影响,但他们依然离不开运送城市旅客的石油系统。另外,承载着奥地利 75% 石油需求的跨阿尔卑斯管道横跨了 25 千米的科察赫区和莫顿区,而管道的踪迹却非常隐蔽,并不引人注意。

英国的情况与之类似。我们会认为这些国际油气管道离自己很远,与自己无关,因此没有人关注它们。我们认为它们与桥梁和公路同属国家的基础设施,认为它们由国家所有。我们无法控制它们,也不对它们负责。它们的体量似乎非常庞大,这是毋庸置疑的事实。也许正是这种想法才让我们如此盲目。

⚲ 奥地利,利恩茨

我们走在高速公路边的草地上,迎面而来的车流在我们旁边呼啸而过。我们的目的地是阿贡图姆(Aguntum)遗址。我们离开莫顿时乘坐的公交车曾在这条高架桥上的干线公路上行驶,桥下就是那处遗址。遗址后面不远处有一栋冷色调的后现代主义建筑,里面是一家新博物馆。

阿贡图姆位于朱莉娅大道沿线,普勒肯隘口之后,是罗马诺里库姆行省(Noricum)的战略要地,其领土覆盖了今奥地利中部和巴伐利亚部分区域。朱莉娅大道是一条运输要道,哈尔斯塔特(Hallstaatsee)矿山里的岩盐、克拉根福(Klagenfurt)的黄金和阿尔卑斯山的木材与奶酪都由这条路运输出去。

公元前 27 年,奥古斯都成为罗马帝国第一位皇帝。之后,他开始巩固并加强罗马帝国。他修建了新道路，还重新组建了军队。在他的领导下，罗马帝国的统治范围不断扩大，其北部边境①沿着多瑙河岸延伸，东部则到幼发拉底河沿岸的塞奥多西波利斯（Theodosiopolis，今埃尔祖鲁姆）以及黑海地区的阿普萨洛西（Apsarosi，今巴统）。

现已知的最东的罗马铭文写着："皇帝恺撒·多米蒂亚努斯·奥古斯都，日耳曼 L. 朱利叶斯·马克西姆，第十二雷电军团。"②这段铭文雕刻在位于桑加查尔油库附近的博尤克达什山（Boyuk Dash）的一块巨石上，旨在纪念多米提安统治时期一名百夫长执行的一次侦查任务。在 20 年的时间里，图拉真皇帝（Emperor Trajan）将罗马帝国的统治范围扩展到了里海沿岸，将这片区域并入大亚美尼亚（Greater Armenia）。然而，罗马帝国遭到了阿托帕蒂纳等邻国的强烈抵抗，不得不于公元 117 年放弃大亚美尼亚。罗马帝国的边界墙退回至幼发拉底河，统治范围重回奥古斯都统治时期。

我们在新博物馆里看到一张地图，上面说明了阿贡图姆在罗马贸易体系里的地位。图上列举出了黄金、奶酪等出口产品以及进口至阿贡图姆的商品，如来自阿富汗的青金石、产自莱茵兰（Rhineland）的陶器和来自亚得里亚海北部的牡蛎等。这让我们想到了布鲁诺·利亚克说过的穆贾湾的牡蛎销往维也纳的事情。

两千年后，奥地利的矿藏已经枯竭，但木材和乳制品仍在持续出口。阿尔卑斯山区的木材生产达到了工业规模。我们看到了堆木场、成堆的山毛榉和松木、拉木头的卡车、锯木厂和大片被砍伐的森林。另外，到处都有宣传本地产的牧场奶酪（Almkäse）的广告。被称为"高山牧场游牧"的耕种方法已经延续多年，至少可以追溯

---

① 见 Tacitus, *The Annals of Imperial Rome*, transl. Michael Grant, Penguin, 1996.
② 'Imperatore Domitiano Caesare Augusto Germanico L. Julius Maximus, Legion XII Fulminata'.

到罗马统治时期居住在这里的凯尔特农民。山区里的雪融化后，人们就会把山谷里的牛、绵羊和山羊赶到高山牧场。到了夏季，农民会将无法消化的动物奶制成奶酪。这种富含蛋白质的奶制品易于运输，而且保质期很长，与熏肉和腌鱼一样可以留到冬季食用。过去，这种奶酪会经由朱莉娅大道运输至阿奎利亚（Aquilea）、罗马等地；如今，它已经走到了世界各地。

⚲ 伦敦，布鲁姆伯利

公元 121 年至 125 年，罗马皇帝哈德良（Hadrian）曾多次走水路和陆路旅行。他去了诺里库姆行省，并且很有可能到访了阿贡图姆。他还去了大不列颠、上日耳曼行省（Germania Superior，位于今巴伐利亚）、亚加亚（Achaea，位于今希腊）、卡帕多奇亚（Cappodocia，位于今土耳其中部）以及卑斯尼亚和本都（Bithynia、Pontus，位于今土耳其北部）。值得注意的是，我们所追寻的跨阿尔卑斯管道以及油轮路线几乎全部位于哈德良曾经去过的铁器时代罗马帝国的领土范围内。

2008 年夏天，伦敦大英博物馆举办了纪念哈德良的展览，赞助商是 BP。随附的目录中有一篇 BP 撰写的前言，其中详细介绍了哈德良的卓越成就，并表明 BP 很荣幸赞助这场"通过首次在这里展出的艺术品来呈现哈德良跌宕起伏的一生和统治生涯"的展览。前言的署名是"托尼·海沃德，BP 总裁"。①

此次展出的最著名的展品是哈德良巨型雕像的碎片。这些碎片是 2007 年从土耳其南部的萨加拉索斯（Sagalassos）遗址中发掘出

---

① T. Opper, *Hadrian: Empire and Conflict*, British Museum Press, exhibition catalogue, 2008.

来的，于伦敦展览首次向世人展出。土耳其大使馆官员在托尼·海沃德的陪同下出席了开幕式并参加了预展。部分展出文物是从第比利斯借来的，因此格鲁吉亚代表也出席了开幕式。这场开幕式是非常重要的文化活动，BP也借此次展览维护了与重要国家政府的友好关系。展览开幕仅两周后，雷法希耶就发生了爆炸事故，巴库–苏普萨管道也被轰炸了，此时维护政府关系就显得尤为重要了。

BP已经与艺术界合作很久了。1990年4月，时任总裁罗伯特·霍顿（Robert Horton）延续了美国企业自20世纪80年代初期以来的成功做法，带领BP开始了新一轮赞助活动。[1]BP与英国泰特美术馆和国家肖像画廊签署了为期五年的合同。随后，该公司又与更多伦敦著名文化机构达成了协议，其中包括大英博物馆、皇家歌剧院、自然历史博物馆、科学博物馆、国家剧院和国家海洋博物馆。BP与这些机构的关系日渐密切。桑加查尔的向导奥尔赞·阿巴西曾在历史博物馆接受过培训；约翰·布朗加入了英国博物馆的董事会，且从BP退休后还被任命为泰特美术馆的受托人主席。

BP每年都为赞助文化事业留有预算。这不仅是为了做慈善，还会帮助公司获得"社会许可"，这意味着BP能在开展业务的国家获得关键社区的默许甚至支持。此举会帮助BP在记者、学者、公务员、外交官和政治家等公关领域的"特殊群体"中树立良好的公司形象。BP这样做的目的不是鼓励人们购买更多石油，而是让人们相信BP对社会负责并积极支持BP的利益，同时打消人们对BP的顾虑。该公司出于在巴库的利益打造了"公民社会"，还在伦敦实施干预政策。"哈德良：帝国与冲突"展览的开幕式将这两股力量结合在一起，强调BP不仅在土耳其和格鲁吉亚的文化界具有影响力，而且

---

[1]　C. Wu, *Privatising Culture: Corporate Art Intervention Since the 1980s*, Verso, 2002.

在英国的文化界也具有影响力。

我们正在追寻的这条石油之路涉及许多工业巨头,它们在政治、法律、公共和私人金融、工程设计、影响评估以及现实层面都做了大量工作。不论在前期准备阶段、施工阶段还是运营阶段,这个管道项目都必须获得来自途经国以及重要国际力量的"特殊群体"的支持。"社会许可"能够保证项目获得持续的支持。

快速游览完阿贡图姆遗址后,我们沿着主干道返回。卡车疾驰而过,掀起一阵大风,迎面向我们吹来。我们朝利恩茨(Lienz,奥地利东部地区的主要城市)的中心走去。路过市郊时,我们看到了大型仓库、几个园艺中心、一家免下车情趣用品店和几家大型超市。这些设施是高耗能社会的典型特征,但在这绿草茵茵、松林高耸、远处山峰白雪皑皑的如诗如画的郊外,它们显得格格不入。

公元 340 年前后,罗马军团从这一地区撤离。公元 600 年,阿贡图姆被彻底摧毁并沦陷。罗马文明在此地延续了 300~600 年,然后与遗址一同埋入地下,至今已有 1400 年了。为了挖掘此处遗址并向世人展示,人们投入了大量资金。我们之所以会被这里的铁器时代文化吸引,也许是因为我们能够理解其中的粗放之美,并从中汲取知识和政治营养。我们还从中看到了自己的灭亡。青铜时代希腊的交换体系早已崩溃消失了,似乎离我们非常遥远,但罗马帝国完善的贸易路线和复杂的军事结构——如后来出现的威尼斯帝国一般——似乎与当今世界惊人地相似。因此,罗马文明的瓦解和遗失提醒我们警惕自身的脆弱性。这些汽车展厅、超市、情趣用品商店和园艺中心可能会在石油之路停止运作时完全消失。

⊙ TAL KP 140-4757 千米-奥地利,胡本

我们乘坐公共汽车来到了利恩茨北部,沿着伊塞尔塔尔山谷

（Iseltal）而上。这个山谷非常狭窄，河流、公路和管道挤在不足500米宽的空间里。从路上很容易看到跨阿尔卑斯管道的标志桩。

我们看到了我们正在寻找的东西——与武尔拉克的油罐一模一样的一个深绿色油罐。那里也是一个泵站。我们在胡本（Huben）下了公交车。这个村子不大，伊塞尔塔尔山谷里挤着约二十栋房子、一座教堂、一个警察局、一个消防站、一个埃索公司加油站和两家旅社。村子上方岩石山体上的松树都被砍倒了。当地的木材出口十分活跃。

我们四处看了看。又有四辆公共汽车到了，很多背着书包的青少年下了车。他们都是利恩茨中学的学生。胡本在主干道旁，是在卡尔施泰尔（Kalstal）和德费根塔尔（Deferggental）山谷里的小村庄的交通枢纽。这两个令人眩晕的冰川谷被高耸的上陶恩山脉（Hohe Tauern）环绕着。上陶恩山位于奥地利最偏远的地区，海拔极高，其最高峰大格洛克纳山（Grossglockner）是奥地利的象征，大部分地区被圈入陶恩山国家公园内。该国家公园是中欧最大的自然保护区，面积近2000平方千米。

直到20世纪60年代，工业世界的触手才勉强触及伊塞尔塔尔山谷和陶恩山谷上游。朱莉娅大道没有修到这里，铁路也只修到了远处的利恩茨。上陶恩山的险峻地势就像一道天然屏障，将机动交通拒之门外：想要去往北方，只能步行或骑马翻过陶恩克罗伊茨山（Kreuz）。这里是由马和木柴炉、牛和煤油灯构成的世界。想来这个村庄应该与格鲁吉亚博尔若米附近的达格瓦里村在50年前的情况非常类似。

陶恩山谷不能通车，其所在的东蒂罗尔（Osttirol）在很大程度上也与奥地利的主体相互隔离。1918年奥匈帝国战败后，民族统一主义者实现了战争目标，南蒂罗尔（Sudtirol）与的里雅斯特、伊斯特里亚半岛和阜姆一同被意大利占有，南蒂罗尔变成了特伦蒂诺。

自此，东蒂罗尔与奥地利主体之间的许多交通线路不再连通。

维也纳政府制定了一项计划，打算修建一条穿越陶恩山脉内部的公路隧道，并在其一侧修建一条供跨阿尔卑斯管道使用的隧道。这两个隧道项目是相辅相成的。如果没有公路隧道，跨阿尔卑斯管道可能就不会从这里通过。如果没有管道隧道，单凭这条公路可能无法撬动这个庞大的穿山工程项目。它们改变了住在附近山谷和村庄里的人们的生活。如今，陶恩山谷和其北侧的费尔伯山谷（Felber）不再是死胡同，而是交通和石油的通道。胡本外的泵站旁是跨阿尔卑斯管道公司奥地利子公司。跨阿尔卑斯管道公司共有三家子公司，其中包括奥地利子公司和 SIOT。这里的员工负责管理奥地利管段相关事宜，并监督这段处于冬冷夏热地区的管道的维护状况和安全情况。管道的未来取决于该地区的人民，而该地区人民的未来也与管道息息相关。

1964 年 4 月 11 日，奥地利总理约瑟夫·克劳斯（Josef Klaus）来到这里参加管道的开工仪式。泵站用地购买完毕；大批工人和卡车抵达现场，加宽了道路，铺设了管道并爆破山体修建了隧道。这里集中了大量劳动力和资本，还消耗了 100 万吨 TNT 炸药。这个位于石油之路上的小村庄将成为全新的世界，村民的生活也将发生翻天覆地的变化。[1]

● TAL KP 180–4787 千米-奥地利，费尔伯陶恩隧道

我们又乘上了公共汽车，打算穿越上陶恩山脉。我们目前的海拔是 1600 米，这是我们追寻跨阿尔卑斯管道途中的最高点，而雷格

---

[1] Dr Walter Fritsch, 'Speech at the Celebration of the 1 Billionth TAL Ton', 14 March 2006, Duino Castle, Trieste.

尔山（Reigel）的山顶仍在我们上方 1000 米处。公共汽车从山脉北侧驶出，和煦的阳光照在了我们身上。我们离开东蒂罗尔，进入萨尔茨堡州（Salzburger Land），继续追寻管道标志桩沿费尔伯山谷下行。

跨阿尔卑斯管道能够将原油从意大利经由奥地利运输到德国。然而，该管道对美国政府和英国政府都具有深远的战略意义和金融意义，这一点与 BTC 管道是一致的。TAL 管道通过中立国奥地利将两个欧洲经济共同体国家连接了起来。该管道还会向巴伐利亚的炼油厂供应燃料，这些炼油厂为驻扎在雷根斯堡（Regensburg）的美军装甲步兵队等北约部队提供燃料，因此管道发挥着重要的军事作用。

对于英国政府来说，这条管道的经济意义在很大程度上源于政府是 BP 的大股东。BP 拥有跨阿尔卑斯管道及其下游沃赫堡（Vohburg）炼油厂的控股权，1914 年，"一战"爆发前夕，为确保皇家海军的石油供应，英国海军大臣温斯顿·丘吉尔协调英国政府购入了英波石油公司 50% 的股份。持股后，英国政府有权任命两名非执行董事，他们会向英国财政大臣报告。[1] 自那时起，英波石油公司便与英国外交政策交织在了一起。1918 年，战时内阁就英国干预高加索一事展开激烈讨论，充分说明了英国政府与英波石油公司的关系。

到 20 世纪 60 年代末，BP 仍服务于英国外交部门。公司总裁约翰·布朗说他刚进入公司时被分配到阿拉斯加工作，就跟国家公职人员收到"职位调动令"差不多。[2]BP 不能做出任何不利于大股

---

[1] J. Bamberg, *British Petroleum and Global Oil, 1950–1975: The Challenge of Nationalism*, CUP, 2000, p. 325.

[2] Browne, *Beyond Business*, p. 24.

东英国政府的重大投资决策。建设 TAL 管道和沃赫堡炼油厂需要 BP 在 1963 年至 1967 年投入大量资金。这种规模的投资项目必须得到董事会的批准。当时，由英国政府任命的两名公司董事需向亚历克·道格拉斯-休姆爵士（Sir Alec Douglas-Home）保守党政府的财政大臣雷金纳德·莫德林（Reginald Maudling）汇报。

BP 之所以做出了在中欧建设炼油厂和管道这一大胆决策，主要是受三位公司高管的影响：总裁莫里斯·布里奇曼；炼油厂、工程和研究部门总经理莫里斯·班克斯（Maurice Banks）；财务经理阿拉斯泰尔·唐（Alaistair Down）。20 世纪 60 年代，在他们的领导下，BP 的炼油和营销能力急剧增长，在欧洲开设了 10 家炼油厂，在欧洲以外地区开设了 17 家炼油厂。[①]

BP 董事会在伦敦的芬斯伯里大楼里通过某个项目后，必须为其分配资本。1960 年至 1965 年，BP 的年资本支出从 1.09 亿英镑增加到 2.07 亿英镑，几乎翻了一番，其中大部分资金增额发生在炼油和营销部门。[②] 当时，BP 在很多政治风险较高的国家开展业务，但其资产负债率却攀升到了与实际经营情况不匹配的高水平。为了应对这种局面，唐于 1966 年领导公司发行了普通股。依照英国财政大臣詹姆斯·卡拉汉（James Callaghan）的决策，哈罗德·威尔逊（Harold Wilson）的工党政府购买了此次发行的大部分股权。完成股权收购后，英国政府在 BP 的持股比例达到了 68%。自此，BP 成为国有化企业。

BTC 管道的路由是在比尔·克林顿政府的长期支持下确定的，而 TAL 管道的路由则是在亚历克·道格拉斯-休姆政府的许可下敲定的。与赫鲁晓夫推进的友谊管道和兄弟管道项目形成鲜明对比的

① Bamberg, *British Petroleum and Global Oil*, pp. 282−4.
② 同上，p. 304.

是，英国财政部通过资助 TAL 管道及隧道的建设，在阿尔卑斯山脉的山谷和村庄里留下了自己的印记。

⦿ TAL KP 195-4802 千米-奥地利，米特西尔

我们走到了米特西尔镇（Mittersill）和威尔滕国家公园（Nationalpark Welten）的外围区域，来到上陶恩山国家公园的大型游客中心。这个游客中心刚刚对外开放，是一座后现代建筑，与阿贡图姆的博物馆风格一致。中心里陈列的展品都很精致。我们在中心"珍宝馆"（Schatzkammer）3D 影院里观看了阿尔卑斯山的形成过程：银幕上，非洲大陆撞上了欧洲大陆，之后代表阿尔卑斯山脉的"岩石幕布"便会升起，而在两块大陆相向而行的过程中，观众的座椅也会随着摇晃和颤动。大型"鸟瞰全景"影像带领我们俯瞰整个阿尔卑斯山脉地区时，内置"高山牧场之夏"（Alm Summer）牌音箱的躺椅发出了蟋蟀和牛铃的声音。影像资料还详细介绍了上陶恩山的独特之处，以及它与黄石公园、塞伦盖蒂（Serengeti）、加拉帕戈斯群岛（Galapagos Islands）、珠穆朗玛峰等国家公园的关联。

中心的展品细致入微地展示了高陶恩山的农耕文化，也就是有五千年历史的高山牧场农业。牛、羊、以引进者凯尔特人命名的诺里克马、奶酪和烟熏猪肉。公园竭尽全力保护并支持延续下来的牛文化，鼓励培育稀有品种，限制柴油机的使用。中心咖啡厅里用于盛装单份奶油的塑料盒上写着奶油产自上陶恩山。中心商店里售卖的米尔卡牌（Milka）白巧克力的塑料包装上承诺"使用 100% 阿尔卑斯牛奶"：米尔卡公司就是传说中的"上陶恩山国家公园官方赞助商"。

"里海！"国家公园发言人费迪南德·里德（Ferdinand Rieder）大声说道。六十岁出头的他穿着乔普牌（Joop）牛仔裤和格子衬衫，

显得非常年轻。在听我们说起 TAL 管道输送的部分石油来自里海时，他的脸上满是诧异。他很惊讶，流经阿尔卑斯山脉的原油竟来自如此遥远的地方。我们希望他能讲讲关于 TAL 管道的事情，但他对此一无所知，也从未做过相关调查，这又一次证明了没有人关注这一基础设施。

上陶恩山国家公园建于 1981 年，也就是 TAL 投产 14 年后。米卡也生于 1981 年。为游客印制的地图上并没有体现出跨阿尔卑斯输油管道的踪迹。国家公园长约 1000 千米，最宽处约 40 千米，其中涵盖许多山群和若干冰川。公园被一条狭窄的带状土地分为东西两个部分，西部占整个地区的三分之一，东部占另外三分之二。我们意识到，带状土地的下面就是跨阿尔卑斯管道。然而，公园的展览和文字记载都没有提到原油从这个堪比黄石公园的欧洲公园底部流过。也许我们不应对此抱有任何期待，不应妄想这家博物馆会提及跨阿尔卑斯石油管道。在如此美丽的自然景观中，石油之路杳无痕迹。

我们向费迪南德询问公园与 TAL 管道的关系。他说二者之间毫无关联。我们又问，公园难道不是因为修建公路隧道和 TAL 管道才出现的？他的回答是否定的：公园是在 20 世纪 70 年代计划修建的，初衷是为了对抗在萨尔察赫（Salzach）河谷上游修建大型水电站的计划，也是为了更好地服务冰川上越来越多的滑雪者。他解释说，修建公园并非易事：人们认为发电站能提供工作岗位，但修建公园对就业毫无帮助。"我们必须证明，国家公园能够创造就业岗位。"

"道路和公园有冲突吗？"

"没有，路不在公园里。这条路连接了东西两个部分，游客也能顺着这条路进入公园。投用的前十年里，很多德国人和奥地利人会在夏天走这条路前往意大利，交通时常堵塞。20 世纪 80 年代，德国和奥地利修建了一条南向高速公路，起点是萨尔茨堡，途经斯皮特尔（Spittal）和菲拉赫（Villach），终点是乌迪内。此后，我们这条路的交通问题就迎刃而解了。"

跨阿尔卑斯管道在当地的环境中隐形了。TAL 管道促成了公路隧道的修建。这条公路则对国家公园的落地起到了推动作用：游客们乘坐私人汽车和公共汽车来此地游玩，旅游业的收入能够用来支付员工的工资。米卡的父母带着他驱车从达姆施塔特（Darmstadt）出发，沿 E45 公路经慕尼黑来到这里。当时，车上的米卡梦想着能看见一只鹰，要是能看见野生羚羊就再好不过了。这里的群山激发了人们的想象力，加深了人们对生态环境的理解。如果国家公园在20 世纪 60 年代初修建，而 TAL 管道与公路隧道的修建计划在 20 世纪 80 年代才提出，那么结局可能会有所不同：那时欧洲的环境运动可能已经强大到足以抵制 TAL 管道了；又或者，上陶恩山是否会像博尔若米国家公园那样，任由 BTC 管道穿越其中？

展览中有一行文字说明："如果气候持续变暖，那么上陶恩山里的冰川很可能在本世纪内彻底消失。"我们与费迪南德谈论了气候变化对上陶恩山的影响。他说，永久冻土受到了严重影响，直接导致茵河（River Inn）的水量减少，最终会威胁到整个多瑙河系统。在安纳托利亚时，我们曾想过 BTC 管道和幼发拉底河是如何像姐妹一样密不可分的。现在看来，TAL 管道和多瑙河也同样紧密地交织在一起。

上陶恩山的生物为了适应气候变化，开始向更高处迁移。上陶恩山多为冰河时期遗留下来的冻土岛，里面生活着很多生物群落。随着全球气候变暖，冻土物种的生存空间逐渐压缩，不得不向更高的地方迁移。最终，被挤到最高处的动物和昆虫、鸟类和哺乳动物将无处可去，走向灭绝。阿尔卑斯山的生态系统及其催生出来的高山牧场文化——包括沿袭数千年的习惯、语言、技能和歌曲——都将消失，仅在游客中心可以领略一二。

◉ TAL KP 250-4857 千米-德国，罗森海姆

我们乘坐火车来到奥地利边境，然后进入德国境内。第一次世界大战后，这两个战败国开始向战胜国开放市场。英波石油公司密切关注新成立的魏玛共和国日益增长的石油需求，同时进军意大利市场，并接受了在巴库的溃败。

1926 年，英波石油公司收购了奥利克斯石油公司（OLEX，奥匈帝国营销公司，拥有 1000 余个加油站）40% 的股份。四年之后，英波石油公司的持股增加到了 75%，并开始使用其营销子公司——英国石油公司的商标售卖产品。1938 年，英波石油公司已经成为第三帝国的第三大燃料供应商。在希特勒上台后的五年里，英波石油公司的销售额增加了一倍多，[①]其中销量增长最快的是航空汽油，主要供给不断壮大的德国空军。

"二战"爆发时，荷兰皇家壳牌公司、标准石油公司和英波石油公司占有德国 57.8% 的市场份额，为重新武装、再次工业化并建立恐怖政权的纳粹德国提供燃料。有证据表明，这三家公司中的一家在 1933 年后为向慕尼黑附近的达豪（Dachau）运送囚犯的卡车提供燃料。尽管 20 世纪 30 年代时期许多外国企业都支持纳粹德国，但时至今日，与纳粹政权之间的联系令石油公司难以启齿。网上有很多关于 BP 德国分公司的内容，但鲜有 1932 年至 1948 年的事情。

与墨索里尼时期的意大利一样，纳粹德国致力于建立自己的石油工业，从而与西方企业进行对抗。1936 年 9 月，德国在第二个四

---

① J. Bamberg, *The History of British Petroleum Company, Vol 2: The Anglo-Iranian Years, 1928–1954*, CUP, 1994, pp. 131–4.

年计划中提出为合成燃料的研究提供补贴。德国的煤炭产量很大，因此德国想要鼓励用煤炭生产汽油和航空汽油。"二战"爆发时，德国的很多炼油厂（包括维也纳附近的施韦夏特炼油厂）开始生产合成燃料。外国石油公司的资产都被政府没收了，英波石油公司也失去了德国市场——这原是该公司的第二大市场。若不是发生了战争，若不是竞争对手同样受到了影响，英波石油公司将面临一场灭顶之灾。

📍 TAL KP 270-4877 千米-德国，施泰因霍林

火车的窗外是上巴伐利亚的松林和绿茵茵的草地。村庄和城镇井然有序，富裕繁荣。我们不禁感叹，如此宁静的世界与两代人之前的战争风暴形成了鲜明的对比——村庄里的坦克、空中的轰炸机、路上的难民，生灵涂炭、满目疮痍。时间掩埋了暴力的痕迹。

TAL 管道的标志桩在漆黑的树林中仍清晰可见。这条隶属于欧盟的"能源走廊"里有很多房屋和田地，与之前我们见过的哈卡利村、特西基斯瓦里村、哈斯柯伊村和格罗瓦西村类似。然而，巴伐利亚与高加索之间的对比十分明显：巴伐利亚没有阿塞拜疆 MTN 的人，没有格鲁吉亚内政部军队，没有詹达尔马，也没有北约海上巡逻队。不过，我们眼前的宁静景象完全依赖于"走廊"其他段所遭受的暴力或暴力威胁。我们走过的路越长，就越能感受到输油管道、油轮和油井是一体的，也越能明确地知晓眼前的和平只是幻觉。在石油之路上维持这样的和平离不开大量枪支弹药。

的里雅斯特和此地之间是这条"走廊"上最富裕的地区。在这一区间里，我们没有见过一个警察——没有必要动用警力来保卫从田地下通过的价值数十亿美元的原油。相比之下，警力密度最大的正是"走廊"中最贫穷的地区，也是石油资源最少的地区，包括阿

尔达汉高原以及博尔若米周边的山区。我想起了哥伦比亚作家赫克托·阿巴德·戈麦斯（Hector Abad Gomez）的话："我们生活在一个充满暴力的时代。暴力源于不平等。"[1]

上巴伐利亚州慕尼黑以东、施泰因霍林村（Steinhöring）以北有4个白色的油罐，在绿色农作物的映衬下显得格外醒目。这是跨阿尔卑斯输油管道的重要节点。这里有一个泵站，将管道里的部分原油分输至60千米长的东行支线管道内。支线管道的终点是一家位于德国与奥地利边境的炼油厂。该炼油厂是"巴伐利亚化工三角区"（Bayerisches Chemiedreieck）的重要设施。巴伐利亚化工三角区由一系列相互关联的工厂组成，生产塑料制品、化肥、太阳能电池用硅等化工产品。

施泰因霍林村的泵站对德国经济有着重要的战略意义，但不像波索夫泵站那样设有詹达尔马基地。为巴伐利亚工业区输送石油离不开暴力，只是暴力的行径被隐藏了。如果施泰因霍林村设置了詹达尔马基地，又或者这条管道上安装了炸弹，那么这部分"走廊"的气氛可能就与现在不同了。

> 那是一家（在上巴伐利亚的）小旅馆……我们一个挨着一个，坐在长椅上。气氛紧张至极。5月1日凌晨2点，收音机里传来了希特勒死亡的讯息，简直糟糕透顶。我记得很清楚，但我无法描述当时的寂静……整整几小时的死寂。大家都一言不发。不久之后，有个人走出去了——然后传来了一声枪响。又有一个人出去了，然后又是一声枪响。屋里没有声音，只有听见从外面传来的枪响。我们觉

---

[1] H. Eyres, 'Brave Men of Their Word', 18 February 2011, ft.com.

得没人能活过今天。我的世界崩塌了，我已经不敢奢望明
天了。

——希特勒秘书马丁·鲍曼（Martin Bormann）之子[1]

"二战"的最后一年，英国、苏联和美国坚持认为，德国在过去
25 年里挑起了两次世界大战，如今它们应该联手遏制德国，削弱德
国挑起战争的能力。最终，德国无条件投降，并被分为三个占领区
（后变成四个）。在雅尔塔会议之前，美国财政部部长亨利·摩根索
（Henry Morganthau）起草了一项计划，拟将战败的德国转变为农业
经济体，并尽量压减德国的基础工业设施。丘吉尔和美国总统罗斯
福通过了这项计划。1938 年，德国还是欧洲最大的石油消费国以及
世界第二大石油消费国。7 年后的现在，"二战"的胜利方却计划将
德国改造成只进口拖拉机燃料和煤油的农业国家。

1945 年 5 月 2 日，柏林沦陷，靠近奥地利边境的上巴伐利亚
地区仍被德军控制着。这是纳粹政权的最后一个堡垒。该地区以北
已成一片废墟。当时，德国涌起了一股自杀潮，就像马丁·鲍曼
的儿子所描述的那样。自杀者除了统治精英阶层，还有许多德国民
众。"二战"对德国民众的心态产生了极大负面影响，德国的社会
愿景突然破灭了。巴伐利亚与其他欧洲城市都被轰炸了，德国和奥
地利的石油基础设施遭到了破坏。美国空军第 15 司令部从意大利福
贾（Foggia）出发，炸毁了施韦夏特炼油厂。在"二战"的最后几
个月里，希特勒试图实行焦土政策。事后，纳粹军备部部长阿尔伯
特·施佩尔（Albert Speer）讲述了他如何奉命摧毁"所有铁路系统、
水路系统、通信系统、电话、电报和广播、天线塔和天线，还有备

---

[1] G. Sereny, *Albert Speer: His Battle with Truth*, Picador, 1995, pp. 543—4.

用电缆和无线零件。除此之外，还要毁掉配电和电缆图，以及修复电路时使用的图纸"。[1]

1945 年 5 月，就在我们走过的这条路上，高度工业化的社会化为乌有。巴库的油井停止采油；穿越高加索地区的输油管道被挖出来；里耶卡和的里雅斯特港口遭到轰炸。德国变成了一片废墟，来到了所谓的"零时"（Stunde Null）。

[1] G. Sereny, *Albert Speer: His Battle with Truth*, Picador, 1995，p. 456.

第五部分

工厂

第二十章

他们是奥斯威辛，与他们争论毫无用处

📍 TAL KP 435-5042 千米-德国，盖森费尔德

夜幕降临。月色笼罩着哈莱托里的盖森费尔德村（Geisenfeld）。连接慕尼黑和雷根斯堡两地的 E45 高速公路上车来车往。伊尔姆河谷在夜色中隐约可见，远处是多瑙河平原，再往北是沃赫堡炼油厂的灯光。我们和纽伦堡（Nurnberg）之间的弗兰肯汝拉山脉（Frankische Alb）被炼油厂烟囱里冒出的橙色火焰映上了一层红色。东边的天空被诺伊施塔特炼油厂的灯光照亮了，西边低矮的云彩也被克兴（Kösching）的另一家炼油厂照亮了。这里的火焰让人想起里海中阿泽里海上平台上的火焰。

我们所处的区域实际上是一个大型工厂区。这台巨大的工业机器从我们的身后一直延伸到远处，与阿塞拜疆的海上平台非常类似。里海海底的大部分原油通过几条输油管道运往桑加查尔，而我们所在的工业地区所需的石油则主要由一条来自的里雅斯特的输油管道运输而来。跨阿尔卑斯管道满足了巴伐利亚 100% 的原油需求，奥地利 75% 的原油需求，巴登-符腾堡州 50% 的原油需求以及捷克共和国 27% 的原油需求。

跨阿尔卑斯管道经英戈尔施塔特外围到沃赫堡炼油厂，再到多

瑙河流域连绵起伏的群山中的伦廷（Lenting）油库。原油到达油库后，再分输至附近的克兴炼油厂和诺伊施塔特炼油厂。伦廷油库延伸出一条西行输油管道，通往莱茵河畔卡尔斯鲁厄的一家炼油厂。沃赫堡油库也延伸出一条东北向输油管道，通往捷克共和国克拉卢比（Kralupy）和利特维诺夫（Litvinov）的炼油厂。

中欧腹地有 8 个实力雄厚的炼油厂，包括施韦夏特、克拉卢比、利特维诺夫、布格豪森（Burghausen）、诺伊施塔特、沃赫堡、克兴和卡尔斯鲁厄。它们所需的原料都由跨阿尔卑斯管道供应，产出的成品油则供给一个长约 700 千米、宽约 300 千米的生产区，东至维也纳，西至斯特拉斯堡（Strasbourg），北至布拉格，南到阿尔卑斯山脉。该区域的面积是阿塞拜疆国土面积的 1.5 倍。

提到阿塞拜疆时，感兴趣的西欧人士会联想到它的油田，即便这些油田远离陆地且人迹罕至。同样，关注格鲁吉亚的媒体都会留意 BTC 管道，即便它是埋在地下的，只有标志桩和泵站能被人们看到。然而，尽管这 8 家炼油厂非常显眼，也为数百万人所熟知，但人们却未将这些炼油厂和输油管道视作一个系统、一个整体。

TAL 管道及其 8 家炼油厂是中欧的重要设施，它们能够生产汽车和卡车使用的汽油、工厂和医院的加热油、化工厂和塑料厂的原料、发电站和内河驳船的燃料油、铺设道路和屋顶所需的沥青，举不胜举。据我们的初步计算，约有 2700 万人居住在该系统的覆盖范围内。这些居民是地球上消费水平最高的人群之一，德国和奥地利居民的消费水平更是首屈一指。

这些炼油厂生产的燃料不仅供给附近地区的居民，还供给经过该地区的人。盖森费尔德村上方的夜空点缀着闪烁的飞机灯：那是在南面 40 千米外的慕尼黑弗朗茨·约瑟夫·施特劳斯机场起降的喷气式飞机。这是一个"枢纽机场"，飞往加尔各答和纽约的 747 飞机可以在这里加注诺伊施塔特炼油厂生产的航油。飞往布拉格、法兰克福、斯图加特等地的飞机也能在这里补充燃料。由 TAL 原油炼制的成品油将人们和机器带到了世界的各个角落。

这一地区有 11 条纵横交错的高速公路，长度可达数千千米：

E35，E41，E43，E45，E50，E52，E53，E54，E56，E58，E60

这些工厂区内的运输走廊交通繁忙，与地下的输油管道一同承担着大量运输任务。在英戈尔施塔特的斯科尔斯特拉斯（Schollstrasse）有一家阿拉尔加油站。大众高尔夫汽车在这家加油站加满油后，能够沿 E45 公路行驶 500 多千米，往南开能到达亚得里亚海，往北开能抵达波罗的海附近区域。工厂区的触手就这样伸到了内陆。

这里是欧洲汽车制造的核心地带之一。很多汽车制造行业的名人都出自这里，包括早年间活跃在奥匈帝国布拉格附近的发明家瓦茨拉夫·拉林（Vaclav Laurin）和瓦茨拉夫·克莱门特（Vaclav Klement）以及如今仍为行业内人士熟知的卡尔·本茨（Karl Benz，曼海姆地区）、戈特利布·戴姆勒（Gottlieb Daimler，斯图加特）以及鲁道夫·狄塞尔（Rudolf Diesel，奥格斯堡）。可以说，汽车就是在这里诞生的。如今，工业区内仍有几家规模庞大的汽车工厂，包括位于姆拉达·博莱斯拉夫（Mlada Boleslav）的斯柯达工厂、雷根斯堡的宝马工厂、英戈尔施塔特的奥迪工厂和斯图加特附近的戴姆勒–克莱斯勒工厂。TAL 管道的炼油厂成为汽车工业的支柱。

我们决定在这个伟大工厂区的部分地区一探究竟：英戈尔施塔特周围，横跨多瑙河涝原 10 千米，沿河 30 千米的部分区域。这片区域集中了工厂区的核心设施，包括三个炼油厂、几家军火制造商、一家汽车厂和几家石化厂。这就是我们在盖森费尔德看到的情况。

📍 德国，英戈尔施塔特

多瑙河平原宽广辽阔，距离里海很远。平原上的田地整齐划一，有的刚刚开垦，有的已经种上了翠绿的冬小麦，中间偶尔点缀着亮黄色的油菜花。从哈勒陶山流下来的溪水穿过田地，向北方流去。

英戈尔施塔特的东面是个小型自然保护区，名叫多瑙河湿地国家公园（Lebensraum Donau-Auen）。这里有一片奇妙的丛林，林子里满是布谷鸟、棕柳莺、秃鹰和黑啄木鸟。在多瑙河被人为改道之前，多瑙河沿岸的湿地森林大抵就是这样的。这原是一道令人望而生畏的屏障，罗马帝国也将这里作为边界墙。河滩的另一边是未被征服的日耳曼部落，即蛮族。这条边境线与德国另一端从巴统以南穿过的高加索边境线是一脉相承的。

自冰河时期结束以来，该地区一直是考古学中界定的"中欧走廊"的一部分。多条道路在此交会，其中有一条自里海而来，穿过大小高加索山脉间的低地，绕过黑海沿岸，向多瑙河上游而去，再顺莱茵河到达北海或顺卢瓦尔河（Loire）到达大西洋。人们在这里开展贸易活动，交换物品、运输物品；再交换、再运输。早在一万多年以前依靠狩猎和采集生活的时期，人和物就已经通过这条河谷进行运输了。[1]

英戈尔施塔特建在多瑙河边渡河的高地上。19 世纪 50 年代，巴伐利亚国王曾建设大型防御工事，将这一战略要地层层围住。现在，通往多瑙河大桥的路上仍有石制防御工事的废墟，周围的农田里仍能看见圆环状分布的残石。19 世纪，驳船运货业务异常繁忙，多瑙河被截弯取直，两边还修筑了堤坝，导致河流水位比旁边的涝原高

---

[1] Cunliffe, *Europe Between the Oceans*, pp. 38−41.

出数米。19 世纪 70 年代，罗马尼亚的油田开始开采原油，之后多瑙河上便出现了运载原油和煤油的船只。1997 年，第一批来自 ACG 油田的原油通过管道运抵位于苏普萨和新罗西斯克的黑海港口。这批阿塞拜疆原油原本可以通过驳船从黑海经多瑙河运到英戈尔施塔特的炼油厂，但 BTC 管道取代了这种水路运输方式。

"零时"过后，德国的走向仍不明朗，英戈尔施塔特变成了一个大型难民营。1945 年至 1947 年，被英国、法国、美国和俄罗斯管制的四个德国占领区通过盟国对德管制委员会进行合作。1947 年，西方列强与苏联之间的敌意更甚，英国和美国合并了双方的占领区并将其命名为"比佐尼亚"（Bizonia）联合区。该地区成为日后建立西德的基础。同年 6 月，美国国务卿乔治·马歇尔（George Marshall）公布了一项欧洲复兴计划，其中强调要再度建设工业化的德国，以遏制苏联的扩张。马歇尔计划持续了 4 年，其间美国共向英国、土耳其等国家拨款 125 亿美元，款项主要用于增加石油消费。

德国从摩根索的农业化计划向马歇尔的工业化计划转变，英国–伊朗石油公司（Anglo-Iranian Oil Company，即今 BP）在德国的地位也日益稳固。德国在"一战"中战败后，该公司在德国购入了大量石油基础设施，包括汉堡的"欧洲罐"（Eurotank）炼油厂以及一家由巴伐利亚和奥地利共同经营的分销公司。英国–伊朗石油公司在德国的油料销量在三年内翻了一番。

不久后，法国占领区就并入了比佐尼亚，组建成了新经济联合实体。一家原属苏联占领区开姆尼斯（Chemnitz）的汽车工厂则利用马歇尔计划的拨款搬迁到了美国占领区的英戈尔施塔特，同时更名为德国英戈尔施塔特汽车联盟（Auto Union Deutschland Ingolstadt），简称奥迪。英国–伊朗石油公司也将其子公司奥利克斯石油公司的总部从柏林永久迁至英国占领区内的汉堡，并将在德国的资产合并为 BP 汽油和石油股份有限公司（BP Benzin und

Petroleum GmbH ）。①

1948 年 1 月，英国–伊朗石油公司收购了汉堡码头附近的"欧洲罐"炼油厂。1948 年 2 月 20 日，约翰·布朗于汉堡出生。他的母亲来自罗马尼亚西部，是犹太裔匈牙利人。她奇迹般地逃过了犹太人大屠杀，还与驻扎在汉堡的英国陆军坦克团军官埃德蒙·布朗（Edmund Browne）结婚了。1957 年，布朗在英国–伊朗石油公司找到了一份工作。不久后，他被派往伊朗工作，他的妻子和儿子随他同去。自此，约翰·布朗与 BP 结下了不解之缘。

1949 年 5 月，柏林空运事件的最后一天，《德意志联邦共和国基本法》颁行。在随后的选举中，基督教民主联盟的康拉德·阿登纳（Konrad Adenauer）提出了"不搞实验"的竞选口号。他的纲领明确反对进行大改，坚决实行"去纳粹化"并谴责过去的"斯大林主义方法"。②1949 年 7 月，阿登纳当选为总理，路德维希·艾哈德（Ludwig Erhard）担任财政部部长。

阿登纳和艾哈德被视为创造"经济奇迹"（Wirtschaft Wunder）的西德伟人。在他们的领导下，联邦德国在 20 世纪 50 年代的年增长率高达 8%，并在 50 年代末成为欧洲最繁荣的国家。德国的石油消费量也急剧增加，增速甚至超过了其他经济领域：1960 年到 1965年，石油行业的平均年增长率高达 19%。没过多久，德国就成为 BP最大的海外市场。

然而，鉴于历史原因，BP 在汽油、航空燃料等成品油领域的销售额远远落后于竞争对手壳牌公司和标准石油公司。壳牌的神话源于马库斯·塞缪尔安排穆雷克斯号油轮从巴统经苏伊士运河到远东地区的旅程，而标准石油公司的神话则源于洛克菲勒对美国输油管

---

① Bamberg, *British Petroleum and Global Oil*, p. 299.
② N. Davies, *Europe: A History*, Pimlico, 1997, p. 1072.

道的无情控制。也就是说，壳牌和标准石油公司都优先发展自身的炼油和销售能力。与它们不同的是，BP 是靠钻探和采油起家的。英国皇家海军是该公司的主要原油买家。20 世纪 50 年代，伊朗、伊拉克、科威特等资源国政府致力于提高石油采收率，这更加凸显了 BP 在销售和炼油领域的弱势。BP 被迫大量出售来不及炼制的原油，这削弱了 BP 的整体赢利能力。[①] BP 总裁莫里斯·布里奇曼明白，要想缩小与竞争对手的差距，公司必须大力发展航运和炼油业务。提高 BP 产品在重要的欧洲市场的消费量是头等大事。

20 世纪 60 年代，布里奇曼非常担心 BP 会失去其在德国和其他欧洲经济共同体国家的强势地位。法国奉行国家干预政策，法国政府会对外国公司设限，以支持本土石油企业并防止外国公司统治本土零售市场。法国政府与国有的法国和意大利石油公司联手劝说德国及其他欧洲经济共同体成员国采取类似的政策。由于 BP 总部并未设在欧洲经济共同体内部，它面临着失去欧洲大部分零售市场的处境。[②]

布里奇曼认为必须立即采取行动。BP 将西德视为对抗由法国引导的国有经济的关键，并于 1967 年展开了密集的游说活动。德国部长以及在德国有影响力的英国政治家都是被游说的对象。BP 甚至向得到德国政府支持的石油公司德米奈克斯（Deminex）提出可以与其共享 BP 在伊朗和阿布扎比开采石油的准入许可。1968 年 5 月，BP 在欧洲议会听证会上表示"支持自由国际经济，跨国石油公司不应受到歧视，它们的集成国际供应系统能够……确保石油供应安全并

---

① 20 世纪 60 年代中期时，壳牌和 BP 之间的差异仍然很明显。1965 年，壳牌的原油日产量为 275 万桶，不及 BP 的 225 万桶。然而，壳牌公司生产了 350 万桶成品油，但售出了 600 万桶——也就是说，其成品油销量超过了产量；而 BP 只生产了 150 万桶成品油，售出了 200 万桶。

② Bamberg, *British Petroleum and Global Oil*, pp. 224–5.

控制油价"。①

BP 利用其金融资本将更多产品推向了欧洲，还推动了石油需求的增长。BP 与某些市场建立了相互依赖的关系。德国的经济向好、石油需求增加时，BP 会为德国供应石油；BP 需要提高销量时，就会刺激德国的经济。

BP 就这样按己所需塑造了西德。几十年后，它还塑造了阿塞拜疆、格鲁吉亚和土耳其。BP 以能够实现自身利益最大化的方式塑造了上述经济体以及其他石油开采国和销售国。

我们手里的英戈尔施塔特景观指南名为《建成的城市》(*Eine Stadt baut auf*)。这本书由官方政府于 20 世纪 60 年代出版，详细描述了这座城市在 1960 年至 1965 年的变化，其中提到了计划中的新住宅区、新建的大型奥迪汽车工厂、五个新炼油厂的选址，以及新学校和新教堂的地址。指南里还有一些新多瑙河大桥通车仪式的照片以及从空中拍摄的高速公路的照片。奥迪带着"突破科技，启迪未来"(Vorsprung Durch Technik) 的口号从这里走向了世界。

我们站在一个高速公路桥上，俯瞰穿越城市的六条车流。远处有很多烟雾缭绕的发电站和炼油厂烟囱。早在 1949 年，总理阿登纳就曾承诺"不搞实验"，但当下我们却处于一个伟大的社会市场工程实验中。这里的境况与实行工业化的苏姆盖特和鲁斯塔维如出一辙。在指南中，摄于 20 世纪 60 年代的照片处处洋溢着与希克梅特的诗歌和赫鲁晓夫时期的苏联一致的技术乐观主义精神：城市应是和谐之典范，机器应是公民的得力助手。

这本书是问鲁迪·雷姆借来的。他是一位环保主义者，过去几十年里一直致力于处理本地问题，对该地区的工业历史一清二楚。

① Bamberg, *British Petroleum and Global Oil*, p. 245.

夜晚，我们与他在慕尼黑的一家酒吧喝啤酒吃香肠，他详细阐述了他对战后巴伐利亚发展的理解。

与萨克森州（Sachsen）和北莱茵-威斯特法伦州（Nordrhein-Westfalen）不同的是，巴伐利亚的煤炭资源相对较少。20世纪前半叶，该地区的工业化程度相对较低，大部分居民以农业为生。当地人的能源来源多为木材和水电，当地人称之为"白色煤炭"。鲁迪详细说明了位于罗森海姆（Rosenheim）北部的茵河水电站的情况。该水电站是德国规模最大的水电站，发电容量高达400兆瓦。"这个数字真的很惊人，顶得上半个核电站了！"1960年，巴伐利亚的大部分能源来自可再生能源："以前人们烧柴火和少量煤炭取暖，如今用的都是石油、天然气和热电联产。热电联产大多靠燃气发电站实现。"

"二战"之后，巴伐利亚州州长阿尔方斯·戈普（Alfons Goppel）及州经济与交通部部长奥托·施德勒（Otto Schedl）控制了该地区的政治，而巴伐利亚的政治则由总理阿登纳和国家财政部部长路德维希·艾哈德掌控。从1957年到1970年任州长的施德勒关停了巴伐利亚的几座煤矿，并在英戈尔施塔特和布格豪森附近规划了一块石化区。我们问鲁迪，除了施德勒和戈普二人，是否还有其他人促成了这些变化。"说不准。我觉得这也与欧洲石油公司的政策有关。州电影局为学生们拍摄了一部电影，里面说炼油厂是英戈尔施塔特的'新纪元'。"

施德勒上任不到一年，就与意大利国有石油公司埃尼公司的总裁恩里科·马泰结成了盟友。施德勒和马泰共同规划了从热那亚到欧洲的中欧输油管道系统。另外，英戈尔施塔特将新建一座炼油厂，运营方是埃尼公司，但BP持有50%的股份。

中欧输油管道和英戈尔施塔特炼油厂开工建设了，但它们无法达成施德勒的愿望，也不能填饱石油公司的胃口。早在第一家炼油厂尚未投产之时，相关方就已计划在沃赫堡和诺伊施塔特建设更多炼油厂，还计划为南部原油铺设一条新输油管道，也就是我们追寻的跨阿尔卑斯管道。[①] 鲁迪的话告诉我们，跨阿尔卑斯管道的创建者还有三位：马泰、施德勒和戈普。

20 世纪 60 年代末，《建成的城市》一书付印出版。当时，英戈尔施塔特周边地区正处于变革的浪潮之中，人们的实验也在逐渐成形。一座城市按照未来主义者——确切地说，是马里内蒂本人——的愿景建成了。

⊙ TAL KP 452-5059 千米-巴伐利亚，沃赫堡

我们来到英戈尔施塔特以东 14 千米处，站在中世纪城市沃赫堡险峻的城墙之上，俯瞰四周的大片土地。到处都是肥沃的平原，眼前是黑色的耕地、白色的杨树和绿色的牧场。沃赫堡在农田里显得异常突兀。

在城墙上行走时，我们能看见年轻人在下面的公交车站里闲逛。公交车站的后面，炼油厂向西延伸，其中有蒸馏装置、原油油罐、存储气体的球形罐、烟囱和周界围栏。BP1977 年的员工手册《我们的工业：石油》(*Our Industry, Petroleum*) 刊载了这个炼油厂的照片。[②]

1967 年建成的沃赫堡炼油厂完全归 BP 所有。该炼油厂的建设体现出了 BP 为最大限度地扩张德国市场所做的努力。沃赫堡炼油厂

---

① 1962 年 10 月，马泰在一场神秘的空难事故中丧生。1965 年，中欧输油管道竣工，英戈尔施塔特炼油厂投产。为表庆祝，埃尼公司委托著名电影导演、马克思主义者贝尔纳多·贝尔托鲁 (Bernardo Bertolucci) 制作了一部关于伊朗的石油经热那亚运至英戈尔施塔特的电影。该电影于 1966 年上映。巧合的是，这部电影的名字也是《石油之路》(*Il Via Petroli*)。

② S. Aust, *The Baader-Meinhof Complex*, Bodley Head, 2008, pp. 24-7.

是 1962 年至 1967 年英戈尔施塔特周边地区建设的 5 个炼油厂之一。炼油厂的选址体现出了工业主义地理格局的重大转变。

自 19 世纪中叶起，多数工厂都建在能源开采地的附近。鲁尔（Ruhr）、南威尔士和宾夕法尼亚的钢铁厂都建在煤矿附近。炼油厂也通常建在油田周边。然而，BP 在伊朗阿巴丹（Abadan）建造的炼油厂充分体现出了这种选址策略的风险。20 世纪 50 年代初，伊朗政府对本国油田以及 BP 的阿巴丹炼油厂进行半国有化改造，挑战了外国企业在伊朗内地长达数十年的能源剥削行为。油田自然是无法移动的，但是只要原油可以出口，就能在任何地方进行炼制。于是，BP 等西方石油公司便将炼油厂迁移到了石油消费地，以应对国有化的威胁。

1950 年，BP 在主要产油国拥有 4 家炼油厂的股份，在主要消费国拥有 10 家炼油厂的股份。25 年后，BP 没有持股产油国的任何炼油厂，但参股了 41 家在消费国的炼油厂。这种变化体现出了政治力量的转移，产油国不再出口炼制后的成品油，而是直接将原油出口到国外。

1967 年 4 月 13 日，经由跨阿尔卑斯管道运输而来的首批原油抵达穆贾，并装上了壳牌公司的达夫内拉号（Daphnella）油轮。这批原油产自由 BP 部分持股的伊朗阿巴丹油田，但在翻越阿尔卑斯山脉后才在沃赫堡的炼油厂进行炼制。炼油产能的转移削弱了产油国的影响力，同时提高了石油公司的影响力。建设炼油厂为巴伐利亚吸引了大量资本，还促进了当地的就业，但也使德国对外国的石油产生了依赖，进而迫使它坚定地踏上了石油之路。

达夫内拉号油轮在意大利停靠后的第七周，伊朗国王穆罕默德·礼萨·巴列维（Mohammed Reza Pahlavi）抵达西柏林，对德国进行国事访问。国王携妻子法拉赫·迪巴（Farah Diba）到柏林歌剧院观看莫扎特《魔笛》的演出，却被院外大批抗议他暴虐统治的群众困住了。

在伊朗国王抵达德国之前的几周里，德国媒体大量报道德国政府对伊朗国王统治的支持。记者乌尔丽克·梅因霍夫（Ulrike Meinhof）在《具体》（konkret）杂志上发表了《致法拉赫·迪巴的公开信》（Open Letter to Farah Diba）：

> 你曾说过："伊朗的夏天非常炎热。很多伊朗人会去里海沿岸的海滨度假村避暑，我和家人也不例外。"很多伊朗人……你是不是夸大其词了？大多数伊朗人都是农民，年收入不到 100 美元。大多数伊朗妇女只能眼睁睁地看着自己的孩子死于饥饿、贫困或疾病……那些每天要工作 14 小时，辛辛苦苦做地毯的孩子也会在夏天去里海沿岸的度假村吗？①

伊朗方的随行人员到达歌剧院时，抗议者高喊："国王是骗子！""杀人犯！"国王和皇后进入大楼后，人群开始散去，但警察和伊朗萨瓦克（Savak，即安全和情报组织）秘密特工人员冲上前去，向着人群挥舞警棍。混乱中，一些抗议者被打倒在地。26 岁的本诺·奥内索格（Benno Ohnesorg）被警察追赶并用警棍殴打。一名柏林政治警察从离他不到半米的地方开枪击中了他的头部。当晚，一些学生组织了集会，年轻女子古德伦·恩斯林（Gudrun Ensslin）难以抑制激动的情绪："这个法西斯国家想杀死我们所有人。我们必须抵抗。暴力是应对暴力的唯一方式。他们是奥斯威辛，与他们争论毫无用处！"

---

① S. Aust, *The Baader-Meinhof Complex*, Bodley Head, 2008, pp. 24–7.

奥内索格的死在德国掀起了激进主义的新浪潮。无政府主义组织"6月2日团体"（2 June Group）、左翼组织"革命细胞"（Revolutionary Cells）以及被媒体称为"巴德尔–梅因霍夫帮派"（Baader-Meinhof Gang）的红军派系应运而生。巴德尔–迈因霍夫帮派的领导者包括古德伦·恩斯林和乌尔丽克·梅因霍夫。

1967年10月3日，第一批通过跨阿尔卑斯管道运输的伊朗原油输抵沃赫堡。由英国政府控股的BP持有炼化企业密集地区——上多瑙河谷里三座炼油厂50%的股份。可以说，这些炼油厂其实是英国政府的资产，也是具有重大战略意义的基础设施。它们炼制的大部分产品都供给了驻扎在德国南部美占区的陆军和空军。当时，这批军队正在攻打越南。

20世纪60年代末期，一批疏远父母的德国年轻人陷入了绝望的境地——那时本诺·奥内索格还没有被杀。这些年轻人在"二战"后出生，在拒绝讲述第三帝国时期的长辈身边长大。他们的父母就是古德伦·恩斯林口中的"奥斯威辛"。他们不仅与父母疏远，而且对祖国缺乏认同感。当时，联邦德国全盘接受美国的社会模式，这也是德国战后集体失忆症的原因之一。美国模式不仅代表着军备竞赛和取缔西德共产党的冷战政治，而且也是一种消费主义和技术现代化的文化模式，这一点从英戈尔施塔特就可知一二。这里的工业区变成了众方争夺的焦点。

1968年4月2日，沃赫堡炼油厂已经运行了6个月时间。红军派的古德伦·恩斯林和安德烈亚斯·巴德尔（Andreas Baader）从慕尼黑驱车前往法兰克福。他们计划开展该组织针对消费主义的首次行动，纵火焚烧施耐德百货大楼（Kaufhaus Schneider）以及考霍夫百货大楼（Kaufhof）。两栋建筑在此次行动中被烧毁，但无人伤亡。

1972年5月8日，尼克松总统宣称美国将在北约港口布设水雷。红军派决定对此采取行动。几天后，他们埋设了三枚管状炸弹，袭击了位于法兰克福的美国第五军军官餐厅，导致 13 名士兵受伤，1 人死亡。红军派在新闻稿中宣称对此事负责："西德不再是意欲摧毁越南的美国战略家的避风港。他们必须知道，他们在越南犯下的罪行让他们变成了众矢之的。面对革命游击队的追击，没有任何地方能庇护他们。"① 红军派以实际行动反击了隐藏在西方政治和经济体制下的暴力行径。

不久后，政治斗争的矛头就转向了石油之路。在穆贾港时，我们曾向渔民法比奥询问油罐 SIOT 油库的事情。他不再整理渔网，抬头看了看我们，随即用蹩脚的英语说道："恐怖组织黑色九月。" 曾参与 TAL 管道建设的保罗·格雷贝齐扎也曾透过窗户看到过 "远处的烟柱"。他的女儿埃琳娜给我们发来了当地报纸《短笛报》(*Il Piccolo*) 的头版文章，题目是《火海：的里雅斯特石油管道在夜间遭到轰炸机袭击》。

1972 年 8 月 4 日，SIOT 油库的三个油罐同时被炸，里面储存的 14 万吨原油瞬间起火。大火整整烧了 4 天。那里是冷战的前线，距离南斯拉夫不到一千米，到处都驻扎着军队，但武装分子还是突破重围闯进了油库，放置了炸药，并成功逃离现场。爆炸导致 TAL 管道停运，沃赫堡和施韦夏特等地的炼油厂以及维也纳、波恩 (Bonn)、华盛顿和伦敦的办公室受到波及。

巴勒斯坦的 "黑色九月" 组织声称对此事负责，并称他们之所以袭击 TAL 油库，是因为它向德国供应原油，而德国曾派军支援约旦和以色列。黑色九月组织的名字来源于 1970 年侯赛因国王 (Hussein) 对在约旦的巴勒斯坦难民社区发动军事袭击的事情。

一个月后，红军派的乌尔丽克·梅因霍夫解释了巴勒斯坦和欧

---

① S. Aust, *The Baader-Meinhof Complex*, Bodley Head, 2008，p. 160.

洲的反帝国主义者炸毁欧洲基础设施的原因——他们想把斗争"引回为侯赛因的军队提供装甲车、突击步枪、机关枪和弹药的供应商处。他们利用发展援助、石油交易、投资、武器和外交关系让阿拉伯国家彼此对抗，还让所有阿拉伯国家共同反对巴勒斯坦民族解放运动"。[1]

20世纪70年代初，西欧社会市场经济体对中东产油区的依赖程度日益加深，一些挑战也伴随而来。产油区的政治冲突会导致西欧动乱，西欧局势不和平也会对产油区产生负面影响。伴随欧洲经济发展而来的暴力底色把本应从经济发展中受益的一代人变成了暴力分子。

♀ TAL KP 462-5069 千米-德国，诺伊施塔特

在一个寒冷潮湿的早晨，一辆火车从英戈尔施塔特中央火车站向东驶出，开过有很多红顶房屋的郊区，穿过高架桥和电塔下方，驶入多瑙河平原的农田。火车行驶在工业区的半个小时里，我们通过红白相间的烟囱辨认出了大梅灵和伊尔辛的发电站，还通过银色的管廊带识别出了沃赫堡炼油厂。

我们遇到了几列很长的铁路油罐车。鲁迪说，大部分成品油都是沿着这些铁路线运输给工业客户的。每两天会有一列载有航空燃料的51节油罐车开往慕尼黑机场。这些笨重的油罐车嘎吱嘎吱地开走，就像在巴库-巴统铁路线上穿越阿塞北疆沙漠的火车一样。

巴伐利亚石油公司（Bayernoil）的灰色烟囱和高塔出现在一片葱郁的银桦林后面。我们下了火车，闻到了空气中原油的味道。在这里进行炼制的原油约有40%来自里海。我们在诺伊施塔特炼

---

[1]　U. Meinhof, *Black September: Regarding the Strategy for Anti-Imperialist Struggle*, Red Army Faction, 1972.

油厂门口的警卫室里等待入厂，安保人员在打电话核实我们的信息。我们约了炼油厂公众部门领导柯尔斯滕·皮尔格拉姆（Kirsten Pilgram）。上下班的工人戴着蓝色棒球帽，穿着蓝色连体服，靴子的鞋头已经磨损。他们用好奇的眼光打量我们，想必来到这里的游客应该不多。

警卫室的桌子上摆放着很多公司宣传资料，里面的一个小册子提到了炼油厂与周边工厂和工业的关系：

> 巴伐利亚石油公司高度融入了巴伐利亚高科技产业区的重要产业链中。巴伐利亚的汽车、化工、医疗技术等产业发展势头良好，在德国甚至欧洲都处于领先地位。不论是过去还是现在，工业发展的动力与基础都是确保发动机燃料、加热用油及其他石油制品的稳定及廉价供应。[1]

我们走出警卫室，大量钢制管道映入眼帘。它们在涝原之上拔地而起，其规模之大令人咂舌。石油在大型反应器里裂解、蒸馏、沉淀和分离。这个炼油厂仅运营了 40 年，但它的庞大规模传递出了巨大的永恒。

穿着金扣白色上衣的柯尔斯滕将我们带进一个会议室。里面安静整洁，让我们想起了巴库石油大公馆的会议室。巴伐利亚石油公司的股东每年在这里召开三次会议，共同讨论公司的发展情况及未来计划。长桌和铬革椅子与外面的大型机器形成了鲜明对比。这里也看不见管道里流淌着的石油。

柯尔斯滕友好又利落地递给我们一叠她精心准备的整齐的文件，

---

① *Bayernoil gemeinsam erfolgreich: A Refinery for Bavaria*, Bayernoil, July 2009, p. 2.

并向我们解释了该炼油厂的工作流程。摆在我们面前的示意图就是工业区核心部分的规划图，上面有诺伊施塔特、沃赫堡和克兴的炼油厂，还有"来自的里雅斯特"并在伦廷一分为二，"去往卡尔斯鲁厄"以及"诺伊施塔特"的 TAL 管道。另一张图更详细地展示了沃赫堡、诺伊施塔特以及明奇斯明斯特（Münchsmünster）石化厂之间的联系。图上有黄色、绿色、黑色、粉红色和紫色的线条，共代表14 条不同的管道，每条管道输送着不同物质，例如液化气、乙烯等。到处都是管道。

我们从这些示意图和柯尔斯滕提供的数据中慢慢勾画出了故事的全貌。正如我们所知，巴伐利亚炼油厂运营 45 年来，股东方持股情况一直在变化，但 BP 有 36 年都是最大的股东。[1] 这表明 BP 欲长期耕耘德国市场，也说明了 BP 对战后德国的重要性。尽管如此，这些德国资产几乎没有在伦敦总部的年度报告中出现过，而阿塞拜疆资产却频繁出现在年度报告中。另外，德国炼油厂几乎从未被伦敦的金融媒体报道过，这不仅是因为销售精炼汽油产品的利润远不及开采原油，还因为炼油业务不如在海上钻探石油那么吸引人。

尽管柯尔斯滕已经在这里工作了几十年，但她并未经历过这家炼油厂的黑暗时刻。1973 年石油危机期间，开往穆贾的油轮和运输原油的管道都暂时停用了。一本英戈尔施塔特老照片集里有一张配有如下标题的照片："石油危机期间，人们甚至可以在高速公路上散

---

[1] 1967 年，BP 拥有英戈尔施塔特炼油厂 50% 的股份，对沃赫堡炼油厂则持股100%。1989 年，这两家炼油厂合并为沃赫堡–英戈尔施塔特炼油公司（简称RVI），BP 持有该公司 62% 的股份。9 年后，RVI 与诺伊施塔特炼油股份有限公司（Erdolraffinerie Neustadt GmbH）合并成为巴伐利亚石油公司，其中 BP 持股 42.5%。2008 年 8 月，英戈尔施塔特炼油厂关停，BP 在巴伐利亚石油公司中的持股减少至 22.5%，直至今日。当前，巴伐利亚石油公司的股东包括奥地利的 OMV（持股 45%）、意大利的阿吉普（20%）、BP（10%）和 Ruhr Oel（25%，该公司由委内瑞拉的 PDVSA 公司以及 BP 五五分持股）。

步。"① 照片里的公路上有八个人在走着，却没有一辆车。这张照片与马里内蒂、施德勒和赫鲁晓夫的梦想大相径庭。

持续数月的石油危机不但导致消费者无法从中东获取原油，还对 BP 产生了深远影响，甚至改变了 BP 的所有权结构。石油危机推升了通胀，致使英国财政大臣丹尼斯·希利（Denis Healey）被迫在1976 年向国际货币基金组织申请了 30 亿英镑贷款。这是该组织有史以来收到的额度最大的贷款申请。此次放贷的条件是英国政府缩减25 亿英镑公共部门支出并处置 14.5% 的 BP 股份。②

次年，英国政府出售了 BP 的股份，这是当时世界上规模最大的一笔股权交易。③ 整个交易过程在两个"行动室"中协调完成：一个在 BP 总部芬斯伯里大楼，由财务总监昆廷·莫里斯（Quentin Morris）指挥；另一个在政府方经纪人穆伦公司（Mullens & Co.）的摩尔门（Moorgate）办公处，由詹姆斯的父亲理查德·马里奥特（Richard Marriott）指挥。④ 马里奥特与包括罗斯柴尔德银行在内的多家私人银行密切合作。

这次股票交易获得了 4.7 倍的超额认购。此次出售股票使英国政府失去了对 BP 的控制权，也为即将到来的撒切尔政府实行国有企业私有化指明了方向。1977 年，TAL 管道和沃赫堡炼油厂投运 10 年之时，英国政府与 BP 的财务关系开始发生剧变。60 年前，英国政府在丘吉尔的领导下首次购入 BP 的股票；而 1977 年，政府不再控

① K. Zirkel, *Aufgewachsen in Ingolstadt in der 60er und 70er Jahren*, Wartberg Verlag, 2008, p. 31.

② J. Moran, 'Defning Moment: Denis Healey agrees to the demands of the IMF', 4 September 2010, at f.com.

③ D. Kynaston, *The City of London, Vol IV: A Club No More, 1945–2000*, Chatto & Windus, 2001.

④ D. Wainwright, *Government Broker: The Story of an Office and of Mullens & Co.*, Matham Publishing, 1990, pp. 102−3.

股 BP。以养老基金、保险公司和银行为主要股东方的新股权结构逐渐成形。然而，尽管 BP 从国有企业变成了私营企业，英国政府与它仍然紧密地交织在一起。英国政府帮助 BP 进入阿塞拜疆一事就能证明这一点。

石油危机在欧洲引发了新一轮欧洲政治运动。1973 年，"生态"候选人首次在法国和英国大选中亮相。同年，德国成立了一个新政党，名为"德国农民议会"（Die Bauern Congress），也就是德国绿党的前身。[1] 该政党致力于进行彻底变革，但与红军派等团体的策略不同，它是通过议会制度实现变革的。绿党仅用了 6 年时间，就成功获得了两个地区议会的代表席位。经过长期的政治斗争，绿党于 20 年后加入了德国联合政府。1998 年，绿党领导人约施卡·费舍尔（Joschka Fischer，曾是 20 世纪 70 年代"革命细胞"组织的成员）被任命为德国外交部部长。他是"二战"之后任职时间最长的德国外交部部长，并在欧盟扩大其在高加索和里海地区能源领域的影响力时代表德国宣战，这是 1945 年以来德国首次参战。

即将告别时，我们提出了最后一个问题："诺伊施塔特的未来会是怎样的？"柯尔斯滕耸了耸肩。他们只会思考未来十到十五年的事情。之后的事情无人知晓。"替代能源今后会向什么方向发展？"她微微笑了笑，说："替代能源还处于起步阶段，谁都说不准它今后会发展成什么样子。当然，替代能源是个政治问题。你应该去问绿党。"

我们坐上了回英戈尔施塔特的火车，途中经过了明奇斯明斯特塑料厂。这家工厂的原料乙烯来自诺伊施塔特。BP 曾经持有该工厂的部分股份，但现在该工厂的所有权属于美国公司利安德巴赛尔工业公司（Lyondell Bassell），欧洲最大的塑料生产商之一。自 20 世纪

---

[1] Tony Judt, *Postwar*, Heinemann, 2005, p. 493.

30 年代以来，特别是从 20 世纪 50 年代开始，塑料工业在炼油基础设施的基础上迅速发展起来。巴伐利亚的塑料工业集中在英戈尔施塔特和布格豪森地区。明奇斯明斯特塑料厂生产很多种产品，其中就有类似于导致高加索地区 BTC 管道出现问题的管道涂层。这家塑料厂还生产聚丙烯树脂 Clyrell EC340R，该产品耐低温，是制作一升装冰激凌桶等食品容器的理想选择。Clyrell EC340R 在明奇斯明斯特塑料厂装车，被运送到制作冰激凌桶的工厂，制成后再运输至冰激凌厂，最终到达消费者手中并被放入家里的冰箱。在伦敦售出的一升装 Carte D'Or 牌香草冰激凌的包装桶可能就是在诺伊施塔特用里海原油炼制出来的。

这些过程看似平凡，但仍有非凡的一点：原油不但在移动，还在存续着。塑料已经嵌入日常生活的方方面面，但我们尚不明确塑料的存续时间。用过的冰激凌桶也许会被送到垃圾填埋场，但之后数百年可能都不会降解——这已经远远超出了诺伊施塔特的未来计划以及 ACG 油田的寿命。

近几十年里，塑料才被广泛用于工业之中，但如今塑料垃圾已经对陆地和海洋构成了严重威胁。[1]杜吉奥托克号油轮运输的原油中，约有 10% 会被制成塑料。它船舱里的原油会被制成人工髋关节、牙刷、笔记本电脑、糖果包装纸等化工产品，从而创造大量财富。但当它在地中海里乘风破浪时，下面其实是一片塑料"海"。据估计，每平方英里海水中含约 46 000 块塑料垃圾。[2]

---

[1] See G. Howard, 'Polyethylene Terephthalate: Making an Economically Informed Material', and R. Thompson, 'Plastics, Environment and Human Health'–both papers at Accumulation: The Material Ecologies and Economies of Plastic, Goldsmiths, University of London, 21 June 2011.

[2] United Nations Environment Programme, 'Action Urged to Avoid Deep Trouble in the Deep Seas', 16 June 2006, at unep.org.

第二十一章
从化石生态系统中提炼出来的液体

📍 **德国，大梅灵**

第二天天气不错，所以我们租了自行车，骑行去探索鲁迪·雷姆说过的几个地方。我们从英戈尔施塔特中心出发，过了多瑙河大桥，沿着河岸向东骑行。没过多久，自行车道旁就出现了一根两米高的钢杆，顶端固定着一块金属板，上面写着：

Öl-/Gas Leitung

Schilderpf.Ts 03

VR km 0.533

Mk 9

BO 12

BO 14

在之后三刻钟里，我们看到了 13 个类似的标志桩，并详细记录下了上面的文字说明。我们对照着柯尔斯滕给我们的示意图，推测着这些文字的意思：那边是 TAL 管道，从沃赫堡炼油厂出来后，经过一条大河，去往伦廷输油站。这里还有意昂公司的输气管道，为伊尔辛和大梅灵的发电站供气。我们发现的第一个标志桩上的BO12和BO14代表巴伐利亚石油公司的两条管道，它们连接着沃赫堡和如今已经停用的英戈尔施塔特炼油厂。这个管网只铺设在一部分工业区的地下，但它覆盖的面积与上陶恩山国家公园差不多。这样一想，我们就像是在一个"工业国家公园"骑行，这里比阿尔卑斯山里的工厂区早十年建成，同样为一项活动而设。

骑行时，我们想到了在此次旅程之初创造的那条谜语：是什么扎根于海、主干进山、枝杈入市？答案是，这棵树扎根在里海，主干是BTC管道和TAL管道，枝杈则伸到了我们所在的上多瑙河地区。每个工业区、每个城镇、每个人，都生活在枝杈之间，以果实为食，随微风摆动，酣然入梦。这棵树长在世界的中心，它结出了一种奇怪的果实，既滋养了生命，又带有毒性。"摇一摇我的宝贝，在高高的树枝上，当阵阵微风吹过，摇篮就会掉下来。"它在暴风雨中屹立不倒，但偶尔被雷劈时，流经树干的树液会受到阻碍，树叶也会掉落。1973年的石油危机就是这样的惊雷。最近，又有一场风暴来袭。

透过树林，我们一直能看到多瑙河北岸大梅灵发电站红白相间的烟囱。在鲁迪借给我们的那本关于英戈尔施塔特的书里，有一张1965年大梅灵发电站刚建成时等待点火的照片。英戈尔施塔特及其工厂需要大量电力。与水、公路和学校一样，电力由国家在社会市场上供应，大梅灵发电站由国有公司运营。家庭、医院等电力需求方的电能来源从水力发电转向了化石燃料。德国其他地区的发电站都是燃烧煤炭获取电力的，而这里的发电站燃烧的是石油。因此，公共电力供应依赖于掌握在BP等私人跨国公司手中的能源。

"二战"后，欧洲各国都建立了国家电网系统，德国也不例外。如今，德国仍有几家相互关联的发电站，为人民供应电力。有时，某些发电站可能会因维修而暂时关停。当燃料价格过高时，更多发电站会停用。大梅灵和伊尔辛的发电站仅在电力需求高峰时会投入使用。这两家发电站原本作为公共事业项目而建，如今却落入了总部位于汉诺威（Hannover）的德国跨公司意昂公司手中。这家公司会根据电力价格来决定是否启用这些发电站。

FERNGAS

E.ON Ruhrgas

RHR 660

MK nr 167

在野外的赤杨和柳树中，我们找到了更多由意昂鲁尔天然气公司（Ruhrgas，意昂公司的子公司）所有的输气管道的标志桩。它们展示出了 20 世纪 70 年代工业区电力供应发生的变化。

1941 年，德国向俄罗斯进军，纳粹即将占领巴库。在这样的大背景下，苏联迅速将石油工业从里海转移到了西西伯利亚，苏联工程师在战争的紧张气氛中寻找石油。在接下来的 20 年里，工程师们发现西伯利亚拥有丰富的天然气储量。不久之后，苏联就开始开采西伯利亚的天然气，并通过在苏联境内经过的输气管道将天然气输送至盟友处。1967 年，TAL 管道投入使用，兄弟输气管道竣工，西伯利亚天然气可以经由这两条管道运输至东柏林以北的施韦特（Schwedt）。过去，西伯利亚的天然气属于苏联占领区；后来，天然气却由东德占有。

康拉德·阿登纳总理坚持认为只有西德才能代表德国。阿登纳政府不承认东德，还拒绝和任何承认东德的国家建交。这种坚定立场在约 20 年后出现了变化。1967 年，西德外交部部长维利·勃兰特（Willy Brandt）开始与罗马尼亚建交，次年又与南斯拉夫建交。[1]1969

---

① Judt, *Postwar*, p. 497.

年，勃兰特当选西德总理，上任后便开始制定东方政策，承认东德并与其他东欧国家建交。这种政治转变促进了德国与苏联之间的贸易，特别是天然气贸易。

1970 年，西德与苏联签署了第一份天然气供应协议，由私营企业鲁尔天然气公司负责进口。BP 持有该公司 25% 的股份。[1] 我们在骑行过程中经过了郊区的住宅区。这里的房屋与德国其他地方的房屋一样接入了 20 世纪 70 年代建成的国家天然气管网。鲁迪说过，巴伐利亚政府为所有沿线城镇和村庄提供了补贴，帮助大多数烧柴取暖的家庭转向化石燃料取暖——这与苏联阿塞拜疆 10 年前发生的事情如出一辙。苏联解体后，西德从西伯利亚进口的天然气量迅速增加。两德统一 15 年后，德国 41% 的天然气来自俄罗斯。2006 年，鲁尔天然气公司（当时全部股份由意昂公司持有）与俄罗斯天然气工业股份公司（Gazprom，简称"俄气"）签署了一项新供气协议，已经为德国供应 30 年天然气的俄气公司将继续提供西伯利亚天然气，直到 2030 年为止。当时，意昂公司已经成为德国主要的天然气进口公司，还利用天然气来作为私有燃气涡轮发电机的燃料。20 世纪 70 年代，大梅灵和伊尔辛发电厂从先前的燃烧重质燃料油发电转为主要使用燃气发电机发电。如今，它们更依赖我们脚下的鲁尔天然气公司的输气管道，而不是附近的炼油厂。

然而，家庭供暖和发电方式从燃烧汽油转变为燃烧天然气后，人们对进口化石燃料更加依赖了，1973 年的石油危机险些重现。2006 年 1 月，一道大雷又劈了过来：这次受灾的不是 TAL 管道，而是兄弟输气管道。俄气公司不愿再与不支付进口俄罗斯燃油费用的乌克兰国家天然气公司继续合作，于是单方面关闭了俄罗斯与乌克

---

[1] Browne, *Beyond Business*, p. 199.

兰边境的输气管道，还威胁称除非乌克兰方面付清账款，否则拒不开通输气管道。鉴于该管道不仅向乌克兰供气，斯洛伐克、匈牙利、捷克、波兰和德国等沿线西方国家因管道关停而惊慌失措。欧洲媒体惊呼，正如人们长期以来所预测的那样，俄罗斯正在利用自己的"能源武器"对付西方。[①]

与 1973 年的石油危机相比，2006 年俄罗斯天然气供应危机产生的经济影响要小得多，但它的政治影响不容小觑。美国、英国和比利时的石油工业和国家政府利用此次危机加强了"能源安全"的话语。欧盟和美国认为此次事件关乎保证化石燃料的进口权，并借此理由向石油开采区、输油管道和油轮航线投射力量。除此之外，这些国家还加强了 BTC 管道和 SCP 管道在高加索地区的军事化管理。此次危机发生之后仅过了几个月，BTC 管道就投产了，这似乎印证了里海原油的运输路线必须绕过俄罗斯领土的言论。

三年后的今天，我们在多瑙河岸骑行。基于对俄罗斯控制西欧天然气供应的担忧，建设"南部能源走廊"的呼声越来越高。这条"走廊"将包含多条从中亚和中东经土耳其通往希腊的管道，它们将为计划从奥特朗托海峡通过的拟建跨亚得里亚海管道（意昂公司持有部分股份）或土耳其–希腊–意大利互联管道供气。"走廊"中规模最大的是纳布科管道，该管道会将采自沙赫德尼兹气田的天然气经保加利亚、罗马尼亚和匈牙利运输到中欧的中心地带，即维也纳附近的鲍姆加登（Baumgarten an der March）。2009 年 7 月，西德前外长约施卡·费尔赫（Joschka Fischer）成为纳布科管道项目的顾问，此举明确体现了该管道对于德国的政治重要性。[②]

---

① 可见 A. Blomfield, 'Putin Sends a Shiver through Europe', 2 January 2006, at telegraph.co.uk.

② Radio Free Europe, 3 July 2009, 'Germany's Gas War? Nabucco vs South Stream', at rferl.org.

树林那边不知是大梅灵发电站还是伊尔辛发电站。烟囱没有冒烟，想来如此温暖的春日正午，巴伐利亚的电力需求应该不高。发电站的员工应该在等待意昂总部的指示。一旦总部下令开始发电，他们就会开启发电站，开始燃烧西伯利亚天然气发电。很快，经过热希立村（Rəhimli）和卡拉巴斯村输送来的沙赫德尼兹气田天然气就会变成电能，从土耳其的发电站输送至欧洲电网内。多余的天然气可能会输送至英戈尔施塔特附近工业区的发电站。

德国，曼兴

我们向南骑行，穿过城市外围干净整洁的郊区，看到了很多 20 世纪五六十年代的住宅。之后，我们骑到了田野和树林中，最终到达曼兴（Manching）。蜿蜒的小巷里散布着独栋房屋和简易房，还有经过改造的农场建筑和整洁的花园。

村边的帕尔河（River Paar）旁坐落着阿尔卑斯山以北地区 300 年来规模最大的人类定居点的遗址。从公元前 3 世纪到公元前 30 年，曼兴一直是凯尔特人的定居点。一面高墙圈出了 380 公顷的区域，里面的街道纵横交错，容纳了 5000 到 1 万名居民。大规模钢铁厂会冶炼当地矿砂并锻造刀剑和珠宝。

曼兴是西起今英格兰、东到匈牙利的百余个围城定居点之一。曼兴有很多贸易要道，一些是步行道，还有水路和马车道。其中，翻越普勒肯隘口的道路能将装在罗马圆罐里的地中海葡萄酒运输出去。① 这个凯尔特经济体系在凯撒率领罗马军队征服高卢后崩溃了。贸易路线被迫改道，其中一些通往遥远的罗马；曼兴也逐步走向衰

---

① Cunliffe, *Europe Between the Oceans*, pp. 371-5.

落。这座城市的终结并不是因为劫掠，而是由于一个如今几乎被人们遗忘的大陆经济体系的瓦解。

我们来到了一段古老的城墙旁。绝大部分城墙都在机场的围栏里面，难以近人。20世纪30年代末期，纳粹政府开始重新武装德国，在此地建设了一处空军基地，这处考古遗址因此遭到了部分破坏。在"二战"期间，该空军基地遭到严重轰炸，后又变成了盟军的基地。如今，这里是由欧洲防空体系（European Air Defence Systems）运营的北约武器开发测试场地。鲁迪曾告诉我们，这里正在设计无人驾驶飞机：这里严禁无关人等进入，是被高围栏和一排松树围住的"禁区"。巴伐利亚石油公司曾在手册中提及"让巴伐利亚领先于德国和欧洲"的"其他产业"，其中之一就是这处北约工业基地。[1]

摩根索计划要求德国解除武装，然而冷战却促使西德重整军备，并于1955年5月加入北约（比土耳其晚三年）。西德将迅速发展的英戈尔施塔特变成驻军地，又在其周围战略性地布置了兵力。1989年，至少有五支德国国防军和装甲部队驻扎在该地区。[2]

如今，曼兴的基地正在制造军用无人机，产品与2008年6月16日巴库自由广场游行中使用的无人机以及追踪油轮并跟踪索马里海盗的收割者无人机类似。

♀ TAL KP 477–5084 千米–德国，伦廷

"德国跨阿尔卑斯输油管道公司"（Deutsche Transalpine Oelleitung，DTO，总部位于慕尼黑）的招牌挂在英戈尔施塔特市以北的一座大

---

[1] *Bayernoil gemeinsam erfolgreich: A Refinery for Bavaria*, Bayernoil, July 2009, p. 2.

[2] R. Overy, ed., *Times Atlas of 20th Century History*, Times Books, 1996, p. 113.

院的大门上。这个院子是 DTO 公司的资产。跨阿尔卑斯管道的所有者共有三家公司，一家是意大利的 SIOT 公司，一家是奥地利的跨阿尔卑斯输油管道公司，还有一家就是 DTO 公司。我们骑车经过这里时，看到了远处的七个大型油罐。那边是伦廷油库，旁边就是该地区第三家炼油厂——瑞士石油加公司（Petroplus）旗下的克兴炼油厂。和煦的阳光洒在周围种满冬小麦的田野上。附近的 E45 公路车声嘈杂，头顶常有客机飞过，炼油厂的火炬震耳欲聋，但我们仍能听到云雀的歌声。

伦廷输油站是 TAL 管道在圣多利格（San Dorligo）油库之后的重要节点，因为这里是整条管道的远程控制中心。出人意料的是，输油站大门口没有警卫，所以我们直接无视了那些写着"警告！此地有监控"的警示牌，绕过站区围栏走了进去。我们爬上了油罐所在的缓坡，来到了高处。眼前豁然开朗。往北看，多瑙河谷的远处是郁郁葱葱的克兴森林。往西看，跨阿尔卑斯管道的标志桩一直延伸到卡尔斯鲁厄。这段管道原是莱茵河–多瑙河输油管道（Rhein-Donau Ölleitung），负责将原油从卡尔斯鲁厄输送到英戈尔施塔特的炼油厂，但 1967 年时这条管道改变了流向，并入了 TAL 管道系统。如今，这条管道为卡尔斯鲁厄炼油厂输送原油。卡尔斯鲁厄炼油厂是欧洲最大的炼油厂，其中 BP 持股 12%。

这段位于跨阿尔卑斯管道末端的管道能够将穆贾的石油运出多瑙河谷，进入莱茵河谷，再运往北海。卡尔斯鲁厄炼油厂生产的部分石油制品供给在巴塞尔和鹿特丹间往返的运输驳船。阿塞拜疆原油通过管道输送至里海、黑海、波斯湾、地中海和北海。

我们继续绕着大院走，远眺着翻耕的田地和树木繁茂的小山丘，其中包括卡克贝戈山（Kalkberg）和克莱纳魏恩贝格山（Kleiner Weinberg）。跨阿尔卑斯管道由沃赫堡至伦廷的管段从这两座山下经过。经由 TAL 管道运输的一部分原油会进入沃赫堡炼油厂的四个油罐。我们曾经从沃赫堡的城墙上看见过这几个白色的罐体：它们是冷战结束的纪念碑。

1990 年 10 月，柏林墙倒塌不到一年时间，相关方开始就修建一条新输油管道进行谈判。该管道始自沃赫堡，向东北方延伸，穿过昔日的铁幕，进入前经济互助委员会成员国捷克斯洛伐克（不久后便分裂为捷克共和国和斯洛伐克共和国）境内。这场与前东方集团国家政府进行的谈判与 20 世纪 90 年代初在巴库进行的谈判一样冗长，只是没那么剑拔弩张而已。

1994 年 9 月 1 日，这条管道开始建设。施工方挖了管沟，将管道铺设在多瑙河谷，又进一步向东延伸至雷根斯堡，进入巴伐利亚森林。鲁迪曾告诉我们，该管道项目遭到了很多反对，而巴伐利亚政府不得不制定新法律，以征用私人土地。在穿越舒马瓦山脉（Sumava Mountains）时，这条管道的海拔上升到了 1000 米，并从德国进入了捷克共和国境内，之后到达布拉格以北的伏尔塔瓦（Vltava）河畔。就像西行通往卡尔斯鲁厄的管道将原油从多瑙河谷输送到莱茵河谷一样，这条东行的管道会将油品从多瑙河运输至易北河（Elbe）流域，再向北运输至北海。管道的终点是两家炼油厂，一家位于附近的克拉卢比，另一家位于捷克西北边境的利特维诺夫。这条于 1996 年 3 月 13 日投产的输油管道是以这两个终点地名命名的：英戈尔施塔特–克拉卢比–利特维诺夫管道（IKL）。

很久之前，利特维诺夫这个炼油城市就是一枚地缘政治棋子。1939 年，该地区作为"波希米亚和摩拉维亚保护国"的一部分被纳粹占领，之后便开始建设第一个炼油厂。自 1965 年起，该地区一直是赫鲁晓夫为将苏联石油输送到卫星国而修建的德鲁兹巴（Druzbha）管道的终点站。冷战结束后仅过了 6 年，该炼油厂的油源在原有的俄罗斯原油的基础上，又增加了来自西方的原油。与 ACG 油田的开发和 BTC 管道的建设一样，IKL 管道也是西方国家为脱离俄罗斯控制而建造的新基础设施。

一方面，炼油厂油源发生了变化；另一方面，BP 等西方公司成功打入壁垒极高的东欧市场后，捷克的车用汽油供应也发生了转变。BP 在捷克、斯洛伐克和波兰购买了加油站。这些带有 BP 太阳花标志并附带小型超市的加油站是西方消费品的鲜明象征，重新定位了所在国的经济。

我们绕着大院走了一圈，回到了大门处。油罐车到达路对面的克兴炼油厂，准备装油。每天约有 1000 辆油罐车从英戈尔施塔特附近的三个炼油厂离开，向 100 千米范围内的加油站和家用油罐供油。每天从 TAL 管道的下游炼油厂——克拉卢比、利特维诺夫、施韦夏特、布格豪森、沃赫堡和卡尔斯鲁厄——出发的油罐车也有 1000 辆左右。

与此同时，油罐车和铁路罐车源源不断地向 BP 航空部（Air BP）在德国南部机场的油罐里卸油。这种复杂的运输流程——每天约有 250 辆公路罐车往返其间——由位于阿姆斯特丹的 BP 欧洲物流公司（BP European Logistics）通过计算机和控制器进行协调。

伦廷油库的入口门卫室依旧空无一人，但有人正在油库里观察仪表，仪表上显示着从里海中部到德国南部的石油流量。此时此刻，我们正在路边无所事事，还有人正在桑加查尔、杰伊汉、圣多利格、卡尔斯鲁厄、阿姆斯特丹等地的控制室里观察仪表读数。

上新世砂岩层里的高压石油会在几分钟的时间里沿着立管上升至里海中阿泽里钻井平台上。在接下来的几小时里，石油会通过海底管道到达桑加查尔。再过 10 天，石油就会通过 BTC 管道运输到杰伊汉。再经过四天半的航程，装载着数千桶石油的油轮就会从土耳其开进爱琴海、伊奥尼亚海和亚得里亚海。如果这些石油没有在圣多利格的油库停留，那么三天之后，它们就会越过普勒肯隘口，穿过大陶恩山，到达伦廷。我们眼前的油库会将原油输送至炼油厂。

经过两天的加工，原油会分解成重质燃料油、汽油或柴油，然后被装入罐车，发往发电站、工厂和加油站。部分原油会被炼制成航空燃料，供应给慕尼黑等地的机场，为飞往印度的 747 客机等飞机提供燃料。

石油从地下到消费者处需要 22 天时间。在此期间，石油会在地球表面移动 5000 多千米，还会从海平面下 5 千米处上升至海平面以上 10 千米处。22 天之后，400 万年前形成的石油就会燃成气体。这些藏在岩石中的能源在发动机里燃烧几分钟就消耗尽了。这就好像是在消耗时间一样。

机器分秒不停地运转着，将岩石层里的碳转移到大气层中。

📍 德国，英戈尔施塔特

我们骑车穿过英戈尔施塔特城，来到了一家废弃炼油厂的入口处。大门附近长满了杂草。栅栏那边是大片的水泥地，还有一些原油储罐和几个高高的高烟囱，烟囱上的红白条纹在天空的映衬下格外醒目。这一幕让我们想起了占贾和鲁斯塔维。2008 年 8 月 18 日星期一，这家运营了 43 年的炼油厂关停了，导致许多人丢了工作。过去，它象征着上多瑙河地区向化工领域转型的愿景；如今，这个愿景已然成为泡影了。

英戈尔施塔特炼油厂关闭的那天，ACG 油田的原油没有外输。之前一周的星期二，俄罗斯坦克开到了巴库–苏普萨管道附近，BP 只得暂停管输。BTC 管道也因两周前的雷法希耶爆炸事件而停运。然而，与 1973 年石油危机对巴伐利亚和其他地区产生的深远影响相比，此次高加索地区政治剧变对英戈尔施塔特的影响似乎不值一提。当桑加查尔和杰伊汉的危急情况到达伦廷和阿姆斯特丹的控制室时，事情很容易就解决了。

西方国家的炼油厂在阿塞拜疆以外找到了短期的油源，不在杰伊汉港口的油轮也会将原油运送至穆贾，从而维持 TAL 管道的流量。BTC 管道暂时关停并没有产生恶劣影响，这好像与它的重要性并不匹配。美国和欧盟试图通过长期维持对石油开采和运输地区的影响力来达到在能源领域占据主导地位的目的，而这条管道正是实现该目标的有力支撑，帮助美国和欧盟实现了原油来源的多样化并夺得了能源市场的领先地位。BTC 管道运输的石油量占全球总石油供应量的 1%，更重要的是，它的油源并非中东和欧佩克国家。

英戈尔施塔特炼油厂在 2008 年夏天的关厂极富政治象征意义。巴伐利亚石油公司的股东方将该炼油厂出售给了印度公司卡尔斯炼油厂（CALS Refineries），之后接手者又将包括控制室和管道在内的全套设施迁移到了西孟加拉邦的哈迪亚（Haldia）。巴伐利亚石油公司的柯尔斯滕曾兴高采烈地谈到了这次迁厂。她说，裂化塔和蒸馏设备被装上驳船，经美因–多瑙运河运输至美因河（Main），再运到莱茵河，最后到达北海。到达比利时安特卫普后，设备被转移到轮船上，通过苏伊士运河和阿拉伯海运至孟加拉湾。柯尔斯滕似乎对此非常欣喜，因为原来的炼油厂很快就会变成她心爱的英戈尔施塔特足球俱乐部（FC Ingolstadt）的体育场。

我们盯着旧炼油厂的大门，想着占地 106 公顷的大型工厂是如何像玩具一样打包起来，横跨几个大洋，运往印度次大陆的新址的。

英戈尔施塔特的命运反映出了更广阔、更变幻无穷的愿景。欧洲的石油需求似乎已经见顶了。回望 19 世纪 90 年代，罗斯柴尔德家族发现欧洲石油市场已经饱和，转而开拓亚洲市场，而到了 21 世纪初，东亚成为全球石油需求增长势头最猛的地区。BP 及其竞争对手都在努力打入印度和中国市场。

巴伐利亚石油公司的股东有四家公司，但在售卖英戈尔施塔特炼油厂时，BP 的获益最大。① 在炼油厂关停之前五个月，BP 炼油和营销总裁伊恩·康恩（Iain Conn）与卡尔斯炼油厂签署了一份谅解备忘录，约定由 BP 向哈迪亚炼油厂供应原油，每年的交付量是 500 万吨，还约定 BP 将购买该炼油厂生产的所有汽油和柴油。

BP 将炼油厂的运营外包出去之后，仍能向亚洲和欧洲客户提供使用其出售给哈迪亚炼油厂的原油炼制出来的成品油。多瑙河畔的旧炼油厂关停了，但 BP 的原油销量并没有因此减少；新炼油厂落成后，处理的原油量也没有减少。然而，此次迁址意味着西孟加拉邦拥有了更多就业岗位，那里的劳动力价格极低，人权意识也非常弱。

哈迪亚炼油厂投入运营后，会向印度本地市场供应航空燃料和液化天然气，主要客户是附近的特大城市加尔各答及其国际机场。重建后的炼油厂将成为哈迪亚石化公司（Haldia Petrochemicals Ltd., HPL，位于孟加拉湾北部）工业综合体的核心资产。HPL 的网站上描绘出了光明的发展前景："HPL 公司是西孟加拉邦工业复兴的代表。HPL 在下游炼油板块投入了大量资金，从而带动了该地区的经济增长……HPL 就是工业发展的催化剂……创造了 1500 多个就业机会。通过不懈的努力，HPL 真正实现了它的口号——'与我们一起成长'。"这句口号与 20 世纪 60 年代施德勒对巴伐利亚的规划简直如出一辙。

BP 无情地推动并驾驭着我们这个时代的地缘政治转变。炼油厂被拆解并用驳船运到美因–多瑙运河，与 10 年前被拆解的 ACG 海上平台通过伏尔加运河到达里海一事遥相呼应。跨国公司进入苏联和经济互助委员会成员国之后的一步，就是打开印度经济的大门，并让印度对它们敞开大门。

---

① 'BP to Spice Up Refinery', *Telegraph*, New Delhi, 24 March 2008, at telegraphindia. com.

我们转身离开，路过了曾经的通勤车站。如今，车站的站牌已经消失不见。

离开英戈尔施塔特前，我们还有一个地方要去。这里有一座哈布斯堡黄色的巴洛克式建筑，名叫"旧解剖楼"（Alte Anatomie）。它是建于 18 世纪的医学院，隶属于巴伐利亚大学，在欧洲上下享誉盛名。这座建筑远没有我们想象中那么引人注目，哥特式风格也没有那么明显。玛丽·雪莱（Mary Shelley）笔下的维克多·弗兰肯斯坦（Victor Frankenstein）就是在这里创造出了怪物。

雪莱的小说《弗兰肯斯坦——现代普罗米修斯的故事》（*Frankenstein: Or, The Modern Prometheus*）讲述了一个被野心和欲望驱使的男人毁掉了他的未婚妻、家人、朋友，最终自取灭亡的故事。弗兰肯斯坦拒不"承认如此庞大又复杂的计划是不可行的。正是带着这种想法，我开始创造一个人"。①

这栋建筑让我们的思绪飘回了高加索，想起了普罗米修斯因将火种带到人间而被绑在卡兹别吉山山顶的神话故事。我们的旅程让我们更清楚地看到了原油这个礼物是怎样为人们所用的。

起初，巴库附近的石油被用于医药和建筑领域，也被用作加热原料和作战武器——制作希腊火的原材料。这种以帆船和骆驼队为运输方式的石油贸易从公元前 500 年波斯帝国阿契美尼德王朝征服今阿塞拜疆时起，一直持续到了 19 世纪 70 年代。

从 19 世纪 70 年代到 20 世纪伊始这短短 30 年时间里，原油被炼制成一种核心产品：煤油。煤油搭乘油轮运过里海和伏尔加河，再换乘火车运输至巴统，最后依靠船只运输至黑海及其他地区。从远东村庄到欧洲都市，煤油被用于家庭、农场和工厂照明。巴库在

---

① M. Shelley, *Frankenstein: Or, The Modern Prometheus*, Penguin Books, 1992, p. 54.

煤油领域处于全球主导地位，毕竟世界上有半数原油是从巴库的油井中开采出来的。

从 20 世纪初到 20 世纪 40 年代，大量石油被用作发动机燃料，为火车、轮船、汽车、卡车、坦克和飞机提供动力。红军挺进格鲁吉亚的坦克、邓南遮开进阜姆的汽车、盟军盘旋在纳粹德国上空的轰炸机，都离不开石油。石油之路正是在这样的大背景下，成为工业社会里的重要一环。随着动力源从煤炭到石油的转变，油轮和油罐车都用上了石油发动机，大大提升了石油的运输速度。在这 40 年里，全球石油开采量大幅增长；尽管阿塞拜疆的石油产量增长了，巴库的重要性却下降了。

20 世纪 40 年代之后，石化行业迅猛发展，塑料、化肥等石化产品渗入了日常生活的方方面面。石化产业催生出了不少城镇和工业区，诸如苏姆盖特和英戈尔施塔特周边地区。与此同时，作为动力燃料，石油的使用量呈指数级增长。

自 19 世纪 70 年代以来，石油的应用越来越广泛，人们对未来社会的愿景也越来越宏大。从布尔什维克在巴库贫民窟的演讲到的里雅斯特的《未来主义宣言》；从那对德国的坦克兵团到赫鲁晓夫的社会主义技术乌托邦；从德国的社会民主主义到阿利耶夫的阿塞拜疆武装民族主义……最重要的是，随着飞机和汽车的普及，"现代化"的机器时代到来了。

石油是由从侏罗纪到第三纪的动植物演变而来的。这种从远古岩石中提取出来的液体似乎能无穷无尽地燃烧下去，它塑造了人们对未来的想象，就像维克多·弗兰肯斯坦用尸体的器官和四肢构建他梦想中的怪人一样。

高速列车从上巴伐利亚飞驰而过，奔向奥格斯堡和斯图加特。我们则朝着伦敦前进。窗外的村庄笼罩在雾气里。周日的早晨，村里的人家烧着从里海开采出来的石油取暖。

在慕尼黑西部的松树林里，我们发现了大量银蓝色的光伏发电板，周围环绕着铁丝网，还安装了很多监控摄像头。没过多久，我们又看见了一片光伏板，之后又是一片。一只兔子在附近洒满阳光的田野里奔跑。

鲁迪曾经说过巴伐利亚的可再生能源系统在过去 10 年中是如何蓬勃发展的——这是白煤时代的重现。他告诉我们，巴伐利亚 80% 的德国联邦铁路（Deutsche Bahn）火车以电能为动力，而 80% 的电力源来自风能、水能和太阳能。多瑙河水电站的发电容量高达 140 兆瓦，其中绝大部分用于铁路运输，我们这列火车的动能就来自这里。非碳基能源在德国已经非常普及了。2008 年，德国 17% 的能源来自可再生能源。柯尔斯滕对替代能源的那句评价显然不够中肯："替代能源还处于起步阶段……谁都说不准它今后会发展成什么样子。"

在大规模可再生能源发电实现本地化后，石油开采地和消费地之间的关系会发生根本性的变化，以比比赫巴特、ACG 油田、巴库–巴统铁路、穆雷克斯号油轮、杜吉奥托克号油轮和 TAL 管道为关键节点的长达 140 年的产销链条即将断裂。目前，非碳基能源尚未取代进口化石燃料在发电领域的地位。然而，一旦德国及其邻国的可再生能源发电量能够自给自足，石油之路就会迅速消亡。

我们乘坐火车离开巴伐利亚，穿越边境，驶入巴登–符腾堡州，沿施瓦本阿尔卑斯山（Schwabian Alps）而上。前方有冷杉和落叶松林，还有草地和麦田，地平线上矗立着三个风力涡轮机。很快，我们就将驶入施特龙贝格（Stromberg）的地下隧道，离开多瑙河流域，返回北海。

后记
石油城市

📍 英国，伦敦

石油之路的终点并不在巴伐利亚。"能源走廊"的管道里流动着的是石油和天然气，更是金融资本和政治影响力。里海的原油最终会到达德国南部，作为汽车燃油使用，但大部分利润都流向了伦敦和纽约。尽管阿塞拜疆政府和格鲁吉亚政府参与了诸多油气管道的建设，但最终的政治驱动力来自华盛顿、伦敦和布鲁塞尔。

2012 年 1 月，在一个寒冷的冬日清晨，我们聚集了一群朋友和盟友，在伦敦芬斯伯里广场的一个帐篷外会面。平台组织将带领我们在伦敦游览一番。为了避寒，我们在"占领伦敦"第二现场的一个帐篷里会面。这个小小的帆布帐篷与广场四周的玻璃和钢铁建筑形成了鲜明对比。

我们将对正在居住的这座石油城市探索一番。之所以要一探究竟，是因为伦敦不仅是建设 TAL 管道、BTC 管道等石油基础设施的公司以及政府部门的所在地，还是许多反对者的居住地。我们想通过这次行动揭示出碳网络和伦敦对遥远的外围地区的影响以及伦敦的未来走向。它石油城市的名头还能持续多久呢？

我们戴上围巾和头巾，沿着摩尔门大道步行，前往 BP 大股东嘉诚资本（Cazenove Capital）的办公处。几个男人正在交谈，从我们身旁绕了过去，穿过旋转玻璃门，进入办公楼大厅。我们在一个木镶板房间里作了演讲，向韦德·波拉德（Wade Pollard，股权基金经理）等资产管理人强调了深水钻探的固有风险。我们刚开始介绍深水地平线事故的影响，韦德就提起了他和同事们对此事的高度关注。"我们都看了事故录像。录像反复播放了几个月。"电脑屏幕上是一幅黄色和灰色相间的模糊图像，乍一看像是烟囱里冒出的滚滚浓烟。这场墨西哥湾的灾难性事故持续了 87 天之久；一缕令人着迷的原油涌入了大海。

我们说，我们也曾在平台组织的办公室看过这场灾难的录像。石油在水下 1500 米处悄无声息地泄漏出来：这种自然力量只有在远程控制潜艇的帮助下才能看到。那一幕让我想起了亚历山大·米尚的无声电影《比比赫巴特的喷油井》(The Oil Gusher at Bibi-Heybat)。这部时长 60 秒的影片拍摄了 1898 年的一次特大井喷，喷出来的黏稠原油落在了巴库的各个角落。影片赞颂了石油储量之丰富，并将这次井喷视为岩石送给油井所有者的奇妙礼物。这部 19 世纪的影片与 21 世纪马孔多（Macondo）井喷事故的视频形成了鲜明对比，前者在自豪地庆祝新发现的财富之源，后者则是美国当局向 BP 索赔的证据。马孔多井泄漏的实时视频被上传到了互联网上，对 BP 造成了巨大的舆论压力。这次井喷并没有增加油井所有者的财富，反而将 BP 逼到了穷途末路。如果没有采取措施，不出三天，BP 就会破产。[①]

深水地平线钻井平台爆炸后的几周里，BP 的股价下跌了 40%，信用评级下调了，银行拒绝贷款，供应商也要求先现金付款再供货。[②] BP 的员工萎靡不振，原本无条件信任公司的员工开始质疑董事会的能力。

BP 未能及时做出回应，一再掩盖真相，态度始终高高在上，引发了大西洋两岸公众的不满。民众奋起反抗，要求 BP 承担相应责

---

① 'BP: $30 Billion Blowout', BBC Two, 9 November 2010.
② 同上。

任。抗议者堵住了 BP 在世界各地的加油站和办公处。绿色和平组织（Greenpeace）爬到了 BP 总部大楼的楼顶，摘下了 BP 的旗帜，并挂上了带有"英国污染者"字样的旗帜。解放泰特组织（Liberate Tate）在泰特现代美术馆（Tate Modern）和泰特英国美术馆（Tate Britain）前举行抗议活动，声讨接受 BP 赞助的公共机构。美国参议院以全新的方式对抗石油行业，总统巴拉克·奥巴马言辞激烈地讽刺了 BP 总裁托尼·海沃德。当时，海沃德犯下了一系列臭名远扬的公关失误，令 BP 举步维艰。

马孔多井喷事故不仅揭示了 BP 常规业务的危险性，还暴露了整个公司的脆弱性。尽管 BP 在事故发生后重新赢得了英国和美国政府的支持，伦敦和纽约的金融界人士仍认为 BP 将难以为继。

投资人迫切希望 BP 能做出回应，海沃德迫于压力在短时间内对莫斯科、巴库、阿布扎比、罗安达（Luanda）等地进行了访问。每到一处，他都会在一系列会议上向政府保证 BP 具有发展前景。抵达巴库后，海沃德在会见伊利哈姆·阿利耶夫之前，在石油大公馆作了简报。伊利哈姆在讨论中强调"长期以来 BP 与阿塞拜疆建立了成功合作关系"，并"相信这种伙伴关系将持续发展下去"。[1] 双方就新发现的沙法克–阿西曼（Shafaq and Asiman）海上气田签署了为期 30 年的合作协议。

要想应对公司信用评级下调并拯救跌至谷底的股价，BP 必须尽快筹集 220 余亿美元资金。BP 抛售了埃及、哥伦比亚、越南、巴基斯坦和委内瑞拉的油田和管道，还以阿塞拜疆 ACG 油田的产出作为抵押，向苏格兰皇家银行借入 25 亿美元。[2]

故事就讲到这里。我们一行人来到摩尔门，进入芬斯伯里大楼。

---

[1] *Monthly Economic Bulletin*, Republic of Azerbaijan: Ministry of Foreign Affairs, July 2010.

[2] 'Double Trouble', *International Financing Review*, 2011, at ifre.com.

大楼前的广场里有几棵枝叶稀疏却高大挺拔的梧桐树，没有车辆进出，远离喧嚣纷扰。我们来到了英国大厦（Britannic House）。这座气势恢宏的新古典主义风格建筑建于20世纪20年代，由埃德温·鲁琴斯爵士（Sir Edwin Lutyens）设计，楼体饰有精雕细琢的人头雕塑（其中一些塑像的头上戴着中东头巾）。2003年之前，这座大楼是英波石油公司和BP的总部。1932年，正是在这座大楼里，公司总裁巴兹尔·杰克逊担忧苏联通过廉价销售巴库原油来破坏英波公司的欧洲市场。20世纪60年代，莫里斯·布里奇曼、莫里斯·班克斯和阿拉斯泰尔·唐（Alastair Down）在这里办公，并计划扩大炼油和营销业务，还因此建造了TAL管道和沃赫堡炼油厂。[1]

我们一行人站在石灰石台阶前，想象着让BP进入阿塞拜疆的关键人物从这里进进出出的场景：新任勘探与生产部门负责人约翰·布朗来到这里，副手托尼·海沃德紧随其后；龙多·费尔伯格回来汇报他在莫斯科和巴库的发现；特里·亚当斯和戴维·伍德沃德等BP阿塞拜疆公司所有高层领导；还有向BP总部汇报的低级别员工，如舒克兰·恰拉扬、塔玛姆·巴亚特利等。

1999年1月4日早上，时任总裁约翰·布朗与阿莫科公司前总裁拉里·富勒（Larry Fuller）一同站在台阶上。之所以称拉里·富勒为"前总裁"，是因为当时阿莫科公司刚被BP兼并。身材较矮的布朗站在高一级台阶上，两人手里拿着新做的"BP阿莫科"标志，供记者拍照，随后将用该标志替换原有的BP标志。这对于阿塞拜疆来说是重要的一天。过去8年里，BP和美国阿莫科公司一直在激烈争夺巴库的重大合同。如今，合并后的公司已成为无可争议的西里海石油霸主。公司高层在英国大厦台阶上宣布合并，大大削弱了阿塞拜疆政府

---

[1]　J. Bamberg, *British Petroleum and Global Oil 1950–1975: The Challenge of Nationalism*, Cambridge University Press, 2000, pp. 282–4.

在石油领域的力量，还使英国、美国和欧盟的外交政策与 BP 更加紧密地联系在一起。这座大楼改变了高加索和里海地区，但这里却没有留下任何关于阿塞拜疆项目的痕迹；就连一块相关的牌匾都没有。

如果 2010 年夏天 BP 因深水地平线事故而破产，那么该公司必会出售自有资产。谁会购买 BP 在 ACG 油田、BTC 管道、沙赫德尼兹气田和 SCP 管道项目中持有的股份呢？BP 处于水深火热中时，俄气公司曾暗示有意购买沙赫德尼兹气田的股份。一旦股权交易完成，俄罗斯就可能掌控阿塞拜疆出口至西欧的天然气。另一种假设是，某家中国石油公司购买了 BP 在阿塞拜疆石油领域所持的股份，那么阿塞拜疆的原油是否会流向东方，而非 BTC 管道？

如果 BP 宣布破产，其出售油轮以及在 TAL 管道、AWP 管道、巴伐利亚石油公司和卡尔斯鲁厄炼油厂所持股份的地缘政治意义将远小于出售阿塞拜疆资产。BP 一旦破产，就会在阿塞拜疆引发政治轰动。

我们离开安静的小广场，向百老门（Broadgate）走去。随处可见带着 iPad 的上班族，他们行色匆匆，身着深色的西装或套裙，看起来十分压抑。相比之下，人来人往的利物浦街火车站却是色彩缤纷的。我们穿过人群，来到主教门。我们的左手边就是苏格兰皇家银行的入口。银行挡住了门前走道的阳光，但也挡住了街上的冷风。银行大楼里，油气部门的员工正在努力工作。也许曾收到库比莱和努鲁拉在亚拉希村管沟里溺水的消息的巴巴·阿布现在就在这里。我们站在走道上，得知苏格兰皇家银行如今仍是 BTC 管道的贷款方之一，2004 年 2 月签署的贷款协议将持续 12 年，直至 2016 年还清债务为止。目前，该银行仍在赚取这笔贷款的利息。[1]

---

[1] A. Dufey, Project Finance, *Sustainable Development and Human Rights: The Baku-Tbilisi-Ceyhan Pipeline*, International Institute for Environment and Development, 2009.

欧洲复兴开发银行的大楼就在苏格兰皇家银行这条街道的稍远处。我们说到了会见杰夫·杰特时的事情：当时我们谈到了曼苏拉·伊比什瓦在卡拉博克的房子，谈到了玛纳娜和梅伊斯来此拜会银行官员的事情，还谈到了"地球之友"组织为强调输油管道对博尔若米的危害而建造了一个穿过主教门的下方并回到 BP 芬斯伯里大楼总部的管道模型的事情。

主教门的人行道上熙来攘往，想要走过去实属不易。旁边的车行道也堵得水泄不通，一条车道因建筑施工封路了。这里一直在大兴土木，一家房地产公司认为这座城市将发展为全球金融中心，并正在此地修建一座摩天大楼。我们在一处不起眼的地方停下了脚步，那里是气候行动阵营于 2009 年 4 月 G20 峰会期间搭帐篷的地方。当时，信贷环境不断收紧，苏格兰皇家银行等几家银行依靠国家救助才得以持续经营。广大群众难抑怒火，组建了气候行动阵营等抗议团体。气候行动阵营希望这座城市能优先考虑气候问题和民众的需求，而不是发展成为世界石油工业的中心。一天夜晚，成千上万名群众挤满了欧洲气候交易所和英格兰银行外面的街道，呼吁建设更美好的世界。迈哈迈德·阿里也在人群之中。他被警察团团围住，险些被捕，但就在千钧一发之时，他猛地抽出了被控制住的手臂，慌忙逃跑了。夜幕降临后，防暴警察多次发起攻击，数百名群众遭到殴打，伊恩·汤姆林森（Ian Tomlinson）当场死亡。

我们转头向西，前往旧宽街 33 号劳埃德公司。2009 年 1 月，洞察力投资公司的罗里·苏里万曾说过，BTC 管道"已经结束了……这已是既成事实了"。如今，三年过去了，劳埃德公司已将洞察力投资公司出售给纽约梅隆银行（Bank of New York Mellon）。罗里和其他 200 名员工一起被公司解雇。我们认为，这一转变是整个金融业的缩影，社会责任投资部门受到信贷危机后经济长期衰退的影响较为明显。[①]

我们乘坐 15 路公交车，逃离了繁忙又喧嚣的城市，向特拉法加广场（Trafalgar Square）进发。柴油公交车不停排放尾气。有人问起了公交车柴油的来源，我们猜测它可能是从里海原油中提炼出来的。从杰伊汉出发的部分油轮会将原油运送到位于艾塞克斯（Essex）的科里顿（Coryton）以及位于汉普郡（Hampshire）的福利（Fawley）的英国炼油厂，但数量确实有限，今后也不会有太大增长。尽管如此，英国仍依靠里海石油获得了大量金融资本和政治影响力。

我们坐在公交车的上层，饱览了位于坎农街（Cannon Street）的圣保罗大教堂（St. Paul's）的美丽景色。约有 50 个帐篷紧紧地挤在大教堂主台阶的脚下。占领伦敦抗议团体（Occupy London）已与伦敦市政厅纠缠了一整个冬天，目前已经到了白热化阶段。尽管占领伦敦运动被指未能为金融危机提供"答案"或"解决方案"，但它确实激发了群众的想象力，并迫使主流媒体重新质疑资本主义。近期，解放泰特组织开始在这里进行非官方表演，取名为"浮冰"（Floe Piece）。4 个身穿黑衣、头戴面纱的人将一块由北极研究人员带到伦敦的巨大的北极冰块放上雪橇，并默默地拉着这个重 55 千克的冰块通过千禧桥（Millennium Bridge），最终放在了泰特现代美术馆涡轮大厅的地板上，任其慢慢融化。冰块的旁边放置了一块标有作品名称的牌子。这件作品体现出了 BP 对泰特美术馆提供的赞助，也是泰特美术馆宣传 BP 的手段之一。另外，它还标志着新时代的到来——公众不再接受石油企业赞助伦敦文化机构——转变正在发生，这座大都市正在逐步脱离石油城市这一长期身份。

公交车停靠在特拉法加广场后，我们一行人赶快下了车。喷泉

---

① 举例来说，2012 年，亨德森全球投资公司（Henderson's Global Investment，伦敦金融业巨头）的社会责任投资部门员工被集体解雇。

早已结成巨大的冰柱，水池的表面也浮着一层冰。广场上飘扬着许多横幅。埃及和叙利亚的团结活动人士共同呼吁推翻长期执政的政党。还有人写了标语牌，要求英国免除埃及的债务，为草根起义提供支持。

我们路过白厅，向威斯敏斯特走去。这里的人行道很宽，比金融城好走得多。公务员们在这座宏伟的建筑里进进出出，游客们则悠闲地走过门外。与主教门繁乱的建筑相比，这条大道的建筑风格一致，氛围平静而优雅，旁边竖有纳尔逊（Nelson）、黑格伯爵（Earl Haig）等重要帝国人物的雕像。

在过去几百年里，这里的建筑——国防部、首相办公室、外交和联邦事务部、财政部——见证了石油之路历史上的许多关键时刻：从索尔兹伯里勋爵（Marquess of Salisbury）政府同意煤油经由苏伊士运河运输，到柯松勋爵决定派军前往高加索；从财政大臣同意 BP 对巴伐利亚炼油厂的投资，到外交部协助撒切尔夫人的巴库之行。在全副武装的警察的保护下，身居要职的高管在唐宁街的高门背后做出了有利于石油公司利益并能维护英国对他国能源的主导地位的决定。

我们绕过议会广场的拐角，停在了保得利大厦（Portcullis House，英国议员办公处）外。在维多利亚堤岸（Embankment）车水马龙的嘈杂声中，我们谈到了世界银行为 BTC 管道提供融资的计划以及抗议国际发展部支持此项计划的群众运动。我们说到当时公务员处于下风，还提起了银行行长担心因政府审批不及时导致该交易计划无法落地，便打电话给还在家里的 BP 总裁约翰·布朗的事情。英国政府与石油公司的联盟一再受到外界的挑战。这背后的深层次问题是伦敦在世界中应该扮演什么角色，以及它是否即将失去作为石油城市的长期统治地位。

我们一行人穿过马路，来到了位于泰晤士河畔的威斯敏斯特码头。不久之后，一艘渡轮靠岸了。我们登上了船，去往泰晤士河下游的格林威治。一上午的探寻之旅即将告一段落。

柏林墙倒塌后，阿塞拜疆、格鲁吉亚等国宣布独立，关于苏联这个伟大而看似永恒的庞然大物如何在顷刻间消失的文章和讨论如潮水般涌现。德国作家汉斯·马格努斯·恩岑斯贝格尔（Hans Magnus Enzensberger）在写到戈尔巴乔夫总统时称他是一位现代英雄："一种全新意义上的英雄，不因胜利、征服、成就而论，反以放弃、减少、废除而名。"①

恩岑斯贝格尔认为，撤退（从难以防守的阵地撤退）是最难做出的行动抉择。戈尔巴乔夫在面对冷战、势不两立的核武装集团以及相互保证毁灭等举步维艰的处境时，做出了撤退的决定。这位苏联领导人明白，以退为进是唯一的解决办法。

恩岑斯贝格尔继续写道，西方国家必须做出"最艰难的撤退抉择，要从自工业革命持续至今的与生物圈的战争中全身而退。若不加以遏制，某些大型工业产生的危害可能与独裁政党相当，因此必须尽快叫停"。这是一项需要勇气和信念的艰巨任务。

在渡轮上，我们看到了冬日里的永恒之景：潮水漫向远方的海洋；那条棕色的河异常平静。

我们谈起了泰晤士河。工业时代之前，它曾是世界上最清澈的河流之一，有 110 余种鱼类在此繁衍生息。这条河仿佛在告诉我们应该做些什么，还在提醒我们一切都能改变。1957 年，一项对泰晤士河下游展开的调查发现，除了能在水面上呼吸的鳗鱼外，河里已经没有鱼类存在了。塔桥（Tower Bridge）下游河段的氧气含量极低。鲑鱼已经灭绝了一个多世纪。长达 70 英里的潮汐流一片死寂。

---

① H. M. Enzensberger, 'The State of Europe', *Granta* 30（1990）.

然而，通过无数大大小小的行动，泰晤士河的敌对方已经撤退了。一些行动是有充分理由的，一些则兵出无名。河岸边的工厂渐渐消失了，这可能意味着它们已经迁移到了费用更低、监管更少的地方。

然而，撤退确实已成事实，泰晤士河恢复了往日的生机。我们看到一群羽毛雪白的燕鸥在伦敦池（Pool of London）上空飞翔。这就是说，我们可以从与生物圈和大气层的战争中撤退。只要有足够的勇气，我们就可以从碳网络中剥离，为这座城市创造出崭新的未来。

我们轮流看了看一部智能手机。手机屏幕上是一幅地图，上面的红色箭头代表着杜吉奥托克号油轮的当前位置。它正在亚得里亚海北部，正在前往穆贾。它是一颗气候炸弹，而我们的城市就是制造它的罪魁祸首之一。我们可以拆掉它的引信。

参考文献

（扫码查阅。读者邮箱：zkacademy@163.com）